포렌식 지반공학

포렌식 지반공학

Forensic Geotechnical and Foundation Engineering

Robert W. DAY 저
이규환, 김현기, 김태형, 박혁진, 김홍연, 송영석, 윤길림 역
한유진 감수

씨아이알

저자 서문

이 책에서 포렌식 엔지니어링은 광범위하게 손상되거나 열화된 구조물의 조사로 정의된다. 포렌식 엔지니어의 관찰, 시험 및 추론을 통하여 손상 또는 열화된 원인을 파악해야 한다는 점에서 포렌식 엔지니어링은 설계를 하는 것과는 다르다. 대부분의 경우, 포렌식 엔지니어는 전문가 증인(expert witness)으로 고용되며 법정에서 조사 결과를 증언(present)해야 할 수도 있다.

이 책에 기술된 관련 법률은 현재 미국에서 널리 사용되고 있는 법률이다. 포렌식 조사를 수행하는 데 사용되는 기법들 대부분은 다른 나라에서도 공통으로 사용할 수 있다. 이 책에서는 포렌식 엔지니어와 관련된 가장 일반적인 유형의 지반 및 기초 관련 프로젝트를 다루었으며 일부 주제는 간략히 다루거나 생략하였다. 예를 들어 환경문제(예: 도시 매립지 누수 및 정화조 시스템 파손)는 다루어야 할 범위가 너무 광범위하여 이 책에서는 다루지 않았다.

변호사들은 배심원에게 증언할 때 "간단하게 하라(Keep it simple)"고 조언한다. 몇 장의 사진을 사용하여 요점만을 증명하는 포렌식 전문가의 증언이 복잡한 계산식을 사용하는 경우보다 유리하게 작용할 수 있다. 가장 뛰어난 엔지니어가 반드시 최고의 포렌식 전문가가 되는 것은 아니다. 오히려 단순한 용어와 예의 바른 자세로 배심원에게 사실을 전달하는 엔지니어가 성공할 가능성이 크다. 이러한 철학에 따라 이 책은 "간단하게 하라"는 기준을 따랐다. 이 책에서는 방정식과 계산식의 사용은 최소한으로 하고 주로 도표와 사진을 많이 사용하였다.

이 책은 크게 네 부분으로 구성되었다. 제1부(제2장 및 제3장)에서는 지반 및 기초와 관련된 포렌식 조사에 적용할 수 있는 기본 절차를 제시하였다. 제2부(제4장~제8장)에서는 침하, 팽창성 흙, 비탈면 활동과 수분 침투 문제와 같이 포렌식 엔지니어가 일반적으로 직면하는 특정 문제를 다루었다. 제3부(제9장 및 제10장)에서는 보수 및 균열 진단에서 포렌식 엔지니어의 역할에 관해 설명하였고, 제4부(제11장)는 결론으로, 민사책임(civil lability) 회피전략을 제시하였다. 이 책 전반에 걸쳐 포렌식 엔지니어가 직면할 수 있는 지반 및 기초 문제의 다양한 특성을 설명하기 위한 사례연구를 제시하였다.

이 책에서는 포렌식 엔지니어링의 실용적 측면과 법률적 측면을 모두 제시하였다. 이 책에서 다루는 주제들, 특히 민사책임을 회피하기 위한 전략을 제공하는 제11장은 포렌식 엔지니어와 설계 엔지니어 모두가 관심을 가져야 한다. 제2판에서는 '콘크리트 기초의 수축균열', '목재 기초의 부식', '용해성 토양'과 '균열 진단'에 대한 내용을 추가하였다.

Robert W. Day

감사의 글

이 책을 출판하는 데 도움을 주신 많은 분께 감사를 드립니다. 이 책이 완성되기까지 실무 기술자들께서 본문의 다양한 부분을 검토해주시고 많은 도움을 주었습니다. 특히 이 책을 검토해주신 Robert Brown, Tom Marsh, Rick Walsh에게 큰 감사를 드립니다. 이 책의 지질학적 부분에 도움을 주신 Dennis Poland, Ralph Jeffery, Todd Page와 그림 작성에 도움을 준 Rick Dorrah에게도 감사를 드립니다.

여러분 변호사의 자문도 받았습니다. 사건관리명령문(부록 B)을 제공한 Billie Jaroszek 수고에 감사드립니다. 1.4절과 소 제기 요건에 대한 중요한 세부정보를 검토해준 Sorensen과 소멸시효에 대한 의견을 제공한 Michael M. Angello에게도 감사를 드립니다.

또한 6.6절의 사례연구에 도움을 준 일리노이 대학의 Timothy Stark 교수와 Scott Thoeny에게 감사를 드립니다. 7.8.1절의 사례연구에 참여한 매사추세츠 공과대학의 Charles Ladd 교수에게도 감사를 표합니다. 그림 7.36~7.38을 제공해준 Kean Tan과 그림 8.27을 제공해준 Jim Meyer에게도 감사를 표합니다.

이 책의 검토와 준비과정에서 아낌없는 지원을 해주신 Kenneth Carper 워싱턴 주립대 교수와 미 지반공학회 회장인 Gregory Axten에게 특별히 감사드립니다. 이 책에 수록된 표와 그림은 사용 허가를 받았습니다. 마지막으로 이 책이 출판되기까지 대략적인 초안을 완성본으로 다듬어준 McGraw-Hill 편집부의 Larry Hager와 직원 여러분께도 감사를 드립니다. 또한 이 책의 편집 디자인과 제2판 출판에 많은 도움을 주신 출판사에 진심으로 감사드립니다.

Forensic Geotechnical and Foundation Engineering

역자 서문

21세기 들어 기후변화로 인한 자연재해가 해마다 증가하고 있다. 이러한 자연재해뿐만 아니라 사회적 재난을 사전에 예측하고 방지하고자 노력하는 것이 토목공학과 지반공학을 전공하는 기술자들의 기본자세이다.

최근 들어, 뉴스나 신문을 통해 다양한 사건, 특히 범죄사실을 밝혀내는 데 포렌식(forensic) 기법을 활용한다는 것은 잘 알려진 사실이다. 포렌식 개념은 특정 사건과 관련하여 인과관계를 밝히기 위한 과학적 수단과 방법 및 기술을 총칭하는 개념으로 자리를 잡고 있다.

포렌식 지반공학(forensic geotechnical engineering)은 건설 프로젝트에서 발생하는 다양한 지반 관련 재난에 대하여 조사·설계·시공 및 감리 과정을 체계적으로 분석하고 전문가적 판단을 통하여 사고 원인을 찾아내는 학문 분야이다. 포렌식 조사(forensic investigation)는 건설 프로젝트의 전 생애주기에서 발생할 수 있는 여러 위험 요소에 대해 지반공학적 분석, 통계적 시뮬레이션과 법리적 해석 등을 통하여 근본 원인을 밝히는 체계적인 기법이다.

포렌식 조사기법은 아직 국내 지반공학 분야에서는 생소하지만, 공학 분야에서는 이미 수십여 년 전부터 적용되어 왔다. 국제지반공학회에서도 2005년에 기술위원회(TC 40)로 출발하여 2009년 TC 302로 정식 출범하였으며 포렌식 조사와 관련된 연구 활동이 활발하게 진행되고 있다.

미국과 유럽에서는 아파트보다는 단독주택이 많기 때문에 대부분의 주택이 주택보험에 가입되어 있다. 주택에 하자나 손상이 발생하여 보험료가 청구되는 경우, 보험회사는 피해를 보상하기 위해 문제의 발생 원인에 대하여 설계 과실인지, 시공 과실인지 또는 사용자의 과실인지를 파악하는 것이 매우 중요하다. 이러한 원인 분석을 위해 포렌식 엔지니어링이 활용된다.

주택이나 건설공사에 대한 보험제도가 정착된 미국이나 유럽과 달리 우리나라는 아직도 건설공사, 특히 개인 주택 하자에 대한 보험제도가 정착되어 있지 않기 때문에 건설공사 시 구조물의 훼손이나 붕괴에 대한 과실을 규명하기 위한 포렌식 조사가 활성화되지는 않았다.

국내에서도 여전히 건설공사 중 사고가 끊이지 않고, 설계자, 시공자, 사용자 등 당사자 간 합의로 끝나지 않고 법률적인 소송으로 이어지는 경우도 발생하고 있다. 이러한 문제 발생 시 정확한 판단을 위한 법률적 지식을 갖춘 포렌식 지반전문가 그룹이 필요하다는 인식 아래 2019년 1월, 토목 및 지반공학을 전공하는 학자와 기술자를 중심으로 "한국 법 지반 포럼"을 결성하였다. 포럼에서는 포렌식 전문 변호사 등 관련 분야 전문가들을 모시고 정기적인 세미나를 통해 포렌식 관련 지식을 넓히고 있으며 국내에서도 포렌식 지반공학이 정착될 수 있도록 노력하고 있다.

특히, 2021년 1월, 중대 재해 발생 시 사업주와 경영책임자의 처벌을 강화하기 위한 내용을 골자로 한 「중대재해처벌 등에 관한 법률」이 제정되어 2022년 1월 27일부터 시행되었다. 따라서 건설사고 발생 시 사고 원인의 과실 여부를 객관적으로 규명하기 위해서는 포렌식 조사기법의 적용이 필요할 것으로 본다.

국내에는 지반공학 관련 포렌식 조사기법과 관련된 인식도 부족하고 관련 전문 서적도 전혀 없는 실정이다. 아직은 국내 현실을 담은 포렌식 지반공학 서적을 출간하기에 자료나 준비가 부족하여 먼저 국외에서 출간된 전문 서적의 번역을 통해 포렌식 지반공학에 대한 인식 전환과 관련 기술자들의 이해를 돕고자 본 역서를 출간하게 되었다.

번역작업에서 원문은 이해가 되나 적절한 우리말로 옮기는 것이 가장 어려운 점이었다. 이번 작업으로 영어에 대한 지식보다 한국어 실력이 더 중요함을 다시 한번 절실히 깨달았다. 원문의 뜻을 충실히 전달하고 오역을 최소화하기 위해 노력했지만, 여전히 부족한 부분이 많다. 이러한 오역들은 독자들과 함께 지속해서 고쳐나갈 것을 약속드린다.

특히, 부록에 2014년 법원 행정처에서 발간한 외국사법제도연구 중 "건설 분야의 전문가 증언 운영 실무" 원문을 그대로 실어 독자들이 참고하도록 하였다. 이 책의 부록에 원문을 사용할 수 있게 해주신 사법정책연구원에 감사드린다.

마지막으로 본 역서의 출간을 독려해주신 씨아이알 김성배 사장님과 편집과 교정작업에 많은 도움을 주신 최장미 선생님 그리고 출판부 여러분께 진심으로 감사를 전한다.

2022년 3월

역자 일동

CONTENTS

03 포렌식 조사

PART II 포렌식 지반 및 기초조사

04 구조물의 침하

05 팽창성 흙

06 횡방향 거동

06 횡방향 거동

07 지반 및 기초문제

08 지하수와 수분

PART III 보수와 균열 진단

09 보수

10
균열 진단

PART IV 잠재적인 법적 책임의 감소

11
결론

부록

서론

Introduction

서론

1.1 포렌식 엔지니어의 정의

인류 역사상 건설과 관련된 가장 오래된 법률조항(legal codes) 가운데 하나는 기원전 1700년경에 쓰인 고대 바빌론의 함무라비법전으로 다음과 같이 기술하고 있다(FitzSimons, 1986).

> "만약 집이 무너져 그 집의 주인이 죽었다면, 그 집을 지은 사람도 사형에 처해야 한다. 만약 집주인이 아닌 그의 아들이 죽었다면, 그 집을 지은 사람의 아들을 사형시켜야 한다."

이와 유사한 예는 1804년에 쓰인 나폴레옹 법전에서도 찾을 수 있다. 이 법전에서는 구조물이 준공된 지 10년 이내에 기초의 파괴나 부실시공으로 인해 사용하기 어려운 상태가 되면 시공자를 감옥에 보내야 한다고 규정하였다. 이러한 10년이라는 보증기간에 관한 규정은 현재까지도 남아 있지만, 시공자나 설계자들에게 자동으로 부과하였던 징역형이나 사형에 관한 조항은 없어졌다.

1879년에 스코틀랜드의 테이만을 가로지르는 테이 철도교가 갑작스럽게 붕괴하면서 열차에 타고 있던 200명 이상의 승객이 사망하는 사고가 발생하였다. 일요일에 사고가 발생하였는데, 그 당시에는 일요일에 안식하라는 기독교의 계율을 어겨서 사고가 발생했다는 어처구니없는 이유가 사고의 원인으로 지목되기도 하였다. 당시 포렌식 엔지니어들은 강재 트러스의 재료적 결함과 풍하중에 의해 붕괴가 발생했을 거라는 가능성을 제기하였다. 그러나 위와 같은 합리적인 가능성을 제기했던 기술자 중 한 명인 Thomas Bouch경은 이러한 주장으로 인해 직업을 잃었고 얼마 지나지 않아 사망하였다(FitzSimons, 1986). 오늘날 발생하는 사고의 대부분은 과학적으로 그 원인을 증명하는 것이 가능해지면서 과거 '하나님의 형벌'과 같은 터무니 없는 말은 사라지게 되었다.

함무라비법전의 조항에서부터 종교적 신념에 따른 해석에 이르기까지, 건설과 관련된 근대 법률조항은 시대적 상황을 반영하며 계속 변화해왔고, 더욱더 복잡해졌다. 1782년 Folkes와 Chadd 사이에서 배상과 관련된 법률분쟁이 발생하였다. 이 사건은 영국 해안의 항만에서 발생한 토사 유출에 따른 배상 문제에 대한 재판으로 항만에 대한 조류의 영향을 판단하면서 해당 분야 전문가의 증언을 허용하였다. 이때부터 근대 법정에서 전문가 지식에 바탕을 두어 판결을 내리는 선례가 생겨났고 그 이후로 재판의 결과를 도출하는 데 포렌식 엔지니어의 역할이 매우 중요해졌다(FitzSimons, 1986).

Folkes는 소유한 토지가 저지대에 있어 풍수해 피해를 막고자 토지 주변으로 제방을 쌓았다. 그 이후 인근에 있는 항구에 흙이 쌓이는 현상이 지속해서 발생하자 항구의 관리인이었던 Chadd는 그 원인을 새롭게 축조된 제방에서 유실된 토사가 항구로 유입되어 발생한 것이라고 주장하였다. Chadd는 Folkes에게 제방을 철거하라고 요청하게 되었고 결국 법정 다툼이 발생하였다. 이에 재판정은 당시 유명한 건설기술자 가운데 한 명인 John Smeaton에게 이에 대한 공학적 분석을 요청하였다. Smeaton은 항구 내 쌓이는 토사 유입이 제방과는 무관하다는 의견을 내었는데, 재판정은 이러한 의견을 바탕으로 다음과 같이 판결하였다.

> "이 사항은 Smeaton씨와 같은 전문가만이 판단할 수 있다. 그러므로 우리는 그의 판단이 사실에 근거하여 결정되었고, 본 사안에 대한 매우 적절한 증거라고 생각한다."

그 이후로, 포렌식 엔지니어는 법정에서 사실을 판단하고 의견을 제시하는 역할을 할 수 있게 되었다.

구조물의 손상이나 성능 저하 또는 파괴를 조사하여 그 원인을 파악하고, 어떻게 보강과 복구를 시행해야 하는지에 대한 전문적인 의견을 제시하며, 이러한 파손이나 파괴의 책임이 어디에 있는지를 판단하는 것을 포렌식 엔지니어의 기본적인 임무로 규정한다. 따라서 포렌식 엔지니어는 법정에서 포렌식 조사결과와 의견을 제시하고 그에 대한 법적인 책임을 지는 것도 감내하여야 한다.

미국 토목공학회가 정한 파괴 조사에 대한 지침에서는 포렌식 엔지니어의 주요 자격 조건에 관해 규정하고 있다(Greenspan 등, 1989). 첫 번째, 포렌식 엔지니어는 본인의 업무 분야에서 최고의 전문성을 가지고 있어야 하며, 조사 시 해당 주제에 대한 충분한 지식이 있어야 한다. 이러한 전문가적 지식은 심화된 교육과 다년간의 경험을 통해 습득할 수 있는데, 만약 조사 중인 사항이 본인의 전문분야가 아닌 경우에는 절대 포렌식 조사를 맡아 수행해서는 안 된다.

두 번째, 주요한 자격 조건은 해당 사건의 책임자나 원인 규명에 있어서 포렌식 엔지니어가 가져야 할 객관성과 공정성이다. 이를 위해 포렌식 엔지니어는 조사의 모든 과정에서 본인의 이해 충돌, 편견, 개인적 의견 등이 절대 개입되지 않도록 특히 주의하여야 한다(Carper, 1989). 미국 토목공학회의 지침에서는 포렌식 엔지니어는 합리적인 공학적 기본이론과 조사로 얻은 증거들을 바탕으로 최종 결론에 도달해야 한다고 제시하고 있다(Greenspan 등, 1989).

이 책의 부록 A에는 미국 지반공학 설계사 협회(ASFE, 현 GBA)에서 1993년에 제시한 "건설산업 분쟁 해결을 위한 전문가의 설계 전문영역 추천 실무"를 실었는데, 이 지침에서는 포렌식 엔지니어가 지켜야 하는 의무와 책임에 관한 내용이 잘 정리되어 있다.

1.2 손상의 종류

지반의 거동 때문에 건축물에 나타나는 손상(damage) 가운데 육안으로 확인할 수 있는 손상은 건축적 손상, 기능적 손상, 구조적 손상의 세 가지 정도로 분류할 수 있다(Skempton & MacDonald, 1956; Bromhead, 1984; Boscardin & Cording, 1989; Feld & Carper, 1997).

- **건축적 손상.** 기초지반의 변위 때문에 벽이나 바닥, 마감 등에 발생하는 경미한 균열 등으로 발생하는 손상으로 석고 벽체의 경우에는 0.5mm, 조적 벽체의 경우에는 1mm 이상의 폭을 가진 균열이 거주자에 의해 발견될 때 실질적으로 손상이 발생한 것으로 간주한다(Burland 등, 1977).
- **기능적 손상(또는 사용성 손상).** 기초지반의 변위 때문에 문이나 창문의 여닫음이 어려워지거나 벽체에 상당히 큰 균열이 발생하거나 파손이 발견되는 경우 또는 벽체나 바닥이 기

울어지고 천장이 누수되는 등 건물의 기능에 심각한 손상이 발생하는 상황을 의미한다.

- **구조적 손상.** 지반의 변위, 파괴로 인해 대들보, 기둥, 내력벽 등에 상당한 균열 또는 변형이 발생하여 건물의 안정성이 심각하게 우려되거나 완전히 파괴되는 상황을 의미한다.

이와 같이 육안으로 확인할 수 있는 구조물의 외부 손상 외에도 내재적 손상과 부수적 손실과 같이 육안으로 확인하기 어려운 손상이 있을 수 있다. 내재적 손상의 경우, 가시적인 증거가 없을 수 있으나 건축물의 설계 재검토 및 사용된 건축 자재의 시험을 통해 확인할 수 있다. 내재적 손상은 겉으로 드러나지 않는 문제로서 언제든 발생할 수 있으므로 이를 적절하게 판단하고 고려해야 한다(Greenspan 등, 1989).

부수적 손실(ancillary condition)이란 구조물 자체에 발생하는 손상에는 해당하지는 않지만, 금전적, 경제적 피해가 동반되는 손실을 의미한다. 예를 들어, 시공자 또는 집주인은 비용이 과도하게 추가되거나 준공일에 준공하지 못하면, 이에 대한 민사소송을 제기할 수 있다.

요약하면, 손상은 육안으로 확인할 수 있는 손상에 해당하는 건축적 손상, 기능적 손상, 구조적 손상과 육안으로 확인이 어려운 내재적 손상과 부수적 손실 등 다섯 가지 경우로 분류할 수 있다.

1.3 대표적 의뢰인

포렌식 조사를 수행하기 위해 엔지니어를 고용하는 대표적인 의뢰인은 다음과 같다.

- **보험회사.** 집주인이 보험회사에 자산의 파손에 대해 신고하면, 피해를 조사해야 할 수 있다. 예를 들어 1994년 1월 17일, 규모 6.7의 캘리포니아 노스리지(Northridge) 지진이 발생했을 때 피해를 입은 대다수 집주인은 이미 지진피해에 대한 보상보험에 가입한 상태였다. 보험금 지급요청을 처리할 때, 포렌식 엔지니어는 보험회사의 의뢰를 받아 피해의 원인이 지진에 의한 것이었는지 아니면 기존에 있던 파손에 의한 것인지를 결정하고 복구에 대한 제안을 함께 제시한다.
- **손해사정인.** 보험금 지급요청에 대한 서류작업은 매우 복잡할 수 있어서 몇몇 집주인들은

개별적으로 손해사정인에게 이에 대한 대행 또는 도움을 요청하기도 한다. 이러한 경우, 손해사정인은 보험회사에서 시행하는 조사와는 별도의 조사를 진행하기 위해 포렌식 엔지니어에게 이를 의뢰하기도 한다.

- **자산 소유자.** 구조물에 발생한 피해 정도가 보험에서 보장한 한도를 벗어나거나 보험의 보장을 받지 못하게 될 때는 구조물의 보수 및 복구를 위해 포렌식 엔지니어에게 의뢰하기도 한다. 자산을 소유할 수 있는 모든 주체(개인, 기업, 금융기관, 부동산 투자회사 등)가 이 범주에 들어간다.
- **법적 분쟁의 당사자.** 법적 분쟁이 발생하였을 때, 원고나 피고 또는 그들의 법률 대리인 등이 법정에서 조사결과의 증언을 포렌식 엔지니어에게 의뢰하게 된다. 그러나 미국에서는 대부분 민사소송이 변론 전에 합의로 마무리되는 경우가 많다.
- **개발사업자.** 소송은 비용과 시간이 많이 소요되는 과정이다. 경우에 따라, 개발사업자는 소송을 피하기 위해 문제를 해결하려고 시도한다. 개발사업자는 보수방법을 찾기 위해 포렌식 엔지니어를 고용한다. Miller(1993)는 문제가 작고 잘 정의되어 있거나 한두 가지 문제로 제한될 때 포렌식 엔지니어를 고용하는 것은 일반적인 접근법이라 하였다.
- **공공기관.** 미국에서는 직업안전 및 위생관리국(Occupational Safety and Health Administration, OSHA)과 미국 연방교통안전위원회와(National Transportation Safety Board, NTSB)와 같이 구조물 피해를 조사하는 공공기관에서도 포렌식 엔지니어에게 조사를 요청하는 사례가 많다. 그 외의 다른 여러 공공기관에서도 포렌식 조사를 의뢰할 수 있다. 포렌식 엔지니어는 붕괴되거나 열화된 공공 시설물을 조사하거나 이에 대한 소송절차에서 참여를 요청받게 된다.
- **역사적인 구조물의 소유주.** 보통 역사적 가치가 있는 구조물은 공공기관에서 관리하지만, 경우에 따라 개인이나 관련 단체가 소유하고 있는 경우도 있다. 이러한 역사적 구조물을 유지, 보수하는 작업은 포렌식 엔지니어들에게도 쉽지 않은 일이다. 이 책의 제7장 7절에서는 어도비(Adobe) 벽돌로 지어진 역사적 구조물의 보수작업 사례를 소개하였다.

1.4 법적 절차

포렌식 엔지니어는 법적인 처리 절차에 대한 기본적인 정의와 개념을 이해하고 있어야 한다. 본 책에서는 법적 처리 절차를 간략하게 소개하였다. 좀 더 자세한 내용은 ASFE에서 발간한 "전문적 증거 제공을 위한 포렌식 공학과 임무에 대한 지침(A Guide to Forensic Engineering and Service as an Expert Witness)"을 참고하면 된다.

1.4.1 민사소송

민사소송(civil litigation)은 원고(plaintiff)가 소장을 작성하는 것으로 시작한다. 피고(defendant)는 개인이 될 수도 있고 회사가 될 수도 있다. 민사소송을 진행하게 되면 피고가 해당 프로젝트와 관련된 다른 사람을 대상으로 소송을 제기하기도 한다. 예를 들어, 집주인(원고)이 건물의 기초에서 발생한 구조적 문제로 개발사업자(피고)에게 소송을 제기할 때, 개발사업자는 기초를 설계 또는 시공한 업체나 기술자를 대상으로 소송을 제기할 수 있다. 이렇게 제3의 관계가 피고가 되는 경우를 교차 피고(cross defendant)라 한다.

소송을 제기한 법적 서류는 관할 법원에 보관되어야 하는데, 관할 법원은 주로 손상된 구조물이 있는 장소나 피고의 거주지 또는 계약이 체결된 장소에 의해 정해진다. 세부적인 재판 진행 과정은 관할 법원이 어디냐에 따라 달라질 수 있음을 인지하여야 한다.

민사소송을 담당한 판사는 해당 사건과 관련된 모든 사항에 대해 최종적인 판단 권한을 갖는다. 원고는 법정에서 본인의 주장을 입증하는 데 유리한 충분한 증거를 제출해야 하며, 최소한 제출된 증거 전체의 절반 이상을 원고의 주장을 뒷받침하는 증거로 준비해야 한다.

민사소송은 소송 진행 비용이나 판결의 불확실성 때문에 판결 이전에 합의로 종결하는 경우가 많다. Miller(1993)의 연구에 의하면 건설소송의 약 95% 정도는 판결 일자 이전에 합의로 마무리되는 것으로 알려져 있다.

1.4.2 중요한 법률 용어

다음은 몇 가지 중요한 법률 용어에 대한 설명이다.

변호사와 의뢰인 간의 비밀유지 특권[1]과 변호사 업무 서류

변호사와 의뢰인 간의 대화나 서신은 그 내용이 비밀로 유지되어야 하며, 어떠한 경우에도 그 내용은 법정에서 증거로 사용될 수 없다.

변호사는 필요한 경우, 변호사 업무 서류라 표시된 문서를 포렌식 엔지니어에게 송부할 수 있다. 일반적으로 이러한 문서는 보호되고 있어 증거로 인정할 수 없으나 예외적으로 포렌식 엔지니어가 전문 증인으로 지정되었을 때는 증거로 인정될 수 있다.

소멸시효

소멸시효(statute of limitations)에 대한 자세한 사항들은 주마다 다르지만, 원고는 사건 발생일로부터 주어진 시일 이내에 제반 서류를 갖춰 제출해야 하고, 그 시일이 지난 후에는 해당 사고에 대해 소송을 제기하는 것이 불가능하게 된다. 예를 들어, 건물이 붕괴되어 거주하고 있던 임차인이 부상을 입었을 때, 집주인은 건물의 붕괴로 인한 물질적 손해와 관련하여 그 건물을 설계한 사람에 대해 소송을 제기할 수 있으며, 마찬가지로 부상을 입은 임차인은 본인의 부상과 관련된 소송을 설계자에게 제기할 수 있다. 이 경우에 소멸시효를 정하는 두 개의 기준이 존재하게 되는데, 하나는 건물이 준공된 날짜이고 나머지 하나는 건물이 붕괴된 날짜이다. 이 예시 같은 경우에 소멸시효는 피해의 종류, 즉 건물의 붕괴와 임차인의 부상 가운데 어디에 중점을 두느냐와 붕괴와 부상의 발견 시점과 결함의 원인 등에 의해 결정된다.

주의 및 과실 기준

ASFE(1993)에 따르면 “주의 기준”이란 “동일한 분야의 전문가들이 같은 지역에서 동일하거나 유사한 사실과 상황에 직면했을 때 일반적으로 수행할 수 있는 기술과 능력의 수준”이라 정의한다. 이는 전문적인 공학자가 내리는 결론은 설계 당시의 지식수준을 가지고 있는 평균적이고 신중한 공학자의 결론과 일치해야 한다는 개념을 기본으로 한다. 그래서 포렌식 엔지니어는 이러한 주의 기준을 설정하고 설계가 적합했는지 평가하는 것에 대해 법적으로 그 권리를 보장받는다. 만약 설계자가 주의 기준을 위반하고 설계를 진행하여 구조물의 파손이나

---

1 비밀유지 특권은 미국법상 의뢰인이 변호사에게 법적 자문을 받을 목적으로 이루어진 의사 교환 내용의 비밀을 보호하고 이의 공개를 막을 수 있는 권리를 말하며, 미국과 같은 보통법 체계(Common Law)에서 형성된 권리다.

인적 피해가 발생하였다면 이는 설계자의 과실로 판단하게 된다. 주의 기준을 결정하는 절차는 부록 A의 7절에 소개되어 있다.

무과실책임

무과실책임(strict liability)의 법률적 정의는 이름 그대로 과실이 없는데 책임을 져야 하는 상황을 말한다. 불법행위법의 무과실책임 조항은 위험한 활동에 종사하는 사람들 때문에 만들어졌다. 예를 들어, 폭발물을 판매하거나 암석을 폭파하는 등의 극도로 위험한 활동에 참여하는 사람들은 본인의 과실 여부와 상관없이 손실에 대한 책임을 지게 된다. 위험한 동물을 키우거나 위험한 제품을 판매하는 사람 또한 무과실책임의 당사자가 될 수 있다(Sweet, 1980).

현대 사회에서 무과실책임은 주로 제조 상품과 관련되는 경우가 많다. 제조업체의 책임을 결정하는 것은 주마다 기준이 다르지만, 일반적으로 제조업체에 대한 무과실책임이란 제조업체가 생산한 여러 제품 가운데 결함이 있는 제품으로 인해 발생한 인적 피해는 그 책임을 제조업체가 져야 한다는 것이다. 이러한 경우, 피해자는 제조업체의 과실 여부를 직접 증명할 필요가 없다. 일부 주에서는 대규모 단독 주택, 아파트 또는 콘도를 시공하는 개발업자에게 이러한 무과실책임을 적용하고 있다. 이러한 경우, 개발업자는 생산업체처럼 매우 유사한 형태의 구조물을 다수 제작하기 때문이다. 비록 각각의 개별 주택이 가진 모양이나 외관은 서로 조금씩 다를 수 있지만, 기본적으로 콘크리트 기초나 목제 벽체와 같은 동일한 구조적 요소를 가지고 있기 때문에 이와 같이 판단한다. 따라서 제조업체와 같이 제품을 대량 생산하는 개발업자는 구조물의 결함에 대한 책임을 더욱 엄격하게 져야 할 수 있다.

소 제기 요건 증명서

미국 캘리포니아주에서 변호사가 제삼자인 설계자를 대상으로 소송을 제기할 때에는 반드시 민사소송법 411.35의 조항을 따라야 한다. 이 조항은 소장에서 설계자를 피고라 부르기 전에 먼저 소 제기 요건 증명서(certificate of merit)를 법원에 제출할 것을 규정하고 있다.

설계자에게 소송을 제기하는 경우, 변호사는 법정에 소 제기 요건 증명서를 제출하기 위해 다음과 같은 작업을 수행하여야 한다.

1. 사건의 사실관계와 주요 쟁점을 검토한다.

2. 해당 분쟁 내용에 대해 어느 쪽에도 속하지 않은(당사자가 아님) 등록 기술자와 안건에 대해 상의한다.
3. 사건을 검토한 결과와 등록 기술자와의 협의를 바탕으로 해당 소송을 제기하는 것이 합리적이고 가치 있는지를 평가하고 결론을 내린다.

소 제기 요건 증명서가 법원에 제출된 후, 변호사는 설계자가 해당 소송의 피고임을 알려주는 소장을 설계자에게 전달할 수 있다.

소장

민사소송 과정에서 변호사는 원고의 최초 진술에 필요한 소장(declaration)을 준비하기 위해 포렌식 엔지니어에게 의뢰하기도 한다. 소장은 법정에 제기한 변호사의 신청(motion)을 뒷받침하거나 대응하기 위해 작성되는 법적 문서를 말하는데, 포렌식 엔지니어와 변호사가 공동으로 작성해야 하며, 포렌식 엔지니어는 문서 내용에 위증한 사실이 나오면 처벌을 받게 된다는 서명을 한다.

포렌식 엔지니어들이 소장(또는 답변서)을 작성해야 하는 많은 상황이 존재한다. 예를 들어, 폭우로 배수관이 파열되어 피해를 본 건물 소유주가 소송을 제기한 사건이 있었다. 이 소송에서 교차 피고 입장인 시청은 소송에서 기각을 요청하는 신청서를 법원에 제출했다. 이를 위해 시청 쪽 포렌식 엔지니어는 관찰조사를 바탕으로 배수관이 시 소유지에 있지 않다는 답변서를 준비했다. 건물 소유자 측의 포렌식 엔지니어는 지반조사를 수행하고 이를 기반으로 배수관 일부가 시유지에 묻혀 있다는 소장을 작성하였다. 판사는 두 서류를 모두 검토한 결과, 시청이 이 사건에서 벗어날 수 없다는 결론을 내렸다.

사건 관리 명령서

소송사건의 재판장은 필요에 따라 사건 관리 명령서(case management order)를 내릴 수 있는데, 이 책의 부록 B에서 사건 관리 명령서의 예시를 제시하였다. 이 문서는 소송 진행 방법에 대한 판사의 지침을 포함하고 있으며 특정 안건의 완료 시점에 대한 기한을 규정하고 있다. 예를 들어 증언 접수와 같은 특정 작업의 완료 기한을 지정할 수 있으며 재판 날짜까지도 지정할 수 있다. 부록 B의 H 항목에서는 여러 소송 기한에 관한 내용을 요약하여 제시하였다.

1.4.3 증거개시

증거개시(discovery)는 소송과 관련된 정보를 얻는 과정이다. 판사는 새로 얻은 정보가 재판에서 허용 가능한 증거인지를 결정하게 된다. 대부분의 증거개시는 증인 인터뷰, 공문서 조사, 사문서, 토지 또는 기타 재산에 대한 조사를 포함한다. 다른 두 가지 증거개시 방법은 다음과 같다.

질문서

질문서(interrogatory)는 소송에서 특정인에게 보내는 서면 질의서다. 부록 B의 A에 질문서의 예시를 수록하였다.

Miller(1993)는 질문서가 다음과 같은 목적을 달성할 수 있기 때문에 매우 유용한 도구라고 하였다. (1) 주장 또는 반론의 요점을 점검하고 (2) 추가 증거를 얻는 데 도움이 되는 정보를 도출하며 (3) 추가 발표를 위해 유용한 사실인 사항들을 결정하고 (4) 모호하거나 불확실한 변론을 명료화하며 (5) 재판의 주요 쟁점을 좁히고 (6) 증언 또는 재판 과정에서 증인의 신뢰성을 점검하는 데 도움이 되는 정보를 도출한다.

증언 녹취서

증언 녹취서(deposition)는 재판 전에 증인 또는 포렌식 엔지니어의 공식적인 의견이나 증언을 얻는 데 그 목적이 있다. 증언에 앞서 증인이 소환될 것이다. 이 문서에는 진술을 요청한 날짜, 위치 및 변호사에 대한 사항이 포함된다. 만약 소환장에 'Duces Tecum'이라고 기술되어 있는 경우, 그 사람은 모든 관련 문서를 증언 녹취서로 제출해야 한다.

진술 과정에서 변호사는 증인에게 안건에 관한 구체적인 질문을 하게 된다. 법정 기록원은 질문과 답변에 대한 속기 사본을 작성하며 이는 증언에 대한 공식 기록으로 간주한다. 이러한 진술은 선서하에 이루어지기 때문에 이를 통해 전달되는 포렌식 엔지니어의 의견은 명확하고 간결해야 한다. 재판 과정에서 포렌식 엔지니어의 증언과 증언 녹취서의 내용은 서로 일치해야 한다.

1.4.4 기타 분쟁 해결방법

조정

민사소송의 당사자들은 재판 전 조정(mediation)과정에서 서로 동의할 수 있다. 조정과정에서는 양쪽 어디에도 속하지 않은 은퇴 판사나 별도의 변호사 또는 전문가가 비공식적인 자리에서 증거를 듣고 타협을 통해 사건을 해결할 수 있게 도움을 준다. 이 과정에서 포렌식 엔지니어는 조정에 참여한 조정인을 대상으로 자세하게 설명해줄 것을 요청받을 수 있다. 이 경우에 교차검증 과정을 거치지 않는 경우가 많은데 이는 조정자로서 사건을 해결하는 것이 중요하지, 포렌식 엔지니어의 의견을 의심하거나 기각하는 데 그 목적이 있지 않기 때문이다.

중재

중재(arbitration)는 조정보다 더 공식적인 처리 과정이다. 보험과 관련된 소송의 경우, 보험약관에 의한 구속력 있는 중재를 통해서만 분쟁을 해결할 수 있다고 명시되어 있는 경우도 있다. 또는 소송당사자가 미국 중재 협회(American Arbitration Association, AAA)에서 정한 절차를 따라 서로 합의를 이루기도 한다. 중재 과정에서 포렌식 엔지니어는 결정권을 가진 중재자 또는 중재자 패널 앞에서 선서하고 해당 안건에 대해 증언하게 된다. 중재는 일반적으로 배심원 재판보다 비용이 적게 들고 더 짧은 시간에 완료할 수 있다는 장점이 있다. 또한 배심원 재판에 비해 중재가 갖는 또 다른 이점은 분쟁에 관련된 당사자가 직접 해당 사항에 경험이 있는 중재자, 예를 들면, 건설하자 소송에 경험이 많은 중재자를 선택할 수 있다는 것이다.

1.4.5 변론

포렌식 엔지니어는 법정에서 조사결과를 변론(trial)할 준비를 해야 한다. 개인이 재판에서 증언을 준비할 수 있도록 도와주는 관련 서적뿐만 아니라 재판 중에 취해야 할 적절한 행동에 대한 지침을 기술한 서적도 출판되어 있다. 예를 들어 ASCE가 출간한 "실패 조사를 위한 지침(Greenspan 등, 1989년)"에서는 긍정적인 태도와 적절한 태도 제시, 법원에 대한 존중과 전문성과 적절한 자세를 유지하는 것과 같은 몇 가지 중요한 요소들이 제시되어 있다. 증언을 하는 동안 중요한 사항들은 분명하게 말하고, 질문에 대답하기 전에 잠시 멈추고, 답변을 확대하지 않고 질문의 초점에 맞도록 대답함으로써 상대방 변호사에게 필요한 것보다 더 많은 정보를 줄 수 있다. 다음은 증언할 때 명심해야 할 중요한 항목을 요약한 것이다(Greenspan 등, 1989).

- **태도 및 자세.** 긍정적인 태도와 적절한 자세를 취한다.
- **존중.** 법정에 대한 적절한 존중을 표시한다. 특히 판사를 부를 때는 존칭을 사용한다.
- **자격.** 전문가적 자격을 과장하지 않는다.
- **보디 랭귀지.** 침착함을 유지하고 보디 랭귀지를 조심하여 사용한다.
- **자세.** 증인석에 바른 자세로 앉는다.
- **행동.** 손이나 머리를 과도하게 움직이지 않도록 한다.
- **눈 맞춤.** 질문에 답할 때에는 배심원을 직접 본다.
- **표정.** 감정이 드러나는 표정을 짓지 않도록 한다.
- **명확하게 말하기.** 명확한 음성으로 간결하게 답변한다.
- **응답 전 잠시 쉬기.** 답변하기 전에 잠시 여유를 둠으로써 변호사가 이의를 제기할 수 있는 시간을 제공한다.
- **냉정 유지하기.** 상대 변호사의 공격적인 언사에 대해 침착함을 유지한다.
- **대립 회피.** 상대 변호사와 대립하여 전문가의 신뢰도가 손상되지 않도록 한다.

재판 증언 중 가장 힘든 부분은 상대편 변호사가 포렌식 엔지니어의 증언에 대한 공격을 위해 반대 심문을 할 때라고 볼 수 있다. 이와 관련하여 Matson(1994)은 다음과 같이 기술하였다.

> 상대 변호사는 재판 중에 제시된 포렌식 엔지니어의 의견이 타당한지에 대해 질문할 기회를 얻게 되는데, 그들은 포렌식 엔지니어가 증인으로서의 진실성을 가졌는지도 의문을 가질 것이다. 상대측 변호사는 반대 심문을 통해 끊임없이 포렌식 엔지니어의 증언을 기각시키고 전문가로서의 신뢰를 훼손하려고 모든 방법을 사용한다. 그리고 배심원들에게 포렌식 엔지니어의 말을 믿지 않게 하려고 온갖 술수를 쓴다. 변호사들은 이러한 일들이 본인들이 해야 할 일이고 책무라고 생각하기 때문이다. 흔히, 변호사들이 하는 말이 있다 "여기에 진실이 있다. 그것들에 관해 토론하라."

1.5 피해 사례

1998년 겨울에 엘니뇨 현상으로 발생한 두 가지 피해 사례를 소개하고자 한다. 두 가지 사례 모두 기후 이상 현상으로 캘리포니아 지역에 내린 폭우로 인한 산사태와 관련이 있다. 강우가 지면에 침투하면 지하수위가 상승하면서 동반되는 침투력에 의해 산사태를 발생시키려는 힘은 증가하고, 간극수압의 상승으로 인해 전단파괴에 저항하려는 힘이 감소하여 산사태를 일으키게 된다.

그림 1.1~1.7은 1998년 3월, 캘리포니아주 올리벤하인(Olivenhain)에서 발생한 첫 번째 비탈면 파괴 현장에서 찍은 사진들이다.

- **그림 1.1과 1.2.** 그림에 제시된 사진은 산사태가 발생한 비탈면의 선단부에서 촬영한 것으로 그림 1.1의 작은 화살표는 활동면의 선단부에서 흘러나오는 지하수를 가리킨다. 활동면의 선단부에 표시된 두 개의 큰 화살표는 비탈면 파괴가 발생하여 파괴된 토체가 비탈면을 넘어 하부로 흘러내려 가는 영역을 가리킨다. 그림 1.2는 활동면의 선단이 비탈면 아래로 흘러내려 가는 모습에 근접하여 촬영한 사진이다.
- **그림 1.3과 1.4.** 그림에 제시된 사진은 산사태 본체의 지표에 발생한 균열과 파괴양상을 보여준다. 그림 1.3은 산사태로 숏크리트(gunite) 배수로가 붕괴된 모습이며, 그림 1.4는 다른 위치에 있는 숏크리트 배수로가 뒤틀리고 지표에 균열이 발생한 모습을 찍은 사진이다.
- **그림 1.5~1.7.** 그림에 제시된 사진은 산사태 비탈면의 정상부와 주 파괴면을 보여준다. 이 지역은 산사태 비탈면의 정상부에 있으며 산사태로 인해 대량의 토사가 아래쪽으로 쓸려 내려간 모습이다. 그림 1.5에서 목재 데크 아래로 주 파괴면이 형성되면서 데크가 아래쪽으로 이동하여 뒤틀린 모습을 볼 수 있다. 그림 1.5의 화살표는 주요 급경사가 발생한 지점을 가리키며 그림 1.6은 이 영역을 확대해 보여주고 있다. 그림 1.7은 주 파괴면의 또 다른 모습으로 지표면이 약 2m 아래로 쓸려 내려간 것을 볼 수 있다. 그림 1.7에서 두 화살표 사이의 연직거리는 산사태로 인하여 토체에 발생한 연직 방향의 변위이다. 이 사진에서는 주요 급경사 지점에서 비탈면의 붕괴로 노출된 주 파괴면의 상태가 매우 매끄럽고, 파괴 방향을 따라 홈이 나 있는 모습을 볼 수 있다.

그림 1.1 올리벤하인 산사태 비탈면의 주 파괴면(작은 화살표는 주 파괴 비탈면에서 용출되는 지하수를 가리키며, 큰 화살표는 산사태 비탈면의 선단부가 비탈면 아래로 내려가는 모습)

그림 1.2 올리벤하인 산사태: 산사태 비탈면의 선단부가 비탈면 아래로 내려가는 모습을 확대 촬영한 사진

그림 1.3 올리벤하인 산사태: 숏크리트 배수로가 산사태로 인해 파손된 모습

그림 1.4 올리벤하인 산사태 : 다른 각도에서 찍은 산사태 비탈면의 본체로 지표면에 발생한 균열과 배수로가 파손된 모습

그림 1.5 올리벤하인 산사태: 산사태 정상부의 모습(화살표는 주 파괴면을 가리킴)

그림 1.6 올리벤하인 산사태: 그림 1.5에 표시된 주 파괴면을 확대하여 촬영한 모습

그림 1.7 올리벤하인 산사태: 주 파괴면의 다른 모습(화살표 사이의 연직거리는 파괴된 비탈면이 움직인 변위량을 나타냄)

그림 1.8~1.16은 두 번째로 1998년 3월 캘리포니아 라구나 니겔(Laguna Niguel)에서 발생한 산사태를 촬영한 사진들이다. 이 산사태는 훨씬 더 크고 깊게 발생하였으며, 이로 인해 더 큰 피해를 줬는데, 대규모의 비탈면 파괴로 인해 파괴된 비탈면의 정상부에서 상당히 큰 연직변위가 일어났으며, 비탈면의 선단부에서는 지반이 밀려 위로 융기되는 현상이 관찰되었다.

- **그림 1.8~1.10.** 이 사진들은 산사태 비탈면의 선단부에 있는 단독 주택들이 파괴된 모습을 촬영한 것이다. 그림 1.8에서 보이는 부분은 원래 평평한 편에 속하는 지반이었으나, 산사태로 인해 도로와 건물이 융기되었다. 그림 1.8의 화살표는 도로와 건물이 원래 위치했던 높이를 나타내고 있다. 사진에서 보이는 것과 같이 비탈면 선단부에서는 비탈면 파괴로 인한 지반 융기로 주택이 둘로 찢어져 두 동강이가 났다. 그림 1.9와 같이 다른 곳에서는 도로가 6m 가까이 들어 올려졌으며 그림 1.10과 같이 산사태로 인하여 비탈면의 선단부에 있는 많은 건물이 완파되었다.

그림 1.8 라구나 니겔 산사태: 파괴된 비탈면의 선단부 모습(화살표는 이 지역의 원래 높이를 나타내며, 비탈면의 파괴로 인해 도로와 건물 모두 상당히 많이 융기된 것을 알 수 있음)

그림 1.9 라구나 니겔 산사태: 산사태 비탈면의 선단부에서 도로가 6m 정도 들어 올려진 모습

그림 1.10 라구나 니겔 산사태: 산사태 비탈면의 정상부에 있는 주택에 발생한 피해

- **그림 1.11~1.16.** 이 사진들은 비탈면의 정상부에서 발생한 피해를 보여준다. 그림 1.11에서 나타난 주요 파괴면의 비탈면 높이가 약 12m에 달하였다. 그림 1.11에서 두 화살표 사이의 연직거리는 비탈면의 상부가 파괴되면서 아래쪽으로 변위가 발생한 모습을 보여주고 있다. 그림 1.12는 산사태로 건물의 하부지반이 아래쪽으로 파괴되면서 주택의 한 모서리가 허공에 떠 있게 된 모습을 보여준다. 그림 1.13은 산사태로 인해 뒷부분이 들린 다른 주택의 모습이다. 산사태 비탈면 정상부에 있는 모든 주택에서는 산사태로 인한 지반의 움직임으로 건물에 상당한 연직변위와 수평변위가 동시에 발생하였다. 예를 들어 그림 1.14는 인접한 도로와 비교해서 연직변위가 발생한 모습이고, 그림 1.15는 주택이 비탈면 아래쪽으로 기울어지면서 인접도로 사이에 큰 틈이 발생한 모습이다. 마찬가지로 그림 1.16에서는 주택이 비탈면 아래쪽으로 미끄러져 내려가면서 주택의 기초가 기초지반에 큰 홈을 남긴 모습을 볼 수 있다.

그림 1.11 라구나 니겔 산사태: 산사태 비탈면의 정상부에서 촬영한 모습으로 산사태로 발생한 연직변위는 사진상의 두 화살표 사이의 연직거리로 추정할 수 있다.

그림 1.12 라구나 니겔 산사태: 산사태 비탈면의 정상부에서 촬영한 사진(작은 화살표는 주택의 모퉁이 부분이 허공에 떠 있는 부분을 표시하고 있으며, 큰 화살표는 산사태로 인해 발생한 주 파괴면의 위치를 표시함)

그림 1.13 라구나 니겔 산사태: 산사태 비탈면의 정상부에 있는 주택 일부가 허공에 떠 있는 모습(화살표는 공중에 떠 있는 기둥과 기초를 가리킴)

그림 1.14 라구나 니겔 산사태: 산사태 비탈면의 정상부에 있는 주택이 비탈면 아래쪽으로 기울어진 모습(화살표는 주택의 기초가 인접도로와 분리되어 아래쪽으로 내려앉은 곳을 가리킴)

그림 1.15 라구나 니겔 산사태: 산사태 비탈면의 정상부에 있는 주택과 인접도로에 전체적으로 횡방향 변위가 발생한 모습(횡방향 변위의 크기는 화살표로 표시함)

그림 1.16 라구나 니겔 산사태: 산사태 비탈면의 정상부에 있는 주택이 비탈면 아래 방향으로 기울어짐(주택의 기초가 이동하면서 기초 아래 지반에 홈을 크게 만든 모습)

이 두 가지 예에서 알 수 있듯이 산사태는 포렌식 엔지니어에 의해 조사되어야 하는 가장 파괴적인 상황 가운데 하나라고 볼 수 있다. 포렌식 엔지니어가 산사태를 조사할 때 적용할 수 있는 이론과 방법들은 제6장과 제9장에서 자세히 기술하였다.

일반적으로 지반공학 교과서에서 사용되는 기호를 사용하려고 노력하였으나 일치하지 않는 부분도 있어 일부 장의 시작 부분에 기호의 목록을 제시하였다. 단위는 국제 표준단위 SI와 미국 표준단위인 USCS(United States Customary System Unit)를 모두 제시하였다.

1.6 요 약

이 책은 다음과 같이 크게 네 개 부분으로 구성되어 있다. 제1부(제2장과 제3장)에서는 지반 공학적 포렌식 조사에 적용하는 기본적인 절차를 소개하였다. 제2부(제4장~제8장)에서는 포렌식 엔지니어가 조사하게 되는 공학적 문제들(침하, 팽창성 지반, 비탈면 안정, 지하수 문제 등)에 대해 주제별로 자세하게 설명하였다. 제3부(제9장과 제10장)에서는 균열 및 파손에 대한 평가와 복구에서 포렌식 엔지니어의 역할에 관해 설명하였다. 마지막 제4부(제11장)에서는 민사책임을 회피하는 방법을 소개하였다. 그리고 이 책 전반에 걸쳐 지반 포렌식 엔지니어가 직면할 수 있는 지반 및 기초공학의 다양한 사고사례를 제시하였다.

PART

I

사건수임과 조사

Assignment and Investigation

넵튠 블러프(Neptune Bluff) 비탈면 붕괴. 하단 사진은 상단 사진에서 화살표로 표시한 주택의 모습을 절벽 꼭대기 부근에서 확대하여 촬영한 것이다. 하단 사진은 바다 절벽 꼭대기에서 바라본 경치를 보여주며 무너진 주택의 모습을 좀 더 자세하게 볼 수 있다.

사건수임

2.1 기본 정보

다른 프로젝트와 마찬가지로, 해당 프로젝트에 대한 포렌식 분석 의뢰를 수락하기 전에 의뢰한 사건에 대한 최소한의 기본 정보는 파악한 후에 수락 여부를 결정해야 한다. 의뢰인에 대한 정보, 사건에 대한 장소와 종류는 기본적으로 알고 있어야 하고, 다음과 같이 구조적 손상과 관련된 기본적인 정보도 숙지해야 한다.

1. **포렌식 프로젝트의 유형(Type of forensic project).** 해당 프로젝트가 민사소송을 직접 다루는지 또는 보험회사나 독립적인 손해사정인, 건물주 또는 정부 기관에서 자체적으로 의뢰한 포렌식 조사인지 여부를 결정하는 것이 중요하다.
2. **구조적 손상의 특성(Nature of damage or deterioration).** 의뢰인이 제공한 구조물 손상의 유형과 정도에 대한 정보를 바탕으로 본인의 전문분야 내에서 처리가 가능한 프로젝트일 때만 의뢰를 수락하여야 한다.
3. **손상 발생 시기(Age of the problem).** 해당 구조물의 손상이 언제 발생했는지 알아야 한다. 만약 해당 사건이 꽤 오래전에 발생한 것이라면 이전에 포렌식 엔지니어에게 해당 사건에 대한 의뢰를 한 적이 있었는지를 확인하고 의뢰한 기록이 있다면 왜 다시 다른 전문가에게 의뢰하려고 하는지에 대해 의뢰인의 답변을 들어야 한다. 의뢰인에게서 이전에 의뢰를 받은 포렌식 전문가의 이름과 연락처를 받아 해당 사건에 대한 포렌식 조사를 계속해서 수행하지 않는 이유가 무엇인지 확인을 해야 한다.

4. **계약의 범위(Scope of work).** 처음부터 조사의 전체 범위를 결정하기는 쉽지 않다. 일단, 초기 현장 방문과 같이 시작 단계에 해당하는 정도의 업무에 대해 먼저 협의한 후, 초기 현장조사 결과를 바탕으로 본격적인 조사계획 및 비용에 대한 계약을 진행하는 것이 일반적이다.
5. **이해 상충(Conflict of interest).** 이해 상충이 발생하면 해당 프로젝트에 대한 의뢰를 거절하여야 한다. 이해 상충이 발생하는 상황이란 기본적으로 본인이 원고 및 피고와 밀접한 관계에 있는 경우뿐만 아니라 해당 프로젝트의 설계나 시공, 유지, 보수 등에 있어 일부라도 본인이 참여한 이력이 있는 경우도 포함될 수 있다.

2.2 사건수임

민사소송과 관련된 의뢰를 수락하게 되면, 소송에 대한 정보를 가능한 한 많이 확보하는 것이 중요하다. 일단 의뢰인이 원고인지 피고인지 아니면 교차 피고인지를 확인하여야 한다. 교차 피고가 다수인 경우, 본인들의 의뢰 비용 절감을 위해 동일한 포렌식 엔지니어에게 의뢰하는 경우도 있다. 어떤 상황이든지 간에 포렌식 엔지니어는 소송과 관련된 의뢰인들에 대해 충분하게 알고 있어야 한다.

Shuirman과 Slosson(1992)은 민사소송과 관련된 의뢰를 수락하기 전에 완료해야 하는 일상적인 점검 항목을 다음과 같이 제시하였다.

1. 소송과 관련된 당사자들과 직간접적으로 이해 충돌이 없는지 확인해야 한다.
2. 재해나 붕괴에 대한 정보는 최대한 많이 확보하여야 한다. 그리고 이러한 정보가 편향적이거나 부족한 자료를 바탕으로 얻은 정보일 수 있다는 점을 유념해야 한다.
3. 주요 쟁점에 대한 객관적인 결론을 도출하기 위해서는 객관적 사실과 주관적 의견을 구분하여야 한다.
4. 사건의 진행 상황과 계획된 일정을 확인하여 철저한 조사를 위한 충분한 시간이 있는지 판단해야 한다.
5. 해당 프로젝트가 본인 또는 본인의 회사가 전문적으로 처리할 수 있는 분야에 해당하는

지 검토하여야 한다. 변호사는 해당 포렌식 의뢰에 해당하는 사안이 무엇이고, 어떤 사항이 의뢰 사항에 해당하지 않는지 분명하게 이해하고 있어야 한다.

6. 수수료 지급 일정과 지급 대상 및 지급 방법에 대해 구체적으로 결정하여야 한다.
7. 변호사나 법무법인의 평판을 잘 모르면 그들의 평판을 확인해야 한다.

2.2.1 이력서

포렌식 엔지니어는 변호사에게 본인의 학력, 학위, 업무 경험, 기술자격과 논문, 저서 등에 대한 정보를 제공하여야 한다. 이를 위해 해당 사항들을 정리한 이력서를 준비하고 주기적으로 그 내용을 갱신하여야 한다. 왜냐하면, 이런 사항들이 법정에서 본인이 전문가로서 자격이 충분한지 증명하는 데 사용되기 때문이다. 1989년 Greenspan 등(1989)은 포렌식 엔지니어의 이력서에 포함되어야 하는 정보들을 정리하여 다음과 같이 제시하였다.

1. **기본 신상정보.** 본인의 이름, 직업, 직위, 직장 주소를 기재한다.
2. **직업.** 본인의 직장 내 직함과 직위, 그리고 전문분야를 명시한다(예: 사장, John Doe & Associates, 지반공학 기술자).
3. **학력.** 본인의 출신 대학, 학위 정보, 학위 날짜를 기재한다. 만약 우등으로 졸업한 경우에는 그 사항도 기록한다.
4. **실무 경력.** 최종 학교 졸업 이후의 실무 경력에 대해 요약정리하여 기재한다. 회사명, 근무기간, 주요 경력 사항 등을 함께 기재한다.
5. **기술 자격증.** 자격증 종류, 자격증 번호, 취득 기관과 일시 등의 주요 정보를 기재한다.
6. **논문 및 저서 목록.** 논문의 참고문헌 목록에서 표시하는 방법과 마찬가지로 공저자, 출판연도, 저작물 이름, 출판사, 논문집 이름 등의 정보를 연대순으로 기재한다.
7. **전문 학회나 위원회 회원 목록.** 본인이 소속된 전문 학회들을 모두 밝히고 각 학회에서 등록된 본인의 멤버십 종류도 명시한다. 토목 설계 심의위원과 같이 특별 위원회에 속해 있는 경우에도 이러한 내용을 이력서에 기재한다.
8. **수상 목록.** 본인의 경력과 관련된 모든 수상 내용을 기재한다.
9. **대표 프로젝트 목록.** 이것이 필수적인 사항은 아니지만, 예를 들어 본인이 수행한 성격이 서

로 다른 수십 가지의 프로젝트를 소개하는 것보다 해당 사안과 관련 있는 몇 개의 경력을 강조하여 제시함으로써 판사나 배심원이 포렌식 엔지니어의 경력을 더 잘 이해하는 데 도움을 줄 수 있다.

이력서에는 허위 또는 오해의 소지가 있는 정보가 포함되지 않는 것이 중요하다. 변호사는 상대편의 이력서에 나열된 항목들을 조사하여 그들의 신뢰도를 무너뜨릴 가능성이 있다. 필자는 상대측 포렌식 엔지니어의 대학 학위가 허위라는 것을 알고 있었던 사례가 있다. 판사와 배심원 앞에서 해당 엔지니어는 본인의 이력서 정보에 허위사항이 있음을 인정할 수 밖에 없었다. 그 결과 재판에서 엔지니어의 신뢰도는 무너졌고 주 등록위원회는 엔지니어링 면허를 정지시켰다. 이력서의 가장 중요한 항목은 정확하고 포괄적이며 현재 상황이 반영되도록 갱신되어야 한다는 점이다.

2.2.2 수수료

포렌식 분석 및 조사에 드는 비용은 보통 시간당 또는 일당으로 계산하고, 법정에서 증언하거나 조서 작성을 하는 경우에는 비용이 증가한다. 의뢰인에게는 시간당 또는 일당 요율을 기재한 요금표를 보내는 것이 가장 좋다. 그 이유는 포렌식 조사 및 분석과정에 드는 전체적인 비용을 정확하게 추산하는 것이 매우 어렵기 때문이다. 가장 좋은 방법은 초기 방문을 포함한 기초조사 비용에 관한 내용을 의뢰인에게 알려주고, 기초조사 비용을 바탕으로 향후 진행되는 조사 및 분석에 관한 대략적인 비용을 결정하는 것이 좋다.

포렌식 엔지니어는 조사 의뢰를 수락할 때 어떠한 경우에도 즉흥적으로 수수료를 정하거나 일정 비율의 금전적 손해배상을 받아서는 안 된다. 원고 측 변호사는 재판을 통해 결정되는 손해배상비의 일정 부분을 수수료로 받는 것이 일반적이지만, 포렌식 엔지니어가 이러한 계약을 하는 것은 비윤리적이다. 포렌식 엔지니어는 어떤 경우에도 편견이 없어야 하며 재판의 결과가 포렌식 엔지니어의 수수료와 관련이 없어야 하기 때문이다.

2.2.3 포렌식 엔지니어와 의뢰인 간의 계약

프로젝트가 진행되기 전에 의뢰인이 포렌식 엔지니어와의 계약에 서명하도록 하는 것이 중요하다. 이 계약에는 서로 합의된 시간당 수수료, 과업의 범위, 요금 청구, 지급 절차, 결과물에 대한 법적 보호 등의 내용이 포함되어야 한다. 보험회사와 같은 일부 의뢰인들은 이러한 계약에 서명하는 것을 거부하기도 한다. 이 경우, 포렌식 서비스에 대한 승인서가 보험회사와 포렌식 엔지니어 사이의 계약서 역할을 할 수 있다.

2.2.4 기밀 유지

소송과 관련된 포렌식 조사에서는 모든 정보를 엄격하게 기밀 유지(confidentiality)하는 것이 중요하다. 변호사는 소송사건에 대해 승소를 위한 기본적인 전략을 수립하는데, 만약 상대 변호사가 기밀정보를 입수하게 되면 이런 전략 자체가 무너질 수 있다.

소송이 진행되는 과정에서 증언 조서 작성 등을 할 때 포렌식 엔지니어가 가진 모든 정보가 공개될 수 있다. 이런 상황에서 그 정보는 더 이상 기밀 유지의 대상이 아닐 뿐만 아니라 상대 변호사가 그에 관한 질문을 던질 수도 있다. 그러므로 포렌식 엔지니어는 본인이 분석하고 조사한 내용이 모두 공개될 수 있음을 항상 명심해야 한다. 보고서의 초안 서신, 개인 문서와 같이 완성되지 않은 비공식적인 문서들이 법정에 공개되지 않도록 최대한 주의해야 한다.

CHAPTER 03

포렌식 조사

3.1 조사계획

이 장에서는 포렌식 조사의 최종 목적인 붕괴의 원인을 결정하기 위한 조사를 완료하는 데 필요한 단계를 설명하고자 한다. 포렌식 조사를 수행하는 절차와 방법에 대해 다룬 문헌들은 많지만(예: Leonards, 1982; Carper, 1986), 이 장에서는 일반적인 조사 요소만 다루었기 때문에 모든 유형의 조사는 포함되지 않았다. 그림 3.1은 포렌식 조사를 완료하는 데 필요한 일반적인 단계를 보여준다(Greenspan 등, 1989). 그림 3.1과 같이 포렌식 조사는 결국 파손과 파괴 원인을 찾아내고 최종 보고서를 작성하는 것으로 마무리되지만, 많은 경우에는 보수와 보강 방안도 함께 제시한다.

실제 조사 과정의 첫 번째 단계는 조사계획을 준비하는 것이다. 조사할 사안이 크지 않으면, 조사계획에 들이는 노력도 최소화할 수 있다. 그러나 복잡한 대규모 문제를 조사하는 경우에는 조사계획이 상당히 광범위할 수 있으며 조사가 진행됨에 따라 변경될 수 있다. 조사계획 단계에 포함되어야 하는 내용은 다음과 같다(Greenspan 등, 1989).

- 예산과 기간
- 사건 해결에 가장 적합한 전문가팀 선정
- 현장 방문과 시험 요구사항
- 관련 문서와 수집자료 분석과 통합
- 파괴 원인과 과정에 대한 가설 제안

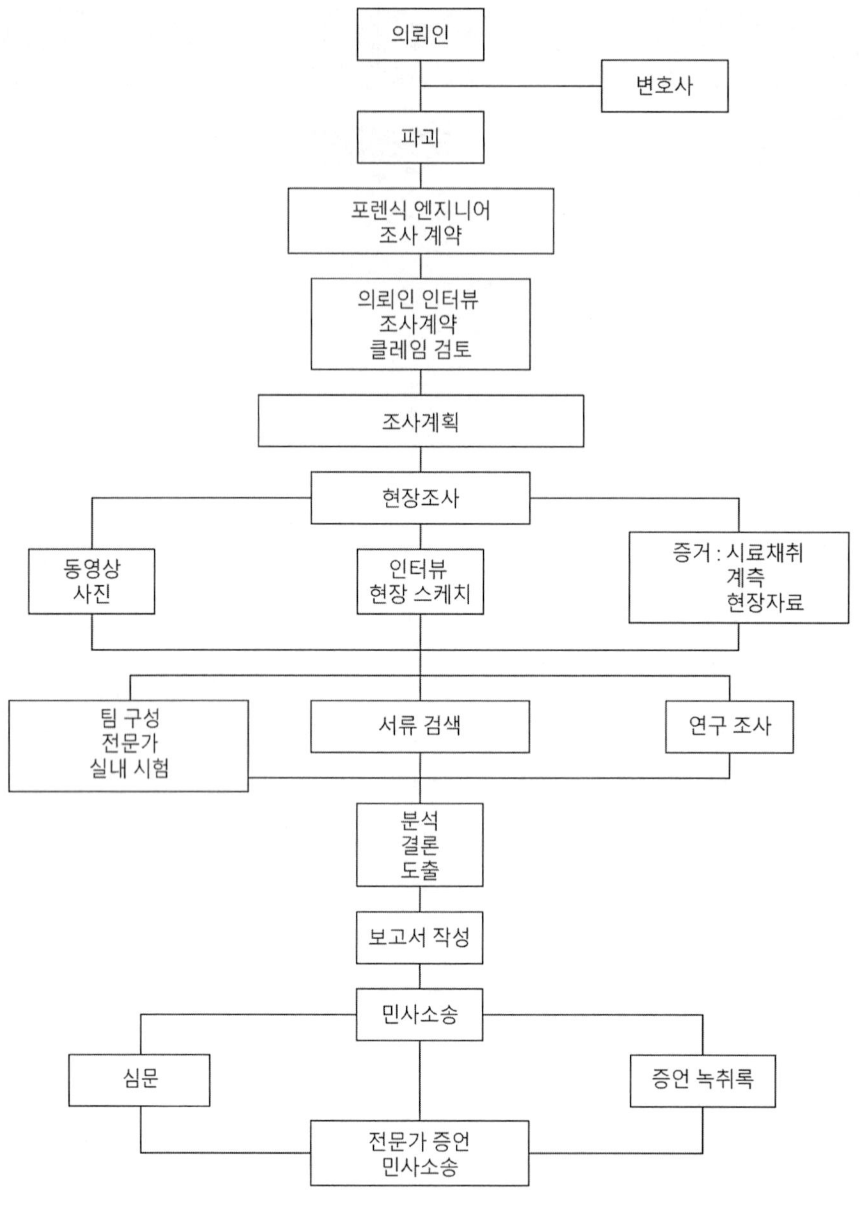

그림 3.1 일반적인 포렌식 조사 절차

부록 B에서는 민사소송을 다루는 프로젝트에 대해 판사가 발행한 사건관리명령서에 관한 내용을 수록하였다. 사건관리명령서는 조사 과정을 완료하는 데 필요한 기한을 명시하기 때문에 매우 중요하다. 예를 들어, 부록 B의 별첨 H에 제시된 것과 같이 판사가 정한 주요 일정에 따라 원고와 피고는 현장과 관련된 모든 시험을 기한 내에 완료해야 한다. 마찬가지로 조정,

증거개시 기한, 증언 및 재판의 진행 일정도 판사가 정한다. 포렌식 엔지니어는 조사를 계획할 때부터 이러한 기한들을 숙지하고 있어야 한다. 증거개시 기한 이후에 발견된 증거는 법정에서 인정되지 않을 가능성이 크다. 이는 재판 결과에 심대한 영향을 끼칠 수 있는 사안이기 때문에 포렌식 엔지니어는 항상 법정에서 명령한 기한들에 대해 점검하고 이에 맞추어 조사 및 분석을 계획하고 진행하여야 한다.

3.2 현장조사

3.2.1 최초 현장 방문

최초 현장 방문의 목적은 파괴의 범위와 특성을 평가하기 위한 것이다. 최초 현장 방문은 포렌식 엔지니어가 직접 수행해야 하며, 포렌식 엔지니어는 보조 인력을 동반할 수 있다. 구조물이 갑작스럽게 손상되거나 파괴된 경우에는 시간이 지남에 따라 증거가 유실되거나 훼손될 가능성이 크기 때문에 조사 의뢰를 수락하는 즉시 현장을 방문하여 조사하는 것이 매우 중요하다. 현장 방문에서 조사가 완료되기 전에 현장의 파괴 상황이 더 진행될 것으로 예상하는 경우에는 관찰한 손상 부위에 대한 사진이나 동영상을 찍고 바로 시료를 채취하는 것이 매우 중요하다.

증거 확보를 위해 손상된 구조물의 사진을 찍을 때는 장거리 및 근접 촬영에 적합한 장비를 갖춘 전문사진가를 데려가는 것이 바람직할 수 있다. 현장에서 찍은 사진에 순차적으로 번호를 매겨 관리하면 사진을 찍은 장소를 다시 기억하는 데 도움이 될 수 있다. 왜냐하면, 최초 현장 방문 이후 시간이 지나고 나면 현장 방문 시에 찍은 사진들에 대해 상세한 기억을 하지 못하는 경우가 많기 때문에 이러한 점을 특히 주의해야 한다.

필자가 홍수로 인해 공항 활주로가 파손된 사건의 조사 프로젝트에 참여하였을 때 일이다. 해당 사건은 활주로의 기층부 모래 지반에서 토사 유실이 발생하여 활주로의 양쪽 갓길 부위에 균열이 발생하였다. 최초 현장 방문을 위해 엔지니어가 8명이나 현장에 방문하여 피해 상황을 관찰하였지만, 피해 상황을 사진으로 찍지도 않았고, 균열이 발생한 모래 지반의 시료도 채취하지 않았다. 사고 다음 날 유지보수반에서 손상된 활주로를 모두 치워버려 사고의 원인을 밝힐 증거를 모두 잃어버렸다. 이와 같이 피해가 발생한 상태에서의 현장 시료나 피해 상황의 사진을 확보하지 못해 홍수로 인해 활주로가 파손되었다는 것을 보험회사에 입증하기가 매우 어려운 상황이 발생했다.

3.2.2 비파괴 검사

최초 현장 방문 후에는 현장 스케치와 현장 기록, 면담 진행, 비파괴 검사 실시, 간극수압계나 경사계 등의 계측 장비를 설치하기 위한 후속 방문이 필요하다.

이 가운데 비파괴 검사는 현장에 아무런 손상이나 추가적인 붕괴를 일으키지 않는 검사 기법을 일컫는다. 비파괴 검사가 적용되는 예로는 석유 저장고 같은 지하에 매립된 구조물이나 지반 내 공동을 찾기 위해 탄성파나 전자기파를 활용하는 지구물리탐사 기법이 대표적이다. 지구물리학적 기법과 유사하게 고주파 음파를 이용하여 구조물의 파손 부위를 탐지하는 어쿠스틱에미션(AE, Acoustic Emission) 같은 방법들도 있다. Kisters와 Kearney(1991) "교량에서 발생한 균열의 발달 양상을 계측하는 데 AE를 사용하는 것이 매우 효과적인데, 이 방법은 댐이나 철제 갑문 등에도 유용하게 적용할 수 있다"라고 제안한 바 있다. Rens 등(1997)은 아스팔트 포장 상태 평가를 위해 표면의 온도 측정을 활용하는 방법을 소개하기도 하였다.

비파괴 검사의 또 다른 예로 압력계를 이용하여 마룻바닥의 상대적인 변위를 측정하는 방법이 있다. 이 방법은 마룻바닥 면이나 기초구조물에 발생한 상대적인 표고 차이를 측정함으로써 기초에 대한 결함이나 설계 결함을 찾는 비파괴적 조사 방법이다. 이러한 계측을 할 때는 내부 바닥 슬래브 전체에서 최대한 가까운 간격으로 표고 차이를 측정한다. 이렇게 측정한 결과를 크리깅이나 보간기법을 이용하여 도시하면 지도에 표시된 등고선처럼 바닥면의 변형을 한눈에 살펴볼 수 있다. 예를 들어, 콘크리트 슬래브의 한쪽 또는 모서리가 나머지 기초보다 상당히 낮게 측정이 된다는 것은 해당 영역의 침하 또는 비탈면 변위가 발생했다는 것을 예상할 수 있다. 마찬가지로 기초의 중심이 위쪽으로 튀어나오고 압력계 계측을 통해 감지된다면 이는 기초지반이 팽창성 지반일 가능성을 나타낸다. 압력계로 지반 및 슬래브의 다른 상태도 감지할 수 있는데, 만약 바닥 슬래브의 높이가 국부적으로 차이가 크게 나타난다면, 해당 부분의 기초에 균열이 생겼을 가능성이 매우 크다. 이 책에서도 다양한 지반 특성으로 인하여 기초지반에 문제가 발생한 건물의 슬래브 바닥면을 압력계로 계측한 사례를 다수 제시하였다.

3.2.3 파괴시험

Miller(1993)는 파괴시험에 대해 다음과 같이 기술하였다.

> "손상의 최종 정도를 정확하게 문서로 만들려면 광범위한 파괴 검사를 시행하여 손상의 원인과 범위를 결정해야 하는 경우가 많다. 경우에 따라서는 건물 일부를 허물고 안쪽에 숨겨진 부분을 확인해야 할 수도 있다. 파괴시험은 반드시 논리적이고 체계적인 방법으로 시행해야 하므로 시험의 모든 과정을 기록하는 문서를 작성하여야 하며, 시험 시행에 비용이 많이 들기 때문에 가능한 한 반복 시험은 피해야 한다."

지반조사

파괴시험에는 시험굴착이나 보링 등과 같은 지반조사도 포함된다. 표 3.1에는 포렌식 엔지니어들이 주로 활용할 수 있는 보링, 코어 드릴링, 샘플링 등의 조사기법을 정리하였다(Sowers & Royster, 1978; Lambe, 1951; Sanglerat, 1972; Sowers & Sowers, 1970). 그림 3.2와 같이 지름 0.6m 정도의 수직공을 굴착할 때에는 버킷 오거 드릴링 리그를 사용하였다. 그림 3.3은 버킷 오거 드릴링 리그로 굴착한 구멍을 통해 지반조사를 하는 사진이다. 그림 3.3a에서 칼이 놓인 위치를 보면 기반암 균열이 존재하는 것을 볼 수 있는데, 이 프로젝트에서는 이 균열로 인해 대규모 비탈면의 이동이 발생하였다. 그림 3.3b는 동일한 기반암 균열의 상세 사진이다.

표 3.1 보링, 코어 드릴링, 샘플링 및 기타 조사기법

시험방법	시험절차	샘플의 종류	적용	한계
오거 보링 (ASTM D 1452)	인력이나 기계의 힘으로 건식 시추를 하는 방법으로 일반적으로 오거 플루트로 시료를 채취	오거로 굴착하는 저면에서 교란된 시료를 채취하고, 암반에서는 시추과정에서 발생한 열로 인해 일부 건조된 상태로 채취	토사 지반이나 연암에 대해 실시하며, 지질학적 분류나 함수비 측정 등에 활용이 가능	시추과정에서 층상 구조가 파괴되고 지하수위 아래의 시료는 상당한 수분이 섞여서 시료가 채취됨
SPT 보링 (ASTM D 1586)	오거 드릴이나 로터리 드릴로 시추하며 직경 36mm의 ID 샘플러나 직경 50mm의 OD 샘플러를 사용하여 64kg의 해머를 0.76m 높이에서 낙하시켜 15cm씩 총 45cm를 관입시켜 시료를 채취	부분적으로 교란된 시료를 채취하고, 30cm 관입에 필요한 항타 횟수를 표준관입시험 N값으로 활용	토사나 암반의 종류를 확인하고, 함수비를 측정하며, N값을 이용하여 지반의 강도를 추정하는 데 사용	약 0.3m에서 1.2m 간격으로 실시하며, 정교한 시험을 시행하는 시료를 채취하기는 어렵고, N값의 신뢰도가 장비의 영향을 많이 받음

표 3.1 보링, 코어 드릴링, 샘플링 및 기타 조사기법(계속)

시험방법	시험절차	샘플의 종류	적용	한계
대형 시료 채취를 위한 시험 보링	해머의 중량을 160kg까지 늘이고, 직경 50~75mm의 ID 샘플러나 직경 63~89mm의 OD샘플러를 사용하여 시료 채취	부분적으로 교란된 시료를 채취하고, 오거 직경의 2배와 3배에 해당하는 관입깊이에 대한 항타 횟수를 기록	자갈 지반에 사용	자갈의 크기가 매우 클 때는 사용이 어려움
중공 오거를 사용한 시추	중공 오거를 사용하여 시추를 시행하고, 시추 저면의 시료를 채취	부분적으로 교란된 시료를 채취하고, 오거 직경의 2배와 3배에 해당하는 관입깊이에 대한 항타 횟수를 기록	자갈 지반에 주로 적용하나 매우 단단하거나 연암 지반에는 사용이 어려움	매우 큰 자갈이 있는 지반에 대한 적용이 어렵고, 지하수위 아래 지반에 대한 함수비 측정에는 한계가 있음
토사나 연암 지반에 대한 로터리 코어링	톱니가 있는 원통형 시추 장비를 회전시키면서 내측에 추가된 튜브로 시료를 채취(예: Denison 샘플러, Pitcher 샘플러, Acker 샘플러)	직경 50~200mm, 길이 0.3~1.5m의 부분 교란된 시료를 채취	굳은 점토나 연암 지반에 사용	연약 점토 지반에 사용시 시료가 뒤틀릴 수 있고, 지하수위 아래의 느슨한 모래층이나 자갈 지반에는 사용하기 어려움
팽창성 점토지반이나 연암 지반에 대한 로터리 코어링	암반에 대한 로터리 코어링과 유사하게 진행하고, 팽창성 점토 지반인 경우 내외부로 구성된 원통에 추가로 플라스틱 튜브를 이용하여 시료를 채취	직경 28.5~53.2mm, 길이 0.6~1.5m의 토사 시료를 채취	플라스틱 튜브로 시료가 보호되기 때문에 채취 직후 시료가 팽창하거나 파손되기 쉬운 지반에 적용	시료의 직경이 비교적 작고, 장비가 복잡한 편임
암반에 대한 로터리 코어링 (ASTM D 2113)	다이아몬드 비트가 있는 원통형 시추 장비를 회전시켜 굴착	직경 22~100mm, 길이 ~6m의 암석 시료 채취	연속적인 암반 시료를 획득, 회수율은 절리, 암질 변동성, 장비 및 숙련도에 따라 다름)	파쇄되거나 단층이 있는 암반에 적용할 때는 시료를 모두 회수하지 못할 수 있음
암반이나 경사 시추를 위한 로터리 코어링	암반에 대한 시추 코어링과 유사하게 진행하고, 경사가 있는 경우에는 일정한 경사를 유지하면서 실시	일반적으로 경사 방향에 대해 직경 54mm, 길이 1.5m의 암석 시료 채취	암반 절리의 주향과 경사를 측정하는 데 활용	파쇄된 암반에는 적용이 효율적이지 않음
복합 시료 채취 방식의 암반 로터리 코어링	직경 22mm의 작은 구멍을 먼저 시추한 뒤, 철근과 시멘트를 넣어 보강한 상태에서 직경 100~150mm의 암석 시료를 채취(ASTM D 2113과 동일)	철근과 시멘트로 보강하였기 때문에 연속적인 암반 시료를 채취하는 데 용이함	심하게 파쇄되었거나 회수율이 매우 낮은 연암 또는 풍화암에 적용할 수 있음	심하게 파쇄된 암반에서는 그라우트가 잘 적용되지 않기도 함

표 3.1 보링, 코어 드릴링, 샘플링 및 기타 조사기법(계속)

시험방법	시험절차	샘플의 종류	적용	한계
유선방식의 암반에 대한 로터리 코어링	다이아몬드 비트가 있는 원통형 시추 장비를 회전시켜 굴착한 후, 원통 내측으로 케이블로 연결된 시료 회수 장치를 굴착저면까지 내려 시료를 채취	직경 36.5~85mm, 길이 1.5~4.6m의 원통형 암석 시료 채취	시료 회수시 막장 붕괴 우려가 적은 파쇄된 암반층에 대해 시료 채취에 용이하고, 시료 채취나 깊은 심도의 시추 속도가 비교적 빠름	ASTM D 2113과 동일하지만, 정도는 낮음
신월 튜브 샘플러 (ASTM D 1587)	직경 75~1,250mm의 신월 튜브를 지반으로 밀어 넣어 시료를 채취	직경 10~20배 길이의 비교적 불교란 상태인 시료를 채취할 수 있음	연약 점토, 굳은 점토, 연암 등의 시료 채취에 많이 사용되고, 시추 이수 장비를 사용하여 조밀한 사질토 시료를 채취할 때 사용하기도 함	자갈에 의해 단부에 손상이 발생하기도 하고, 지하수위 아래의 사질토나 초연약 점토를 채취할 때 시료 회수에 문제가 발생하기도 하며, 타입시 시료 교란의 문제가 있음
고정 피스톤 방식의 박막 튜브 샘플러	직경 75~1250mm의 신월 튜브를 지반으로 밀어 넣으면서 내부에 설치된 피스톤에 의해 추출된 시료가 고정, 회수되는 방식	직경 10~20배 길이의 비교적 불교란 상태인 시료를 채취할 수 있음	교란을 최소화하여 초연약 점토나 느슨한 사질토의 시료를 채취하는 목적으로 사용	장비의 운용이 느리고 복잡함
스웨덴식 호일 샘플러	채취한 시료를 얇은 스테인리스 띠로 감아 시료를 보호하는 방식	일반적으로 직경 50mm의 연속된 원통형 시료를 채취하며, 길이는 12m 정도까지 가능	연약점토나 예민점토에 적용	모래나 자갈이 섞여 있는 경우에 시료의 손상이 발생하기도 함
동적 사운딩	100~300mm 높이에서 낙하하는 추로 지반을 항타하여 발생한 신호를 측정	없음	흙의 강도와 밀도가 갖는 위치적 변동성을 측정하기 위해 실시	자갈층이나 느슨한 포화 사질토층에 대한 분석이 어려움
정적 관입시험	직경 36mm, 선단각 60°의 원추형콘을 지반에 관입시켜 관입저항력을 측정	없음	흙의 강도와 밀도가 갖는 위치적 변동성을 측정하고, 주면 마찰력을 통해 지반의 종류를 파악하는 데 활용	자갈층이나 유사하게 단단한 지층에서는 사용하지 않음
시추공 카메라	시추공 내부에 대해 깊이별로 회전하면서 촬영	시각적 표현 방식	중공 내부의 층상 구조, 파쇄대, 공동 등을 조사하는 데 활용	지하수위 위쪽에서 사용하거나 내부의 물을 깨끗한 물로 치환하고 사용
시험굴	지반의 특성을 파악하기 위해 구덩이를 굴착	필요에 맞춰 굴착	해당 지반의 복잡한 생성과정을 파악하거나 신월 샘플러로 시료 채취를 하는 경우에 활용	이동식 굴착 장비를 현장에 운반하고, 굴착 가시설을 설치하며, 유출되는 지하수를 관리하는 것이 매우 어려움

표 3.1 보링, 코어 드릴링, 샘플링 및 기타 조사기법(계속)

시험방법	시험절차	샘플의 종류	적용	한계
회전식/ 케이블식 관정 시추 장비	톱니가 있는 시추장비를 회전시키거나, 끌을 이용하여 굴착	토사층에 사용	자갈이나 쇄석 층에 관입할 때 사용하며, 시추 진행 속도를 통해 암반의 단단함을 측정	흙이나 암석의 공학적 성질 파악에는 한계가 있음
타격식 시추 장비 (잭 해머나 에어 트랙 방식)	타격식 드릴을 사용하고 시추공 내부를 압축 공기로 청소하는 방식	작은 암석 조각(Rock dust)	암반의 위치를 찾거나, 연약층 또는 암반 내부의 공동을 찾는 용도로 활용	젖은 토사에 의해 드릴이 막힐 수 있음

* 주석: Sowers & Royster("Landslides: Analysis & Control", 1978)

포렌식 조사를 시행하는 많은 경우, 그림 3.2와 같은 대형 드릴링 장비를 사용할 수 있는 공간이 충분하지 않을 수 있다. 접근이 제한된 현장에는 다른 종류의 드릴링 장비를 사용한다. 예를 들어, 그림 3.4와 3.5는 접근이 제한된 현장에서 사용할 수 있는 두 가지 타입의 드릴링 리그를 보여준다. 그림 3.4에 소개된 트라이포드 오거 드릴링 리그처럼 상황에 맞는 장비를 사용하면 되지만, 이런 장비들은 상대적으로 굴착 능력이 부족하여 큰 자갈이나 암반을 만나게 되면 필요한 직경과 깊이까지 굴착하기 어려운 경우도 발생한다. 그림 3.5에 소개된 소형 드릴링 리그는 상대적으로 굴착 능력이 좋아 직경 0.6m까지 굴착할 수 있다.

그림 3.2 버킷 오거 드릴링 리그

그림 3.3a 비탈면 활동으로 인해 지반에 균열이 발생한 부분(칼이 박혀 있는 부분, 해당 지역은 대구경 오거 보링으로 굴착한 지반에서 촬영한 것)

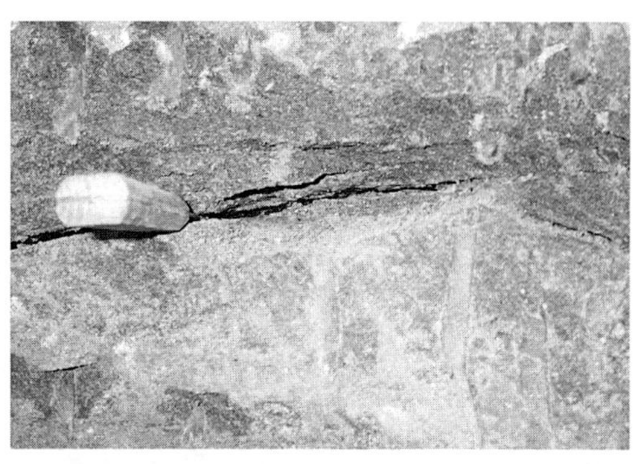

그림 3.3b 그림 3.3a에서 보인 균열 부위의 상세 사진

그림 3.4 일반적인 접근이 어려운 경우 사용하는 드릴링 장비(트라이포드 드릴, 화살표로 표시)

그림 3.5 장비의 접근이 어려운 경우 사용하는 소형 드릴링 장비

접근이 제한되는 또 다른 일반적인 경우는 비탈면에서 이루어지는 보링 작업이다. 그림 3.6은 가파른 비탈면에서 수행된 보링 작업의 단계별 사진을 보여주고 있다. 먼저 비탈면에 목재로 지지대를 만든 다음 그림 3.6a와 같이 크레인으로 굴착기를 들어 올린 후, 그림 3.6b와 같이 목재 지지대 위에 설치한다. 드릴링 장비를 목재 지지대 위에 안전하게 설치하고 나면, 그림 3.6c와 같이 보링 작업을 할 수 있다.

그림 3.6a 드릴링 장비를 크레인으로 이동시키는 사진(드릴링 장비, 화살표로 표시)

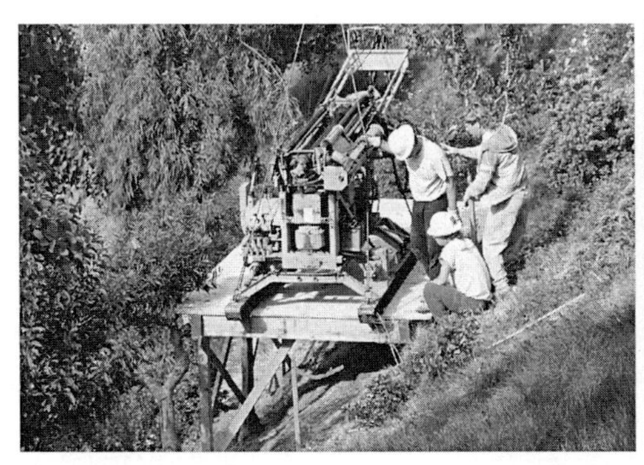

그림 3.6b 크레인에 의해 드릴링 장비가 목재 지지대로 옮겨지는 사진

그림 3.6c 매우 급한 비탈면에서 드릴링 작업을 시행하는 사진

시험굴착 또는 보링 작업은 지층과 암반층의 두께를 결정하고 지하수위를 측정하며 필요한 시료를 획득하고 들밀도 시험이나 표준관입시험과 같은 현장 시험을 위해 시행한다. 이렇게 채취된 흙은 보통 통일분류법을 적용하여 분류한다(Casagrande, 1948). 지반조사나 현장에서 실시하는 샘플링은 재료시험규정(ASTM 1970, 1971, 1997d)이나 기타 공인된 기준(Hvorslev, 1949; ASCE 1972, 1976, 1978)에서 지정한 표준절차에 따라 수행해야 한다. 그림 3.7은 공항 활주로에서 시험굴착을 하고 활주로 기초재료에 대해 들밀도 시험을 하는 사진이다.

기초구조물에 대한 코어링 작업

파괴 검사의 또 다른 일반적인 유형은 기초구조물에 대한 코어링 작업이다. 코어링으로 채취한 시편을 통해 콘크리트의 두께, 철근의 상태 및 열화 정도 등을 관찰할 수 있다. 또한 코어링 작업을 통해 기초 바로 아래 지반의 흙 시료를 채취할 수도 있다. 그림 3.8은 콘크리트 슬래브기초(S.O.G)에서 코어링 작업을 하는 사진이다.

기타 파괴시험

포렌식 엔지니어는 이 외에도 여러 가지 종류의 파괴시험을 할 수 있다. 예를 들어 현장에서 기초지반이나 암반의 강도를 평가하기 위한 평판 재하시험과 콘관입시험 등이 포함된다.

그림 3.7 들밀도 시험

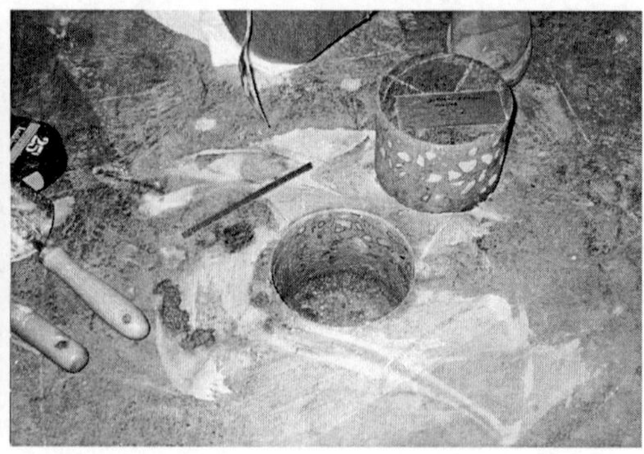

그림 3.8 콘크리트 슬래브 기초에 대한 코어링 작업

3.2.4 계측

포렌식 엔지니어들은 조사를 위해 많은 종류의 계측 장비를 활용한다. 일반적으로 많이 사용되는 계측 장비는 다음과 같다.

경사계

비탈면의 활동이 발생하기 전이나 발생하는 동안 지반의 수평변위는 장기간 지표면에 설치된 연직 케이싱의 위치와 변형에 대한 조사를 수행하여 관리할 수 있다(Terzaghi & Peck, 1967). 경사도에 대한 계측은 경사계 프루브를 연직 케이싱 안으로 집어넣어 하강시키며 수행한다. 경사계 프루브는 케이싱 진행 방향과의 각도 편차를 측정할 수 있다. 초기 계측을 하여 기준값을 구한 후 연속적인 특정값을 기준값과 비교하여 깊이별로 수평방향 변위가 얼마나 발생하였는지를 산정한다.

그림 3.9는 1996년 Slope Indicator사에서 제작한 경사계로 지반의 횡방향 변위를 측정하는 방법을 보여주는 개념도이다. 이 책에서는 포렌식 조사에 이러한 경사계 측정결과가 활용된 여러 가지 경우에 대하여 설명하였다.

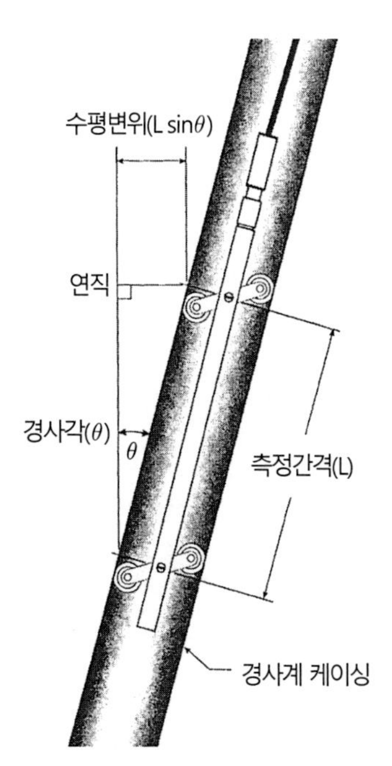

그림 3.9 연직 케이싱 내부에서 본 경사계의 계측 개념도

간극수압계

간극수압계는 지중내 간극수압을 관측하기 위해 설치하는데, 일반적으로 그림 3.10과 같이 연직으로 시추공을 뚫고 간극수압을 측정하는 압력계를 설치한 후 투수성이 좋은 흙으로 시추공을 채운다. 그림 3.11과 같이 가장 간단한 형식의 간극수압계는 지중 내에 설치한 스탠드 파이프를 이용하여 지하수위를 확인하고 지하수 샘플을 채취할 수 있는 구조로 이루어져 있다.

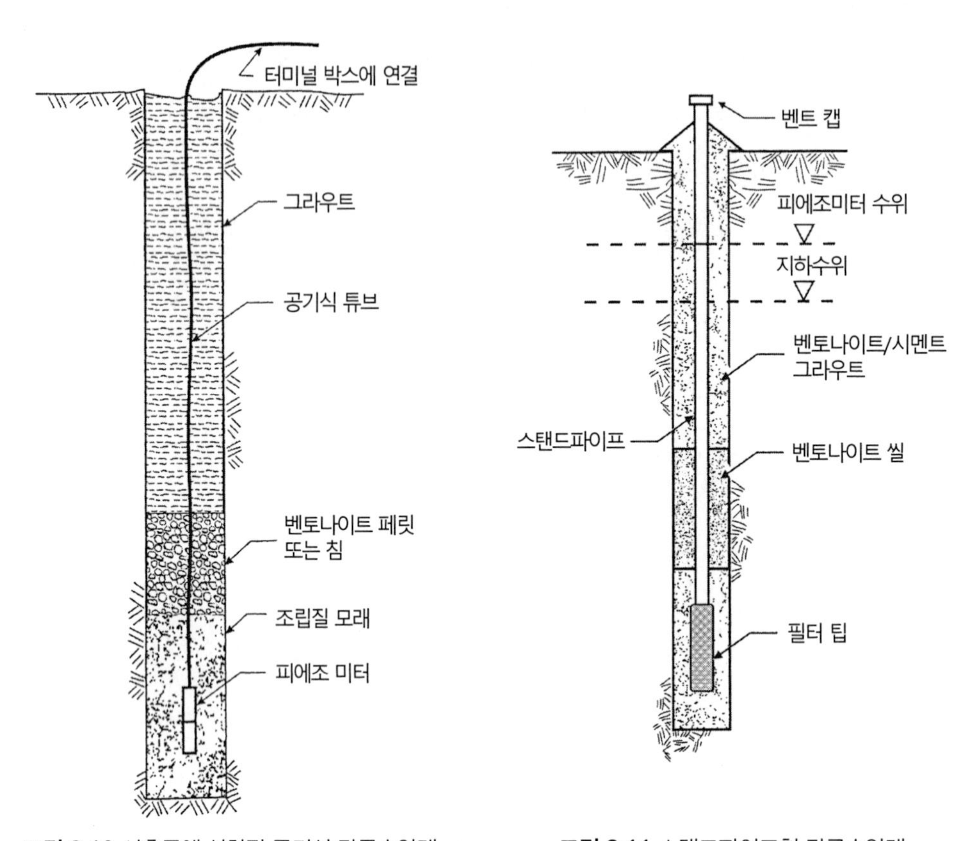

그림 3.10 시추공에 설치된 공기식 간극수압계

그림 3.11 스탠드파이프형 간극수압계

침하판

침하판은 지반의 침하 및 융기를 측정하기 위한 장비로서 그림 3.12는 유압식 침하판의 설치 개요를 보여준다. 최근의 제작된 침하 장비들은 지표 침하량뿐 아니라 깊이별로 침하량을 측정할 수 있게 제작되었다.

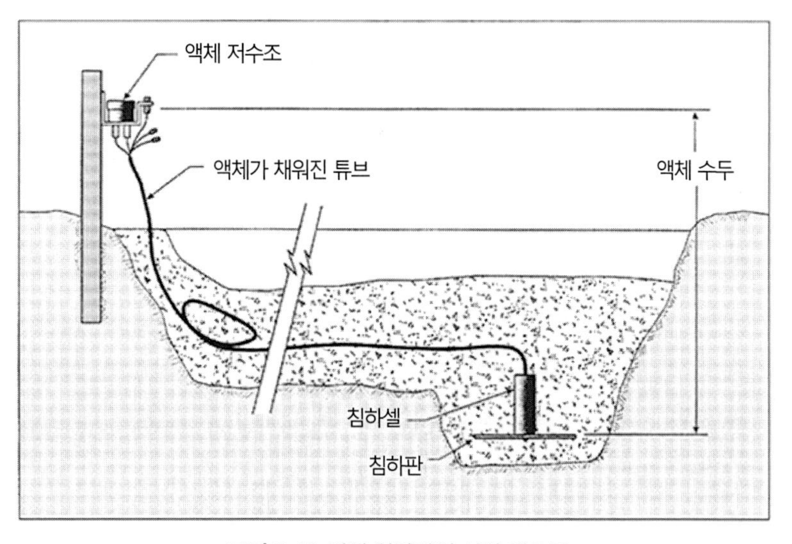

그림 3.12 액체 침하판의 설치 개요도

크랙 핀

콘크리트 균열의 폭을 측정하는 가장 간단한 방법은 균열 양쪽에 크랙 핀(crack pins)을 설치하는 것이다. 주기적으로 핀 사이의 거리를 측정하여 균열의 상태를 파악할 수 있다. 그림 3.13은 시중에서 구입할 수 있는 균열 측정 장비 가운데 하나인 영국 Avongard사의 균열 측정기이다. 이 장비는 측정기의 양쪽 끝을 볼트 또는 나사로 고정한 다음, 접착제로 단단히 고정하여 설치한다. 원래 Avongard 균열 측정기의 중앙부는 투명한 테이프로 고정되어 있으나 그림 3.13과 같이 양쪽 끝을 잘라내어 자유롭게 벌어지거나 오므라들 수 있도록 하였다.

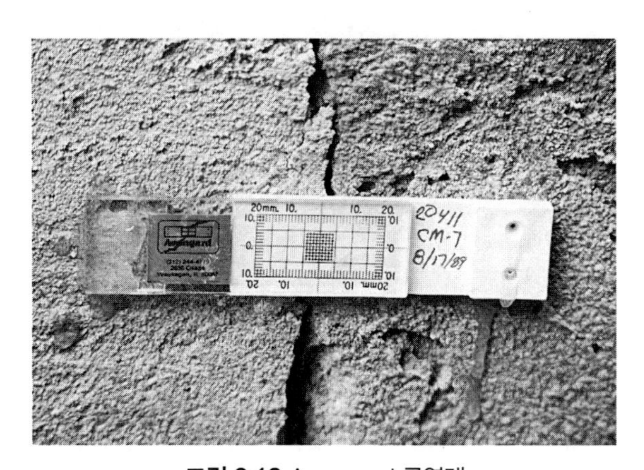

그림 3.13 Avongard 균열계

기타 계측 장비

포렌식 엔지니어는 압력계나 로드셀, 내공 변위계, 지반 변형율계, 빔 센서, 경사계 및 변형율계 등의 계측 장비를 사용하여 필요한 정보를 얻을 수 있다.

3.2.5 실내시험

실내시험을 위해 현장에서 흙, 지하수, 기초구조물의 시료를 채취하기도 한다. 실내시험을 통해 흙의 종류를 분류하고, 현장 지반의 함수비나 단위중량, 기본 물리량, 전단강도, 압축성, 투수성 등을 파악한다. 그림 3.14는 현장에서 채취한 포화된 점토 시료에 대한 일축압축시험에서 파괴상태에 이른 시료의 모습을 보여준다. 대부분 비탈면의 불안정성이나 지지력 파괴 현상은 흙의 전단파괴로 발생하는 경우가 많기 때문에 해당 지반의 전단강도는 매우 중요한 정보이다.

그림 3.14 일축압축시험에서 파괴가 발생한 포화점토 시료(파괴면을 화살표로 표시함)

일반적으로 포렌식 엔지니어들이 수행하는 실내시험 목록은 표 3.2와 같다.

표 3.2 포렌식 조사에서 일반적으로 활용하는 실내 토질 시험

문제의 종류	토질 특성	시방 규정
일반	흙의 분류	ASTM D 2487
	토립자의 크기	ASTM D 422
	액소성 한계	ASTM D 4318
	함수비	ASTM D 2216
	단위중량	블록 샘플 및 샘플링 튜브
	토립자의 비중	ASTM D 854
침하 (4장)	압밀	ASTM D 2435
	붕괴	ASTM D 5333
	유기질 함량	ASTM D 2974
	표준다짐시험	ASTM D 698
	수정다짐시험	ASTM D 1557
팽창성 지반 (5장)	팽창성	ASTM D 4546
	팽창지수	ASTM D 4829, UBC 18-2
비탈면 활동과 흙의 전단강도 (6장)	일축압축강도	ASTM D 2166
	비압밀 비배수 압축시험	ASTM D 2850
	압밀 비배수 압축시험	ASTM D 4767
	직접전단시험	ASTM D 3080
	링 전단시험	ASTM D 6467
	소형 베인 시험	ASTM D 4648
침식 (7장)	분산성 점토	ASTM D 4647
	침식 가능성	Day, 1990b
열화 (7장)	포장: CBR	ASTM D 1883
	포장: R 값	ASTM D 2844
	황산염 시험	화학적 분석
투수 (8장)	정수위 투수시험	ASTM D 2434
	변수위 투수시험	ASTM D 5084

일반적으로 실내시험을 시행할 때, 포렌식 엔지니어는 파괴의 원인을 어느 정도 가정하고 접근하게 된다. 실내시험은 파괴 조건을 분석하기 위한 기본적인 정보를 제공해야 하기 때문에 그에 맞는 시험 계획을 세우는 것이 중요하다. 실내시험도 현장 시험과 마찬가지로 ASTM 규정이나 널리 사용되는 표준 시방규정 등에 따라 시험을 하여야 한다(예: Lambe, 1951; Bishop &

Henkel, 1962; 미 육군 공병 시방서, 1970; 미국 표준 시방규정, 1997).

어떤 경우에는 향후 발생할 수 있는 지반의 이동이나 그로 인한 피해 등을 예측하는 것이 매우 중요할 수도 있다. 이런 경우에는 실내시험을 시행할 때 향후 예측되는 상황을 설정하여 그에 맞춰 시험하도록 한다.

민사소송과 관련된 포렌식 조사를 진행하게 되는 경우, 실내시험 과정에서 회복하기 어렵게 파손된 시료는 추가적인 손상이 발생하지 않도록 잘 보존해야 한다. 왜냐하면, 같은 사건을 다루고 있는 다른 포렌식 엔지니어들이 해당 시료를 관찰하거나 다른 시험을 위한 시료로 사용하고 싶어 할 수 있기 때문이다. 또한 재판에서 해당 시료들은 증거로 활용하는 데 필요할 수도 있기 때문이다.

3.3 문서 검색

표 3.3에는 포렌식 조사를 위해 검토할 수 있는 일반적인 문서 목록을 정리하였다. 각 문서에 대한 주요 사항을 간단하게 소개하면 다음과 같다.

3.3.1 프로젝트 보고서 및 계획서

프로젝트 보고서와 계획서는 프로젝트가 진행되는 과정이나 설계 및 시공 과정에 대한 자세한 내용과 유지, 보수나 변경에 관련된 사항도 포함하고 있을 수 있기 때문에 이 문서들은 검토할 필요가 있다.

민사소송의 증거개시 과정에서 변호사나 판사는 프로젝트 발주자, 설계 및 시공자에 대한 모든 기록을 제출하도록 요청할 수 있다. 소송에 관련된 모든 당사자는 제출된 문서를 열람할 수 있다.

일반적으로 사건을 배당받은 판사는 문서 보관과 관련하여 따라야 할 절차를 상세히 기술한 명령을 내린다. 예를 들어 사건관리명령서(부록 B, 항목 9)에서 판사는 소송의 모든 당사자에게 특정일까지 문서를 법원에 제출해야 한다고 지시한다. 부록 B의 C와 D에서는 원고와 피고가 제출해야 할 문서의 예를 제시하였다. 법관의 명령을 따르지 않으면 제재를 받을 수 있다.

표 3.3 포렌식 조사에서 검토해야 할 일반적인 문서 목록

프로젝트 단계	문서 목록
설계	설계보고서(지반조사 보고서, 계획보고서, 타당성 검토 보고서 등)
	구조 계산서
	설계에 사용한 컴퓨터 소프트웨어
	설계 시방 규정
	적용 가능한 설계기준
	실시 설계 도면 및 설계 계획
시공	시공 보고서(감리 보고서, 현장 메모, 실내시험 보고서, 검사 증명서 등)
	계약서류(계약 동의서, 규정 등)
	시공 시방 규정
	프로젝트 대금 지급 자료나 증빙
	설계변경 서류
	시공 과정의 정보 알림 내역
	공사 주체간의 연락 기록
	실제 시공 도면(기초 및 단지 설계 도면)
	사진 및 동영상
	준공승인서 및 입주승인서
시공 후	시공 후 보고서(유지, 관리 보고서, 수정사항에 대한 서류, 특별 사항에 대한 보고서, 수리 보고서 등)
	사진 및 동영상
기술적 자료	획득 가능한 자료(날씨, 기상 보고서, 지진 보고서 등)
	참고 자료(지질도, 지형도, 항공사진 등)
	기술 자료(유사 사례에 대한 논문 등)

문서가 법원에 제출되면 문서관리자는 문서의 페이지마다 코드 번호와 제출 일자를 표시하는 “베이츠 스탬프(Bate Stamp)”라는 도장을 날인한다(부록 B 별첨 E의 예시). 법원에 제출된 서류 중에는 구조물의 파손과는 무관한 서류가 많기 때문에 포렌식 엔지니어는 이들 서류 가운데 중요한 서류를 따로 분류할 필요가 있다. Matson(1994)은 소송 상대방이 관련 없는 서류를 과도하게 법원에 제출한 상황에 대해 다음과 같이 기술하고 있다.

“말 그대로 ‘건초 더미 속에서 바늘 찾기’처럼 상대방이 너무 많은 서류를 제출하여 서류의 제목만 읽는 것으로도 눈이 충혈될 정도였다. 그 서류 더미에서 의미있는 서류를 찾아내는 데 모든 시간을 소모했다.”

3.3.2 설계기준

시공 당시 적용한 설계기준(building codes)을 검토해야 한다. 단순히 설계기준에 따라 업무를 수행하였기 때문에 관리기준을 만족했다는 주장이 제기될 수 있다. 설계기준에 따라 작업을 수행하면 잠재적인 책임은 줄일 수 있지만, 법원에서는 설계 엔지니어가 더 높은 기준을 준수하지 않았는지에 대한 논란이 있을 수 있다. Shuirman과 Slosson(1992)은 시공 당시 적용된 설계기준이 현재의 전문적 기준을 충족하지 못할 수 있으며, 설계 엔지니어가 설계기준에 따랐다 하더라도 책임을 면하기 어려울 수 있다고 하였다.

3.3.3 기술문서

포렌식 조사 과정에서 지질도나 항공사진과 같은 참고 자료를 확인해야 할 수 있다. 조사 중인 사례와 유사한 파괴 사례를 다룬 논문들도 유용한 기술문서에 포함된다. 예를 들어, ASCE에서 발간하는 "Journal of Performance of Constructed Facility"는 건설 관련 붕괴나 열화에 관한 사례연구를 다수 소개하기 때문에 유용하게 활용할 수 있다.

3.4 분석과 결론

포렌식 엔지니어는 포렌식 조사를 통해 획득한 자료를 최대한 활용하여 파손의 원인을 밝혀내야 한다. 유한요소 해석과 같은 수치해석이나 구조 계산 과정을 통해 파괴 메커니즘을 확인하거나 향후 추가로 발생할 수 있는 파손 가능성에 대해 분석하기도 한다(Poh 등, 1997; Duncan, 1996). 사건 당사자들 가운데 사고의 책임이 누구에게 있는지 명확하게 결정되는 경우도 있지만, 각 당사자가 부분적으로 사고의 책임을 져야 하는 경우도 있기 때문에 사건에 대한 분석은 충분히 이루어져야 한다.

이 과정에서 포렌식 엔지니어는 다른 전문가의 조언을 참고해야 할 수도 있다. 예를 들어, 지반공학자가 비탈면 파괴나 낙반 사고, 지진에 의한 피해를 조사할 때에는 지질학자의 조언이 필요한 경우도 많기 때문이다(Norris & Webb, 1990).

파괴의 원인은 하나가 아니라 여러 가지일 수 있는데, 일반적으로 부적절한 지반조사나 실내시험, 기술적인 결함이나 설계 오류, 시방규정 적용의 실수, 부적절한 건설재료의 사용이나 부실시공 등이 원인이 되는 경우가 많다(Greenspan 등, 1989). 파괴 원인에 대한 분석은 사건의 실제적 증거에 의해만 이루어져야 한다. 그런데 동일한 사건에 대한 포렌식 엔지니어들의 분석 결과가 같지 않은 경우도 많이 있다. 보통 파괴 과정에 대한 증거가 부족하거나 실험 결과가 서로 다른 경우 또는 파괴 과정에 대해 서로 다른 목격자가 존재하게 되는 경우에는 포렌식 엔지니어 간에 서로 다른 결론을 내리기도 한다. 다음은 동일한 파괴 사건에 대해 서로 다른 결론을 도출한 사례이다.

3.4.1 사례연구

1995년 4월 10일, 미국 캘리포니아주 프레즈노의 킹스강(King's River) 북쪽에 있는 제방이 약 60m 정도 붕괴하였다(그림 3.15). 이 제방의 파괴로 인해 제방 좌측에 있는 지역에 홍수가 발생하였는데, 다행히 홍수로 인한 인명피해는 없었지만, 주변의 농경지 및 다수의 주택과 건물들이 침수되면서 수백만 달러의 재산피해가 발생하였다.

그림 3.15 킹스강 제방 붕괴 현장(1995년 4월 10일)

피해를 본 주택 소유자와 농민들은 제방의 유지보수를 맡은 기관과 수자원 관리기관에 대해 민사소송을 제기하였다. 유지보수를 맡은 기관은 제방의 안정성에 영향을 줄 수 있는 강가의 수목을 제거해야 하는 의무가 있고, 수자원 관리기관은 제방을 통해 추가로 유입된 강물을 다시 강으로 배수시켜야 하는 의무가 있다. 제방이 파괴되기 전에 이미 몇 군데에서 누수로 인해 웅덩이가 발생하여 다시 강으로 퍼 올렸던 사실이 밝혀졌다. 이 사건은 1997년 9월에 양측이 합의하는 것으로 종료되었다.

이 사건의 원고, 유지보수 기관 및 수자원 관리기관은 각각의 포렌식 엔지니어들에게 해당 사건에 대한 조사를 의뢰하였다. 각 기관에서 의뢰를 받은 포렌식 엔지니어들은 다음과 같이 각자 서로 다른 세 가지 결론을 도출하였다.

원고 측 전문가

원고 측 포렌식 엔지니어가 내린 결론은 다음과 같다.

> 붕괴의 원인은 제방 내 흐름의 증가로 인하여 수두차가 커진 조건에서 극단적으로 파괴와 파이핑을 가속화시킨 침투(누수)였다고 결론 내렸다. 그림 3.16의 시추 주상도와 같이 해당 제방을 이루고 있는 토질은 주로 모래(SP)나 실트질 모래(SM)로 이루어져 있어 투수성이 매우 커서 침투나 파이핑에 취약하고, 붕괴된 지역 주변에서 강물의 침투와 관련한 많은 문제가 발생하였다고 과거에 이미 보고되었음을 확인하였다.

BORING LOG

Project/Client: KING'S RIVER LEVEE F.N.: N/A

Location: Top of Levee Date: 1957

Estimated Surface Elevation (ft): ______ Total depth (ft): 28 Rig Type ______

Depth (Feet)	Sample Type	Sample Depth	Blow Count	Field Description By:
				Surface Conditions: Level, top of levee.
				Subsurface Conditions: FORMATION: Classification, color, moisture, tightness, etc.
0				From 0-5.0', Silty Sand (SM), non-plastic, 16 percent passing No. 200 sieve,
1				moisture content = 2 percent.
2				
3				
4				
5				From 5.0'-10.0, Sand (SP), poorly graded, non-plastic, 8 percent passing No. 200 sieve,
6				moisture content = 4 percent.
7				
8				
9				
10				From 10.0'-14.0', Silty Sand (SM), non-plastic, 41 percent passing No. 200 sieve,
11				moisture content = 20 percent.
12				
13				
14				From 14.0-15.0', Peat (Pt), 100 percent passing No. 200 sieve, moisture content = 102 percent.
15				From 15.0'-25.0', Silty Sand (SM), non-plastic, 15 percent passing No. 200 sieve,
16				moisture content = 19 percent.
17				
18				
19				
20				
21				
22				
23				
24				
25				From 25.0'-28.0', Sand (SP), poorly graded, non-plastic, 5 percent passing No. 200 sieve,
26				moisture content = 20 percent.
27				
28				Total Depth = 28 feet
29				Water at 10 feet.
30				

그림 3.16 제방 상단에서 실시한 시추조사 결과(1957)

> 1995년 4월 10일 당시 최대 유량이 아니었음에도 제방이 붕괴된 원인을 다음과 같이 추정하였다: (1) 제방 내측의 수위가 상승하면서 내외측의 수두차가 커졌고, 그 결과 침투 및 파이핑 진행속도가 증가하게 되었다. (2) 1986년 최대 유량이 발생한 이후, 1995년까지 지속적으로 제방의 취약성이 증가했고, 1995년에 증가한 유량으로 인해 가장 취약한 제방 구간에서 붕괴가 시작되었다. (3) 1995년에 폭우로 인해 높은 수위가 상당 기간 유지되었고 그로 인해 침투현상이 가속화되면서 파이핑이 발생하였고 결국 제방의 붕괴까지 이르게 되었다.

원고 측 포렌식 엔지니어는 다음과 같이 진술하였다.

> 유지관리 구역의 사진을 통해 입증된 것과 같이 제방이 붕괴된 지점에서는 제방 표면에 부분적 파괴가 진행 중이었다. 원래 붕괴지점에는 4개의 깃발이 있어야 하는데, 제방 붕괴 직후 1995년 4월 10일에 촬영된 사진을 보면 깃발이 3개만 남아 있는 것을 확인할 수 있다.

원고 측 전문가는 유지보수 기관이 제방 관리에 대한 책임을 맡고 있고, 붕괴 당시에도 제방의 상태를 살펴보아야 하는 주체이기 때문에 제방의 붕괴 책임이 유지보수 기관에 있다고 결론을 내렸다. 또한 원고 측 전문가는 수자원 관리기관의 책임에 관해서는 규정하지 않았다.

유지보수 기관 측 전문가

유지보수 기관 측 포렌식 엔지니어는 법정 증언에서 제방 붕괴의 원인이 수압파쇄에 있다고 주장하였다. 수압파쇄는 지반에 과다한 수압을 가하면 짧은 시간 동안에 수평 방향으로 길게 균열이 발생하는 현상을 말한다. 또한 수자원 관리기관에서 제방의 바깥쪽에 배수관로를 설치하면서 과도하게 굴착을 한 것이 제방의 안정성에 악영향을 주었기 때문에 제방 붕괴에 부분적으로 책임이 있다고 보았다.

수자원 관리기관 측 전문가(필자)

필자의 조사결과에 의하면 붕괴의 원인은 제방 바깥쪽에서 발생한 진행성 파괴였다. 제방을 불안정하게 한 요인은 제방을 통한 물의 침투였다. 아마도 제방기초 부근의 연약층에서 발달한 전단면을 따라 파괴면이 시작된 것으로 보인다. 그림 3.16을 보면 제방 상단에서 약 14~15ft 아래에 함수비 102%의 이탄층이 있음을 알 수 있다. 함수비가 높은 이탄층은 매우 낮은 전단강도를 가지고 있어서 이 부분을 따라 제방의 활동파괴가 시작하였을 수 있다. 과거에 붕괴된 제방이 복구된 지점에서 1997년에 촬영한 사진(그림 3.17)을 보면 제방 바깥쪽으로 다시 부분적인 비탈면 파괴가 이미 발생한 것을 볼 수 있다. 또한 집수정에서 초기 파괴가 발생했기 때문에 제방을 훼손할 수 있는 배수구를 뚫지 않았음을 확인하였다.

그림 3.17 복구된 제방에서 발견된 비탈면 파괴 현장 사진(화살표 방향으로 비탈면 파괴가 진행되었음)

요약

이와 같이 하나의 제방 붕괴사고에 대해 포렌식 엔지니어들은 각각 파이핑, 수압파쇄, 표층 붕괴라는 서로 다른 붕괴 원인을 제시하였다. 이 사례를 통해 파괴의 원인을 어떻게 정의하느냐에 따라 법적 책임이 누구에게 있는지를 결정하는 데 어떤 영향을 줄 수 있는지 알 수 있다.

3.5 보고서 준비

서면 보고서에는 포렌식 조사를 통해 얻은 내용을 잘 정리하고 요약해서 기록해야 한다. 일반적으로 다음과 같은 항목으로 작성한다.

- 조사 목적
- 의뢰 사항의 범위
- 서류 검색 결과
- 손상관찰, 비파괴 및 파괴시험, 실내시험과 현장조사 결과 요약
- 구조 계산이나 수치해석의 공학적 분석
- 파괴 원인에 대한 고찰 및 결론
- 보수 권고 사항(필요시)
- 부록(참고문헌, 시험 보고서, 현장 메모 및 스케치, 실내시험 자료, 구조 계산서나 수치해석 결과 출력물 등)

포렌식 조사보고서는 공학적 지식이 없는 비전문가가 읽더라도 이해가 잘되도록 작성해야 하는 경우가 많다. 이런 경우, 보고서는 공학적 전문 용어의 사용을 최소화하여 간단하게 작성해야 하는데, 그림이나 사진을 잘 활용하면 보고서 내용을 쉽게 이해하는 데 많은 도움을 준다. 그림 3.18과 3.19는 홍수로 인해 활주로 7-25가 어떻게 파손되었는지를 설명하기 위해 준비된 자료이다. 홍수로 인해 지표 아래로 유입된 물이 활주로를 위쪽으로 들어 올리는 지하수의 흐름을 만들었고, 이로 인해 아스팔트 활주로와 지반 사이에 공동이 형성되어 활주로가 파괴되었다. 재판에서 이러한 그림 자료는 배심원들이 사건의 원인을 더 쉽게 이해하는 데 많이 활용되기 때문에 쉽고 명확해야 하며 필요한 만큼 확대해서 볼 수 있도록 자료의 해상도를 매우 높게 하여 작성하여야 한다.

특히, 민사소송을 위한 포렌식 보고서는 명확하고 간결해야 하며 오류가 없어야 한다. Noon(1992)은 재판에서 포렌식 엔지니어의 신뢰를 떨어뜨리기 위해 보고서가 어떻게 활용되는지를 보여주기 위해 다음과 같이 기술하였다.

변호사는 포렌식 엔지니어의 보고서나 증언에서 여러 가지 작은 오타나 사소한 사실 오류 등을 찾을 수 있다. 이를 통해 제출된 포렌식 보고서가 조잡하고 내용에 오류가 포함될 가능성이 크다고 주장할 수 있으며 포렌식 엔지니어가 제시한 증거와 증언에 포함된 다른 오류나 실수가 무엇인지 수사적으로 질문할 것이다. 이러한 기술은 변호사가 전문가에게 하나의 중요한 오류를 인정하도록 하고 다른 오류가 없음을 확인하는 경우 특히 효과적이다. 물론, 경험 있는 변호사는 그러한 오류를 몇 가지 더 준비하여 엔지니어에게 이러한 오류를 보여주기 위한 기회를 엿보고 기다릴 것이다. 결과적으로 포렌식 엔지니어가 분석과정에 오류가 있음을 인정하도록 유도할 것이다.

요약하면, 포렌식 보고서는 조사결과를 정확하게 반영하고, 공학적 전문 용어를 최소화하여 파괴의 원인을 설명하도록 해야 한다. 또한 재판에서 포렌식 엔지니어의 신뢰성이 떨어지지 않도록 오타나 분석과정의 오류가 없어야 한다.

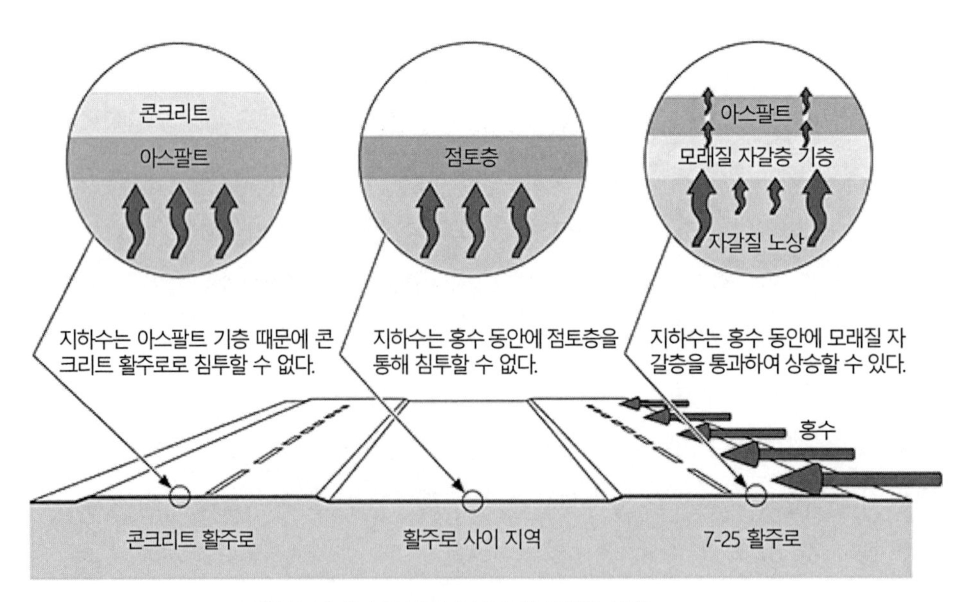

그림 3.18 홍수가 발생한 공항 활주로의 상태

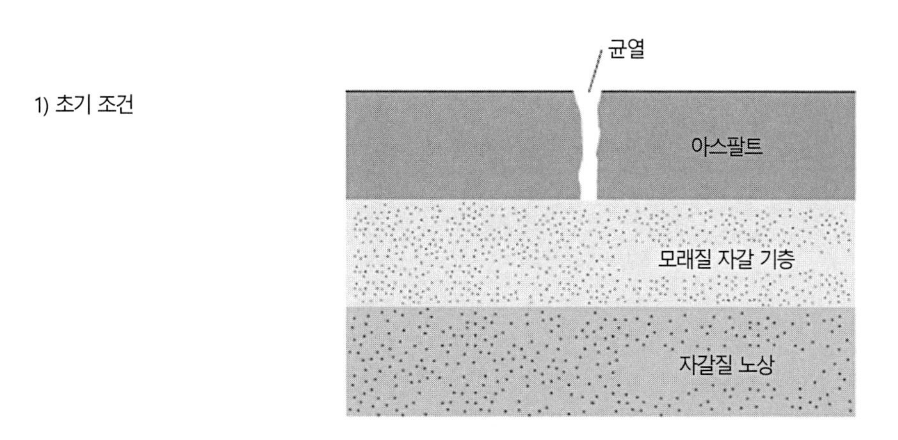

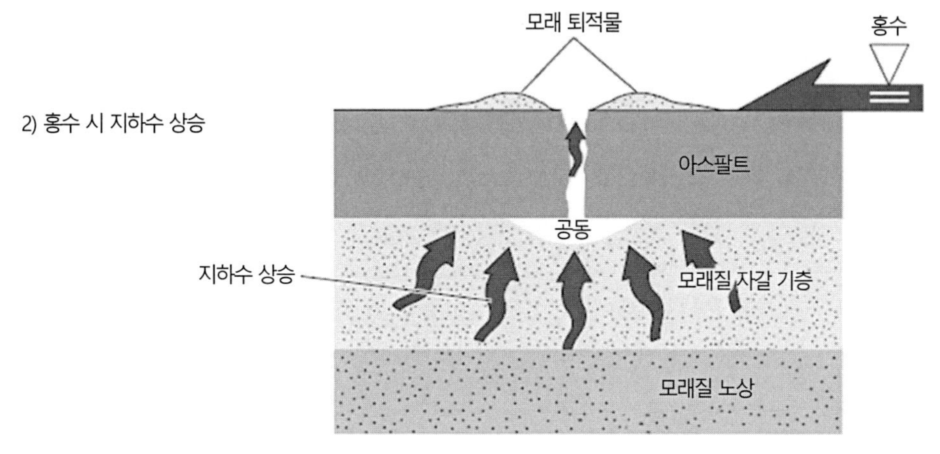

홍수 중 및 홍수 후 교통체증

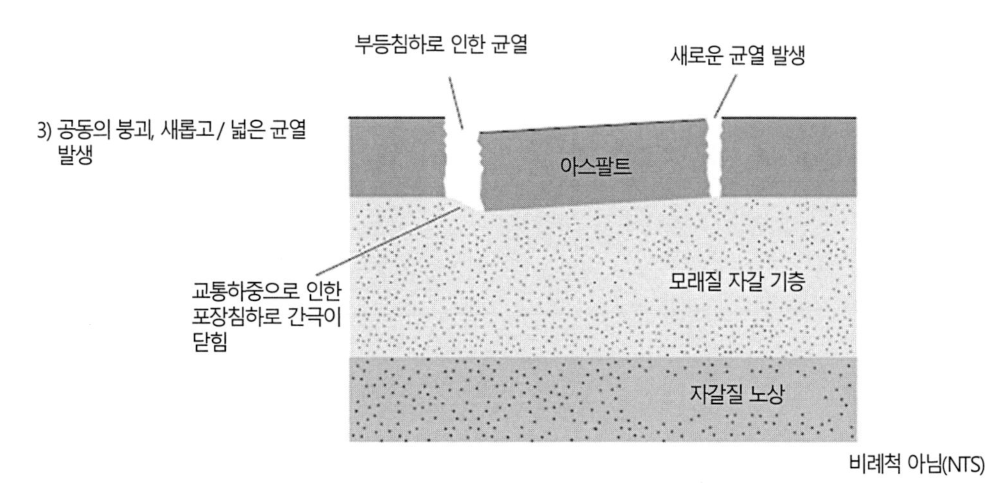

그림 3.19 활주로 파손 원인의 모식도

PART

II

포렌식 지반 및 기초조사

Forensic Geotechnical and Foundation Investigations

캘리포니아 오션사이드 공사 중 비탈면 파괴. 사진 가운데에 놓인 배낭은 지반 균열 크기에 대한 척도를 제공한다.

구조물의 침하

이 장에서 사용된 기호들은 다음과 같다.

기호	정의	기호	정의
%C	붕괴율	S	침하
e_0	자연 또는 초기 간극비	ε_c	상재압력에 의해 발생된 연직변형률
Δe_c	포화 시 간극비의 변화	ε_s	시료 채취와 실내시험에 의해 발생된 연직변형률
H	침하를 유발한 성토 두께	ε_u	시료 채취 중 응력해방으로 인한 연직변형률
ΔH_c	포화 시 높이 변화	Δ	기초의 최대부등변위
H_0	초기 흙 시료의 두께	δ	최대각변위 계산을 위한 연직변위량
L	최대각변위 계산에 필요한 수평거리	δ / L	기초의 최대 각변위
LL	액성한계	γ_d	건조단위중량
N	압밀시험에서 연직압력	$\gamma_{\max}$	실내 최대 건조단위중량
PI	소성지수	$\rho_{\max}$	기초의 최대침하량
R.C.	상대 다짐도		

4.1 서론

포렌식 엔지니어링에서 침하는 균열(distress) 또는 붕괴(collapse)로 인하여 파괴된 구조물의 연직 또는 부등변위량이라 정의한다(Greenspan 등, 1989). 침하량은 실내 및 현장 시험을 통해서 결정할 수 있다. 구조물의 침하조사에서 침하를 일으키는 데 적용된 실제 하중을 설계 또는 예상 하중과 비교하는 것이 중요하다. 구조물의 침하는 하중 증가, 예상치 못한 하중, 흙 또는 암석의 지지력 문제로 인해 발생할 수 있다.

대부분 기초는 적절하게 시공되어 설계대로 기능한다. 그러나 침하로 인하여 손상과 기초 파괴가 일어나는 경우가 많다. 일반적인 침하 원인으로는 연약지반 또는 유기질토의 압밀, 다짐 관리가 되지 않았거나 깊은 매립지의 침하, 석회암 공동의 확장 또는 싱크홀 등이 있다(Greenfield & Shen, 1992). 기초지반은 지진 또는 홍수로 인한 기초의 침식(undermining) 등과 같은 자연재해로 침하가 일어날 수도 있다. 지하광산과 터널의 붕괴뿐만 아니라 기름이나 지하수 채굴로 인한 광범위한 지반침하에 대한 보고도 있다.

포렌식 엔지니어가 침하로 인한 피해를 조사할 때에는 피해의 원인이 될 수 있는 기초설계와 시공 과정도 평가해야 한다. "Foundation Analysis and Design(Bowles, 1982)"과 같이 기초해석 및 설계의 방법과 절차를 제시하고 있는 우수한 참고문헌들이 많다.

4.2 허용 침하량

구조물의 침하에 대해서는 Skempton과 MacDonald(1956)의 "건축물의 허용 침하량"(The Allowable Settlement of Buildings)이라는 논문을 주로 참고하였다. 그림 4.1과 같이 Skempton과 MacDonald는 기울어지지 않은 빌딩에 대하여 최대 각변위 δ/L과 최대 부등침하량 Δ를 정

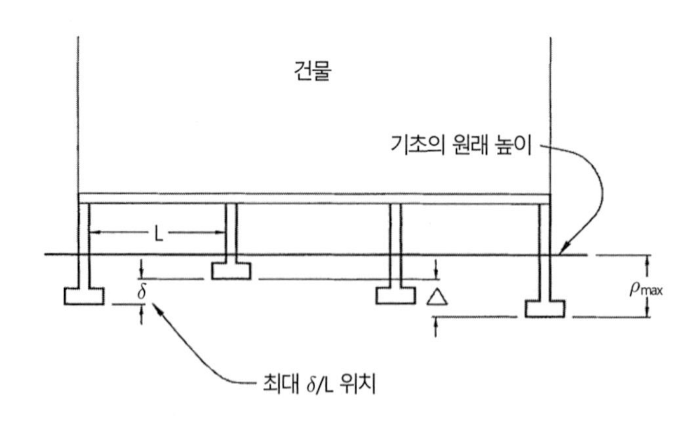

비례척 아님(NTS)

그림 4.1 최대 각변위와 최대 부등침하량의 정의

의하였다. 각변위 δ/L는 두 점 사이의 부등 침하량을 두 점 사이의 거리로 나눈 값으로 정의한다. 여기서, 기울기는 전체 건물의 각변위와 같다. 그림 4.1과 같이 최대 각변위 δ/L가 반드시 최대 부등침하량(Δ) 위치에서 발생하는 것은 아니다.

Skempton과 MacDonald는 98개의 건물에 대한 피해조사를 통해 58개의 건물은 피해를 보지 않았고 40개 건물은 침하로 인하여 각기 다른 정도의 피해를 본 것으로 파악했다. 이들 98개의 건축물을 조사한 결과를 바탕으로 다음과 같은 결론을 내렸다.

- 기초의 각변위가 1/300을 초과하면 골조건물이나 내력 조적벽의 벽돌 패널에 균열이 발생할 수 있다. 기초의 각변위가 1/150을 초과하면 기둥과 보에 구조적 피해가 발생할 수 있다.
- 그림 4.2와 같이 최대 각변위 δ/L과 최대 부등침하량 Δ의 관계를 이용하여, $\Delta=350\delta/L$로 정의되는 상관관계를 얻었다. 이 상관관계와 1/300의 각변위 δ/L에 근거하면 최대 부등침하량 Δ가 32mm(1.25in)를 초과하는 경우, 골조건물이나 내력 조적벽의 벽돌 패널에 균열이 발생할 가능성이 있다.

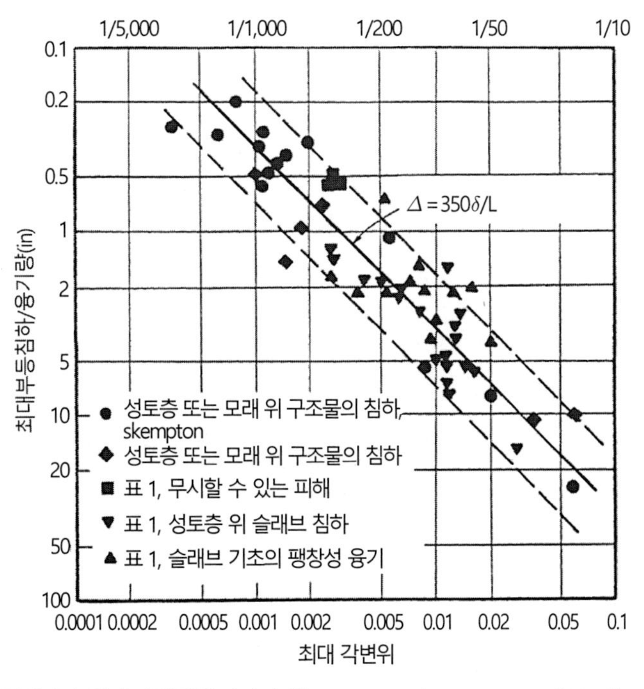

그림 4.2 최대 부등침하량과 최대 각변위의 상관관계(Skempton & MacDonald(1956); Day (1990a), 표 1)

- 각변위 1/150과 1/300 기준은 내력벽 구조의 건물과 기존의 벽돌 패널벽에 적용하지만, 경사 브레이싱이 없는 철골 및 철근콘크리트 골조건물에 관한 연구에서 도출되었다. 이 기준은 건물에 대한 일반적인 기초를 설계할 때 일상적인 작업에 대한 지침일 뿐이다. 경우에 따라서 이 기준은 육안 또는 다른 고려사항에 의해 무시될 수도 있다.

Grant 등(1974)의 논문에서는 Skempton과 MacDonald(1956)의 데이터를 갱신하고 이때, 발생한 피해량과 관련된 침하율을 평가하여 다음과 같은 결론을 도출하였다.

- 최대 각변위 δ/L값이 1/300보다 큰 건물기초는 약간의 손상이 발생할 수 있다. 그러나 각변위가 1/300을 초과하는 지점에서 반드시 손상이 발생하는 것은 아니다.
- 모래나 성토지반 위에 시공된 다양한 형식의 기초에서 얻은 새로운 데이터는 Skempton과 MacDonald가 제안한 $\Delta=350\delta/L$의 상관관계를 뒷받침하고 있다(그림 4.2).
- 침하율은 침하가 매우 느리거나 매우 빠른 경우와 같이 극단적인 경우에만 중요하다. 이용 가능한 데이터가 제한된 경우, 건물에 피해를 일으키는 최대 각변위 δ/L값은 느린 침하와 빠른 침하 모두 기본적으로 같은 것으로 나타났다.

약하게 보강된 일반적인 슬래브 기초(slab on grade, S.O.G기초)의 거동과 관련된 데이터도 그림 4.2에 포함되어 있다. 이 데이터는 바닥 슬래브 기초의 각변위가 1/300을 초과하면 석고 벽체 패널에 균열이 발생할 가능성이 있음을 보여준다(Day, 1990a). 각변위 1/300은 목재 골조 석고벽 및 Skempton과 MacDonald(1956)가 조사한 조적벽체 모두에 적용할 수 있는 것으로 보인다. 그림 4.2에 표시된 데이터는 $\Delta=350\delta/L$ 관계가 약하게 보강된 슬래브 기초로 지지 되는 건물에도 사용될 수 있음을 나타낸다. 슬래브 기초로 지지된 목재 골조주택의 패널에 균열이 발생하기 쉬운 한계값으로 $\delta/L=1/300$을 사용하고 이 값을 $\Delta=350\delta/L$(그림 4.2)에 대입하면 슬래브의 부등 침하량은 32mm(1.25in)가 된다. 약하게 보강된 슬래브 기초 위의 건물은 슬래브의 최대부등침하가 32mm를 초과하면 석고 벽체 패널에 균열이 발생할 수 있다. 그림 4.3과 같이, 이러한 균열은 문과 창문의 모서리와 같이 응력이 집중되는 곳에서 자주 발생한다.

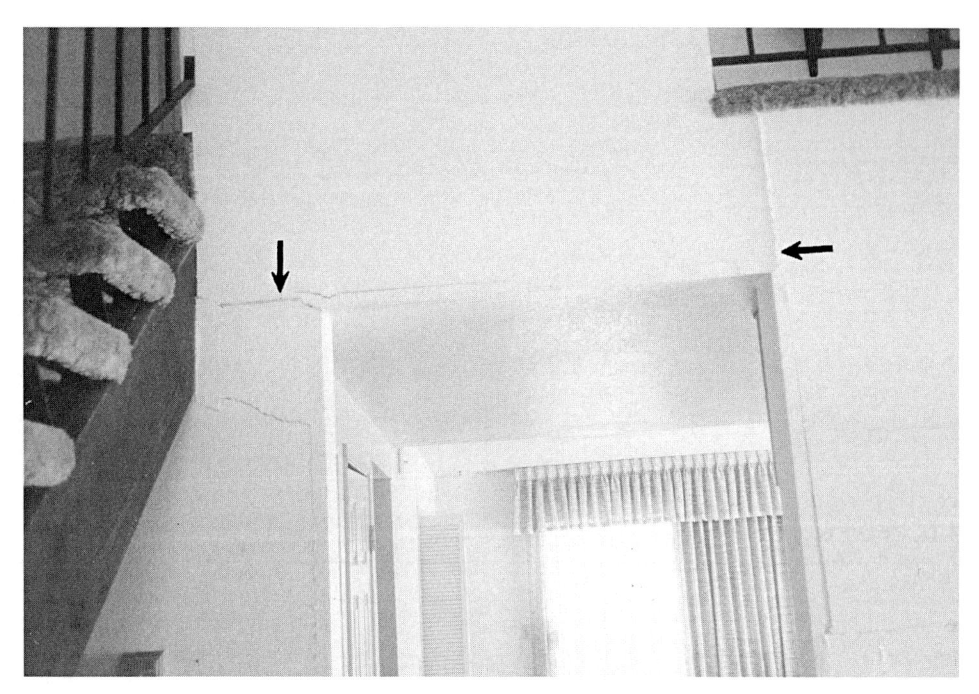

그림 4.3 내부 석고 벽체 균열

4.2.1 서로 다른 형태의 기초와 건물

구조물의 허용 침하에 대해 사용할 수 있는 다른 데이터도 있다(예: Leonards, 1962; ASCE, 1964; Feld, 1965; Peck 등, 1974; Wahls, 1994). 예를 들어, 허용 부등침하량과 전 침하량은 건축 자재 및 구조부재의 연결상태를 고려한 구조물의 유연성과 복잡성에 따라 달라져야 한다고 언급되어 있다(Foundation Engineering Handbook, Winterkorn & Fang, 1975). 이와 관련하여 Terzaghi (1938)는 다음과 같이 기술하였다.

> 기초가 단단한 암반으로 지지가 되지 않는 한 부등침하는 불가피하다고 간주해야 한다. 부등침하가 건물에 미치는 영향은 건축물의 종류에 따라 크게 달라진다.

유럽의 여러 건물에 관한 Terzaghi(1938)의 연구를 요약하면, 2.5cm 이상의 부등침하가 발생한 18m와 23m 길이의 벽은 모두 균열이 갔지만, 12m에서 30m 길이의 벽이 있는 건물 4개는 부등침하가 2cm 이하일 때는 손상되지 않았다. 이것은 아마도 건물기초의 부등침하가 2cm 이하가 되도록 설계되어야 한다는 일반적인 설계 지침의 기초가 될 것이다.

건물의 허용 침하량에 대한 또 다른 예는 표 4.1과 같다(Sowers, 1962). 이 표에서 기초의 허용 변위는 전체 침하량, 기울기, 부등침하의 3가지 범주로 구분된다. 표 4.1에서 보다 유연하거나(예: 단순 강구조 건물) 보다 단단한 기초(예: 매트기초)를 가진 구조물은 더 큰 전체 침하 및 부등침하를 견딜 수 있음을 알 수 있다.

그림 4.4는 Bjerrum(1963)이 제시한 손상기준을 나타낸다. 그림에서 제시된 기준에 의하면 벽체에서의 균열은 각변위(δ/L) 1/300에서 예상되고, 구조적 피해는 각변위(δ/L) 1/150에서 예상된다. 그러나 민감한 기계나 천장크레인이 설치된 건물에는 각변위의 한계값이 달라진다.

표 4.1 허용 침하량

변위 형태	제한 요소	최대 침하량
전체 침하량	배수시설	15~30cm
	출입구	30~60cm
	부등침하의 가능성	
	조적벽 구조	2.5~5cm
	골조 구조	5~10cm
	굴뚝, 사이로, 매트	8~30cm
기울기	전도에 대한 안정성	H와 W에 따라
	굴뚝, 탑의 기울어짐	$0.004L$
	트럭의 기울어짐 등, 기타	$0.01L$
	물품 적재	$0.01L$
	운전 중인 면직기계	$0.003L$
	운전 중인 터보발전기	$0.0002L$
	크레인 레일	$0.003L$
	바닥 배수시설	$0.01 \sim 0.02L$
부등침하	높고 연속적인 조적벽체	$0.0005 \sim 0.001L$
	조적식 단층 공장 건물, 벽체 균열	$0.001 \sim 0.002L$
	석고 균열	$0.001L$
	철근콘크리트 구조	$0.0025 \sim 0.004L$
	철근콘크리트 벽체(커튼월)	$0.003L$
	연속 강 구조	$0.002L$
	단순 강 구조	$0.005L$

* 주석: L=침하량이 다른 인접한 기둥 사이의 거리 또는 침하량이 다른 두 지점 사이의 거리. 균등 침하와 내성이 강한 구조물은 큰 값. 부등침하와 민감한 구조물의 경우 작은 값. H=구조물의 높이, W=구조물의 폭.
* 출처: Sower, 1962

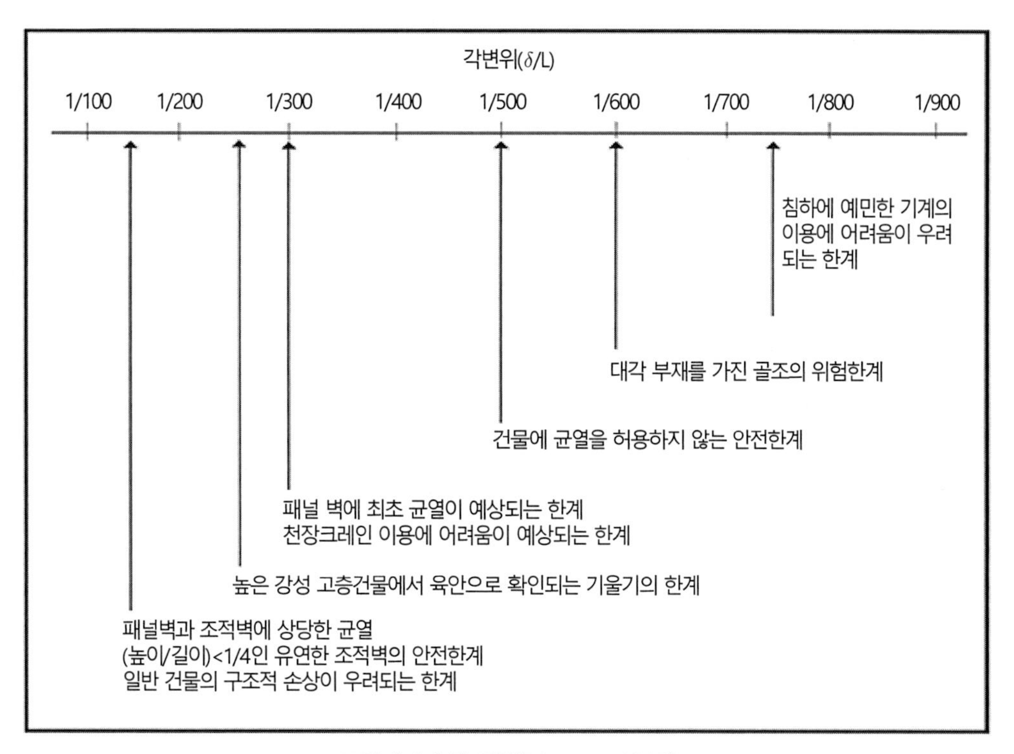

그림 4.4 손상 기준(Bjerrum, 1963)

4.3 균열피해의 분류

표 4.2는 균열피해의 심각성 정도를 대략적인 균열 폭, 최대부등침하 Δ의 대표값과 기초의 최대 각변위 δ/L로 정리한 것이다(Burland 등, 1977; Boone, 1996; Day, 1998a). 부등침하 Δ와 각변위 δ/L의 상관관계는 식 $\Delta=350\delta/L$에 기초하였다(그림 4.2). 손상 범주가 Δ 또는 δ/L과의 상관관계가 없는 경우가 있다. 일반적인 예로 균열이 드러나지 않았거나 덧씌워진 경우 또는 기타 원인(예: 콘크리트의 수축)에 의해 균열 폭이 감소하는 경우이다.

1.2절에서 기술한 것과 같이, 육안으로 확안할 수 있는 손상에는 건축적 손상, 기능(또는 사용성)적 손상, 구조적 손상의 세 가지 일반적인 범주가 있다. 표 4.2에서 건축적 손상은 일반적으로 '매우 경미한' 손상 범주에 해당한다. 일반적으로 기능적 손상에 관한 피해 범주는 최소한 '경미한'에 해당된다. 구조적 손상은 피해 범주가 '보통'일 때에도 존재할 수 있지만, '심각' 내지 '매우 심각'에서 가장 많이 나타난다.

표 4.2 균열 손상의 심각성 정도

손상 범주	전형적인 손상 설명	대략적인 균열 폭	Δ	δ/L
무시 가능	미세한 균열	<0.1mm	<3cm	<1/300
매우 경미	일반적인 미장으로 쉽게 처리할 수 있는 미세 균열, 건물 내 약간의 균열, 정밀 검사로 볼 수 있는 외부 조적벽의 균열	1mm	3~4cm	1/300~1/240
경미	쉽게 충진이 가능하고 미장 재작업이 필요할 수 있는 균열, 건물 내부에 나타날 수 있는 여러 개의 균열, 외관상 보수가 필요한 균열, 문과 창문이 끼일 수 있음	3mm	4~5cm	1/240~1/175
보통	제거 후 석공으로 덧대기 작업이 필요한 균열, 적절한 라이닝으로 해결할 수 있는 반복적인 균열, 외부 조적벽의 보수와 재배치가 필요할 수 있음, 문과 창문이 끼일 수 있음, 배관이 손상될 수 있음. 내후성이 손상을 받을 수 있음	5~15mm 또는 3mm보다 큰 균열의 개수	5~8cm	1/175~1/120
심각	벽 단면의 손상 및 교체(특히 문과 창문의 상부)와 관련된 광범위한 보수작업이 필요한 큰 균열, 뒤틀린 창문과 문, 눈에 띄게 경사진 바닥, 벽의 기울어짐 또는 배부름, 보의 지지력 일부 손실, 배관의 손상	15~25mm이나, 균열의 개수에 따라 달라짐	8~13cm	1/120~1/70
매우 심각	부분적 또는 전체 재시공을 포함한 대규모 보수가 필요, 보가 지지력을 상실함, 벽이 기울고 버팀목이 필요, 비틀림으로 창문이 깨짐, 구조적 불안정 위험이 있음	보통 >25mm이나, 균열의 개수에 따라 달라짐	>13cm	>1/70

4.4 횡방향 변위 요인

침하된 기초는 일반적으로 연직 및 수평변위의 조합에 의해 손상 된다. 예를 들어, 기초 피해의 일반적인 원인은 성토지반의 침하다. 그림 4.5는 계곡에 매립된 성토재의 침하를 보여준다. 협곡 내 건물의 측벽 너머에 있는 협곡 중심선 근처에서 압축 효과와 함께 지표면이 당겨지거나 늘어나는 경향(인장 특성)이 있다. 이런 유형의 손상은 성토지반이 연직과 수평방향으로 압축되는 2차원 침하 때문이다(Lawton 등, 1991; Day, 1991a). 그림 4.6과 4.7은 성토지반의 침하로 건물에 발생한 일반적인 기초균열과 구조적 피해를 보여준다. 그림 4.6과 4.7에서 주목해야 할 것은 성토지반의 침하는 연직과 수평변위를 일으키는데, 이러한 변위는 건물 구조를 분리시키고, 비틀려는 경향이 있다.

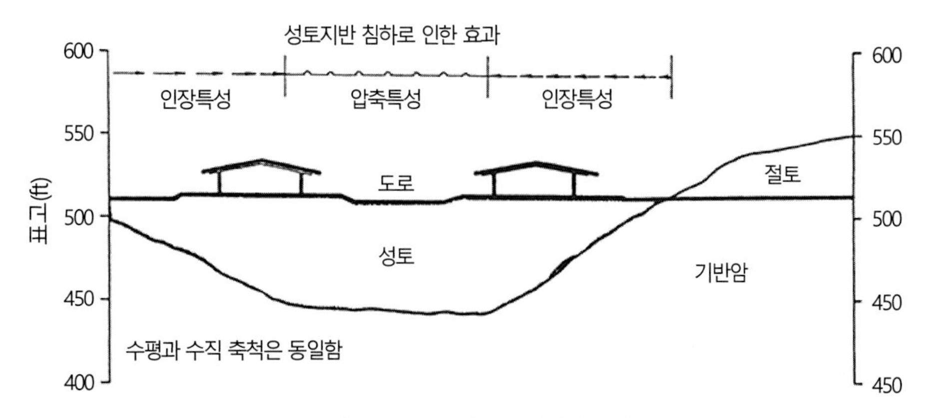

그림 4.5 계곡에 성토된 지반의 침하

그림 4.6 매립지반 침하: 기초 손상

그림 4.7 매립지반 침하: 구조적 손상

그림 4.8과 같이 절토 후 성토된 지반은 연직 기초변위와 수평변위가 모두 함께 발생하는 또 다른 일반적인 상황이다. 이러한 상황은 절토 후 성토된 지반에서 암반이 제거된 영역(절토 부분)에 건물 기초(pad)의 일부가 놓이고, 흙으로 성토된 지반 위에 건물기초의 나머지 부분이 놓이게 될 때 발생한다. 절토 부분의 건물기초가 조밀하고 풍화되지 않은 비팽창성 암반 바로 위에 놓여 있으면 절토 부분에서 건물의 침하가 거의 없을 것으로 예상한다. 그러나 성토재의 자중에 의한 침하로 피해가 일어날 수 있다. 예를 들면 그림 4.8과 같이 절토 후 성토된 부분에서는 일반적으로 슬래브 균열이 발생한다. 건물은 기초의 연직변위(침하)와 수평변위의 조합에 의해 파손되는데, 이는 구조물에 대한 슬래브 균열 발생과 드래그(drag) 효과로 나타난다.

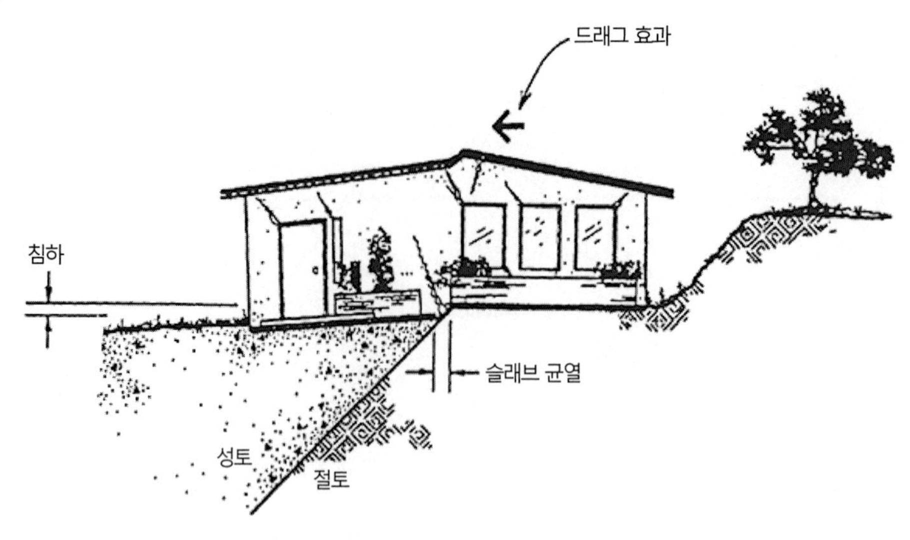

그림 4.8 절토 후 성토매립 지반

앞에서 설명한 것처럼, 수평변위는 기초의 침하로 인한 1차 연직변위의 이차적인 결과이다. 그러므로 표 4.2는 손상 범주와 부등침하 Δ 및 각변위 δ/L의 상관관계를 나타내는 지침으로 사용할 수 있다.

4.5 붕괴성 흙

미국 남서부 지역에서 가장 흔한 침하 원인은 붕괴성 흙(collapsible soil)이다. 예를 들어, Johnpeer(1986)는 뉴멕시코에서는 붕괴성 흙으로 인한 지반침하가 흔히 발생한다고 하였다. 붕괴성 흙의 범주에는 토양쇄석물(debris)의 침하, 다짐관리가 되지 않은 성토 매립지, 깊은 매립지 또는 충적토나 붕적토와 같은 자연 상태의 흙이 포함된다.

일반적으로 붕괴성 흙으로 인한 피해가 증가하고 있는데, 이는 아마도 많은 도시지역에 가용 토지가 부족했기 때문일 것이다. 토지의 부족은 쓰레기가 매립된 매립층 또는 자연적인 붕괴성 퇴적층을 포함하는 불모지의 개발을 유발했다. 또한 건축물을 위한 평지를 조성하기 위해 부지 정지가 필요한데 이로 인해 더 넓은 지역에 고성토를 하는 경우가 발생하였다.

붕괴성 흙은 물에 젖었을 때 체적 감소가 급격하게 발생하는 흙으로 분류할 수 있다. 붕괴성 흙은 보통 건조단위중량이 작고 함수비가 낮다. 이러한 흙은 큰 연직하중이 작용해도 압축이 적게 일어나고 저항할 수도 있지만, 물에 젖어 흙이 습윤상태가 되면 연직하중의 증가가 없어도 더 큰 침하가 발생할 수 있다(Jennings & Knight, 1957).

성토 또는 매립지

깊은 매립지는 두께가 6m 이상으로 성토된 지역을 의미한다(Greenfield & Shen, 1992). 다짐 관리가 되지 않은 매립지는 성토 후 다짐시험 기록이 없는 매립지가 포함된다. 쓰레기 매립지, 수중 매립지, 준설매립지 등과 같이 다짐은 되었지만, 시험기록이나 다짐에 사용된 에너지양에 대한 자료가 없는 매립지가 해당한다(Greenfield & Shen, 1992). 이러한 사례는 검사가 느슨한 시골 지역이나 다짐 기준이 엄격하게 적용되지 않은 시기에 건설된 매립지에 존재할 수 있다. 붕괴성 성토재의 경우, 재하 하중이 증가함에 따라 압축이 발생한다. 재하 하중의 증가는 추가성토 또는 성토재 상부에 건물이 건설되는 경우이다. 재하 하중의 증가로 인한 압축은 공기의 배출로 인한 성토재의 간극비 감소와 관련이 있다. 압축은 보통 일정한 함수비에서 진행된다. 매립재를 성토한 후에 관개나 강우 또는 관 누수 등으로 흙 속으로 물이 침투할 수 있다. 보통 느슨한 흙의 구조를 붕괴시키는 메커니즘은 함수량이 증가함에 따라 성토재에서 부의 간극수압(모세관 압력)이 감소하는 것이다.

증류수에 수침된 성토재 공시체에서, 1차원 붕괴량을 좌우하는 주요 변수는 흙의 종류, 다짐 함수비, 다짐 건조단위중량과 연직압력이다(Dudley, 1970; Lawton 등, 1989, 1991, 1992; Tadepalli 등, 1991; Day, 1994a). 일반적으로 성토재의 일차원 붕괴는 건조단위중량과 함수비의 감소 또는 연직압력이 증가함에 따라 커진다. 건조단위중량과 함수비가 일정한 경우, 최적의 점토 함유량(보통 낮은 비율)을 초과하면 점토의 양이 증가함에 따라 일차원 붕괴가 감소한다(Rollins 등, 1994).

충적토 또는 붕적토

미국 남서부의 건조한 기후 지역에 자연적으로 퇴적된 붕괴성 흙의 경우, 급속한 체적 감소를 일으키는 일반적인 메커니즘은 수분 증발로 인하여 세립토의 표면장력이 약화되어 조립재 접촉면의 결합력 붕괴로 발생한다. 또한 충적토 또는 붕적토 속으로 물이 통과하면서 불안정한 흙 구조를 만들 수 있다.

실내시험

붕괴성 흙이 현장의 피해 원인으로 의심되는 경우, 흙 시료를 채취하여 실내시험을 해야 한다. 1차원 붕괴는 보통 표준압밀시험으로 측정한다(ASTM D 5333-92). 공시체를 표준압밀시험기에 놓은 후, 현장의 재하압력과 거의 같은 수준까지 연직압력을 증가시킨다. 연직압력을 가한 상태에서 증류수를 시험기에 부어 공시체의 붕괴량을 측정한다. 붕괴율(%C)은 침수로 인한 공시체의 높이 변화를 초기 공시체 높이로 나눈 값으로 정의한다(ASTM D 5333-92, 1997).

그림 4.9는 매립지 공시체에 대한 일축압축 붕괴시험의 결과이다. 매립지 공시체는 모래질 입자 60%, 실트질 입자 30%, 점토질 입자를 10% 함유한 실트질 모래(SM)로 분류되었다. 현장의 조건을 구현하기 위해 실트질 모래는 건조단위중량 1.48Mg/m^{3}과 함수비 14.8%로 다짐을 하였다. 초기 높이가 25.4mm인 실트질 모래 시료에 144kPa의 연직응력을 가한 후, 증류수로 침수시켰다. 그림 4.9는 침수 후 시간에 따른 연직 변형량(붕괴량)을 보여준다. 붕괴율은 Δe_c를 $1+e_0$로 나눈 값 또는 ΔH_c를 H_0로 나눈 값으로서 백분율로 표시한다. 실트질 모래에 대한 붕괴시험에서 붕괴율(%C)은 (2.62mm)/(25.4mm) = 10.3%이다(성토 유형 N0. 1, 그림 4.9).

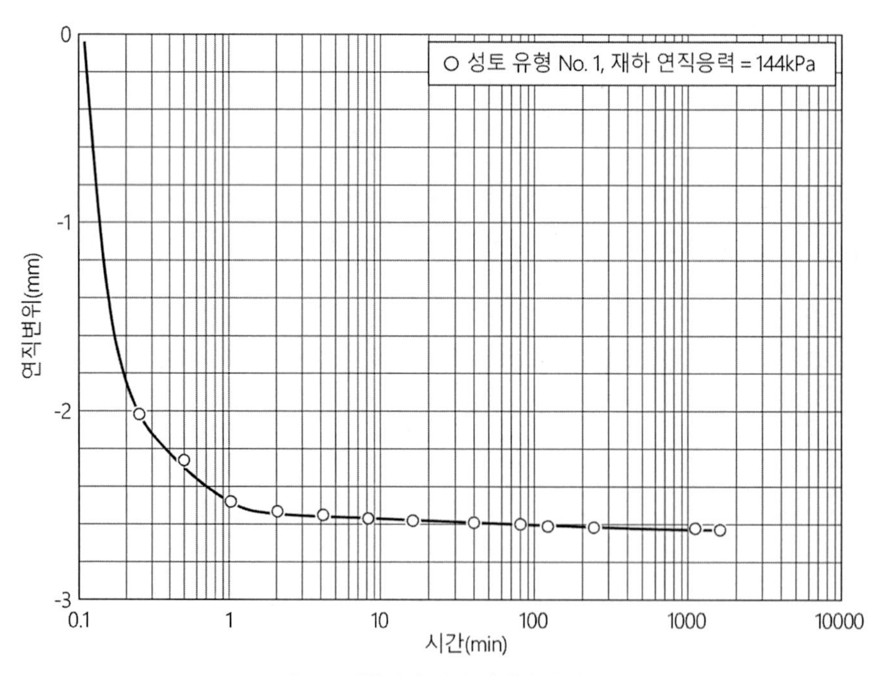

그림 4.9 전형적인 붕괴 포텐셜 시험결과

흙의 붕괴 포텐셜(C_P)은 흙 공시체에 200kPa의 연직응력을 가하고 공시체를 증류수로 수침시킨 후 붕괴율(%C)을 결정한다. 붕괴 포텐셜은 다른 흙에 대한 붕괴 민감도를 비교하기 위한 지수시험으로 간주할 수 있다. C_P가 4~6%일 경우는 중간 정도의 붕괴 포텐셜을 나타내며 C_P가 10% 이상이면 심각한 붕괴 포텐셜을 나타낸다.

성토재 또는 자연 상태 흙의 붕괴를 일으키는 메커니즘은 물의 침투이다. 물이 침투하는 일반적인 원인은 관개, 상수관의 파손 및 누수, 기초 부근에 빗물이 고일 수 있는 표면배수의 변화 등이다. 또 다른 물의 침투원은 수영장의 누수이다. 예를 들어, 그림 4.10은 수영장 하부에 있는 비다짐 토석 매립층의 붕괴로 인해 심하게 파손된 수영장의 사진이다.

그림 4.10 하부 비다짐 매립지반의 붕괴로 인한 수영장 표면의 손상(화살표는 수영장 표면균열을 가리킴)

4.6 뒤채움재의 침하

대규모 부지조성 프로젝트에서 매립토를 다짐하기 위하여 무거운 다짐 장비가 사용된다. 그러나 뒤채움 다짐이 필요한 작업공간이 너무 좁아 중장비를 사용하기 불가능한 경우가 많다. 이에 대한 예로는 도로에서 전력 트렌치 공사 구간의 뒤채움 또는 옹벽의 뒤채움 등이 있다. 이들 프로젝트의 경우, 뒤채움재를 그냥 성토하거나 핸드 다짐기를 이용하여 최소한의 다짐 에너지로 다진다. 또한 뒤채움에서는 일반적으로 다짐의 품질을 평가하기 위한 시험을 하지 않는다. 이러한 제한적 접근성, 불완전한 다짐 과정 및 다짐시험의 결여와 같은 요인들이 뒤채움 성토지반의 침하를 일으킨다. 그림 4.11은 차고의 벽체 뒤편의 뒤채움재로 자갈을 사용한 예를 보여준다. 이 현장에서는 자갈을 창고 벽 뒤에 쏟아붓고 자갈 뒤채움 상부에 계단을 만들었다. 후속 공사로 인한 진동과 자갈을 통한 물의 이동으로 느슨한 자갈이 침하되어 그림 4.12 및 4.13과 같은 피해를 발생시켰다. 만약 자갈을 층으로 쌓고 핸드 다짐기로 다짐을 했다면 뒤채움 자갈 성토지반의 침하는 피할 수 있었을 것이다.

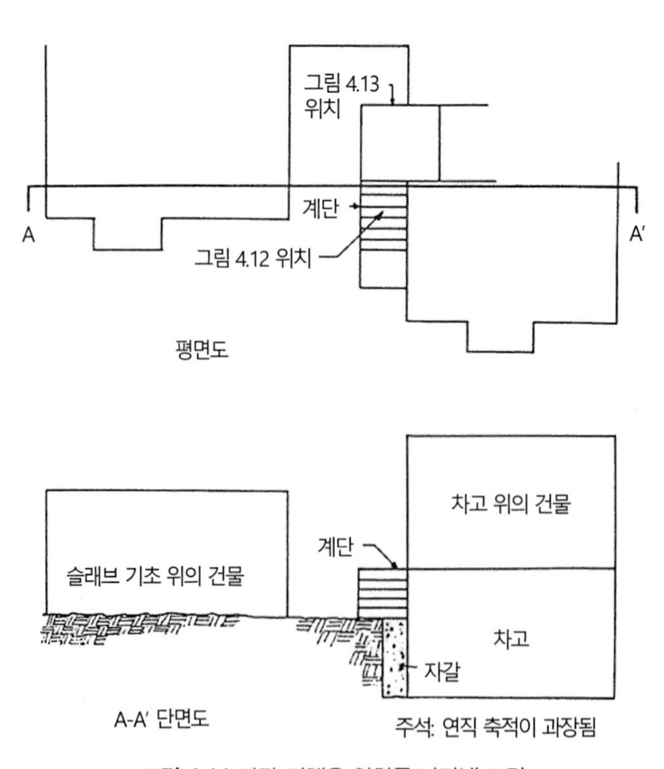

그림 4.11 자갈 뒤채움 위치를 나타낸 그림

그림 4.12 뒤채움재의 침하로 손상된 계단

그림 4.13 뒤채움재의 침하로 손상된 계단

4.7 기타 침하 원인

붕괴성 흙 또는 뒤채움재의 침하 외에도 구조물을 손상시키는 침하 원인에는 여러 가지 요인이 있다. 포렌식 엔지니어가 특정한 침하의 원인을 식별하는 데 도움이 되는 좋은 참고문헌들도 많이 있다. 일반적인 침하 원인 중 몇 가지 예를 들면 다음과 같다.

4.7.1 석회암 공동 또는 싱크홀

석회암 공동이나 싱크홀과 관련된 침하는 보통 카르스트 지형이 있는 지역으로 제한된다. 카르스트 지형은 쉽게 물에 녹는 석회암반 지역에서 발달한 지형 형태이다. 카르스트 지형은 다양한 크기와 엄청난 수의 함몰, 때때로 석회암의 거대한 노두, 표면 흐름이 거의 없는 싱크홀과 용해성 통로, 계곡의 큰 샘 등의 특징이 있다(Stokes & Varnes, 1955).

Sowers(1997)는 카르스트 지형의 판정법과 카르스트 지형에 시공된 기초에 대하여 분석하였다. 싱크홀을 조사하는 장비에는 물리탐사와 콘관입시험 장비가 있다(Earth Manual, 1985; Foshee & Bixler, 1994). 콘관입저항이 작다면 지반이 이완(raveling)된 상태임을 나타낸다. 지반이 이완되었다는 의미는 조립토 입자가 하부의 다공 석회암으로 느리게 이동하고 있다는 의미이다. 지반의 이완이 진전되면 일반적으로 싱크홀 현상으로 일컬어지는 지반의 침하가 발생한다.

4.7.2 연약지반과 유기질토의 압밀

대부분의 토질역학은 연약한 점토나 유기질토의 침하 가능성을 판별하고 평가하는 데 필요한 지반조사, 실내시험, 공학적 분석에 대하여 자세히 다루고 있다(Terzaghi & Peck, 1967; Lambe & Whitman, 1969; Sowers, 1979; Holtz & Kovacs, 1981; Cernica, 1995a). 포화된 점토나 유기질토의 침하는 즉시 또는 초기침하, 압밀침하 및 이차압축 침하의 세 가지 요소를 가질 수 있다.

즉시 또는 초기침하

대부분의 경우, 지표하중은 연직과 수평변형을 일으키며, 이것을 2차원 또는 3차원 하중이라 한다. 즉시침하는 2차원 또는 3차원 하중에 의한 비배수 전단변형 또는 일부의 경우, 소성유동에 기인한다(Ladd 등, 1977). 3차원 하중의 일반적인 예로는 직사각형 기초와 원형 저장탱크가 있다. 이와 같은 하중이 포화점토 지반에 작용하면 점토의 즉시침하로 발생한 연직 및 수평변형으로 붕괴를 초래할 수 있다.

압밀침하

일반적인 1차원 압밀침하는 연직방향의 변형만을 포함한다. 일반적인 1차원 하중의 예로는 지하수위의 저하 또는 넓은 지역에 작용하는 등분포 재하 성토하중이 있다. 압밀은 완료되는 데 수년이 걸릴 수 있는 시간에 의존하는 과정이다. 예를 들어, 그림 4.14는 포화 점토에 대한 압밀시험(ASTM D 2435-96, 1997)에서 얻은 시간에 따른 연직변위 관계를 나타낸 것이다(PI=71, LL=93, H_0=9.0mm, e_0=3.05).

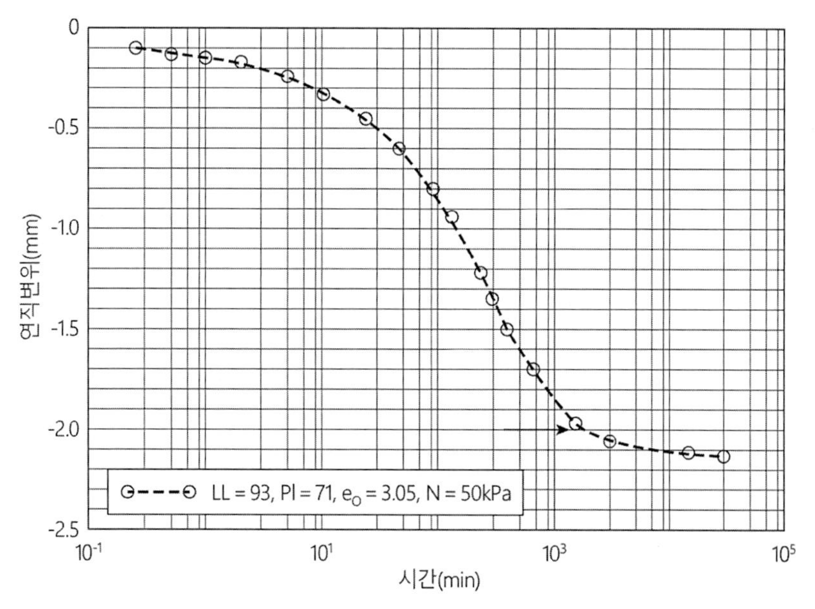

그림 4.14 전형적인 S-형태의 변위와 시간 관계(화살표는 1차 압밀 종료를 의미함)

이차압축침하

침하의 마지막 구성요소는 이차압축으로, 이것은 기본적으로 모든 과잉간극수압이 소산된 후에 발생하는 침하의 일부이다. 이차압축침하는 일정한 유효응력 상태에서 발생하는데, 이탄 또는 고유기질토의 경우, 전체 침하량의 주요 부분을 차지할 수 있다(Holtz & Kovacs, 1981). 그림 4.15는 미국 뉴저지주의 습지 지역인 메우드랜드에서 발생한 이탄침하의 두 가지 예를 보여준다. 메우드랜드에서는 말뚝기초가 구조물을 지지하기 위하여 종종 사용되지만, 그림 4.15와 같이 일반적으로 바닥 슬래브가 말뚝 사이에 걸칠 수 없어 이탄의 침하에 따라 바닥 슬래브가 말뚝 캡으로부터 분리되거나 말뚝캡 주변에서 변형이 발생한다(Whitlock & Moosa, 1996).

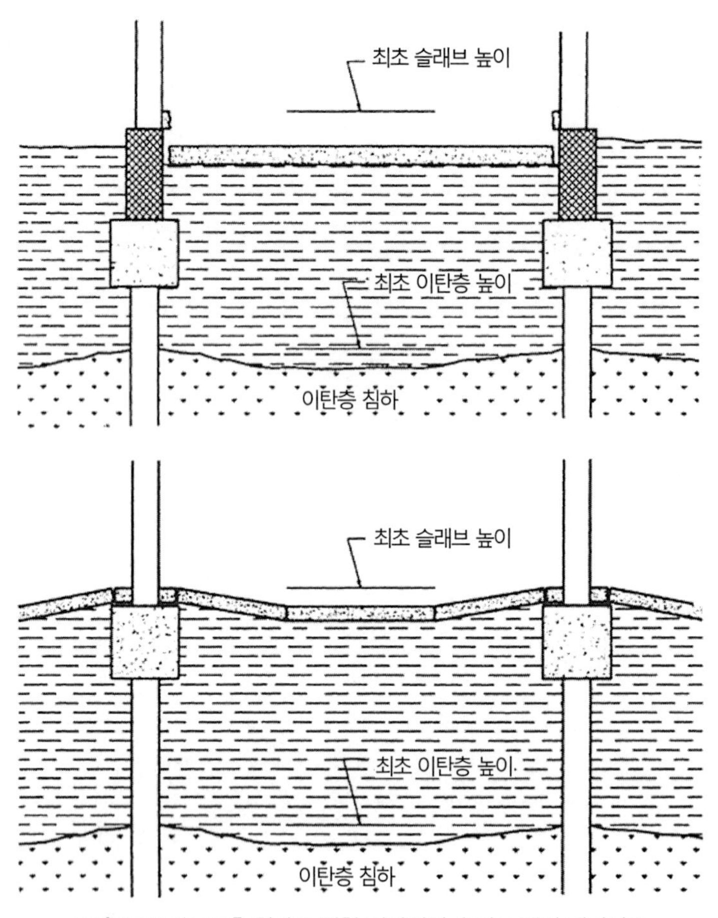

그림 4.15 하부토층 침하로 인한 일반적인 슬래브 변위 메커니즘

4.7.3 지하광산과 터널의 붕괴

Gray(1988)는 미국 내 지하광산의 붕괴로 인한 주택의 피해액은 매년 2천 5백만에서 3천 5백만 달러 사이로 추정되며, 별도로 도로, 공공시설, 서비스 등에서 또 다른 3~4백만 달러의 피해가 발생하고 있다고 하였다. 대략 2만km^2의 폐광 또는 미개발 석탄광산이 있으며 이 중 10%가 인구가 밀집된 도시지역에 존재한다(Dyni & Burnett, 1993). 장벽식 광산(Longwall mining)과 관련된 지반침하의 규모, 시간, 실제 위치를 비교적 정확하게 예측할 수 있다고 하였다(Lin

등, 1995). 일단 지반의 침하량을 추정하면 광산 관련 침하의 영향을 감소시킬 수 있는 대책들이 있다(National Coal Board, 1975; Kratzsch, 1983; Peng, 1986, 1992). 예를 들어, 광산의 영향으로 침하가 발생한 기초에 관한 연구에서는 기초의 포스트텐셔닝이 기초의 균열을 방지할 수 있어서 가장 효과적인 기초공법이라는 결론을 내렸다(Lin 등, 1995).

4.4절에서 기술한 바와 같이, 지하광산과 터널의 붕괴는 건물 내부에 인장 및 압축을 발생시킬 수 있다. 그림 4.16은 압축영역의 위치가 침하된 영역의 중앙에 있음을 보여준다(Marino 등, 1988). 인장 및 압축영역은 협곡에 형성된 매립지의 침하와 유사하다(그림 4.5).

지하광산과 터널의 붕괴 외에도 광산으로부터 파낸 폐석(토) 위에 지어진 건물의 침하도 있을 수 있다. 광산 운영자는 종종 나무, 고철, 타이어와 같은 다른 잔해를 광산 폐기물에 같이 버린다. 많은 경우, 광산 폐기물은 다짐을 하지 않기 때문에 큰 침하가 발생할 수 있다. 예를 들어, Cheeks(1996)는 광산 운영 중 노천광산을 매립하는 데 사용한 채굴된 폐석 위에 모르고 지어진 모텔의 흥미로운 예를 설명하였다. 모텔은 계측 기간(5년) 동안 약 1m가 침하되었다. 이 건물의 침하와 파손은 실제로 공사 중에 시작되었고 모텔은 사용할 수가 없었다. 법적 소송 결과, 소송비용은 최종 보상금액에 가까운 100만 달러를 초과하였다(Cheeks, 1996).

소송비용이 최종판결에서 나온 보상비에 근접하거나 심지어는 이를 초과하는 경우가 흔하다.

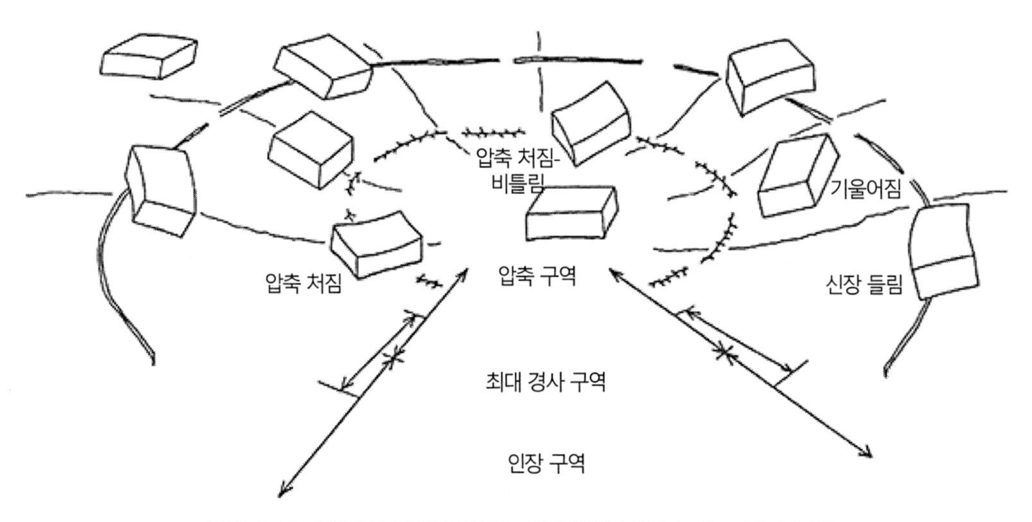

그림 4.16 지하광산 붕괴로 인한 인장과 압축 구역(Marino 등, 1988)

4.7.4 기름 또는 지하수 추출로 인한 지반침하

땅속에 있는 물이나 기름을 대규모로 추출하면 넓은 면적의 지반이 침하될 수 있다. 펌핑은 지하수위를 낮추어 하부퇴적층에 재하 하중을 증가시켜 연약한 점토층의 압밀을 일으킬 수 있다. 다른 경우로, 물이나 기름을 제거하면 흙과 다공질의 암석 구조가 압축되어 지반침하가 발생할 수 있다.

Lambe과 Whitman(1969)은 기름 또는 지하수 추출로 인한 지표면 침하의 두 가지 유명한 사례를 설명하였다. 첫 번째 예는 캘리포니아 롱비치에서 발생한 것으로, 기름 펌핑으로 인해 65km^2 면적이 영향을 받아 지반이 8m 침하 되었다. 지반의 침하 때문에 롱비치에 있는 해군 조선소는 바닷물이 시설물로 범람하는 것을 막기 위해 특별한 방파제를 설치하였다. 두 번째 예는 멕시코시티에서 주거와 산업용으로 사용하기 위한 물의 펌핑으로 발생된 지반침하이다. Rutledge(1944)는 멕시코시티의 하부 점토지반은 다공구조의 미세화석과 규조류를 포함하고 있어 매우 높은 간극비(최대 e_0 =14)를 가지고 있으며 압축성이 매우 크다는 것을 보여주었다. 멕시코시티의 지반침하는 20세기 초에 약 9m가 발생하였다고 보고되었다.

지반침하 외에도 지하수나 기름의 추출은 지반에 균열을 발생시킬 수 있다. 예를 들어, 그림 4.17은 주로 지하수 추출로 인하여 1963년부터 1987년 사이에 라스베이거스(Las Vegas) 계곡

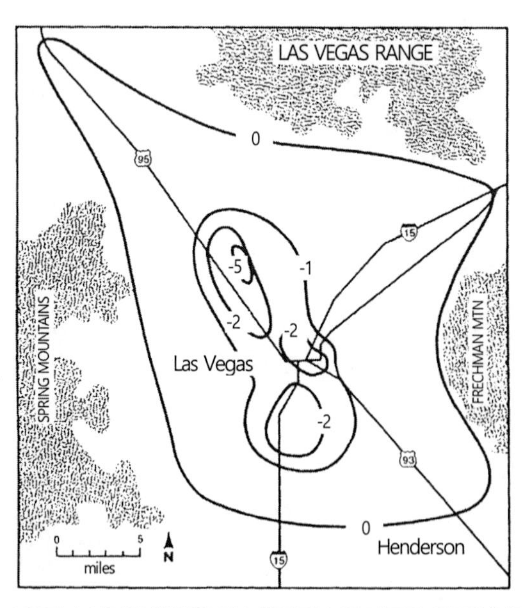

그림 4.17 1963~1987년 사이에 발생한 라스베이거스의 지표면 침하(ft) (Purkey 등, 1994)

에서 발생한 지반침하를 보여준다. 침하는 지반변위에 취약한 역할을 하는 기존의 지질학적 단층들에 집중되었다(Purkey 등, 1994). 그림 4.18은 이들 균열 중 하나가 주택의 기초 아래로 통과하는 것을 보여준다.

그림 4.18 라스베이거스 북쪽 시몬스 거리 근처 폐가의 기초 아래를 통과하는 침식으로 확장된 균열(Purkey 등, 1994)

4.7.5 매립지의 침하와 유기물의 분해

일반적인 침하의 원인 중 하나는 연약하고 포화된 유기질토의 압밀과 이차압축이다. 이런 형태의 침하는 재하 하중의 증가로 간극에서 물이 배수된 결과이다. 이것은 유기물의 분해로 인한 침하와는 다른 메커니즘이다.

유기물의 분해

유기물은 분해의 다양한 단계에서 식물과 동물 생산물의 혼합물, 생산물의 분해로 인한 생물학적 또는 화학적으로 형성된 물질의 혼합물, 미생물, 작은 동물들과 그 부패 잔해들로 구성된다. 이와 같은 매우 복잡한 시스템에서 유기물은 비부식성과 부식성의 두 그룹으로 분류된다(Schnitzer & Khan, 1972). 비부식성 물질들은 탄수화물, 단백질, 지방과 같은 다양한 화합물이 포함되며 흙 속의 미생물에 의해 쉽게 공격을 받고 수명이 매우 짧다. 흙 속에 있는 대부분 유기물질은 무정형, 친수성, 산성, 다분산 물질로 정의되는 부식물로 구성된다(Schnitzer & Khan, 1972). 부식물의 예로서 유기물의 갈색 또는 검은색 부분이 있는데, 이 부분은 매우 잘 분해되어 원래의 출처를 확인할 수 없다. 부식 물질이 나타내는 중요한 특징은 미생물 열화에 대한 내성과 안정된 화합물을 형성하는 능력이다(Kononova, 1966).

포렌식 엔지니어는 갈색이나 검은색, 자극적인 냄새, 스펀지 같은 느낌과 섬유질 질감으로 유기물질을 식별할 수 있다. Al-Khafaji와 Andersland(1981)는 분해에 의한 유기물질의 특성 변화를 연구하였다. 이 연구에서는 전자현미경(SEM)을 이용하여 미생물의 활동으로 인한 펄프 섬유의 변화에 대한 시각적인 증거를 제시하였다. 펄프 섬유의 분해는 길이와 직경의 감소, 표면 거칠기 증가 등의 특징을 포함한다. 연소시험은 유기질 함량을 결정하기 위하여 사용한다(ASTM D 2974-95, 1997). 이 시험에서 부식 및 비부식성 물질들은 높은 연소 온도에 의해 파괴된다. 연소시험에서 발생하는 오류의 주원인은 점토광물의 표면 결정수(surface hydration water)의 손실이다. Franklin 등(1973)은 몬모릴로나이트와 같은 특정 광물이 대량으로 존재할 경우, 연소시험 결과에 큰 오류가 발생할 수 있다고 하였다. 연소시험은 유기물질의 부식 부분과 비부식 부분을 구분하지는 못한다.

유기물질 분해와 관련된 문제는 간극의 발생과 이에 상응하는 침하이다. 침하율은 비부식성 물질의 분해 속도와 유기물질의 압축특성에 따라 달라진다. 대규모 부지조성에 사용되는 매립재에서 유기물을 모두 배제하는 것은 어렵다. 일반적으로 엔지니어들은 유기물의 부정적인 효과를 인식하고 있다. 매립재에 흔하게 포함된 유기질 재료는 나뭇가지, 관목, 낙엽, 풀, 나무, 종잇조각 같은 건설폐기물이 포함된다. 그림 4.19는 매립재로 사용된 유기물의 분해 사진이다.

그림 4.19 매립지에 있는 유기물질의 부패 사진

쓰레기 매립지

쓰레기 매립지 내에 있는 느슨한 폐기물의 압축과 유기물의 분해로 인해 매립지가 침하될 수 있다. 일리노이주 하노버(Hanover) 공원에 있는 밀라드 북쪽의 쓰레기 매립지에서는 뼈, 기름, 고기와 함께 15년이나 된 스테이크가 발굴되었다(Rathje & Psihoyos, 1991). 일반적으로 쓰레기 매립지는 조명이 없고 공기나 습기가 거의 없기 때문에 쓰레기의 유기물이 천천히 분해된다. 비부식성 물질도 결국에는 분해가 되나 유기물 주위를 순환하는 산소가 적기 때문에 분해 속도가 느린 혐기성 미생물이 번식한다.

Rathje와 Psihoyos(1991)는 처음 15년 동안 음식물 쓰레기와 마당에서 치운 낙엽 쓰레기의 약 20~50%가 생분해된다는 것을 알아냈다. 1948년 뉴욕시 스태튼 섬(Staten Island)의 갯벌 습지에 문을 연 프레시 킬스(Fresh Kills) 매립지 같은 경우는 예외이다. 프레시 킬스 매립지는 일정 깊이 이하에서 음식물 쓰레기나 낙엽 쓰레기, 종이가 거의 발견되지 않았다. 그 이유는 갯벌 습지의 물이 매립지로 스며들면서 혐기성 미생물이 번성하게 되었기 때문으로 판단되었다. Rathje와 Psihoyos(1991)의 연구에서는 환경 유형이 비습성 물질의 분해 속도에 매우 큰 영향을 준다는 것을 보여주었다.

미국에는 오래전에 버려진 쓰레기 매립장이 많이 있다. 일반적인 법적 소송은 버려진 쓰레기 매립지에 건물을 짓는 경우 발생한다. 도시 매립지에 건설된 구조물의 침하는 하부에 있는 느슨한 폐기물의 침하나 매립지에 남아 있는 유기물의 분해로 인해 발생할 수 있다.

4.8 시간에 따른 성질 변화

구조물의 손상 또는 균열의 원인을 결정하는 것 외에 포렌식 엔지니어에게 설계자의 과실 가능성을 결정하도록 요청할 수 있다. 흙의 특성이나 건설기준은 시간에 따라 변화되거나 변경될 수 있다. 포렌식 엔지니어는 변경된 기준을 적용하거나 건설 당시 존재한 흙의 특성을 평가하는 것이 중요하다.

4.8.1 시간에 따른 특성 변화 예

다음은 흙의 특성이 시간에 따라 어떻게 변화할 수 있는지를 보여주는 예다. 이 예제는 매립지의 다짐을 다루었다. 일반적으로 특정한 상대다짐도로 매립지를 다질 것을 권장한다. 상대다짐도의 정의는 다짐된 현장의 건조단위중량을 실험실 최대 건조단위중량으로 나눈 것으로 보통 백분율로 나타낸다. 캘리포니아주에서는 일반적인 대규모 부지조성 기준으로 수정 다짐시험의 최소 상대다짐도 90%를 요구한다. 시와 군(county)에서 채택한 기준은 "모든 다짐은 최대 밀도의 90% 이상으로 압축되어야 한다."라는 Uniform Building Code(1997)를 따른 것이다.

시간에 따라 상대다짐도를 변화시킬 수 있는 몇 가지 방법이 있다.

- **성토재의 단위중량 변화.** 매립지 현장의 단위중량을 증가시킬 방법의 예는 다음과 같다: (1) 추가 성토다짐 또는 구조물의 중량에 의한 성토재 압축 (2) 붕괴에 의한 성토재 침하 또는 (3) 조립질 성토재를 조밀하게 하는 진동 또는 지진 활동이 있을 수 있다. 성토재는 시추 또는 시험 중 단위중량이 변할 수 있다. 예를 들어, 느슨한 성토재는 샘플링 튜브가 지반 속으로 관입하는 동안 조밀하게 될 수 있지만, 시료를 채취하는 동안에는 조밀한 성토재가 느슨해질 수도 있다.

- **실내 최대 건조단위중량의 기준 변화.** 시간에 따른 최대 건조단위중량의 가장 일반적인 변화는 새로운 기준의 채택에서 기인한다. 예를 들어, 많은 지역에서 표준다짐(ASTM D 698, 1997)시험이 수정다짐(ASTM D 1556, 1997)시험으로 대체되었다. 다짐 기준을 잘못 적용하면 실내 최대 건조단위중량이 달라진다.
- **큰 입자 함량.** 19mm 체에 남아 있는 입자로 정의되는 큰 입자들을 포함하고 있는 성토재의 경우, 최대 건조단위중량이 변화될 수 있다. 흙에 과도한 크기의 입자가 포함되어 있으면 실내 최대 건조단위중량을 계산하는 데 사용할 수 있는 방법이 여러 가지라는 문제점이 있다. Houston과 Walsh(1993)에 의해 수행된 실내시험에 의하면 과도한 크기의 입자 보정 방법에 따라 실내 최대 건조단위중량이 상당한 차이를 보이는 것을 알 수 있다.
- **큰 입자의 파쇄.** 부서지기 쉬운 퇴적암과 같은 큰 입자들을 다지면, 기계적인 다짐 과정과 후속 풍화작용으로 큰 입자가 심하게 파쇄가 될 수 있다(Saxena 등, 1984). 약하게 고결된 퇴적암의 경우, 큰 재료의 분해(degradation)는 더 좋은 등급의 재료를 생성하며, 초기 성토 후 오랜 시간이 지난 후에 시험을 하면 최대 건조단위중량이 증가한다.

포렌식 엔지니어는 시공 당시에 적용한 실내 최대 건조단위중량을 결정할 때 위와 같은 모든 요소를 고려해야 한다.

포렌식 엔지니어는 매립지 조성을 위한 성토재 포설작업 시, 다음 식을 이용하여 상대다짐도(R.C.)를 추정할 수 있다.

$$\text{R.C.} = \frac{100\gamma_d}{[1+(S/H)+\Delta\varepsilon_v+\varepsilon_s]\gamma_{\max}} \tag{4.1}$$

여기서,

γ_d = 프로젝트가 완료된 후, 포렌식 엔지니어에 의해 결정된 매립지의 건조단위중량

S = 지반의 변위 영역에서 연직 침하량(+) 또는 연직 융기량(−)

H = 성토재의 침하 또는 융기 영역

ε_s = 시료채취 및 실내시험에 의한 연직 변형률, (+)값은 순 압축, (−)값은 순 체적 증가

$\gamma_{\max}$ = 시간에 따른 시방기준 변경과입도 분포의 변화 가능성을 고려한 실내 최대 건조단위중량

$\Delta\varepsilon_v$ 값은 다음과 같이 정의한다.

$$\Delta\varepsilon_v = \varepsilon_c - \varepsilon_u \tag{4.2}$$

여기서,

ε_c =상재 압력으로 인한 연직 변형률

ε_u =시료 채취과정 중 제하(unloading)로 인한 연직 변형률

4.9 사례연구

슬래브 기초

다음은 침하로 인한 주택의 손상에 관한 사례연구로 식(4.1)과 (4.2)를 이용하여 기술하였다. 1973년부터 1974년까지 깊은 계곡을 매립하여 평평한 건물 패드를 조성하였다. 그 후, 약간 보강된 일반적인 슬래브 기초(S.O.G) 기초 위에 주택이 시공되었다. 원래 부지 정지 계획과 지반조사에 의하면 주택 하부의 매립 깊이는 7.6m에서 13.7m까지 다양했다. 그림 4.20은 주택 도면의 개요와 매립지에서 가장 깊은 곳과 얕은 곳의 위치를 나타낸다.

이 주택은 1987년까지 약 20cm의 기초부등침하(Δ)가 발생하였다. 이러한 변위는 기초균열, 내부석고벽 균열, 문틀 뒤틀림 및 주택에 붙어 있던 창고가 완전히 분리되는 등 매우 심각한 손상을 일으켰다. 매립지 침하로 인해 구조물의 기능과 구조적 손상도 발생하였다. 대표적인 손상 사진은 그림 4.21과 같다.

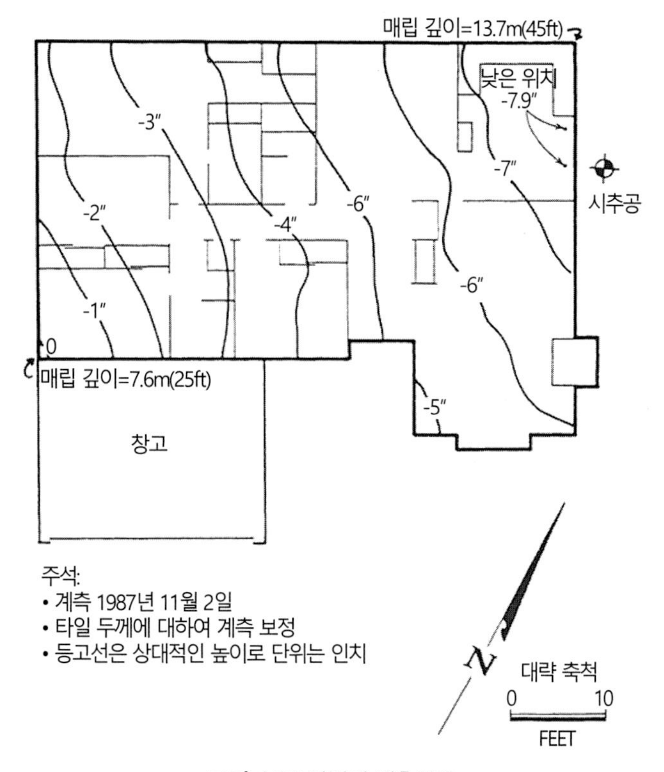

그림 4.20 압력계 계측결과

그림 4.21 차고 문에서 외부 마감용 벽체의 균열

1975년 시에서 주택 근처의 보도에 수준점을 설치하였다. 이 수준점은 1975년부터 1987년까지 32cm의 침하를 기록했다.

주택 인근에서의 대구경 시추시험 결과, 점토질 모래와 모래질 점토가 매우 조밀한 기반암 위에 있는 것으로 나타났다. 깊이 10.5m에서 대구경 시추기를 이용하여 매립토의 불교란 블록 시료를 채취하였다. 실험실에서 측정한 블록 시료의 건조단위중량은 1.61Mg/m^{3}로 나타났다. 매립지 조성 시 프로젝트 규정인 수정 다짐시험(ASTM D1557, 1997)으로 구한 실내 최대 건조단위중량은 1.95Mg/m^{3}이고 상대다짐도는 1.61/1.95=83%였다.

1973년에서 1974년에 조성된 매립지의 상대다짐도를 식(4.1)을 이용하여 산정하였으며 다음과 같은 토질정수가 사용되었다.

- γ_d =1.61Mg/m^3 블록 시료에 대한 실내시험 결과 값
- S=23cm, 주택(그림. 4.20)과 인근의 시에서 세운 비석을 기준으로 측정된 부등침하량
- H=4.6m, 깊이 약 7.6m~12.2m까지 제대로 다짐이 되지 않은 매립지의 지반조사에서 측정한 값
- ε_c=4.5%, 블록 시료로부터 성형된 공시체에 대한 압축시험의 하중 곡선에서 구한 값
- ε_u=2.0%, 압축시험의 제하 곡선에서 구한 값
- $\Delta\varepsilon_u = \varepsilon_c - \varepsilon_u$ =4.5%−2%=2.5%
- ε_s=0%, 불교란 블록 시료를 사용하였기 때문
- $\gamma_{\max}$=1.95Mg/m^3, 수정 다짐시험에서 구한 값

위의 값을 식(4.1)에 대입하면 1973년에서 1974년까지 매립지 조성 시 사용한 성토재의 상대다짐 추정값은 77%이다. 이 값은 요구되는 기준값 90%보다 아주 작다. 이 프로젝트의 경우, 침하 원인은 제대로 다짐이 되지 않은(R.C.=77%) 성토재를 사용하였기 때문으로 결론을 내렸다. 상대다짐도가 매우 낮기 때문에 공사 중 거의 다짐이 이루어지지 않은 것으로 결론을 내렸다.

포스트텐션 슬래브 기초

포스트텐션 슬래브(Slab On Grade, S.O.G) 기초는 캘리포니아 남부와 미국의 다른 지역에서 흔한 기초공법이다. 포스트텐션 슬래브 기초는 동결심도 깊이가 낮거나 지반이 얼지 않는 경우에 사용되는 경제적인 기초 형태이다. 포스트텐션 슬래브 기초의 가장 일반적인 용도는 팽창성 흙의 팽창력에 저항하거나 약하게 보강된 슬래브의 예상 부등침하량이 허용값을 초과하는 경우이다. 예를 들어, 부등침하가 2cm를 초과하는 것으로 예상하는 경우에는 포스트텐션 슬래브 기초의 사용이 권장된다.

포스트텐션협회(1996)는 포스트텐션 슬래브 기초의 설치 및 현장점검 과정에 대한 기준을 제시하였다. 포스트텐션 슬래브 기초는 콘크리트에 두꺼운 플라스틱 쉬스에 싸여 있는 강재 긴장재를 매립하여 시공된다. 플라스틱 쉬스는 긴장재가 콘크리트와 접하는 것을 방지하고 인장 작업 중 긴장재를 경화된 콘크리트 안에서 미끄러지도록 하는 역할을 한다. 일반적으로 긴장재는 테두리보에 설치된 고정단(anchoring plate)을 테두리보 반대쪽의 긴장단 한쪽에서 긴장시킨다. 그러나 포스트텐션협회(1996)는 30m를 초과하는 긴장재는 양쪽 끝에서 긴장시킬 것을 권고하고 있다. 또한 포스트텐션협회는 긴장재의 고정에 관한 일반적 세부사항을 제시하였다.

이 장에서는 포스트텐션 슬래브 기초의 침하 거동을 설명하기 위해 두 가지(A 와 B)사례에 대해 기술하였다.

사례 A: 포스트텐션 슬래브 기초. 첫 번째 사례연구는 매립지 침하가 영향을 준 포스트텐션 슬래브가 적용된 캘리포니아주 해안에 위치한 창고가 있는 단독 주택이다. 이 주택은 1987년 일반적인 목조골조와 내부석고벽, 외부 마감용 벽체 파사드(facade)로 시공되었다. 현장의 지하수위가 낮고 제거할 수 없는 충적토와 붕적토로 이루어져 있어 포스트텐션 슬래브 기초가 추천되었다.

포스트텐션 슬래브 기초는 슬래브 바닥에서 양방향으로 돌출된 보강보를 가진 "늑골"(또는 와플) 형태의 기초로 설계되지 않았다. 대신에 포스트텐션 슬래브 기초는 전체 둘레에 가장자리 빔이 있는 균일한 두께의 슬래브로 구성되었지만, 교차하는 내부 보강 빔은 없었다. 이런 유형의 포스트텐션 슬래브 기초를 보통 캘리포니아 슬래브 또는 캘리포니아 기초라 한다 (Post-Tensioning Institute, 1996).

포스트텐션 슬래브 기초는 0.5m 두께의 테두리 보와 13cm 두께의 슬래브로 구성되었다. 일체화된 기초를 만들기 위해 테두리 보와 슬래브가 동시에 시공되었다. 포스트텐셔닝 긴장재는 7개의 강선과 1.9GPa의 극한 내력을 가진 1.3cm 두께의 케이블로 구성되어 있다. 긴장재는 중심에서 양방향 모두 1.7m 간격으로 설치되었고 각 긴장재는 약 110kN의 힘으로 인장되었다. 긴장재 간격, 긴장력, 슬래브 두께에 기초하여 산정한 포스트텐션에 의한 슬래브의 압축응력은 약 0.5MPa이다.

그림 4.22는 포스트텐션 슬래브 기초에 대해 실시된 압력계 조사결과를 나타낸다. 창고의 하부벽체(stemwall)에 부착된 계측결과를 포함하면 슬래브의 최대 부등변위(Δ)는 약 7.6cm이고 최대각변위(δ/L)는 약 1/120이다. 만약 슬래브의 최대 부등변위(Δ) 7.6cm와 최대 각변위(δ/L) 1/120을 그림 4.2에 표시하면 다른 형식의 기초에서 얻은 데이터와 일치한다. 그림 4.22와 같이 포스트텐션 슬래브에 뚜렷한 기울기가 발생하였다. 포스트텐션 슬래브 기초의 약 1/2 정도가 깊은 매립지 방향 아래로 경사진 것이 관찰되었다. 그림 4.22와 같이 주택의 동쪽편 아래에서는 약 3m의 불량하게 다짐된 성토재가 침하되어 기초에 변위가 발생하였다.

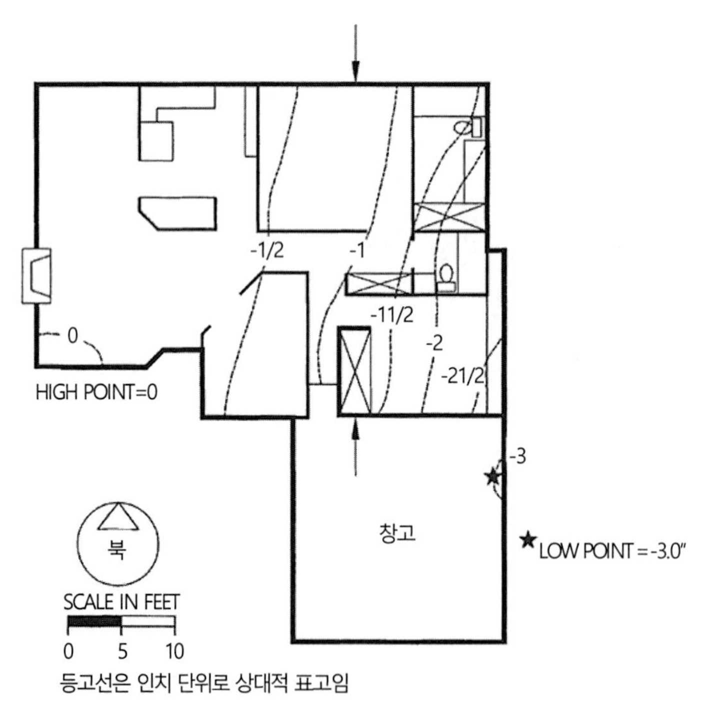

그림 4.22 압력계 계측결과(사례 A) (Day, 1998b)

그림 4.23은 관찰된 포스트텐션 슬래브 기초의 균열 사진이다. 슬래브 균열은 상대적으로 선형이며 균열 위치는 그림 4.23에 화살표로 표시하였다. 슬래브 균열은 가장 중요한 석고 벽체와 천정의 균열은 슬래브 균열과 거의 평행한 영역에 위치하면서 힌지(hinge)점의 역할을 하는 것으로 보였다. 기초의 변위 크기를 고려하면 균열의 폭은 1.5mm로 상대적으로 작았다. 이것은 침하가 발생할 때 기초가 분리되는 것을 방지하는 포스트텐셔닝 압축효과 때문으로 분석되었다.

그림 4.23 포스트텐션 슬래브 기초의 균열 모습(Day, 1998b)

그림 4.23과 같이 슬래브 균열은 상대적으로 작았지만, 석고벽체, 천장, 외부 마감용 벽체 균열 등 주택에 상당한 균열이 있었다. 표 4.2를 기준으로 주택의 내부와 외부에서 관찰된 균열의 손상 정도를 판정하면 기능적(또는 사용성) 손상이 있는 "보통"으로 분류된다.

요약하면, 슬래브에 포스트텐셔닝(압축) 효과로 슬래브 균열 폭이 상대적으로 작았다. 그러나 힌지점의 발달로 내부와 외부 목재 골조 벽체에 보통 정도의 손상이 있을 정도로 포스트텐션 슬래브가 변형되었다.

사례 B: 포스트텐션 슬래브 기초. 사례 B는 침하의 영향을 받은 단독 주택의 포스트텐션 슬래브 기초라는 점에서 사례 A와 유사하다.

부지는 캘리포니아 산 클레멘테에 있다. 깊은 협곡에 평평한 건물 패드를 만들기 위해 상당한 절토와 성토 작업이 필요했다. 현장에 있던 지반공학자는 매립지의 함수비 변화와 자체 중량에 의하여 공사 후 침하가 발생할 수 있다는 점을 인지하였다. 1985년 지반공학자는 깊은 계곡 매립의 침하 가능성을 고려하여 구조공학자에게 최대 각변위 δ/L을 1/300 정도로 하여 포스트텐션 슬래브 기초를 설계할 것을 권장하였다. 지반공학자들은 18m 깊이의 매립지에서 약 5cm 정도의 장기침하($\rho_{\max}$)가 발생할 수 있다고 추정하였다

사례 A와 마찬가지로 주택은 목조골조와 내부석고벽, 외부 마감용 벽체가 있는 목재 골조 구조를 사용하였다. 포스트텐션 슬래브 기초의 시공 세부 사항은 두 경우 모두 유사하였다. 예를 들어, 슬래브 두께는 13cm이고 테두리보가 있고 긴장재 간격은 중앙에서 양방향으로 1.5m이었다.

그림 4.24는 포스트텐션 슬래브 기초에서 실시된 압력계 조사결과이다. 창고 하부벽체에 부착된 계측결과를 포함하면 슬래브 최대 부등변위 Δ는 약 12cm이고 최대 각변위 δ/L는 약 1/115이다. 만약 슬래브의 최대 부등변위 Δ=12cm와 최대 각변위 δ/L= 1/115을 그림 4.2에 표시하면 다른 유형의 기초 자료와 일치한다. 모서리에 대한 수준 측량 결과, 현장은 실제로 침하가 발생하였다. 그림 4.24에 표시된 변형은 주택기초가 실제로 아래 방향으로 이동된 것을 나타낸다.

그림 4.24와 같이 포스트텐션 슬래브 기초에서 뚜렷한 기울어짐이 발생했으며 깊은 매립지 방향 아래쪽으로 기울어진 것으로 관찰되었다. 그림 4.24에서 매립 깊이는 주택의 가장자리에 표시하였다. 주택의 남동쪽 모서리는 7m 정도 매립이 되었으며 매립 깊이가 균등하게 증가하여 주택의 북서쪽 모서리에서는 약 19m까지 증가하였다. 지반조사와 실내시험 결과, 매립지의 침하는 주로 매립 깊이가 깊은 구역에 국한되었다. 매립지 침하의 주요 원인은 토사 붕괴를 초래한 성토재 내로 물이 침투한 결과였다(Lawton 등, 1989, 1991, 1992).

표 4.2와 같이, 기초에 대하여 최대 부등침하량 Δ가 12cm이고 최대 각변위 δ/L이 1/115이면 "심각한" 손상이 발생한다. 그러나 관찰된 손상에 근거하면 손상 분류는 "경미한"으로 구분되고 건축적 손상으로 분류된다. 예를 들어, 주택의 균열은 작은 내부 석고 벽체 균열과 창문

과 문틀 모서리에 약간의 외부 마감용 벽체 균열이 있었다. 포스트텐션 슬래브 기초의 창고는 0.8mm의 균열이 있었다. 가장 심각한 손상은 외부 관로와 부속 구조물에서 발생하였다. 예를 들어, 주택 앞쪽에 있는 보도 밑에서 관 누수가 있었다. 파손된 관을 확인하였을 때 파손된 관의 끝이 8cm 정도 분리되어 있었다. 또한 콘크리트 차도와 주택 사이의 이격은 1.3cm, 주택과 뒤편 파티오 사이의 이격은 최대 0.8cm가 발생되었다.

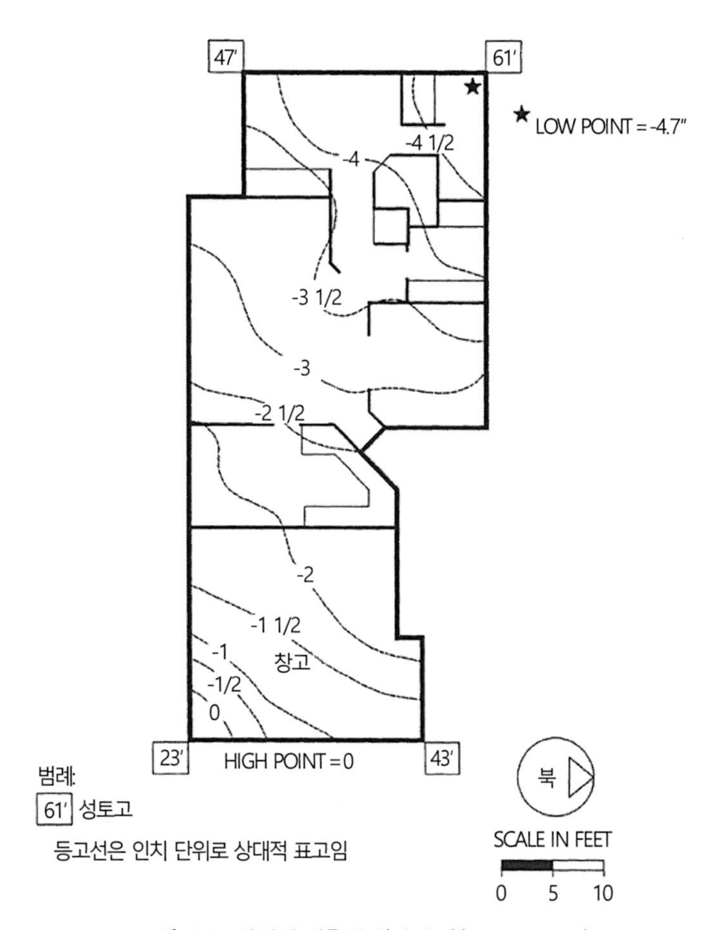

그림 4.24 압력계 계측결과(사례 B)(Day, 1998b)

이러한 인장특성은 계곡에 매립된 지반의 침하 시 측벽에서 나타나는 일반적인 특징이다. 현장에서는 기초의 포스트텐션 압축효과 때문에 인장효과가 나타나지 않았고 인장효과는 주로 외부 부속 구조물에 발달되었다.

손상이 경미한 이유는 포스트텐션 슬래브 기초가 매립지 침하 시 발생하는 인장효과에 저항할 수 있었기 때문이다. 또한 슬래브에는 힌지점이 발달되지 않았으며 대신에 포스트텐션 슬래브 기초가 강체 거동처럼 깊은 매립 방향으로 일정하게 기울어지는 경향이 나타났다.

요약. 사례 A와 B는 포스트텐션 슬래브 기초의 변형 정도에 따라 구조물의 손상 정도가 결정된다는 것을 보여주고 있다. 사례 A의 경우, 슬래브의 포스트텐셔닝 압축 효과로 인하여 슬래브의 균열 폭(그림 4.23)이 상대적으로 작아서 침하될 때 기초가 분리되지 않았다.

그러나 포스트텐션 슬래브 기초는 내부와 외벽에 중간 정도의 손상이 있을 정도로 변형되었다. 슬래브 균열이 힌지점과 같은 역할을 한 것으로 보이며, 슬래브 균열과 거의 평행 한 영역에 있는 벽체와 천장에서 심한 균열이 발생하였다. 포스트텐션 슬래브 기초의 약 절반이 지반의 변위에 영향을 받지 않고 비교적 수평을 유지한 반면, 슬래브의 나머지 절반은 영향을 받았기 때문에 힌지점이 발달하였다. 이 사례연구의 경우, 기초의 각변위가 1/300을 초과하는 경우, 균열이 발생할 가능성이 크다는 Skempton과 MacDonald(1956)의 기준이 상당히 합리적이라는 것을 보여준다. 손상 범주를 구분하기 위해 균열 폭, 최대 부등변위 Δ, 최대 각변위 Δ/L과의 상관관계를 갖는 표 4.2가 적용되었다.

사례 B의 경우, 슬래브의 균열 폭이 상대적으로 작았다. 그 이유는 기존 협곡의 측벽 위로 매립재의 침하 때문에 발생하는 인장력에 저항할 수 있도록 하는 슬래브에 적용된 포스트텐션 압축 효과가 작용하기 때문이다. 사례 B의 경우, 포스트텐션 슬래브 기초는 깊은 침하에 적응할 수 있었다. 예를 들어, 포스트텐션 슬래브 기초는 힌지점이 없이 일정하게 기울어지는 경향이 있었다. 표 4.2에서는 사례 B의 기초변위를 받는 포스트텐션 슬래브(캘리포니아 슬래브) 기초의 균열폭과 최대 부등변위(Δ) 및 손상 범주가 명확하게 연관되지 않았다.

이러한 사례연구는 구조물의 손상 규모는 기초의 형식(통상 약하게 보강된 형태와 포스트텐션된 슬래브 기초)과 힌지점의 생성 유무가 큰 영향을 미치고 있음을 보여준다.

CHAPTER

05

팽창성 흙

이 장에서 사용된 기호들은 다음과 같다.

기호	정의
e_m	함수비 변화에 대한 수평거리
EWL	등가 차량하중
G_f	자갈 등가계수
N	일차원팽창시험에서의 연직압력
PL	소성한계
R	R값
SL	수축한계
T	연성 포장두께
TI	교통지수
w	함수비
y_m	최대 예상 연직부등 변위량

5.1 서론

팽창성 흙(expansive soils)은 토목구조물에 광범위한 손상을 일으킨다. Johns과 Holtz(1973)는 미국에서 팽창성 흙의 변위로 인한 연간 피해 비용을 23억 달러 정도로 추정했다. 비록, 모든 주에 팽창성 흙이 분포되어 있지만, Chen(1988)은 콜로라도, 텍사스, 와이오밍, 캘리포니아의 특정 지역은 다른 지역보다 팽창성 흙의 피해에 더 취약하다고 하였다. 이들 지역에는 넓은 면적의 점토 퇴적물이 분포하고 건기와 우기가 번갈아 나타나는 기후 특징이 있다.

5.1.1 팽창성 흙 원인

흙의 팽창 작용을 좌우하는 원인에는 여러 가지가 있다. 주요 원인은 물의 가용성과 흙 속에 있는 점토 입자의 양과 종류이다. 예를 들어, Seed(1962) 등은 그림 5.1과 같이 점토 입자의 양과 활성도만을 가지고 분류도표를 만들었다. 팽창성 거동에 영향을 미치는 또 다른 원인에는 흙의 종류(자연 또는 인공), 건조단위중량과 함수비에 따른 흙의 상태, 상재하중의 크기, 비팽창성 재료(자갈 또는 전석 크기의 입자)의 양, 생성연대(Ladd & Lambe, 1961; Kassiff & Baker, 1971; Chen, 1988; Day, 1991b, 1992a) 등이 있다. 일반적으로 팽창 포텐셜(expansion potential)은 건조단위중량이 증가하고 함수비가 감소함에 따라 증가한다. 또한 팽창 포텐셜은 재하 압력이 감소함에 따라 증가한다.

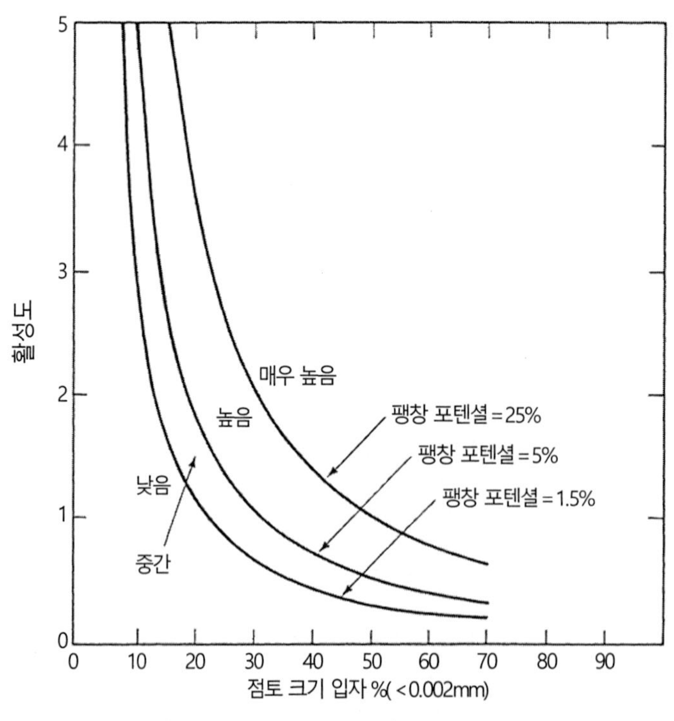

그림 5.1 팽창 포텐셜 분류표(Seed 등, 1962)

그림 5.1과 같이 특정 종류의 점토 입자가 많을수록 더 많이 팽창될 수 있으며 점토 입자의 종류도 팽창 포텐셜에 큰 영향을 미친다. 동일한 건조중량을 고려할 때 카올리나이트 점토 입자(활성도 0.3~0.50)는 나트륨 몬모릴로나이트 점토 입자(활성도 4~7)보다 팽창성이 훨씬 작다(Holtz & Kovacs, 1981). Holtz와 Gibbs(1956)는 점토 입자의 함량과 같은 요인들을 이용하여 흙의 팽창 포텐셜을 "낮음", "중간", "높음", "매우 높음"으로 분류하는 체계도를 개발하였다. 표 5.1은 대표적인 흙의 특성과 팽창 포텐셜의 관계를 나타낸 것이다(Holtz & Gibbs, 1956; Uniform Building Code, 1997; Holtz & Kovacs, 1981; Meehan & Karp, 1994).

5.1.2 실내시험

포렌식 엔지니어는 지반조사와 실내시험을 시행하여 팽창성 흙의 존재를 확인할 수 있다. 흙의 팽창 포텐셜을 결정하는 데 사용되는 실내시험은 팽창지수시험이다. 팽창지수시험은 "Uniform Building Code Standard" 18-2(1997)와 거의 동일한 시험기준인 ASTM D 4829(1997)에 명시되어 있다. 이 실내시험의 목적은 표 5.1과 같이 매우 낮음, 낮음, 중간, 높음, 매우 높음으로 팽창성을 분류하는 데 사용되는 팽창지수를 결정하는 것이다.

표 5.1 대표적인 흙의 특성과 팽창 포텐셜의 관계

팽창 포텐셜	매우 낮음	낮음	중간	높음	매우 높음
팽창지수	0~20	21~50	51~90	91~130	130+
점토 함량(<2μm), %	0~10	10~15	15~25	25~35	35~100
소성지수, %	0~10	10~15	15~25	25~35	35+
2.8kPa에서 팽창률 %	-	0~4	4~8	8~12	12+
6.9kPa에서 팽창률 %	-	0~2	2~6	6~10	10+
31kPa에서 팽창률 %	-	0~0.5	0.5~1.5	1.5~3.5	3.5+

* 주석: U.S. 주택도시개발부(HUD) 기준에 따른 함수비와 밀도에서 공시체에 대한 팽창 %

비중계분석과 액성한계 시험과 같은 실내시험을 이용하여 흙을 분류하고 흙의 팽창성을 추정할 수 있다. 소성이 큰 점토(CH)와 같이 점토 함유량과 소성지수가 높은 흙은 일반적으로 팽창 포텐셜이 매우 높은 흙으로 분류된다(표 5.1).

팽창량을 결정하는 가장 직접적인 방법은 압밀시험 장치를 이용한 일차원 팽창시험이다.

불교란 흙 시료를 압밀링에 놓고 연직압력을 가한 후 시료를 증류수로 침수시킨다. 1차원 연직 팽창은 증가된 흙 시료의 높이를 초기 높이로 나눈 값으로 계산하며 백분율로 나타낸다. 이 시험법을 이용하여 흙의 팽창률을 비교적 쉽고 정확하게 구할 수 있다. 시료의 팽창이 종료된 후 연직압력을 증가시켜 팽창압력을 구할 수 있는데, 이는 흙 시료를 원래의 높이로 되돌리는 데 필요한 압력으로 정의된다(Chen, 1988).

5.1.3 재하 압력

표 5.1에는 대표적인 팽창률과 팽창지수가 나열되어 있다. 표 5.1에서 재하 압력이 팽창률에 중요한 요소라는 점을 주목해야 한다. 재하 압력 31kPa에서의 팽창률은 재하 압력 2.8kPa에 비하여 훨씬 작다. 예를 들어, 팽창성 높은 흙의 경우, 재하 압력 2.8kPa에서 팽창률은 12%인 반면, 재하 압력 31kPa에서의 팽창률은 1.5~3.5%이다. 콘크리트 슬래브, 포장도로, 슬래브 기초 또는 콘크리트 수로 라이너와 같은 경량 구조물은 팽창성 흙의 영향을 크게 받기 때문에 재하 하중의 영향이 매우 중요하게 작용한다.

5.2 건조된 점토의 팽창

건조된 점토는 지표면 가까운 점토 퇴적물과 가뭄이 있는 지역에서 흔하게 존재한다. 건조된 점토 위에 건설된 구조물은 팽창성 흙의 융기로 인하여 심각한 손상을 입을 수 있다(Jennings, 1953). Chen(1988)은 일반적으로 “자연함수비 15% 이하의 매우 건조한 점토는 위험하다고 하였다. 이러한 점토는 최대 35%의 함수비까지 쉽게 물을 흡수하여 구조물에 손상을 입힐 수 있다.” 매립지 및 매립지 복원 프로젝트에 사용되는 최종 점토라이닝이나 얕은 점토 매립장의 라이너도 건조 및 손상이 있을 수 있다(Boardman & Daniel, 1996).

5.2.1 건조된 점토의 구분

그림 5.2와 같이 포렌식 엔지니어는 수많은 지표 균열 때문에 건조된 점토를 육안으로 구분할 수 있다. 건조된 점토 퇴적층은 깊이에 따라 뚜렷하게 수분 함량이 증가하는 함수비 분포를 나타낸다. 예를 들어, 그림 5.3은 요르단의 이르비드(Irdid)에 위치한 두 점토 퇴적물의 함수비

와 깊이의 관계를 보여준다(Al-Homoud 등, 1997). 퇴적층 A는 액성한계가 35%이고 소성지수는 22%이며, 퇴적층 B는 액성한계가 79%이고 소성지수가 27%이다(Al-Homoud 등, 1995).

그림 5.2 건조된 점토 퇴적층에 발생한 지표면 균열

그림 5.3에서 주목해야 할 점은 흙의 함수비가 습한 겨울보다 뜨겁고 건조한 여름에 훨씬 작다는 것이다. 여름 동안에, 수축한계(SL)보다 작은 함수비가 지표면 부근에서 측정되었다. 수축한계보다 작은 지표면 부근의 함수비는 점토 지반이 극심한 건조상태임을 나타낸다.

여름과 겨울의 관측 기간 동안 퇴적층 A는 약 3.2m 이하에서, 퇴적층 B는 4.5m 이하의 심도에서 함수비 변화가 없었다. 이 깊이를 보통 계절적 함수비 변동 깊이라고 한다. 계절적 함수비 변동 깊이는 기온, 습도, 건기 지속 기간, 물을 흡수할 수 있는 식생의 존재 유무, 지하수위의 깊이, 점토 함유량에 따른 흙의 성질과 같은 여러 가지 요인에 좌우된다. 그림 5.3과 같이 퇴적층 B는 건조한 여름에서 습한 겨울 사이에 함수비가 큰 변동을 보이며 계절적 함수비의 변동 깊이도 훨씬 크다. 이것은 퇴적층 B의 점토 함유량이 퇴적층 A보다 많기 때문으로 판단된다.

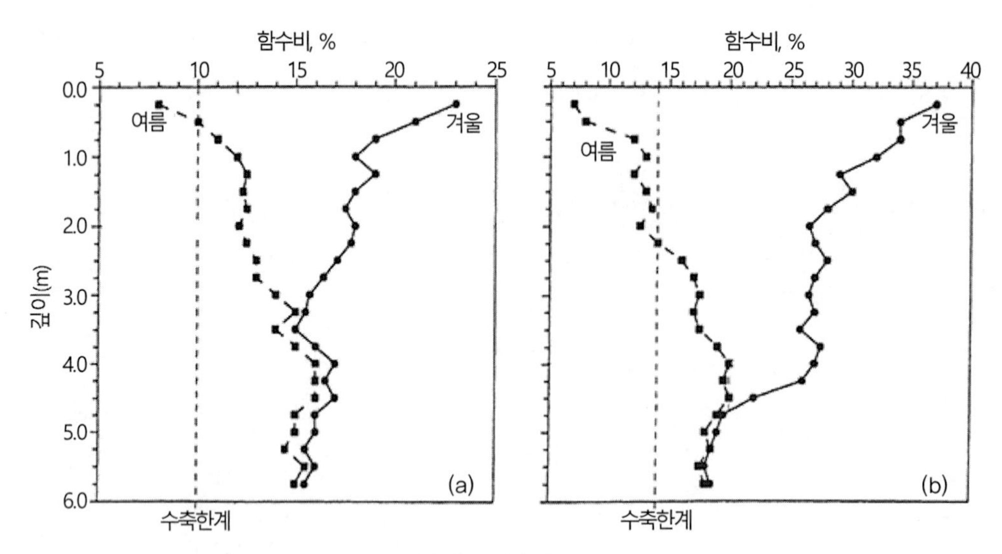

그림 5.3 함수비의 변화. (a) 흙 A, (b) 흙 B (Al-Homoud 등, 1997)

그림 5.4 건조된 오테이 메사 점토 공시체

5.2.2 투수계수와 팽창률

그림 5.4는 캘리포니아 오테이 메사(Otay Mesa) 지역에서 채취한 건조된 자연 점토의 공시체이다. 지표면에 근접하여 퇴적된 점토층은 이 지역에 건설된 구조물, 포장도로, 슬래브(flatwork)에 광범위한 손상을 일으켰다. 점토층을 구성하고 있는 흙 입자는 거의 대부분 몬모릴로나이트이다(Kennedy & Tan, 1977; Cleveland, 1960).

그림 5.5는 오테이 메사 건조 점토에 대한 변수위 투수시험 결과(그림 5.5 상단)와 1차원 팽창시험 결과(그림 5.5 하단)를 보여준다(Day, 1997b). 시간 0에서 건조 점토는 증류수로 포화

되었다. 그림 5.5의 팽창시험 결과는 점토의 팽창이 다음과 같이 3단계로 이루어짐을 보여준다.

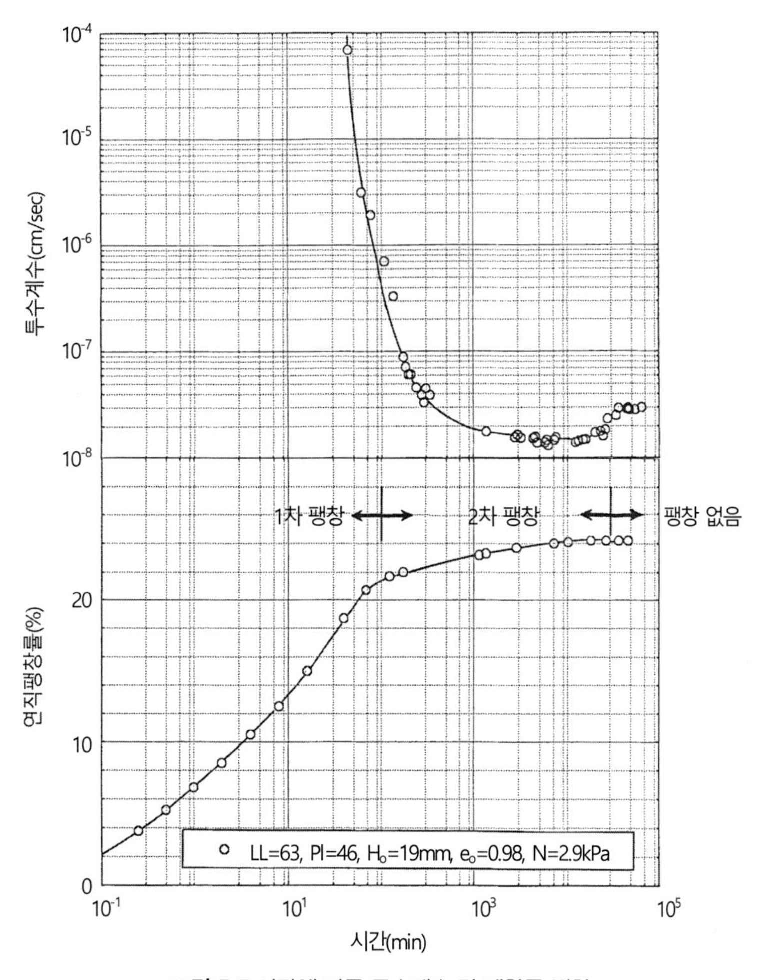

그림 5.5 시간에 따른 투수계수 및 팽창률 변화

1. **1차 팽창.** 건조 점토의 1단계 팽창이 1차 팽창이다. 1차 팽창은 시간 0에서부터 100분까지 발생한다. 1차 팽창(100분) 완료 시점은 Casagrande의 log-t법으로 산정하였다. Casagrande의 log-t법은 점토의 팽창에도 적용할 수 있다(Day, 1992b).

   그림 5.5는 1차 팽창하는 동안 점토의 투수계수가 갑작스럽게 감소되는 것을 보여준다. 갑작스러운 투수계수의 감소는 점토의 팽창에 따라 흙의 균열이 폐합되었기 때문이다. 1차 팽창 완료 시점에서 주요 흙의 균열은 거의 폐합되었고 이때의 투수계수는 7×10^{-7}cm/s였다.

2. **2차 팽창.** 팽창의 두 번째 단계는 2차 팽창이다. 2차 팽창은 시료 포화 후 100분에서 20,000분까지 발생한다. 그림 5.5는 2차 팽창하는 동안 점토가 계속해서 팽창하여 미세균열이 폐합됨에 따라 점토의 투수계수가 감소하는 것을 보여준다. 가장 작은 투수계수는 약 1.5×10^{-8}cm/s로 대부분의 미세균열이 거의 폐합되는 시간인 약 5,000분쯤이다. 시료 포화 후 5,000에서 20,000분까지는 투수계수가 약간 증가하였다. 이는 간극비가 증가하고 갇힌 공기(entrapped air)가 감소하는 추가적인 2차 팽창의 조합으로부터 기인한 것이다.
3. **정상상태.** 3단계는 점토의 팽창이 멈춘 상태로 시료 포화 후 약 20,000분쯤에 시작된다. 20,000분으로부터 시험이 종료되는 시점(50,000분)까지는 팽창이 없다. 그림 5.5와 같이 점토의 팽창이 멈추었으므로 투수계수는 일정하다. 20,000분으로부터 시험이 종료되는 시점(65,000분)까지의 점토의 투수계수는 3×10^{-8}cm/s로 일정하다.

팽창은 양(+)의 값으로 도시되고 압밀은 부(−)의 값으로 도시되는 점이 다를 뿐 건조 점토의 팽창과 시간 곡선의 모양(그림 5.5 하단)은 포화 점토의 압밀곡선과 유사하다. 건조 점토의 팽창률을 지배하는 3가지 요인은 다음과 같다:

1. **건조 균열의 발달.** 그림 5.2 및 5.4와 같이 건조 균열의 분포와 양은 건조 점토의 팽창률에 가장 큰 영향을 미치는 요인이다. 점토는 수축한계(보통 함수비가 낮음)에 도달할 때까지 수축이 된다. 점토가 건조되면서 함수비가 수축한계 이하로 감소할 때에도 추가적인 미세균열이 여전히 발달할 수 있다. 점토에 균열이 많을수록 물이 흙으로 침투하는 길이 더 많아지고 팽창 속도는 더 빨라진다.
2. **낮은 함수비에서 흡입력 증가.** 건조 점토의 팽창률을 지배하는 두 번째 요인은 흡입력이다. 잘 알려진 바와 같이 함수비가 감소함에 따라 점토의 흡입력은 증가한다(Fredlund & Rahardjo, 1993). 낮은 함수비에서 흡입력에 의해 물은 점토 속으로 끌려 들어간다. 수축균열과 높은 흡입력의 조합은 물을 빠르게 점토입자 사이로 흡입되게 하여 더 높은 팽창률이 일어나게 한다.
3. **슬레이킹 현상.** 세 번째 요인은 슬레이킹(slaking) 과정이다. 슬레이킹은 건조된 점토가 물에 잠길 때 모관수가 내부로 스며들어 갇힌 공기가 압축되거나 외부층이 점진적으로 팽창하고 부풀어 올라 건조된 점토가 깨지는 현상으로 정의된다(Stokes & Varnes, 1955). 슬레이킹은

건조된 점토 덩어리를 분해하여 건조된 점토의 모든 부분에 물이 빠르게 침투될 수 있게 한다. 슬레이킹 과정은 건조 시간이 가장 길고 초기 습윤 함수량이 가장 작은 점토의 경우에 더 빠르고 파괴적이다.

요약하면, 그림 5.3과 같이 지표면에 가까운 지반의 함수비가 수축한계 이하인 경우, 고온의 건기에 시공되는 구조물은 가장 손상되기 쉽다. 심하게 건조된 지표면 근처의 점토는 수분 함량이 가장 크게 증가하여 구조물을 융기시킬 수 있다. 흙의 투수성과 팽창률은 얼마나 빨리 물이 흙 속으로 침투되는지를 결정하기 때문에 중요하다.

5.3 팽창성 흙의 변위 형태

5.3.1 수평변위

팽창성 흙의 변위는 모든 종류의 토목공학 프로젝트에 영향을 미칠 수 있다. 예를 들어, 그림 5.6은 팽창성 뒤채움 흙의 압력 때문에 옹벽이 붕괴된 사진이다. 많은 옹벽과 지하실 벽체의 경우, 특히 뒤채움 점토가 최적함수비 이하로 다짐이 된 경우에 뒤채움 점토 속으로 물의 침투하면 정지토압을 크게 초과하는 수평 팽창압력이 발생한다.

그림 5.6 점토로 뒤채움된 옹벽의 붕괴

Fourie(1989)는 수평 변형률이 0인 조건에서 다짐 된 점토의 팽창압력을 420kPa로 측정하였다. 팽창성 흙으로 인한 팽창압력 외에도 점토의 배수불량으로 옹벽 또는 지하실 벽체에 지하수압이나 잔류수압이 작용할 수 있다. 이러한 뒤채움 점토의 해로운 효과 때문에, 배수 문제가 없는 조립재를 옹벽 또는 지하실 벽체의 뒤채움재로 사용할 것을 권장한다.

5.3.2 연직변위

건조된 점토 지반 위에 포장 또는 기초와 같이 넓은 면적을 가진 구조물이 건설되는 경우, 일반적으로 발생하는 팽창성 흙의 변위에는 두 가지 유형이 있다.

1. **반복적인 융기와 수축.** 팽창성 흙의 첫 번째 유형은 구조물의 가장자리를 융기시키거나 구조물에서 멀어지는 방향으로 수축하여 기초 주변에 영향을 미치는 반복적인 융기와 수축이다. 점토는 습기에 민감한 특징을 가지고 있다. 점토는 물을 접하면 팽창하고 건조될 때 수축한다. "매우 높은" 팽창 포텐셜을 갖진 흙은 "매우 낮은" 팽창 포텐셜을 가진 흙보다 훨씬 더 많이 팽창하거나 수축할 것이다(표 5.1). 예를 들어, 포장도로나 슬래브 기초 주변은 장마철에는 융기가 되고 가뭄 때에는 침하한다. 이로 인해 반복적으로 융기 및 수축변위가 발생하여 균열이 발생하고 구조물이 손상된다. Johnson(1980)은 오르내리는 변위를 현장에서 계측하여 기록하였다.

   반복적인 융기 및 수축량은 구조물 주변 아래에 있는 점토의 함수비 변화에 따라 달라진다. 함수비 변화는 건기와 우기의 심각 정도, 배수 및 관개시설의 영향, 살아 있는 나무뿌리의 유무에 따라 달라지는데, 나무뿌리는 물을 흡수하여 점토를 수축시킨다. 구조물 주변에서의 반복적인 융기와 수축은 일반적으로 계절적 또는 단기적 조건으로 설명된다.
2. **구조물 중앙 아래에서의 진행성 팽창.** 수분이 구조물 아래에 축적될 수 있는 두 가지 요인은 열삼투(thermal osmosis)와 모세관 작용(capillary action)이다. 흙 속에서는 물의 온도가 높은 곳에서 낮은 곳으로 이동하여 두 지역의 열에너지를 균등하게 만든다(Chen, 1988; Nelson & Miller, 1992). 이 과정을 '열삼투'라고 한다(Sowers, 1979; Day 1996a). 특히, 여름철에는 구조물의 중심 아래에서의 온도가 외부 지표면보다 훨씬 낮은 경향이 있다.

   흙 속에서 모세관 작용으로 수분이 상부로 이동하여 지표면에서 증발한다. 그러나 구조물이 건설되면 구조물이 지표면 차단층의 역할을 하여 습기의 증발을 줄이거나 방지한다. 열삼투압과 구조물에 의한 증발 차단 효과 때문에 구조물의 중앙 아래에 수분이 축적될 수 있다. 수분이 증가하면 팽창성 흙은 부풀어 오른다. 일반적으로 구조물 중앙의 진행성 융기는 건설 후 수년이 지나야 최대값에 도달할 수 있기 때문에 장기적인 조건으로 설명할 수 있다. 그림 5.7은 주택기초 아래의 중앙부 융기를 나타내고 그림 5.8은 기초의 중앙부에서 팽창성 흙의 융기로 인한 콘크리트 슬래브 기초에서의 전형적인 균열 양상을 보여준다.

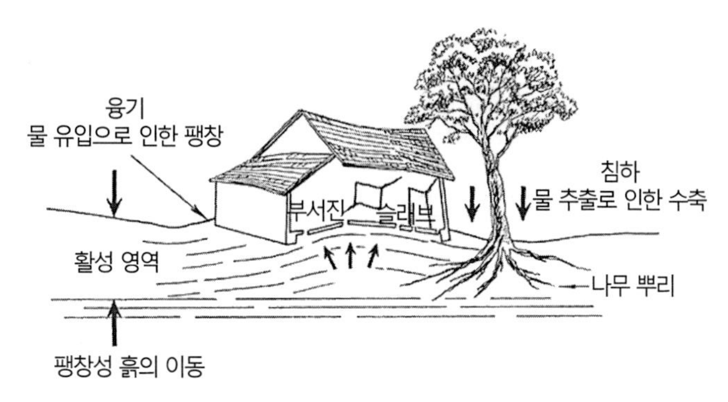

그림 5.7 주택기초 중앙부의 융기

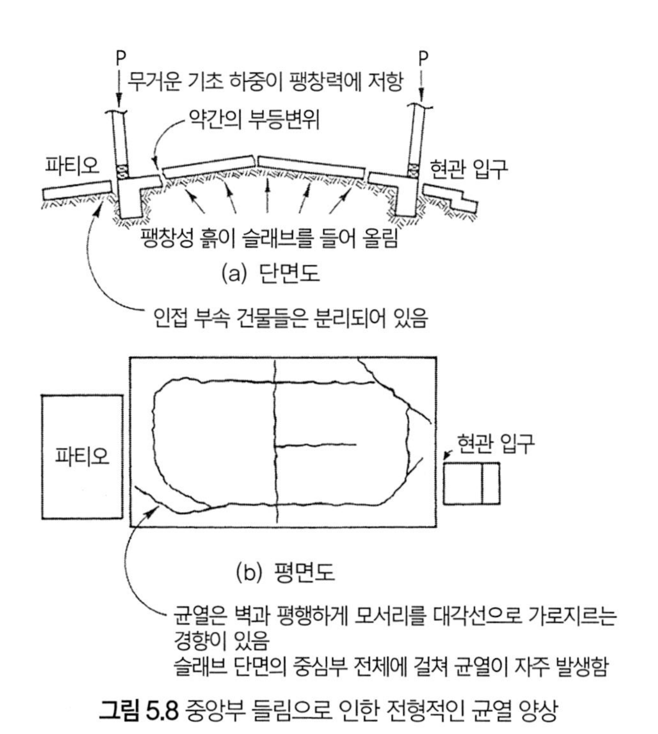

그림 5.8 중앙부 들림으로 인한 전형적인 균열 양상

5.4 팽창성 흙에 대한 기초설계

5.4.1 일반적인 슬래브 기초

일반적인 슬래브 기초는 내부 및 외부 줄기초와 내부 슬래브로 구성된다. 줄기초와 슬래브 콘크리트는 보통 단일 기초를 만들기 위해 동시에 타설한다. 일반적인 슬래브 기초의 경우, 구조기술자가 아닌 지반기술자가 시공 내역을 제공하는 것이 일반적이다. 설계의 목적은 반복적으로 융기와 수축이 발생하는 주요 부분 하부에 깊은 둘레 줄기초를 설치하고 슬래브 중앙부 아래에서의 장기적인 진행성 팽창을 감소시키기 위하여 시공 전에 지반을 물로 흠뻑 적신다.

표 5.2는 남부 캘리포니아 지역의 팽창성 지반에 적용되는 전통적인 슬래브 기초에 대한 규격을 예로 제시하고 있다(Day, 1994b). 표 5.2는 지반의 팽창성이 클수록 줄기초 깊이와 선행 포화 깊이를 모두 증가시켜야 함을 나타낸다.

표 5.2 팽창성 흙의 기초 권장사항

팽창성 분류	지표면 아래 기초의 깊이	기초보강	슬래브 두께 및 보강 상태	슬래브 하부 선행포화	슬래브 하부 쇄석 기층
없거나 낮음	0.5m 외부 0.3m 내부	외부 4개 #4 철근, 상부에 2개 하부에 2개 내부 2개 #4 철근, 상부에 1개 하부에 1개	공칭두께 0.10m, #3 철근을 중앙에서 각 방향으로 0.4m 간격으로 배근	0.3m까지	선택
중간	0.6m 외부 0.5m 내부	외부 4개 #5 철근, 상부에 2개 하부에 2개 내부 4개 #4 철근, 상부에 2개 하부에 2개	순두께 0.10m, #3 철근을 중앙에서 각 방향으로 0.3m 간격으로 배근	0.5m까지	0.1m
높음	0.8m 외부 0.5m 내부	외부 4개 #5 철근, 상부에 2개 하부에 2개 내부 4개 #5 철근, 상부에 2개 하부에 2개	순두께 0.13m, #4 철근을 중앙에서 각 방향으로 0.4m 간격으로 배근	0.6m까지	0.15m
매우 높음	0.9m 외부 0.8m 내부	외부 6개 #5 철근, 상부에 2개 하부에 3개 내부 4개 #5 철근, 상부에 2개 하부에 2개	공칭두께 0.15m, #4 철근을 중앙에서 각 방향으로 0.3m 간격으로 배근	0.8m까지	0.20m

일반적인 슬래브 기초는 팽창성 흙의 팽창력에 충분히 저항하도록 기초를 만들기보다는 둘레 줄기초와 선행포화를 통해 팽창성 흙의 팽창 효과를 줄이도록 설계되었기 때문에 문제가 발생할 수 있다. 가장 일반적인 두 가지 문제는 (1) 줄기초가 반복적인 융기 및 수축에 견딜 수 있을 만큼 깊지 않으며 (2) 슬래브 하부의 선행수침이 제대로 수행되지 않아(흙이 완전히 포화되지 않음) 슬래브 중앙 하부에 장기적인 진행성 팽창 포텐셜이 남아 있다는 것이다. 그림 5.9는 복개 지역 중앙으로 물이 침투하여 발생한 진행성의 팽창성 흙 때문에 파손된 슬래브 기초에서 실시된 압력계 조사결과이다. 이 현장에서 흙은 '매우 높은' 팽창성으로 분류되었다 (표 5.1).

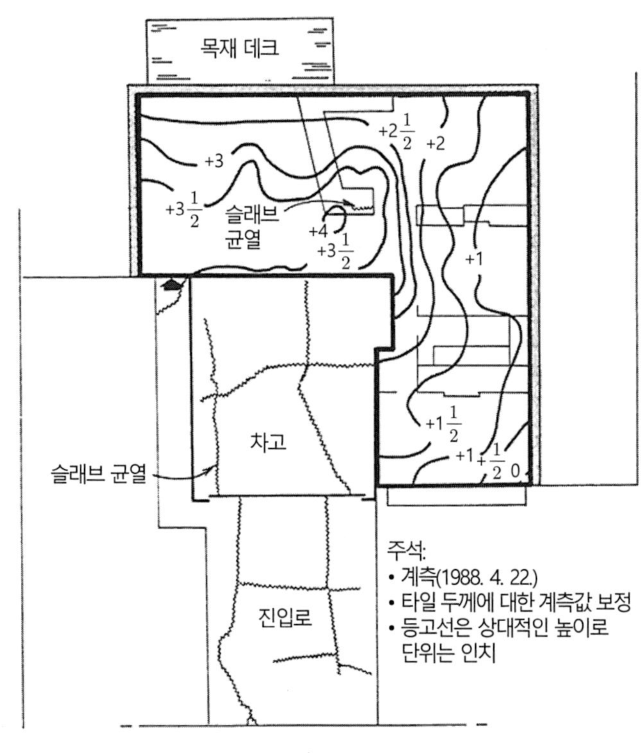

그림 5.9 슬래브 기초 하부 팽창성 흙의 융기

5.4.2 포스트텐션 슬래브 기초

팽창성 흙에 대응하기 위한 두 번째 유형의 기초는 포스트텐션 콘크리트 슬래브 기초(slab on grade)로 포스트텐션 설계기법에는 여러 가지가 있다. 텍사스와 루이지애나에서 초기에 시

공되었던 포스트텐션 기초는 균일한 두께의 슬래브에 양방향으로 보강보가 있는 리브 기초(ribbed foundation)로 알려져 있다. 캘리포니아에서 일반적으로 사용되는 포스트텐션 슬래브 기초는 전체 둘레의 가장자리에 빔이 있는 균일한 두께의 슬래브로 구성되지만, 내부 보강보나 리브는 없거나 최소로 구성된다. 이러한 포스트텐션 슬래브 기초를 캘리포니아 슬래브라고 한다(Post-Tensioning Institute, 1996).

포스트텐션협회(1996)가 작성한 "포스트텐션 슬래브 기초의 설계와 시공"에서는 팽창성 흙의 함수비 변화로 발생된 흙의 하중 작용에 따른 설계 모멘트, 전단력, 부등처짐은 경험적 자료와 탄성기초 위에 있는 판(plate) 기초에 대한 프로그램 해석으로 예측한다. Uniform Building Code(1997)에서도 포스트텐션 슬래브 기초에 대하여 거의 동일한 식을 제시하였다. 포스트텐션협회에서 제시한 포스트텐션 슬래브 기초의 설계개념은 팽창성 흙의 팽창력에 저항할 수 있을 만큼 충분히 강하고 단단한 슬래브 기초를 시공하기 위한 것이다. 기초의 처짐을 줄이는 데 필요한 강성을 얻기 위하여 보강보(기초 주면과 내부 기초)를 깊게 할 수 있다. 팽창성 흙에서 예상되는 부등변위는 지반기술자가 제공하지만, 실제 기초설계는 보통 구조기술자가 수행한다.

포스트텐션 슬래브 기초는 (1) 중앙부 솟음(중앙 융기 또는 볼록함(doming))과 (2) 모서리부 솟음(모서리 융기 또는 오목함(dishing))의 두 가지 조건에 대해 설계되어야 한다. 중앙부의 융기는 슬래브 중앙 아래에서 장기적인 진행성 팽창 또는 슬래브 둘레 주위의 흙이 건조 및 수축(테두리 침하 발생)되거나 둘의 조합으로 인해 발생한다. 모서리 융기는 기초의 주변 아래의 주기적인 융기로 발생한다. 설계를 완료하기 위해 지반공학자는 중앙 융기와 모서리 융기의 두 조건에 대해 예상되는 최대연직 부등지반변위(y_m)와 슬래브 테두리로부터 함수비 변화에 대한 수평거리(e_m)를 제공해야 한다.

포스트텐션 슬래브 기초의 손상을 일으킬 수 있는 가장 일반적인 세 가지 원인은 다음과 같다.

1. 기초 설계는 부등지반변위(y_m)의 정적인 값을 기본으로 하나, 실제 변위는 반복적이다. 이로 인해 슬래브로 인입되는 전력선이 파손되거나 반복적인 변위로 인하여 내부 석고 벽체에 균열이 생길 수 있다.
2. 수평거리(e_m)는 지반과 구조물의 상호작용에 의존하기 때문에 결정하기가 어렵다. e_m을 지배하는 구조적인 변수에는 사하중의 크기와 분포, 기초의 강성, 기초 주면의 깊이가

포함된다. 지반 변수에는 융기와 수축의 양과 명확한 한계값이 포함된다.

3. 지반기술자는 우기 동안에 팽창성 점토를 시험할 수 있지만, 기초는 건기 동안에 건설되었을 수 있다. 이런 경우 중앙부의 융기에 대한 e_m값은 상당히 과소평가될 수 있다.

5.4.3 피어기초와 지중보 지지기초

그림 5.10과 같이 팽창성 흙에 대한 세 번째 일반적인 기초유형은 피어기초와 지중보(grade beam) 지지기초다. 피어기초는 계절적으로 함수비가 변화하는 깊이 아래로 시공하는 것이 기본 원칙이다. 피어기초의 인발저항을 증가시키기 위하여 선단을 종 모양으로 할 수 있다. 대안으로 말뚝 또는 피어기초의 깊이는 팽창압력이 재하압력과 동일하게 되는 깊이의 1.5배를 반드시 확보해야 한다(David & Komornik, 1980). 지면에서 떨어진 지중보와 바닥구조 시스템은 피어기초에 의해 지지된다.

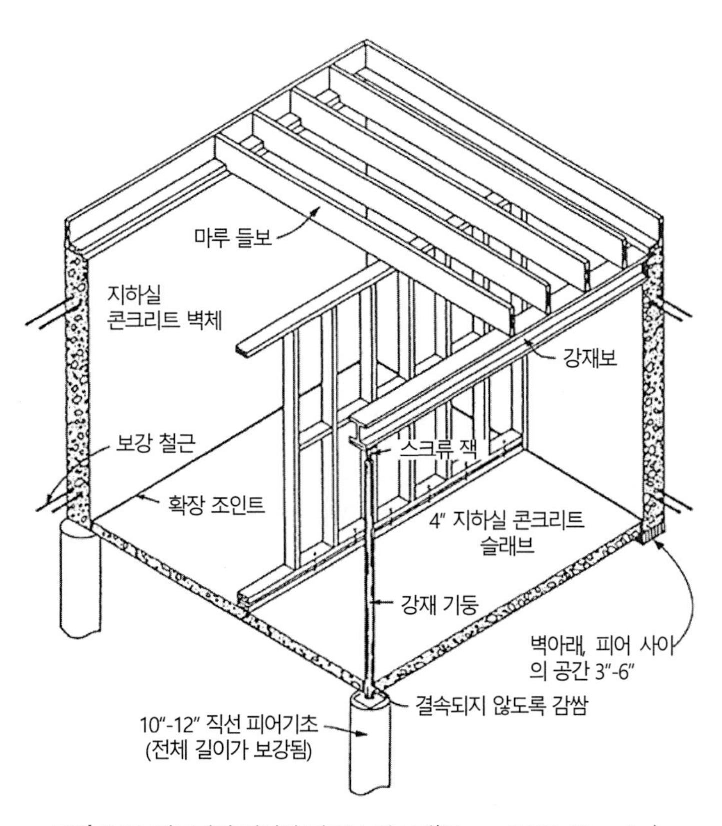

그림 5.10 대표적인 피어와 지중보 시스템(Chen, 1988, Elsevier)

Chen(1988)은 피어기초와 지중보 기초와 관련된 팽창성 흙의 파괴에 대한 몇 가지 예를 소개하였다. 일반적으로 발생하는 문제에는 불충분한 피어기초의 길이, 과도한 피어기초의 직경, 보강되지 않았거나 부적합한 피어기초, 피어기초 상부에 과도하게 타설된 콘크리트, 지중보 아래의 부족한 공간 등이다(Woodward 등, 1972; Jubenville & Hepworth, 1981; Chen, 1988).

5.4.4 기타 처리 방안

팽창성 흙에 저항하기 위하여 특별한 기초를 시공하는 것 외에도 표 5.3과 같이 여러 가지 다른 처리 방법들이 있다(Nelson & Miller, 1992). 표 5.3에 기술된 것과 같이 팽창성 흙의 처리 방법들은 각각 장단점을 가지고 있다.

표 5.3 팽창성 흙의 처리 방법

방법	특이 사항
제거 및 치환	• 비팽창성, 불투수성 성토재는 구하기 쉽고 경제적이어야 한다. • 비팽창성 흙은 팽창성 점토보다 더 높은 단위중량으로 다질 수 있으므로 높은 지지력을 발휘할 수 있다. • 조립질의 성토재를 사용할 경우, 투수성 재료에 물이 고이지 않도록 성토재의 배수를 제어하기 위해 배수관리에 주의해야 한다. • 치환을 통해 바닥 슬래브를 안전하게 시공할 수 있다. • 팽창성 재료는 적정한 깊이까지 굴착한 다음 연직 또는 수평 멤브레인으로 보호할 수 있다. 스프레이 아스팔트 멤브레인이 고속도로 건설에 효과적으로 사용된다.
재성형 및 다짐	• 팽창 가능성이 낮고 건조 밀도가 높으며 자연 수분 함량이 낮고 파쇄된 상태의 토양에 유용하다. • 팽창 가능성이 높은 흙은 수화석회로 처리할 수 있으며, 석회 반응성이 있는 경우 완전히 부수고 압축할 수 있다. • 석회가 사용되지 않으면 흙은 일반적으로 적당한 밀도에서 최적의 상태로 다져지기 때문에 재성형된 흙의 지지력은 일반적으로 더 낮다. • 품질관리가 필수적이다. • 만약 활성 영역이 깊으면, 배수 관리가 특히 중요하다. • 특정 함수비-단위중량 조건은 공사 전까지 유지되어야 하며 시공 전 확인해야 한다.
재하 성토	• 팽창압력이 낮고, 일부 변형을 견딜 수 있는 경우, 재하 성토가 효과적일 수 있다. • 활성 영역의 깊이와 대응할 최대 팽창압력을 결정하기 위해 토질시험이 필요하다. • 재하 성토에 배수관리가 중요하다. 물은 연직과 수평방향으로 이동한다.
선행포화	• 활성 영역에서 함수비를 높이려면 1년 또는 그 이상의 기간이 필요할 수 있다. • 그리드 패턴으로 설치된 연직모래 배수재는 포화 시간을 줄일 수 있다. • 균열이 심하고 건조된 흙은 선행포화에 더 잘 반응한다. • 함수비는 소성한계보다 최소 2~3% 이상 높아야 한다. • 계면활성제가 여과 속도를 증가시킬 수 있다. • 예상 융기량에 도달하는 시간은 함수비가 증가하는 시간보다 훨씬 더 길 수 있다.

표 5.3 팽창성 흙의 처리 방법(계속)

방법	특이 사항
선행포화	• 조밀한 균열이 없는 점토를 적절하게 선행 포화시키는 것은 거의 불가능하다. • 상부에 남은 있는 과도한 물은 나중에 깊은 층에서의 팽창을 유발할 수 있다. • 선행포화의 경제성은 다른 방법들에 유리하나 프로젝트 초기에 공사비를 사용할 수 있어야 한다. • 선행포화 후 표토를 석회 처리하면 장비를 위한 작업대를 제공하고 흙의 강도를 증가시킬 수 있다. • 석회 처리를 하지 않을 경우, 흙의 강도는 크게 감소될 수 있고, 젖은 표면으로 장비의 주행이 어려울 수 있다. • 표면은 건조 및 슬레이킹 현상에 대하여 보호가 필요하다. • 품질관리가 성능을 향상시킨다.
석회 처리	• 흙이 강도를 얻는 데 21° 이상(70F°)의 지속적인 온도가 최소 10~14일 필요하다. 기간과 온도가 높을수록 강도가 증가한다. • 유기물, 황산염, 일부 철 화합물은 석회의 포졸란 반응을 지연시킨다. • 석고와 암모늄 비료는 흙의 석회 요구량을 증가시킬 수 있다. • 석회질 및 알칼리성 흙은 반응성이 좋다. • 배수가 불량한 흙은 배수가 잘되는 흙보다 반응성이 높다. • 일반적으로 2~10% 석회가 반응성 흙을 안정화시킨다. • 흙은 석회 반응성과 필요한 석회량에 대하여 시험을 해야 한다. • 교반 깊이는 보통 30~45cm로 제한되지만, 리퍼 블레이드를 가진 큰 트랙터는 60cm까지 흙의 원위치 교반이 가능하다. • 석회는 건조 또는 슬러리 상태로 사용 가능하나 여분의 물이 있어야 한다. • 석회 처리 후 최종 교반 사이에 약간의 지연은 작업성과 다짐효과를 개선한다. • 분쇄, 교반, 다짐 과정에서 품질관리가 특별히 중요하다. • 석회 처리된 흙은 지표수와 지하수로부터 보호되어야 한다. 석회는 침출될 수 있고 흙이 포화되면 강도가 저하될 수 있다. • 드릴 구멍에서 석회를 분산시키는 것은 흙에 광범위한 균열 네트워크가 없으면 일반적으로 비효율적이다. • 시추공에서의 응력해방은 융기를 줄일 수 있는 요인이 될 수 있다. • 직경이 작을수록 슬러리와 접촉할 수 있는 표면적은 감소한다. • 압력 주입식 석회는 느린 확산 속도, 흙의 균열량, 점토의 작은 간극 크기에 의해 제한된다. • 석회의 압력 주입은 원위치 교반기술로 보다 깊은 층을 처리하는 데 유용하다.
시멘트 처리	• 포틀랜드 시멘트(4~6%)는 체적변화 가능성을 감소시킨다. 처리결과는 석회와 유사하나 시멘트의 경우 수축이 적을 수 있다. • 처리방법은 현장 석회 처리와 유사하나 시멘트처리와 최종 배치까지 지연시간이 상당히 적다. • 포틀랜드 시멘트는 고소성 점토 처리하는 데 석회만큼 효과적이지 않을 수 있다. • 포틀랜드 시멘트는 석회에 반응하지 않는 흙을 처리하는 데 더 효과적일 수 있다. • 시멘트를 사용하면 더 높은 강도를 얻을 수 있다. • 시멘트로 안정화된 재료는 균열이 발생하기 쉬우므로 사용하기 전에 평가해야 한다.
소금 처리	• 염화나트륨 또는 염화칼슘이외의 염류를 사용하는 것이 경제적으로 타당하다는 증거는 없다. • 소금은 쉽게 침출될 수 있다. 처리의 지속성이 부족하면 소금 처리가 비경제적일 수 있다. • 상대 습도가 30% 이상이어야 염화칼슘을 사용할 수 있다. • 칼슘과 염화나트륨은 물의 어는점을 낮춰 물의 동결점을 낮출 수 있다. • 염화칼슘은 황 함량이 높은 흙을 안정화하는 데 유용할 수 있다.

표 5.3 팽창성 흙의 처리 방법(계속)

방안	특이 사항
플라이 애쉬	• 플라이 애쉬는 실트질 흙의 포졸란 반응을 증가시킬 수 있다. • 조립토의 분포도를 향상시킨다.
유기 화합물	• 팽창성 흙에서는 확산 속도가 느리기 때문에 살포 및 주입은 그다지 효과적이지 않다. • 많은 화합물은 수용성이 아니며 빠르게 비가역적으로 반응한다. • 유기 화합물 석회보다 더 효과적으로 나타나지는 않는다. • 석회만큼 경제적이고 효과적인 것은 없다.
수평 차단벽	• 차단벽은 기초지반으로 수평 수분이동이 되지 못하도록 도로나 기초로부터 충분히 멀리 확장되어야 한다. • 기초에 벽체를 확실하게 부착하고, 조인트를 봉합하고, 벽체를 구조물로부터 아래로 경사지게 할 수 있도록 주의가 요구된다. • 벽체 재료는 내구성 있고 분해되지 않아야 한다. • 멤브레인을 구조물에 부착하는 이음부와 조인트는 확실하게 고정하고 방수 처리를 하여야 한다. • 관목 및 큰 식물은 벽체로부터 충분히 먼 곳에 식재되어야 한다. • 멤브레인의 가장자리에서 표면배수를 직접 하려면 적절한 경사가 제공되어야 한다.
아스팔트	• 고속도로 건설에 사용될 때, 연속 멤브레인은 노상과 배수로 위에 설치한다. • 보수공사는 콘크리트 포장보다 덜 복잡하다. • 포장의 강도는 처리되지 않은 조립질 기층보다 증가한다. • 슬래브 기초에 사용할 때 효과적이다.
강성 차단벽	• 콘크리트 보도는 보강되어야 한다. • 유연성 있는 조인트로 보도와 기초를 연결해야 한다. • 벽체는 정기적으로 점검하여 균열과 누수가 없는지 확인해야 한다.
연직 차단벽	• 연직벽체는 가능하면 깊게 확장되어야 하지만, 장비 한계로 인해 깊이가 제한되는 경우가 많다. 활성영역의 최소 절반 이상을 사용해야 한다. • 트렌치에서 뒤채움재는 불투수층이어야 한다. • 함수비 조절이 가능한 벽체의 종류로는 모세관 벽체(조립의 석회암), 빈배합 콘크리트, 아스팔트, 기초 타이어, 폴리에틸렌, 반경화 슬러리가 있다. • 트렌치를 굴착하는 데 트렌치 전용 장비가 백호우보다 더 효과적이다.
지오 튜브	• 조인트는 주의 깊게 접합해야 한다. • 지오튜브는 설치 시 손상되지 않토록 내구성이 필요하다. • 바닥 지오튜브 위의 첫 번째 토층은 지오튜브가 손상되지 않토록 적절하게 제어해야 한다.

* 출처: Nelson & Miller(1992)

5.5 포장

5.5.1 연성 포장

일반적인 연성 포장은 노상(subgrade) 위에 다짐된 골재 기층으로 구성되며 아스팔트 콘크리트(AC)가 표층(wearing surface)으로 사용된다. 다짐된 노상 점토의 융기로 인하여 발생되는 연성 포장의 일반적인 손상은 경계석(curbs) 및 측구(gutters)와 평행하게 발생되는 아스팔트의 균열이다. 이것은 보통 콘크리트 측구 연결부를 통하여 물이 스며들면서 발생한다. 스며든 물은 기층을 통하여 아래쪽으로 침투하고 다짐된 노상 점토에 흡수되어 점토가 팽창하게 된다. 콘크리트 경계석과 측구는 아스팔트 콘크리트 포장보다 강하고 두껍기 때문에 아스팔트 포장이 경계석보다 더 많이 융기되어 경계석 및 측구에 평행한 균열이 발생한다. 한번 균열이 발생되면 아스팔트 포장에 더 많은 물이 침투되어 융기 과정을 가속화시킨다. 팽창성 점토로 이루어진 노상에 시공된 포장은 다양한 융기 및 균열 양상이 발생할 수 있다(Van der Merwe & Ahronovitz, 1973; Day, 1995a).

다져진 점토 노상으로 침투된 수분의 또 다른 영향은 흙의 비배수 전단강도의 감소이다. 수분은 다짐된 점토를 연화시킨다. 이 과정은 함수비가 증가하고 부(−)의 간극수압을 감소시켜 결과적으로 흙의 비배수전단강도를 감소시킨다. 이것은 노상을 약화시켜 포장도로가 악어등 균열이나 소성변형과 같은 열화(deterioration)에 더 취약하게 만든다.

캘리포니아에서는 연성 포장의 설계 시 다음과 같은 식을 이용한다(캘리포니아 도로국, 1973).

$$T = \frac{0.0032\mathrm{TI}(100 - R)}{G_f} \tag{5.1}$$

여기서,

T = 연성 포장 두께(ft)

TI = 교통지수

R = R값

G_f = 자갈 등가계수(gravel equivalent factor)

이러한 연성 포장 설계식은 경험적 관계와 실제 운영에서의 포장 성능으로부터 개발되었다.

포장의 설계수명 동안 도로에 대한 교통량의 영향은 교통지수(TI)로 표현된다. 포장의 설계수명 동안 등가 차량하중이 크면 클수록 교통지수도 커진다. 주거지 소로나 막다른 골목은 보통 TI가 4인 반면, 대도시 도로나 광역 고속도로는 TI가 7에서 9의 값을 갖는다.

R값은 노상 또는 기층의 저항으로 연직하중이 작용할 때 발생된 수평변위에 저항하는 흙의 능력이다. 본질적으로 R값은 흙의 전단강도에 대한 상대적 측정값이다. R값은 ASTM D 2844-94, "다짐 흙의 저항 R값과 팽창압력에 대한 표준시험방법"에 명시된 것과 같은 표준시험절차와 장비를 사용하여 결정된다. R값은 예상되는 현장조건으로 다짐된 시료에 대하여 결정한다. 시험 전 공시체를 수침시키게 되면 R값은 현장에서 얻을 수 있는 최악의 상태를 모사할 수 있다. 쇄석 기층은 R값이 75에서 87인 반면, 점토 노상은 R값이 10 미만일 수 있다.

자갈 등가계수 G_f는 연구와 현장경험을 통해 개발된 경험적 계수로 포장 구조체에 있는 재료의 강도 정수를 나타낸다. 자갈 등가계수는 자갈의 등가 두께와 관련하여 특정 재료의 단위 두께에 대한 상대강도와 관련된다. 조립재 기층의 $G_f=1.0$이고 A급 시멘트로 처리된 조립재 기층의 $G_f=1.7$이다.

식(5.1)에는 노상의 팽창성을 고려하는 인자가 없다. 예를 들어, 팽창성 점토 노상에서 "중간" 및 "매우 높음" 상태의 경우, R값이 10 미만인 경우는 드문 일이 아니다. 결과적으로 중간 및 매우 높은 팽창성을 가진 점토 노상은 동일한 교통지수를 고려할 때 아스팔트 콘크리트와 기층재료의 두께가 거의 동일하다. 그러나 매우 높은 팽창성을 가진 점토질 흙을 사용한 포장도로는 점토 노상으로 수분이 침투함에 따라 융기와 균열이 더욱 심해질 것이다(표 5.1). 점토의 팽창 효과를 감소시키는 방법은 점토 노상을 습윤 측에서 다짐하거나 점토 노상에 석회나 시멘트를 첨가하는 방법이 있다(표 5.3). 노상 점토를 최적함수비의 습윤 측에서 다질 때 토목섬유를 사용하면 조립재 기층이 연약점토 노상으로 밀려 들어가 혼합되는 것을 방지할 수 있다.

포렌식 엔지니어는 팽창성 흙의 변형으로 인한 아스팔트 포장도로의 손상을 조사할 때 포장 부분의 실제 두께와 설계값을 비교하고 시공 중 노상 점토의 팽창 가능성을 감소시키기 위해 어떤 대책공법이 적용되었는지 조사해야 한다. 포렌식 엔지니어가 항상 고려해야 하는 또 다른 요인은 교통지수이다. 많은 경우, 교통지수가 과소 평가되고 팽창성 흙에 의해 발생된 균열이 중차량이나 예상치 못한 차량 하중으로 인해 더 악화될 수 있다.

5.5.2 콘크리트 포장

연성 포장에 영향을 미치는 팽창성 흙의 메커니즘은 콘크리트 포장에도 영향을 준다. 팽창성 흙에 의한 손상은 아스팔트 포장보다 콘크리트 포장에서 더 심각한데 그 이유는 콘크리트가 더 깨지기 쉽기 때문이다. 예를 들어, 그림 5.11은 팽창성 흙으로 인한 콘크리트 포장도로의 균열 사진이다. 그림 5.11에 표시된 부지는 캘리포니아 오테이 메사 지역이다. 이 지역의 점토는 매우 높은 팽창 포텐셜을 가지고 있고 주요 점토광물이 몬모릴로나이트로 구성되어 있기 때문에 팽창성 흙과 관련된 광범위한 피해 사례가 있다.

그림 5.11에서 점토 노상의 불규칙한 변형은 콘크리트 균열을 따라 부등변위를 일으킨다는 점에 주의해야 한다. 균열이 시작되면 물이 침투하여 점토 노상이 더 많이 팽창되고 균열이 더 확장될 수 있다.

그림 5.11과 같이 콘크리트 경계석과 평행한 방향으로 콘크리트 균열이 발생한다. 이는 콘크리트 경계석에 인접한 포장의 반복적인 융기와 수축 또는 포장 내부영역 아래의 진행성 팽창 때문에 발생한다.

그림 5.11 팽창성 흙으로 인한 콘크리트 포장 파손사례

5.6 플랫워크

5.6.1 상방향 변형

플랫워크(flatwork)는 콘크리트 보도, 파티오, 진입로, 수영장 데크와 같이 빌딩이나 집을 둘

러싼 부속 구조물로 정의할 수 있다. 포장도로 또는 가벼운 하중을 받는 기초와 마찬가지로 그림 5.12와 같은 콘크리트 플랫워크는 일반적으로 그 자체 중량만을 지탱하기 때문에 팽창성 흙과 관련된 손상에 특히 취약하다. 그림 5.12의 화살표는 기울어진 건물에 무겁게 재하된 외벽보다 상대적으로 가볍게 재하된 외부 보도의 융기 양을 나타낸다. 보도(sidewalk)는 바깥쪽으로 문을 열 수 없을 정도로 융기가 되어 건물 안쪽으로 문을 열어야 했다.

그림 5.12 팽창성 흙으로 인한 보도의 융기

그림 5.13은 팽창성 흙의 융기로 인한 콘크리트 진입로의 균열을 보여준다. 팽창성 흙의 융기는 거미줄 또는 X자 형태의 뚜렷한 균열 패턴을 만드는 경향이 있다.

그림 5.13 팽창성 흙으로 인한 진입로 균열

콘크리트 자체뿐만 아니라 배관도 콘크리트 플랫워크의 상방향 변형으로 인하여 손상될 수 있다. 예를 들어, 그림 5.14는 팽창성 흙의 융기로 솟아오른 콘크리트 플랫워크 사진이다. 그림 5.14와 같이 콘크리트 플랫워크의 상방향 변형으로 전력배관이 구부러지고 마감용 벽체가 떨어졌다.

그림 5.14 팽창성 흙으로 인한 콘크리트 플랫워크의 융기

5.6.2 콘크리트 플랫워크의 수평 이동

콘크리트 플랫워크의 부등변위 외에도 구조물로부터 콘크리트 플랫워크가 점진적으로 이동할 수 있다. 이러한 수평변위는 "워킹(walking)"으로 알려져 있다. 그림 5.15는 팽창성 흙으로 인한 부등변위와 보도 조인트에 큰 틈새가 모두 있는 콘크리트 보도의 "워킹"의 예를 보여주고 있다. 콘크리트 플랫워크 변위의 또 다른 예는 그림 5.16과 같다. 여기서, 뒷마당 콘크리트 파티오 플랫워크가 매우 팽창성이 큰 흙 위에 시공되었다. 원래 파티오 플랫워크는 집의 벽체와 접해 있었지만, 현재는 집에서 약 4cm나 떨어져 있다. 한때는 틈새를 콘크리트로 메웠으나 그림 5.16과 같이 파티오 플랫워크가 주택으로부터 계속해서 이격되었다. 흔히 콘크리트 플랫워크 위에 부속 구조물(파티오 차양)이 주택에 붙어 있는 경우가 많다. 콘크리트 플랫워크가 주택으로부터 이격됨에 따라 이들 부속 구조물은 측면으로 당겨지고 자주 파손된다.

현장시험결과, 대부분의 워킹은 우기 동안에 발생한다는 것이 확인되었다(Day, 1992c). 점토의 팽창은 콘크리트 플랫워크를 위쪽으로 이동시키고 구조물로부터 이격시킨다. 건기시에도 콘크리트 플랫워크는 원래 위치로 회복되지 않는다. 그 이후, 다음 우기 동안에 점토의 팽창은 다시 콘크리트 플랫워크를 위쪽과 바깥쪽으로 이동시켰다. 반복적인 습윤과 건조는 콘크리트 플랫워크의 진행성 변위를 일으켜 건물에서 이탈하게 한다. '워킹'의 양에서 중요한 요소는 콘크리트 플랫워크 시공 전 점토의 함수 조건이다. 만약 점토가 건조되어 있으면 첫 번째 습윤 주기 동안 초기에는 상향과 바깥쪽으로의 변위가 더 많이 발생할 것이다.

그림 5.15 팽창성 흙 위 콘크리트 보도의 수평변위

그림 5.16 팽창성 흙 위에 있는 플랫워크의 수평변위

5.7 사례연구

그림 5.17과 같이 팽창성 흙으로 인한 파손의 주요 원인은 기초의 융기(중앙부 들림)이다. 기초의 변위는 점토의 수축에 의해서도 일어난다. 이 사례연구는 지반으로부터 물을 흡수하는 나무뿌리에 대한 것으로 이 뿌리들이 지표면 근처의 점토를 수축시켜 기초를 침하시킨다.

반대로 큰 나무가 제거되어 흙의 수분이 자연 상태로 증가함에 따라 점토가 팽창하는 경우도 있다(Cheney & Burford, 1975). Holtz(1984)는 미국에서는 구조물 근처에 있는 크고 넓은 잎을 가진 낙엽송들이 건조하고 습한 지역 모두에서 가장 큰 수분변화와 가장 큰 피해를 준다고 하였다. 그러나 가장 극적인 영향은 1975년에서 1976년까지 영국에서 심한 가뭄과 같은 건기 기간에 발생하였는데, 증산 중에 나무가 사용한 물의 양이 나무뿌리가 있는 지역의 강우량을 크게 초과하였다. Biddle(1979, 1983)은 다양한 수종과 점토 종류를 포함하여 36종의 나무를 조사하였다. 그 결과 포플러 나무가 다른 나무들보다 더 큰 영향을 미치며 흙의 변위량은 점토의 수축 특성에 따라 달라진다는 결론을 얻었다. Ravina(1984)는 얕은 기초, 구조물, 포장 등에 피해를 일으키는 지반 부등변위의 주요 원인은 불균일한 수분 변화와 흙의 불균질성이라고 하였다.

그림 5.17은 샌디에이고 바라위드 매너(Barawid Manor) 단지에 있는 단층 건물 두 개의 현장 평면 스케치이다. 구조물의 기초는 약 0.3m 깊이의 얕은 콘크리트 줄기초로 상부의 목재 바닥을 지탱하는 독립된 내부 기초로 구성된다. 구조물은 전형적인 목재 골조로 만들어졌으며 마감용 벽체로 마감이 되었다. 그림 5.17과 같이 구조물과 인접한 곳에 약 9m 높이의 큰 후추나무가 있다. 그림 5.18은 동쪽에서 본 후추나무 사진이다. 목재 바닥에서 압력계로 조사한 결과, 건물 2의 경우에는 17cm(6.7in), 건물 3의 경우에는 8.1cm(3.2in)의 단차가 발견되었다. 그림 5.17에서 바닥의 낮은 부분은 후추나무와 가깝고 높은 부분은 구조물의 반대편에 있다는 것에 주목해야 한다. 바닥의 높이 차이로 인하여 내부벽체 균열, 마감용 벽체 균열 및 건물 남쪽에서 가장 눈에 띄는 기초균열의 손상 등이 있었다. 표 4.2에서 손상은 '중간'에서 '심한 정도'로 분류되었다.

그림 5.17과 같이 지반조사에서는 두 개의 시험굴(T-1, T-2)을 굴착하였다. 시험굴 조사결과 상부는 실트질 점토가 약 0.2~0.3m(0.7~0.9ft)이고 하부에는 점토가 존재하였다. 점토는 풍화잔류토로 분류되었다. 시험굴 조사 1에서는 점토층에서 직경이 5cm에 이르는 수많은 뿌리가 관찰되었다.

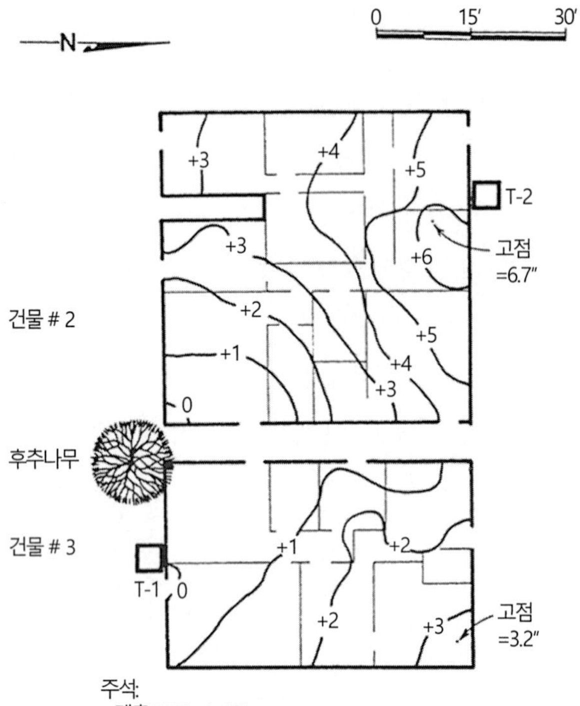

주석:
- 계측(1990. 4. 18.)
- 타일 두께에 대하여 계측 보정
- 등고선은 상대적인 높이로 단위는 인치
- 압력계 계측은 높인 나무 바닥에서 실시됨

그림 5.17 평면도 압력계 계측결과

그림 5.18 후추나무 전경

입도분석 결과, 모래 19%, 실트 30%, 0.002mm보다 작은 점토 크기의 입자가 51%로 나타났다. 물성 시험결과 액성한계(LL)가 60%이고 소성지수(PI)는 42로 고소성점토(CH)로 분류되었다. Uniform Building Code(1997) 18-2에 따라 실시된 팽창지수시험에서 팽창지수는 134에서 229로 팽창성이 매우 높은 것으로 분류되었다(표 5.1).

그림 5.19는 시험굴 조사에서 채취한 불교란 시료에 대한 함수비 시험결과이다. 시험굴 조사 1에서 깊이 0.5m(1.5ft)에서는 함수비가 18.8%이고 1.5m(5ft)에서는 33.8%로 전반적으로 함수비가 증가하였다. 시험굴 조사 2에서는 함수비가 약 34%였다. 시굴험 조사 1의 흙이 좀 더 건조한 것은 후추나무가 흙의 수분을 빼앗기 때문으로 결론지었다.

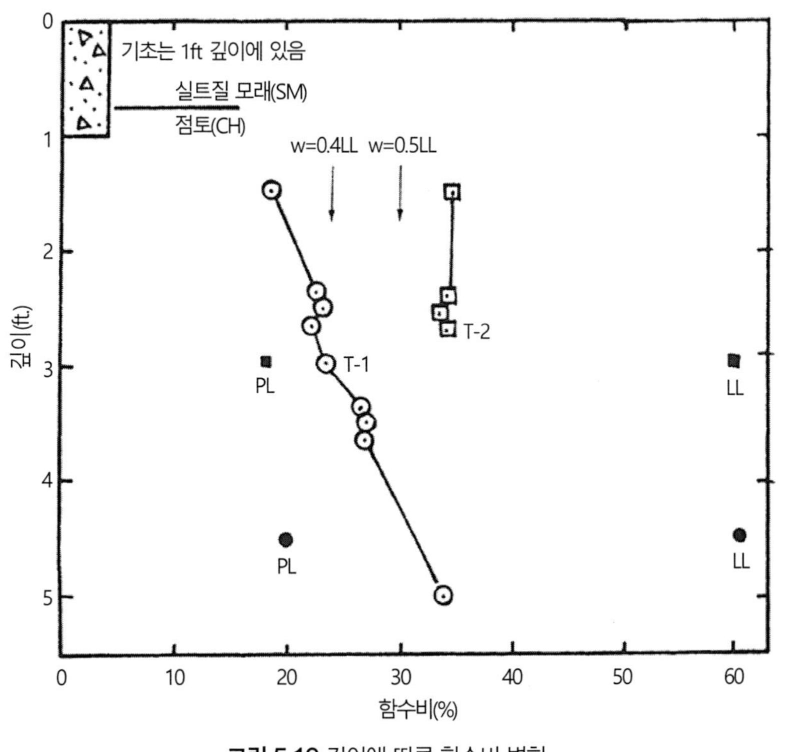

그림 5.19 깊이에 따른 함수비 변화

Driscoll(1983)은 흙의 함수비(w)와 건조 수준을 나타내는 액성한계(LL) 사이의 관계를 다음과 같이 제시하였다.

$$w = 0.5\mathrm{LL} \quad (5.2)$$

식 (5.2)는 건조가 시작되는 함수비를 의미한다.

$$w = 0.4\mathrm{LL} \quad (5.3)$$

식(5.3)은 건조가 상당히 진행된 시점의 함수비를 의미한다. 액성한계가 60%인 경우, 식 (5.2)와 (5.3)에 대한 함수비 변화는 그림 5.19와 같다.

이러한 관계로부터 점토 퇴적물의 상부 0.6m(2ft)에서 상당한 건조가 발생했다는 결론을 얻었다. 표 5.4는 불교란시료에 대하여 실시한 1차원 연직 팽창시험 결과이다. 시험굴 조사 1에서는 시료가 약 5% 팽창했지만, 시험굴 조사 2에서는 0.3%만 팽창되었다. 이 실내시험 결과도 후추나무 근처의 점토가 나무뿌리의 영향으로 건조되었음을 나타냈다.

표 5.4 1차원 팽창시험

위치	현장 건조단위중량 Mg/m^3	현장 함수비, %	최종 함수비, %	팽창률, %
0.76m에서 T-1	1.62	22.5	30.1	4.5
1.07m에서 T-1	1.51	26.2	33.8	5.2
0.76m에서 T-2	1.38	34.2	37.8	0.3

* 주석: 현장 함수비와 단위중량 조건에서 불교란시료에 대하여 팽창시험이 시행됨. 팽창시험에서 연직압력은 7kPa

Tucker와 Poor(1978)는 구조물에 대한 높이보다 가까운 거리에 있는 나무들이 더 먼거리에 위치한 나무들보다 점토수축으로 인해 훨씬 더 큰 변위를 일으켰다고 하였다. Hammer와 Thompson(1966)은 나무는 얕은 기초에서 예상되는 성장 높이의 2분의 1 이내에 심으면 안 되며 성장속도가 느린 얕은 뿌리 품종이 선호된다고 하였다. 그러나 Cutler와 Richardson(1989)은 물의 수요와 관련하여 전체 잎 면적이 나무의 절대 높이보다 더 중요하다고 하였다. Cutler와 Richardson(1989)은 선행사례를 이용하여 다른 수종의 나무에 대해서도 구조물로부터 나무줄기의 거리를 함수로 손상 빈도를 결정하였다. Biddle(1983)은 수축이 매우 큰 점토의 경우, 줄기초의 깊이가 최소한 1.5m 이상이어야 하는데, 이는 대부분의 나무 식재 설계에서 수용하기에 충분할 것이라 하였다. 후추나무를 구조물에서 멀리 떨어진 곳에 심거나 깊은 줄기초로 시공하면 현장의 피해를 예방할 수 있었을 것이다.

요약하면, 포렌식 엔지니어는 팽창성 흙을 다룰 때 나무뿌리에 의한 수분 추출로 점토가 수축되어 일어나는 손상 가능성을 고려하는 것이 중요하다. 이 사례연구를 통해 큰 후추나무는 매우 높은 팽창성 점토 퇴적층의 상부 0.6m(2ft)를 상당히 건조시켰으며 점토 퇴적층이 수축하면서 목재 바닥기초가 변형되고 건물 파손이 발생했다는 것을 알 수 있었다.

또한 들어 올려진 목재 마루 기초가 점토수축으로 인해 손상되기 쉽다는 것을 보여주었다. 들어 올려진 목재 마루 기초도 점토의 팽창 때문에 손상될 수 있다. 예를 들어, 그림 5.20은 마룻바닥 하부공간에서 보가 들어 올린 목재 바닥 기초의 사진이다. 이 현장에서 팽창성 흙은 가벼운 하중을 받는 콘크리트 독립기초를 들어 올려 목재 보가 뒤틀렸다. 마룻바닥 아래의 공간은 습윤상태였다.

그림 5.20 팽창성 흙으로 인해 들어 올려진 목재 마룻바닥 기초의 손상

CHAPTER

06

횡방향 거동

이 장에서 사용되는 기호는 다음과 같이 정의한다.

기호	정의
c	전 응력 해석 시 점착력
c'	유효응력 해석 시 점착력
D	파괴면까지의 깊이
F	비탈면의 안전율
L	파괴면의 길이
S	포화도
ϕ	전 응력 해석 시 마찰각
ϕ'	유효응력 해석 시 마찰각
γ_b	수중단위중량
γ_t	습윤단위중량
β	Boscardin & Cording(1989)에 의해 정의된 각변형
α	비탈면 경사
ε_h	기초의 수평 변형률

6.1 횡방향 거동의 주요 원인

건물에 횡방향 거동이 발생하는 가장 흔한 원인은 비탈면 활동이다. 비탈면 활동은 다음과 같이 여섯 가지 기본 유형으로 나눌 수 있다.

1. **낙석 또는 전도.** 암석의 자유낙하나 비탈면 아래로 암석의 빠른 이동과 암석과 암석 파편들이 떼굴떼굴 구르면서(rolling) 매우 빠르게 아래로 움직이는 현상을 의미한다(Varnes, 1978). 암석의 전도(topple)는 암석의 무게중심에 대한 회전모멘트가 있어 초기에 회전유형의 이동이 발생하고 비탈면에서 분리된다는 점을 제외하면 낙석(rock fall)과 유사하다. 낙석은 6.3절에서 기술하였다.
2. **얕은 비탈면 파괴.** 얕은 비탈면 파괴(surficial slope failure)는 뚜렷한 파괴면을 따라 전단변위가 발생한다. 얕은 파괴는 비탈면의 최외각부에서 발생하며 일반적으로 매우 얕은 깊이를 보인다(약 1.2m 이하). 많은 경우, 파괴면은 비탈면과 평행하다. 비탈면의 얕은 파괴는 6.4절에서 기술하였다.
3. **깊은 비탈면 파괴.** 얕은 비탈면 파괴와 달리 깊은 비탈면 파괴(gross slope failure)는 전체 비탈면에서 전단변위가 발생한다. 유사한 과정을 설명하기 위해 성토 비탈면과 흙 또는 암석의 슬럼프(slump)와 같은 용어가 사용되었다. 깊은 비탈면 파괴는 6.5절에서 기술하였다.
4. **산사태.** 비탈면 전반에 걸친 파괴를 산사태라고 한다. 그러나 어떤 경우에는 여러 개의 비탈면에 걸쳐 발생하는 대규모의 파괴를 의미한다. 산사태는 6.6절에서 기술하였다.
5. **토석류.** 토석류(debris flow)는 완만한 비탈면에서 유체처럼 이동하는 물과 공기가 포함된 흙을 의미한다. 특히, 호박돌을 포함한 다양한 크기의 흙 입자뿐만 아니라 통나무, 나뭇가지, 타이어, 차량까지 함께 흐르기도 한다. 유사한 흐름을 구분하기 위해 이류(mud flow), 토석미끄러짐(debris slide), 토사류(earth flow) 등의 용어가 사용되었다. 이동속도나 점토 입자의 백분율에 따라 흐름을 분류하는 것이 중요할 수 있지만, 흐름 메커니즘은 기본적으로 동일하다(Johnson & Rodine, 1984). 토석류는 6.7절에서 기술하였다.
6. **크리프.** 크리프(creep)는 일반적으로 비탈면을 형성하는 흙이나 암석이 인식하지 못할 정도로 느리고 거의 연속적으로 비탈면 하부나 바깥쪽으로 이동하는 것으로 정의한다(Stokes & Varnes, 1955). 크리프는 지표면에 가까운 흙뿐만 아니라 깊은 깊이에 있는 흙에도 영향을 미칠 수 있다. 크리프 과정은 흔히 영구변형이 발생하는 점성 전단으로 표현되지만, 산사태 거동에서와 같은 파괴형태는 발생하지는 않는다. 크리프는 6.8절에서 기술하였다.

표 6.1은 비탈면 붕괴와 산사태를 연구하기 위한 검토항목이다(Sowers & Royster, 1978). 이 표에서는 포렌식 엔지니어가 비탈면 붕괴를 조사할 때 필요한 전반적인 목록을 제시하였다.

비탈면 활동 이외에도 구조물의 횡방향 거동을 일으키는 많은 메커니즘이 있을 수 있다. 그 예로 터파기 굴착의 붕괴(6.9절)와 댐의 붕괴(6.10절) 등이 있다. 구조물에 손상을 주는 이러한 종류의 횡방향 거동도 제6장에서 다루었다.

표 6.1 비탈면 파괴와 산사태 연구를 위한 검토 항목

주요 주제	검토 항목
지형	• 지형도, 부지의 형태와 특이한 패턴 고려(무질서한 형태, 스카프(scarp), 불룩한 형태) • 지표 배수, 연속적이거나 간헐적인 배수와 같은 환경 검토 • 비탈면의 단면, 지질 및 지형도와 함께 고려 • 지형적 변화, 시간에 따른 변화율과 지하수, 기후, 진동과의 연관성 등
지질	• 현장의 지층, 지층 순서, 붕적토(기반암과 잔류토의 경계), 변질에 민감한 광물 등을 고려 • 구조: 3차원의 지형학적 특성, 지층, 습곡, 층리면이나 엽리의 주향 및 경사(비탈면 및 미끄러짐의 관계, 주향 및 경사의 변화), 비탈면과 관련된 절리의 주향 및 경사 등을 평가. 또한 비탈면 및 미끄러짐과 관련 있는 단층, 각력암, 전단대에 대한 조사 • 풍화: (화학적, 물리적, 용해) 특성 및 깊이(일정 또는 변동) 고려
지하수	• 비탈면 내 피에조미터 높이, 지층 및 지층구조와 관련 있는 평상시 수위, 일시적 수위, 피압 • 풍화, 진동 및 비탈면 변화에 따른 지하수위 변화. 다른 요소들의 강우에 대한 반응, 계절적 변동, 연간 변화 및 융설 등을 포함 • 샘, 지하수가 스며나와 고인 곳, 습윤한 지역 및 식생 차이 등과 같이 지표수의 흔적 • 지하수에 대한 인간 활동의 영향: 지하수 활용, 지하수 흐름의 제한, 인공저수, 지하수 주입, 지표의 변화, 침투의 기회, 지표수 변화 등 • 지하수 화학적 특성, 용해된 염류나 가스, 방사성 가스의 변화 등
기후	• 비 또는 눈과 같은 강수, 시간당, 일별, 월별 또는 연간 비율 등 • 시간당 및 일별 평균 또는 극단 온도, 누적일수(동결지수), 급격한 해빙 • 기압 변화
진동	• 지진 활동도, 지진, 미세지진의 진도, 미세지진 변화 등의 지진 활동성 • 발파, 중장비 또는 교통(트럭, 열차 등)
비탈면 변화 이력	• 장기적인 지질 변화, 침식, 과거 활동의 증거, 침강, 융기 등의 자연적 과정 • 절취, 성토, 제거, 굴착, 경작, 포장, 홍수, 저수지의 범람 및 급격한 수위 저하 등의 인간 활동 • 육안 관찰, 식생 증거, 지형 증거, 사진(사각, 항공, 입체시각 자료, 분광 변화)으로부터 얻은 이동량. 또한 시간에 따른 연직 및 수평방향 변화, 내부 변형, 기울어짐 등과 같은 장비로 측정된 자료 • 지하수, 기후, 진동, 인간 활동과 연관된 거동

* 주석: 산사태에 대한 분석 및 제어, 특별보고서 176(Sowers & Royster, 1986)

6.2 건물의 횡방향 허용변위

건물의 침하에 비해 횡방향 허용변위에 관한 연구는 많지 않다. 건물의 횡방향 변위를 평가하기 위해 활용할 수 있는 파라미터는 수평변형률(ε_h)로 기초의 길이 변화를 원래 길이로 나눈 값으로 정의한다. 그림 6.1은 수평변형률과 손상의 심각도 사이의 상관관계를 보여준다(Boone, 1996; Boscardin & Cording, 1989). 횡방향 변위에 영향을 받는 폭 6m의 기초를 가정해보면 그림 6.1은 건물이 3mm(0.1in) 정도의 횡방향 변위에도 손상될 수 있음을 나타낸다. 또한 그림 6.1은 25mm(1in)의 횡방향 변위에도 '심각' 내지 '매우 심각' 정도의 건물 손상이 발생할 수 있음을 보여준다.

그림 6.1에서 Boscardin과 Cording(1989)은 침하가 발생한 광산, 터널, 흙막이 벽체의 기초에 대한 각변형 β를 구하기 위해 변형계수(distortion factor)를 활용했다. 그림 6.1에서 Boscardin과 Cording(1989)이 제안한 각변형 β는 이러한 변형계수로 인하여 제4장에서 사용된 각변형의 정의(δ/L)와는 다르다.

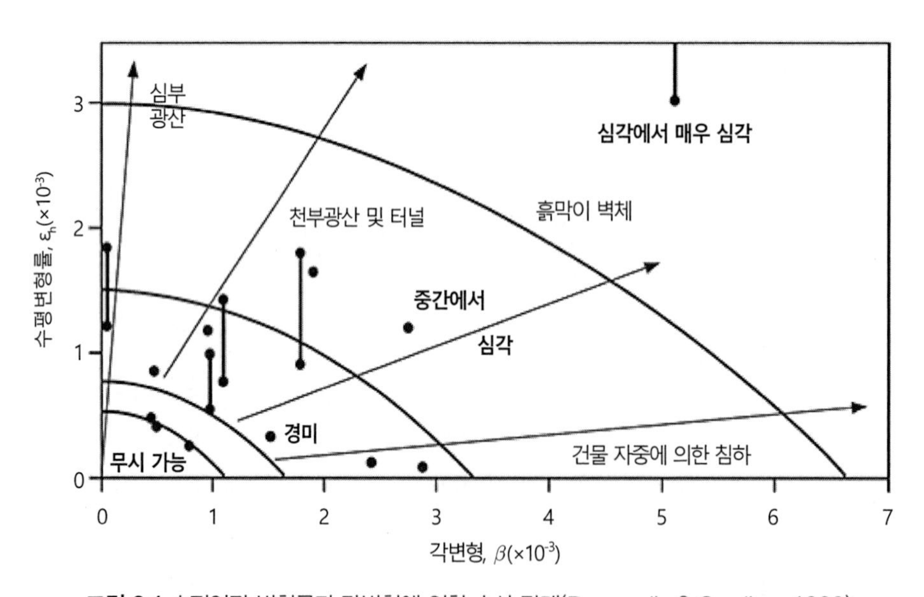

그림 6.1 수평인장 변형률과 각변형에 의한 손상 관계(Boscardin & Cording, 1989)

횡방향 변위에 의한 건물 손상의 심각도는 기초의 인장강도에 의해 좌우된다. 비탈면 활동 때문에 발생하는 인장력을 견딜 수 없는 기초는 매우 심각하게 손상된다. 예를 들어 그림 6.2

와 6.3은 틸트업(tilt-up) 공법으로 지어진 건물의 손상을 보여준다. 틸트업 빌딩(tilt-up building)은 외벽을 콘크리트 바닥 슬래브 위에서 세그먼트로 제작한 다음, 충분한 강도가 발현되면 제 위치에 세워 시공한다. 그림 6.2와 6.3에 나타난 심각한 손상은 비탈면 활동으로 발생했으며 이는 비탈면 활동이 비탈면 상단 부근에 틸트업 공법으로 지어진 건물에 영향을 미쳤기 때문이다. 그림 6.2는 바닥 이음부에서 콘크리트 바닥 슬래브의 횡방향 이격을 보여준다. 그림 6.3은 두 개의 틸트업 패널 이음부의 분리된 모습을 보여준다. 틸트업 공법으로 지어진 건물은 틸트업 패널과 콘크리트 바닥 슬래브의 조인트 사이에 이음새가 있기 때문에 건물을 분리시키는 비탈면 활동에 특히 취약하다.

그림 6.2와 6.3에 나타난 틸트업 방식의 건물과 같이 이음부나 취약면을 가지고 있는 기초구조물은 횡방향 변위에 의한 손상에 특히 취약하다. 반면, 전면 기초나 포스트텐션 슬래브가 있는 건물은 기초구조물의 높은 인장 저항력으로 인해 손상에 덜 취약할 수 있다.

그림 6.2 횡방향 변위에 의한 손상(Day, 1997a)

그림 6.3 벽 패널의 이음부 분리(Day, 1997a)

6.3 낙석

낙석(rock fall)은 절벽, 급경사 비탈면, 공동, 아치 또는 터널에서 분리되어 자유낙하하는 암석들을 의미한다(Stokes & Varnes, 1955). 이러한 비탈면의 낙석 거동은 암석이 연직으로 낙하하거나 비탈면의 법면을 따라 구르며 여러 차례의 튀어 오름이 발생한다. 암석이 자유낙하하는 성질을 가지느냐 또는 잘 발달된 활동면을 따라 잘 움직이지 않는 성질이 있느냐에 따라서 낙석과 암석 미끄러짐(rock slide)을 구분한다.

암반 비탈면이나 터널 내 노출된 암석은 불연속면에 의해 분리되어 단단한 암석과 같이 불균질하고 불연속적인 매스(mass)의 특징을 보인다. 낙석이 되는 암석은 비탈면이나 터널의 벽면에 이미 존재하고 있는 불연속면으로부터 분리되는 경향이 있다. 낙석을 구성하는 각 암석의 크기는 불연속면의 속성과 기하학적 특성 및 공간적 분포에 의해 결정된다. 낙석발생 가능성에 영향을 미치는 기본적인 인자에는 (1) 비탈면과 터널의 기하학적 특성, (2) 절리, 다른 불연속면군, 잠재적 파괴면 및 이들 시스템 사이의 상관관계 (3) 절리 및 불연속면의 전단강도 (4) 절리 내 수압, 동결된 물 또는 진동과 같이 불안정을 일으키는 힘 등이 포함된다(Piteau & Peckover, 1978).

비탈면에서 낙석으로 인한 피해를 줄이기 위한 주요 방안은 비탈면의 형태를 변화시키거나 암석을 비탈면 상에 고정하는 방안 또는 낙석이 구조물에 도달하기 전에 차단하거나 낙석을 구조물 주위로 유도하는 방법이 있다. 비탈면의 형태 변화에는 잠재적으로 불안정하거나 실제로 불안정한 암석을 제거하는 방법과 비탈면을 완만하게 만드는 방법, 비탈면에 소단을 설치하는 방법 등이 있다(Piteau & Peckover, 1978). 한편, 비탈면에 암석을 고정하는 방법에는 앵커링 시스템(볼트, 로드), 다웰(dowel), 숏크리트, 옹벽 등이 포함된다. 구조물 주변으로 떨어지는 암석을 가로채거나 방향을 바꾸는 방법에는 비탈면 하단에 도랑을 파거나 와이어매쉬를 이용한 방지 울타리 및 낙석유도옹벽(catch wall)이 있다. Ritchie(1963)와 Piteau & Peckover(1978)는 낙석 도랑의 깊이와 폭에 대한 권장 사항을 제시하였다.

여러 가지 구조물 중 터널에서는 사소한 문제들이 많이 발생하며 대규모의 파괴력이 큰 붕괴에 가장 취약하다(Feld & Carper, 1997). 그 원인 중 하나는 터널 굴착으로 대규모 구속압력이 갑자기 이완되어 쉽게 예측할 수 없는 암석 변형을 초래하기 때문이다. 또 다른 이유는 터널로 유입되는 지하수를 만날 가능성과 같이 예측하기 어려운 지하의 조건이 있다. 암석 굴착 터널의 붕괴에 관한 수많은 사례연구가 있다(예: 3.2.2의 Feld & Carper, 1997). 수많은 터널 재해로 인해 전면 막장 굴착공사 중 부분적으로 막장면의 보호가 가능한 터널 천공 및 보링머신(연암 및 경암 용)이 개발되었다. 터널의 막장면을 안정화시키는 방법에는 앵커링 시스템(볼트 로드나 다웰) 또는 숏크리트 등이 있다. 또한 터널 막장면을 안정시키기 위해 암석의 불연속면과 절리를 메우는 화학적 그라우트 공법이 사용되었다. 예를 들어, Feld와 Carper(1997)는 1985년에 81년된 피츠버그의 워싱턴 산에 있는 터널의 열화현상을 안정화시키기 위해 사용된 거품 형태의 화학적 그라우트를 이용한 대규모 복구작업에 관하여 기술하였다.

6.3.1 사례연구

다음의 낙석에 대한 사례연구로 약한 퇴적암의 낙석은 경암의 낙석과 크게 다를 수 있다는 것을 보여준다.

사례연구 1

국립기상청에 따르면 낙석 사고가 발생한 날 밤, 이 지역에 약 4cm의 강우량이 기록되었다. 집에서 자고 있던 세입자는 폭풍우 동안 큰 소음과 진동으로 인해 잠에서 깨어났다. 그림 6.4와 6.5는 뒷마당에 떨어진 낙석의 파편을 보여주고 있다.

그림 6.4 낙석(화살표는 주택에 가해진 충돌을 나타냄)

그림 6.5 주택과 충돌한 근접 사진

비탈면에서 떨어져 주택에 피해를 준 낙석이 한 개인지 여러 개인지는 명확하지 않지만, 이 논의의 목적상 낙석은 한 개의 암석으로 고려하였다. 밤 동안 암석은 그림 6.6의 비탈면에서 분리되어 뒷마당으로 떨어졌으며 일부가 주택의 뒷부분과 충돌하였다. 비탈면으로부터 떨어진 암석의 추정 무게는 4~6t이었다. 그림 6.7은 주택과 뒷마당 비탈면의 단면을 보여준다.

그림 6.6 낙석 발생위치(✻가 발생 위치)

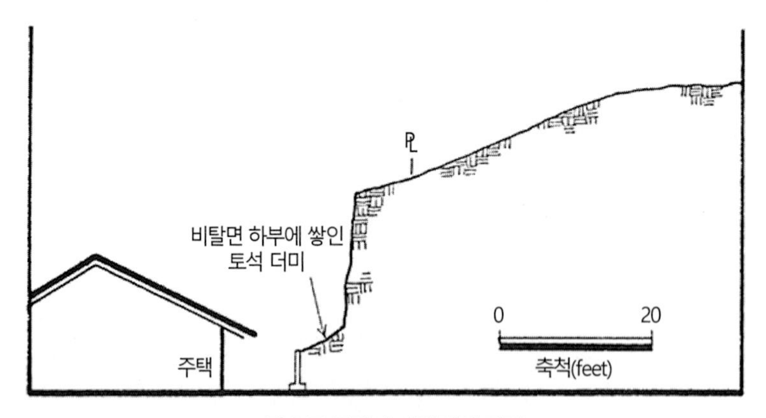

그림 6.7 주택과 비탈면의 단면

암석 낙하의 원인은 절취 비탈면의 경사가 지나치게 가파르고 절리면의 방향이 불리하기 때문이었다. 집중 강우로 인해 빗물이 절리면을 따라 흘러 들어가 암석의 낙하를 일으킬 수 있는 추가 압력과 연화작용(softening)이 발생하였다.

흙과 퇴적암의 분류는 입자 크기를 기준으로 한다. 지질학자들과 지반공학자들은 종종 다른 분류체계를 사용한다. 표 6.2는 낙석의 입도분포를 요약한 것이다. 표 6.2에서 볼 수 있듯이 두 분류체계는 모래와 실트 크기 입자의 비율에서 가장 다르다. 지질학자들은 암석을 입자가 매우 작은 사암에서 입자가 굵은 실트암으로 구분한다. 이 암석은 실트 크기 입자를 70% 포함하고 있기 때문에(USCS 기준) 지반공학자들은 이 암석을 실트암으로 구분한다. 퇴적암의 종류에 대해서는 다소 학문적인 사항으로 여기에서는 사암으로 분류하였다.

현장에 있는 사암의 건조밀도는 $1.54Mg/m^3$로 부드럽고 쉽게 부서졌다. 현장에서 채취한 시료를 물에 담그면 60초 이내에 완전히 분해되었다. 따라서 현장에 있는 사암은 약하게 고결되어 물에 잠길 때 분해되는 경향이 있는 것으로 관찰되었다. 그림 6.7에서 뒷마당의 비탈면 하부에는 많은 양의 흩어진 토석이 존재하였다. 이러한 토석은 이전에 떨어진 낙석이나 비탈면의 풍화 과정에서 쌓인 것으로 보인다.

낙석의 크기와 무게 및 주택과 비탈면 사이의 매우 가까운 거리를 감안하면 피해 규모는 상대적으로 경미하였다. 그 이유는 암석의 강도가 약했고 뒷마당의 파티오와 충돌하면서 부서졌기 때문이다. 단단하고 강한 암석이었다면 충격에 의해 파편으로 부서지는 대신에 콘크리트를 맞고 튀어나와 더 많은 손상을 입혔을 것이다.

표 6.2 낙석의 입도분포

입자의 크기 및 입자의 %	미 지질학자들에 의한 입자 크기의 척도(Wentworth scale 수정)			미 지반공학자들에 의한 입자 크기의 척도(통일분류법, USCS)		
	모래	실트	점토	모래	실트	점토
입자크기 (mm)	2.0~0.062	0.0062~0.004	<0.004	4.75~0.075	0.075~0.002	<0.002
건조중량 중 입자의 %	40	53	7	25	70	5

사례연구 2

두 번째 사례연구는 1989년 11월과 1990년 초에 발생한 두 건의 낙석 사고이다. 그림 6.8과

6.9는 두 번째 낙석이 발생한 직후 촬영한 사진이다. 두 사진에서 낙석의 암편은 화살표로 표시되어 있다. 비탈면의 불안정한 위치는 비탈면 최상부 근처이며 이 부분에서 암석 블록들이 전도되어 비탈면 아래로 굴러떨어졌다. 그림 6.10은 비탈면의 단면도이다. 비탈면의 하부 지역에 발생한 피해는 경미하였으며 주로 나무와 주차된 차량, 비탈면 하부에 있는 건물의 뒤벽면 등이 경미하게 파손되었다.

두 건의 서로 다른 낙석 사고의 원인은 최상부에서 거의 연직에 가깝게 절취된 비탈면 때문이다. 그림 6.8은 한 개의 절리군이 연직 방향에 가까운 것을 보여준다. 로즈캐년(Rose Canyon) 단층대가 이 지역에서 약 120~150m 정도밖에 떨어져 있지 않으며(Kennedy, 1975) 인근 단층의 움직임이 암석의 균열을 촉진시켰을 수 있다. 두 경우의 낙석 모두 겨울 장마철에 발생했기 때문에 폭우로 물이 절리면을 따라 스며들어 발생한 추가적인 수압과 연화(softening) 작용으로 발생했을 수 있다.

그림 6.8 낙석의 위치(*는 낙석의 발생 위치를 보여주며 화살표는 비탈면 하부의 낙석 암편을 가리킴)

그림 6.9 비탈면 정상에서 본 모습(화살표는 비탈면 하부에 있는 낙석 암편을 가리킴)

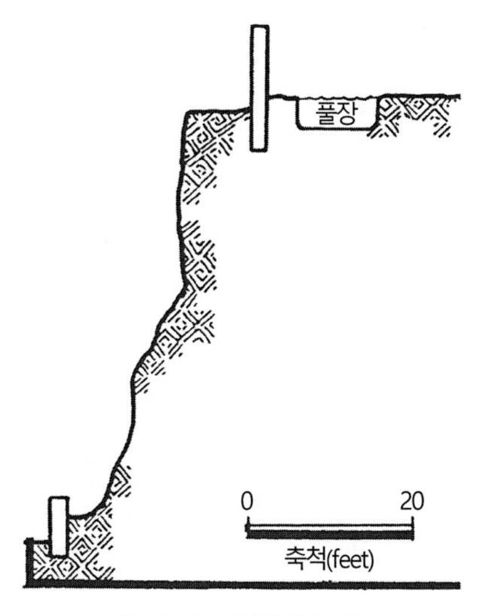

그림 6.10 비탈면의 단면도

암석은 주로 실트암이었다. 암석의 입도분석 결과(ASTM D 422-90, ASTM, 1997e), 대부분의 입자가 0.004mm에서 0.06mm 사이에 있었다. 암석 시료의 직접전단시험 결과, 점착력은 약 12kPa로 나타나 실트암의 고결 상태가 약함을 알 수 있었다. 현장조사 결과, 실트암은 약하고 쉽게 부서졌으며 실트암의 평균 건조단위중량은 1.44Mg/m^{3}이고 표준편차는 0.04Mg/m^{3}이었다.

낙석의 크기와 비탈면 하부 구조물의 근접성을 고려할 때 피해 규모는 상대적으로 경미하였다. 이것은 암석이 약하게 고결되었고 비탈면을 따라 굴러떨어지면서 비탈면 하부와 충돌하여 부서졌기 때문이다. 단단하고 강한 암석이었다면 충돌에 의해 쉽게 부서지는 현장의 암석에 비해 훨씬 더 큰 피해를 일으켰을 것이다.

사례연구 3

세 번째 사례연구는 경암에서 발생한 낙석 사고다. 대규모의 암석이 비탈면에서 떨어져나와 주택의 지붕에 떨어졌다. 이 주택은 전형적인 목재 골조 구조와 스타코(stucco) 벽체의 외벽을 가지고 있는 단층 건물이다. 그림 6.11은 떨어진 낙석의 사진이며, 그림 6.12는 비탈면에서 큰 암석이 떨어진 위치를 보여주고 있다.

그림 6.11 산티아고 피크 화산암의 낙석

그림 6.12 낙석의 발생 위치

주택에 떨어진 낙석은 산티아고 피크(Santiago Peak) 화산암의 일부로 이 지역은 약하게 변성된 화산암이 길쭉한 띠 형태로 분포되어 있다. 이 암석은 주로 안산암(andesite)과 석영질 안산암(dacite)이다. 산티아고 피크 화산암은 단단하며 풍화와 침식에 매우 강하다(Kennedy, 1975).

그림 6.13 및 6.14와 같이 암석이 충돌한 위치의 바로 아래에 있는 주택 일부가 심하게 손상

되었다. 그림 6.13에 나타났듯이 오븐, 냉장고와 그 외 물건들이 비스듬히 뒤집혀 있다. 그림 6.13의 왼쪽 상단에 매달려 있는 바구니가 연직 기준면을 보여준다. 그림 6.14는 인접한 욕실의 무너진 벽면을 보여준다. 그림 6.13과 6.14의 피해는 지붕과 벽에 가해진 암석의 충격에 의한 힘으로 발생한 것이다.

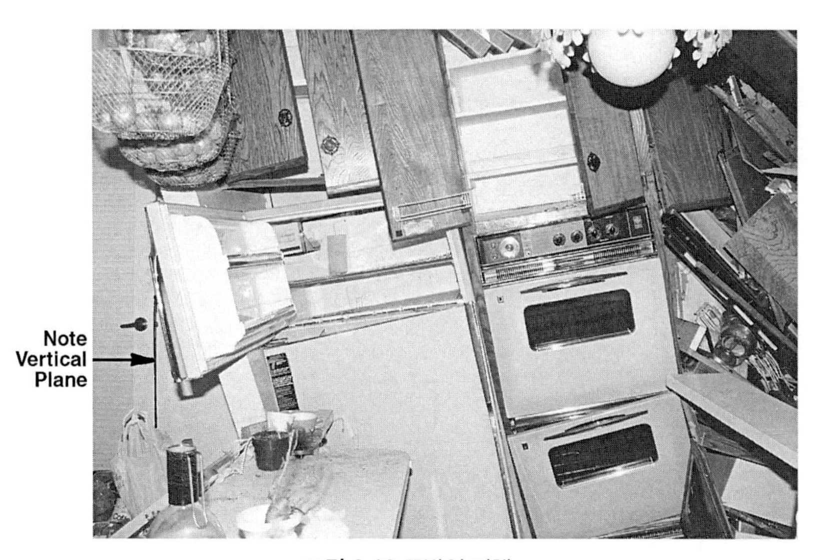

그림 6.13 주방의 피해

그림 6.14 욕실의 피해

암석이 충돌한 지역으로부터 떨어진 다른 지역에 있는 주택들도 피해가 발생하였다. 예를 들어, 그림 6.15는 내부 벽의 균열과 문틀의 뒤틀린 사진을 보여준다. 그림 6.15의 문틀은 원래 직사각형이었지만, 현재는 많이 변형되어 있었다. 그림 6.16은 암석의 충격으로 지붕이 얼마나 벌어졌는지를 보여주며, 그림 6.17은 천장의 보가 손상된 사진을 보여준다.

그림 6.15 내부 벽의 균열과 문틀의 뒤틀림

그림 6.16 지붕에 발생한 피해

그림 6.17 천장 보에 발생한 피해

이 사례에서는 암석이 비탈면에서 분리되어 주택과 충돌하는 동안 온전한 상태로 남아 있었다. 주택이 낙석의 전체 에너지를 흡수했기 때문에 심각한 피해가 발생했다. 이것은 연암이 비탈면에서 떨어지면서 작은 조각으로 부서지고 비탈면 하부와 충돌하여 암편으로 분리되었던 사례 1과 2의 경우와 대비된다.

요약

요약하면, 세 가지 사례연구는 낙석으로 인해 발생할 수 있는 피해의 예를 보여주었다. 피해의 규모에 영향을 미치는 요인은 암석의 단단한 정도인데 연암의 경우, 비탈면이나 비탈면 하부와 충돌하면서 부서지는 경향이 있었다. 반면, 경암인 산티아고 피크 화산암의 낙석은 그림 6.13~6.17과 같이 심각한 피해를 일으켰다. 포렌식 전문가가 낙석을 조사하기 위해서는 지질도 및 연구문헌, 지중탐사, 실내실험 및 낙석에 영향을 미친 원인들(즉, 불리한 절리 구조, 침투압 등)을 파악하기 위한 공학 및 지질학적 분석을 포함해야 한다.

6.4 얕은 비탈면 파괴

얕은 비탈면 파괴, 즉 표면파괴는 미국 전역에 걸쳐 일어나는 매우 흔한 파괴이다(Day & Axten, 1989; Wu 등, 1993). 남부 캘리포니아의 경우, 얕은 파괴는 주로 겨울 장마철, 장기간의 강우 후 또는 집중 강우 시에 발생하였다. 얕은 비탈면 파괴는 개발된 지역에서 발생하는 비탈면 거동과 관련된 문제의 95% 이상을 차지하는 것으로 추정된다(Gill, 1967). 그림 6.18은 전형적인 얕은 비탈면의 파괴를 보여준다. 얕은 파괴는 파괴면의 깊이가 1.2m 이하인 경우의 비탈면 파괴라고 정의한다(Evans, 1972). 많은 경우, 파괴면은 비탈면의 표면과 평행하다. 남부 캘리포니아에서 발생하는 점토질 비탈면에 대한 일반적인 얕은 파괴 메커니즘은 다음과 같다.

1. 뜨겁고 건조한 여름에는 비탈면 표면이 건조되고 수축된다. 수축균열의 크기와 깊이는 온도와 습도, 점토의 소성, 식물 뿌리에 의한 수분 추출 등 여러 가지 요인에 따라 달라진다.
2. 겨울비가 오면 물이 틈새로 스며들어 비탈면이 부풀어 오르고 포화상태에 이르며 지반의 전단강도가 감소한다. 초기에 물은 건조 균열과 건조된 점토의 흡입압력에 반응하여

비탈면 내부로 스며든다.

3. 비탈면의 표면이 팽창하고 포화상태가 되면서 비탈면에 평행한 방향으로 투수성이 높아진다. 강우가 지속되면 침투된 물의 흐름이 비탈면 표면과 평행하게 발생한다.
4. 비탈면에 평행하게 흐르는 물과 함께 포화 및 팽창으로 인한 전단강도의 감소로 파괴가 발생한다.

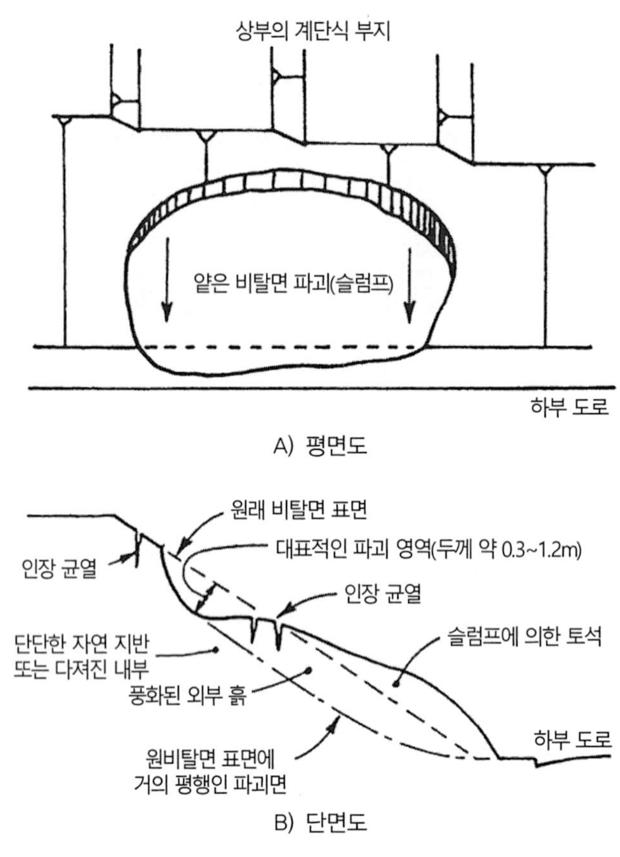

그림 6.18 대표적인 얕은 파괴의 모식도 A) 평면도, B) 단면도

6.4.1 안정성 해석

비탈면의 안정성을 결정하기 위하여 안전율이 사용된다. 안전율 1.0은 파괴상태를 나타내는 반면, 1.0보다 큰 안전율은 비탈면이 안정적임을 나타낸다. 안전율이 클수록 비탈면의 안정성도 커진다.

얕은 파괴의 안전율 F를 구하기 위해 일반적으로 다음 식을 사용한다.

$$F = \frac{c' + \gamma_b\ D\cos^2\alpha\tan\phi'}{\gamma_t\ D\cos\alpha\sin\alpha} \tag{6.1}$$

이 식은 깊이 D까지 비탈면에 평행한 흐름이 있는 무한 비탈면을 가정하여 유도하였다. 정상류 조건을 가정하였기 때문에 해석에 유효전단강도 정수(ϕ' =유효마찰각, c' =유효점착력)를 사용해야 한다. 식 (6.1)에서 α는 비탈면 경사, γ_b는 흙의 수중단위중량 그리고 γ_t는 흙의 습윤단위중량이다. D는 안전율이 계산되는 파괴면의 깊이다. 얕은 파괴의 안전율은 흙의 유효점착력에 크게 의존한다. 식 (6.1)에서 점착력을 $c' = 0$으로 가정하는 것은 지나치게 보수적일 수 있다.

얕은 파괴의 낮은 심도 특성으로 인해 파괴면에 작용하는 연직응력은 보통 작은 값이다. 연구에 따르면 흙의 유효전단강도 포락선은 낮은 유효응력에서 비선형일 수 있다(Maksimovic, 1989). 전단강도 포락선의 비선형 특성으로 인해 높은 연직응력에서 얻은 전단강도는 흙의 전단강도를 과대평가할 수 있으므로 식 (6.1)에서 사용해서는 안 된다(Day, 1994c).

6.4.2 얕은 파괴

절토 비탈면

그림 6.19는 절토 비탈면에서 발생한 얕은 파괴를 보여준다. 비탈면은 캘리포니아주 파웨이(Poway)에 있으며, 1991년 주변 도로를 건설하는 동안 언덕을 절취하여 만들어졌다. 절토 비탈면은 면적이 약 400m^{2}이고 최대 높이는 6m이며 비탈면의 경사는 1.5 : 1(34°)에서 1 : 1(45°)까지 다양하다. 이는 다소 급경사이기는 하지만, 암반 비탈면에서는 흔히 볼 수 있는 경사이다. 비탈면의 파괴 메커니즘은 두께가 약 0.15m인 얕은 파괴가 연속적으로 발생한 것이다. 파괴 암체의 깊이(D)와 길이(L)의 비(D/L)는 약 5~6%이다. 이 비율을 이용하면, 그림 6.19에 나타난 활동은 Hansen(1984)에 의해 얕은 표층 활동으로 정의된 분류 영역(3~6%)에 해당한다.

절취 비탈면에 노출된 암석의 종류는 프라이어(Friars) 층이다. 이 암석은 중기에서 후기 에오세에 형성되었으며 비해양성(nonmarine) 석호(潟湖)에 퇴적된 사암과 점토암의 두꺼운 층이다(Kennedy, 1975). 점토광물은 몬모릴로나이트와 카올리나이트이다. 프라이어 층은 캘리포니아주 샌디에이고와 파웨이에서 흔히 볼 수 있는 것으로 산사태와 기초의 융기 등과 같은 지반공학적 문제가 자주 발생한다.

그림 6.19에 나타난 얕은 파괴의 원인은 프라이어층의 풍화이다. 풍화작용은 암석을 조각내고 유효 전단강도를 감소시킨다. 풍화 과정은 균열을 확대시켜 지표 근처에 있는 암석의 투수성을 높이고 비탈면과 평행한 물의 흐름을 촉진한다. 이러한 풍화 과정은 그림 6.20에 설명되어 있다(Ortigao 등, 1997). 지반이 풍화되어 유효점착력이 0에 근접할 때 갑작스럽게 파괴가 발생한다.

그림 6.19 얕은 파괴, 도로 주변부 절취 비탈면

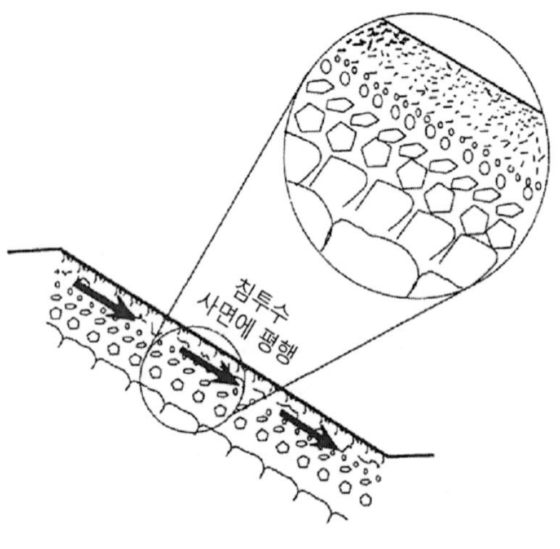

그림 6.20 점토암의 지표면 부근 풍화와 비탈면에 평행한 지하수 흐름도(Ortigao 등, 1997)

성토 비탈면

그림 6.21은 성토 비탈면에서 발생한 얕은 비탈면 파괴를 보여준다. Pradel과 Raad(1993)의 연구는 남부 캘리포니아에서 점토질 또는 실트질 흙으로 성토된 비탈면의 경우, 모래나 자갈

로 성토된 비탈면보다 얕은 파괴가 더 잘 발생할 수 있음을 보여준다. 이것은 모래와 자갈 비탈면에서는 물이 비탈면에 평행하게 흐르지 않고 비탈면 아래로 이동하는 경향이 있기 때문일 것이다.

그림 6.21에서 볼 수 있듯이 얕은 파괴는 조경에 막대한 피해를 일으킨다. 얕은 파괴는 큰 나무도 비탈면 하부로 이동시킬 수 있다(그림 6.21). 조경 외에도 관개 및 배수시설이 손상될 수 있으며 울타리, 벽 또는 파티오와 같은 부속 구조물도 손상시킬 수 있다.

그림 6.21 성토 비탈면에서의 얕은 파괴

얕은 파괴가 토석류로 전환될 때 특히 위험한 상황이 발생한다. 이러한 경우, 토석류의 경로에 있는 구조물에 심각한 피해가 발생할 수 있다. 그림 6.22는 보도와 차도로 흘러가는 얕은 파괴의 부분적인 유동 현상을 보여준다. 그림 6.21과 6.22와 같은 얕은 파괴는 파괴 가능성에 대한 어떠한 경고도 없이 갑작스럽고, 예상치 못하게 발생하였다. 특히, 점토 지반에서 발생하는 얕은 파괴는 임박한(imminent) 파괴의 특징적인 징후가 나타난다. 예를 들어, 그림 6.23은 거의 연속적인 반원형 지반 균열을 갖는 점토 비탈면을 보여준다. 우기에 이 사진을 찍은 후에 비탈면은 얕은 파괴형태로 붕괴되었다.

그림 6.22 얕은 파괴의 부분적 유동

그림 6.23 초기 얕은 파괴와 관련된 지반 균열

얕은 파괴는 흙댐의 하류면에서도 발생할 수 있다. 예를 들어, Sherard 등(1963)은 다음과 같이 기술하였다.

> 집중호우에 의해 주로 발생하는 얕은 파괴는 일반적으로 비탈면에 연직 방향으로 1.2~1.5m 이상 제방 내로 확대되지 않는다. 일부는 시공 직후에 발생하는 반면, 다른 일부는 담수 후 몇 년이 지난 후에 발생한다. 제방 비탈면의 다짐이 제대로 안 된 경우에는 제방의 상부 수 센티미터 내에서 얕은 파괴가 발생하였다. 이러한 얕

은 파괴는 소규모의 제한된 예산으로 건설된 댐에서 자주 발생하는데, 제방 비탈면의 다짐이 제대로 되지 않는 경우에 발생한다. 그 결과, 첫 장마철에 비탈면 표면에서 수 미터 내의 지반이 연약화되어 얕은 파괴가 발생하였다.

식생의 영향

그림 6.23에 나타난 비탈면의 불안정에 기여한 원인은 화재로 인한 식생 소실이다. 그림 6.20과 6.21에서 얕은 파괴가 잔디 뿌리 바로 아래에서 발생한 것을 볼 수 있다. 잔디 뿌리는 전단에 큰 저항력을 제공할 수 있다. Waldron(1977)과 Merfield(1992)는 뿌리가 뻗어 내린 균질 및 층상토의 전단저항에 대한 연구를 수행하였다. 식물의 뿌리에 의한 전단강도 증가는 뿌리에 의한 직접적인 물리적 강화 및 증산에 의한 토양수분 제거의 간접적인 원인에 기인한다. 잔디 뿌리는 3~5kPa의 유효응력에 상당하는 전단저항을 증가시킬 수 있다(Day, 1993). 그림 6.23과 같이 비탈면은 화재로 인해 식생이 손상되거나 파괴될 때 얕은 파괴에 훨씬 더 취약해진다.

6.5 깊은 비탈면 파괴

깊은 비탈면 파괴는 비탈면 전체의 전단 거동을 포함하는 파괴이다. 성토 비탈면 파괴, 흙 또는 암석 슬럼프(slump)와 같은 용어도 비슷한 과정을 구분하는 데 사용된다. 깊은 비탈면 파괴에 대한 가장 일반적인 해석 방법은 파괴되는 토체를 연직 절편으로 분할하고 힘의 평형식에 기초하여 안전율을 계산하는 '절편법'이다. 깊은 파괴가 발생한 경우, 안전율을 1.0으로 가정한 절편법을 사용하여 파괴된 흙의 전단강도를 역해석으로 구할 수 있다.

깊은 비탈면 파괴의 안전율은 비탈면의 기하학적 특성, 전단강도, 습윤단위중량과 같은 흙의 정수와 간극수압 조건에 따라 달라진다. 안전율을 구하기 위해 일반적으로 사용되는 방법은 Bishop법(1955)과 Janbu법(1957, 1968)이 있다.

Duncan(1996)은 컴퓨터의 사용과 비탈면 안정 역학에 대한 이해의 증가로 비탈면 안정해석의 계산적 측면에서 상당한 변화를 가져왔다고 하였다. 그 결과, 비탈면 안정해석을 더 철저하게 수행 할 수 있으며 역학적 측면에서도 이전보다 더 정확하게 수행할 수 있게 되었다. 그러나 토질역학과 흙의 강도 및 컴퓨터 프로그램에 대한 이해가 부족하거나, 해석결과의 분석 능력이 부족한 경우에는 문제가 발생할 수 있다(Duncan, 1996).

기초의 균열은 콘크리트의 수축으로 인해 초기에 발생한다. 수축균열은 기초의 약한면을 따라 작용하는 경향이 있다. 횡방향 비탈면 거동은 이러한 수축균열을 확대시킨다. 안전율이 1.0에 근접하면 손상은 심각해지며, 경우에 따라서 구조물이 심각하게 손상되어 무너질 정도로 전체 비탈면 활동이 확대될 수 있다.

6.5.1 사례연구

캘리포니아주 라호야에 있는 데저트 뷰 드라이브(Desert View Drive)의 붕괴에 대한 사례연구이다. 1990년부터 데저트 뷰 드라이브를 지지하는 제방이 전반적인 불안정성으로 인해 파괴되기 시작했다. 필자는 도로 제방 붕괴로 인해 재산 피해를 입은 주택 소유주(원고) 중 한 명의 전문가로 고용되었다. 원고는 데저트 뷰 드라이브의 관리자인 샌디에이고시와 도로 제방에 대한 절토공사를 수행하여 제방 붕괴를 일으킨 굴착회사 등 두 곳을 대상으로 소송을 진행하였다. 이 사례연구의 핵심은 원고와 샌디에이고시 사이에서 벌어진 소송이다. 결국, 이 두 당사자 사이의 소송은 1993년 법정 밖에서 타협으로 해결되었다.

제방 붕괴 지역에 있는 다른 주택 소유주들도 샌디에이고시와 굴착회사를 상대로 소송을 진행하였으나 그들도 법정 밖에서 타협으로 해결하였다.

현장 이력

원고의 주택은 라호야의 솔레다드산 동쪽에 있다. 주택의 건물 부지는 대규모 택지 개발의 일부분으로 건설되었다. 데저트 뷰 드라이브와 인근 건물부지 건설을 위해 높은 지역을 깎아 계곡의 낮은 지역을 메우는 성토 작업이 실행되었다. 이 지역의 성토 작업에 대한 기록이나 보고서는 남아 있지 않으나 1960년 말 또는 1961년 초에 시행된 것으로 보인다.

1961년 12월 14일 현장 주변에서 대규모의 산사태가 발생하였다. 그림 6.24는 헬리콥터에서 찍은 두 곳에서 바라본 산사태 현장이다. 그림 6.24a는 남쪽 방향이고 그림 6.24b는 서쪽 방향이다. 그림 6.24b에서 보면 산사태의 맨 앞쪽에서 한 주택의 뒤쪽이 공중에 매달려 있다. 산사태로 공사 중이던 주택 9채가 손상되거나 파괴되었다. 산사태 비탈면은 길이 180m, 폭 80m 그리고 높이가 25m인 대략 삼각형 모양의 암석 덩어리로 구성되어 있었다. 그림 6.24a와 같이 원고의 주택은 산사태 경계의 바로 바깥쪽에 있다.

그림 6.24a 1961년 12월 14일 발생한 산사태, 남쪽을 바라본 전경

그림 6.24b 1961년 12월 14일 발생한 산사태, 서쪽을 바라본 전경

샌디에이고시는 산사태 원인에 대한 독자적인 조사를 위해 계약을 했다. 조사결과, 파괴의 원인으로 다음과 같은 몇 가지 결론을 내렸다(Benton Engineering, 1962).

1. 암석 층리면들은 비탈면 바깥 방향으로 기울어져 있다.
2. 산사태의 측면부에서 연약면으로 작용하는 국부적 단층들과 절리들이 복잡한 형태로 교차하고 있다.
3. 1960년 말 또는 1961년 초에 건물 기초 공사로 인해 비탈면의 경사가 증가하였다.
4. 계절적 강우가 흙의 중량을 증가시켰으며 암석의 전단강도를 감소시켰다.

산사태 조사의 하나로 데저트 뷰 드라이브를 지지하는 제방 성토재료의 상태도 분석하였다. 성토 제방의 상대다짐도는 80~86%로 보고되었는데, 이는 시가 제시한 기준값인 최소 상대다짐도 90%보다도 작은 값이다(Benton Engineering, 1962). 크기가 큰 암편에 대해 보정을 했다면 성토 제방의 상대다짐도는 더 작아졌을 것이다(Day, 1989).

원고의 건물 기초(그림 6.24a의 현장)는 주택이 건설된 1976년까지 개발되지 않은 상태로 있었다. 이 주택은 2층 목조 구조의 콘크리트 슬래브 기초로 되어 있다. 바닥 면적은 약 170m^2 이었다.

데저트 뷰 드라이브 제방과 관련하여 기록된 첫 번째 문서는 1977년에 발행된 보고서였다 (Alvarado Soils Engineering, 1977). 이 보고서에는 다음과 같이 기록되어 있다.

> 지반조사 시 성토지반 내에서 비탈면 파괴나 과도한 침하의 징후는 관찰되지 않았다. 그러나 데저트 뷰 드라이브를 따라 도로노상 슬래브 사이의 분리와 배수로의 부등 기울어짐은 어느 정도 표면 크리프가 발생했음을 나타낸다.

표면 크리프의 또 다른 용어는 표면 불안정성이다. 비탈면 표면의 문제에 대한 보고서 외에는 건물기초와 주택 건설을 위해(원고의 주택 건너편) 성토 제방을 절토하기 시작한 1990년까지는 심한 불안정 징후는 없었다. 굴착공사가 시작될 때 데저트 뷰 드라이브에서 촬영된 사진에는 도로의 균열이나 분리가 나타나지 않았다.

데저트 뷰 드라이브의 제방 파괴

그림 6.24a에서 데저트 뷰 드라이브를 가로지르는 두 선은 제방 붕괴의 대략적인 경계부를 표시한 것이다. 데저트 뷰 드라이브 제방은 1990년부터 1993년까지 계속해서 이동했다. 포장도로와 인접 지역의 지반 균열 폭을 더하면 1990년부터 1993년까지 총 수평 이동량은 약 150mm였다. 수평 이동의 약 절반은 원고의 주택에서 발생하였다. 가장 뚜렷한 피해는 콘크리트에 발생한 대규모의 분리와 균열이었다. 또한 외부 마감벽체의 균열, 내부 벽면 균열, 뒷면 기초의 수평 이동 등과 같은 주택 손상도 발생하였다.

그림 6.25(북쪽 전경)는 데저트 뷰 드라이브의 균열과 원고의 건물 위치를 보여준다. 시는 정기적으로 도로 노면을 보수하였다. 그림 6.25의 화살표는 제방이 움직이기 시작했을 때 비탈면 위에 설치된 관로를 가리킨다. 파손된 관로에서 물이 새면 비탈면의 간극수압이 증가되어 비탈면 활동이 빨라질 수 있다. 제방 붕괴와 관련된 모든 주택에 대한 수도 요금 기록을 검토했지만, 급수 용량이 갑작스럽게 증가하지는 않았다. 또한 제방에서의 보링과 시험굴에서도 지하수가 발견되지 않았기 때문에 파손된 관이 제방 붕괴의 원인으로 간주되지는 않았다.

그림 6.25 데저트 뷰 드라이브의 균열

공학적 해석

그림 6.24a는 지중경사계 I-1의 위치를 보여주고 있으며 그림 6.26은 지중경사계 I-1에 기록된 수평변위(하부 방향)를 나타낸다. 경사계는 제방이 움직이기 시작한 이후인 1991년 8월에 설치되었다. 주요 활동 깊이는 성토재와 그 하부에 있는 Ardath 셰일의 경계면 근처로 지표면 아래 약 7~8m이다.

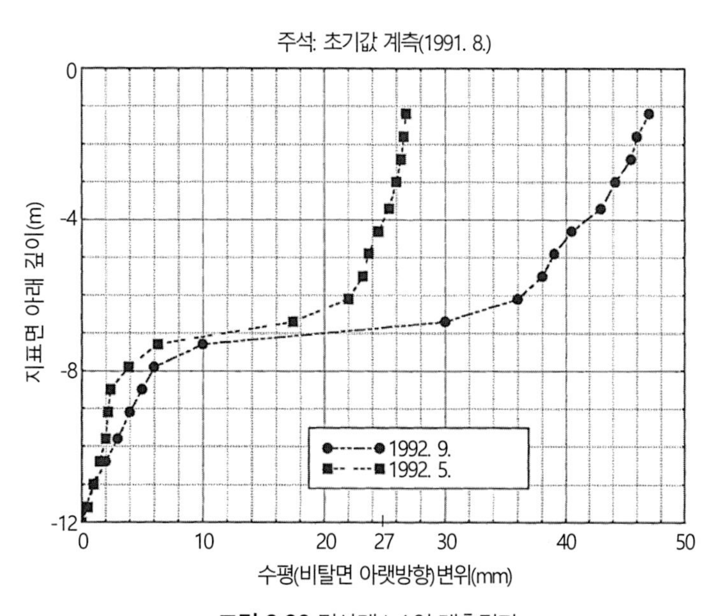

그림 6.26 경사계 I-1의 계측결과

데저트 뷰 드라이브 제방의 안전율은 A-A′ 단면을 이용하여 산정되었다(그림 6.27). 단면 A-A′는 데저트 뷰 드라이브 제방 붕괴지점의 중심을 관통하여 연장되어 있다. 비탈면 안정해석을 위해 파괴되지 않은 성토시료에서 구한 전단강도 정수는 $\phi=18°$, c=24kPa(500psf)이었다(Leighton & Associates, 1991). 또 다른 전문가에 의해서도 제시된 이들 전단강도 값은 합리적인 것으로 간주되었으나 실제 실험을 통해 검증하지는 않았다.

SLOPE/W 프로그램을 이용하여 전 응력 비탈면 안정해석을 하였다. Janbu 간편법을 이용한 해석결과, 제방의 최소 안전율은 1.16으로 한계 안정상태로 나타났다. 한계 파괴면의 위치는 그림 6.27과 같다.

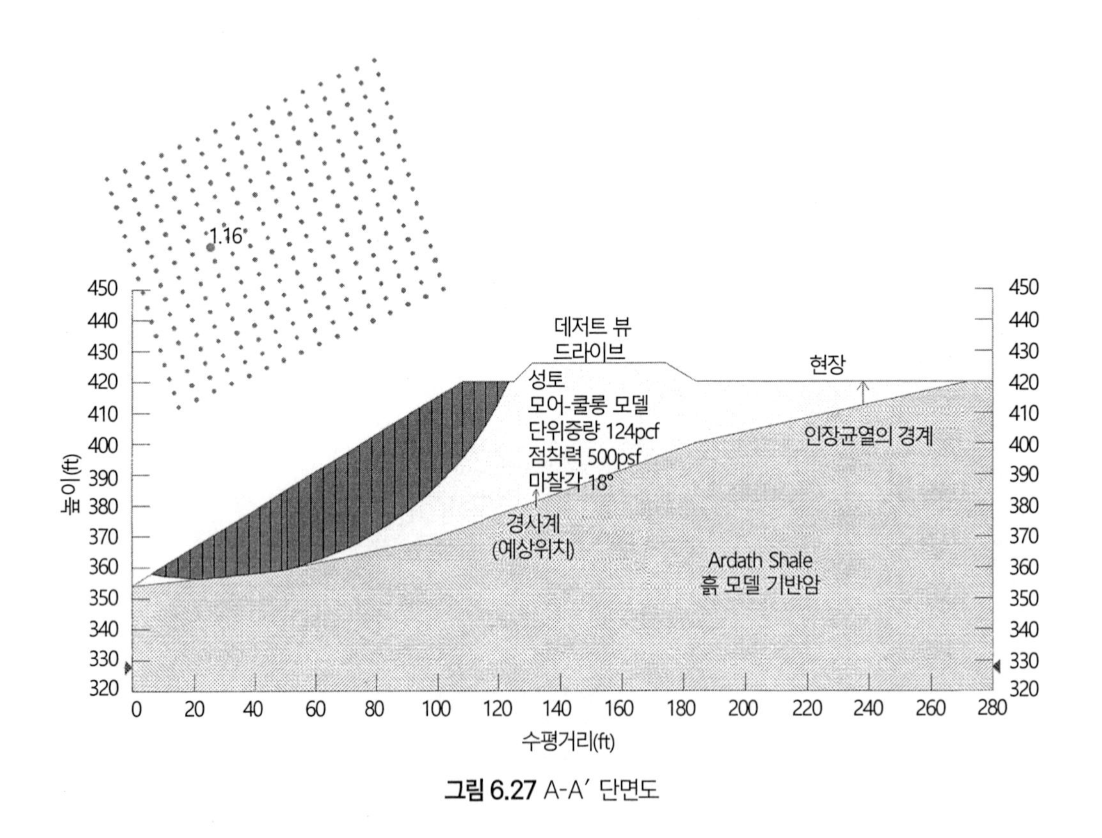

그림 6.27 A-A′ 단면도

1990년 굴착회사가 데저트 뷰 드라이브 제방을 절취했을 때 안전율은 감소되었고 활동이 시작되었다. 초기 위험징후는 도로의 관로와 평행한 도로의 균열이었다. 그림 6.27과 같이 이 균열은 파괴면까지 연장되었다.

일단, 비탈면의 초기 변위가 시작되면 파괴지역 뒤쪽의 성토 제방은 지지력을 상실하게 된다. 이렇게 지지력을 상실한 성토 제방은 불안정해지고 활동하기 시작한다. 균열은 데저트 뷰 드라이브를 가로질러 원고의 건물 쪽으로 진행되었다. 경사계 I-1에서 확인할 수 있듯이 그림 6.27에 표시된 쐐기 형태의 성토부 대부분이 횡방향으로 활동하기 시작했는데(안전율=1.0), 이는 성토부와 Ardath 셰일의 접촉면 주변이 움직였음을 의미한다. 따라서 그림 6.27과 같이 데저트 뷰 드라이브 제방의 붕괴는 원호파괴로 시작되어 전체 성토 제방의 쐐기형 붕괴로 확대된 진행성 파괴였다.

소송의 근거

원고와 샌디에이고시 간 소송의 근거가 되는 몇 가지 법적 논리가 대두되었다. 한 가지 쟁점은 1961년 12월 14일 산사태 원인 조사 당시 주 정부가 데저트 뷰 드라이브 제방이 제대로 다짐이 되지 않았다는 것을 알고 있었다는 점이다. 다짐이 제대로 안 된 성토재의 전단강도는 적절하게 다져진 조밀한 성토재보다 작다. 다짐은 흙을 조밀하게 만들고 토립자 간 맞물림을 일으켜 마찰각을 증가시킨다. 이 지역에 있는 유사한 흙에 대한 경험값과 최소 90%의 상대다짐도의 조건에 기초하여 추정한 전 응력 강도정수는 $c=24$kPa, $\phi=28°$이다. 이 값과 단면 A-A′를 이용하여 구한 제방의 안전율은 1.59로 허용 가능한 안전한 상태를 의미한다.

따라서 샌디에이고시가 제방의 성토다짐 불량을 방치하여 제방붕괴의 부분적 책임이 있다는 점이 쟁점이 되었다. 두 번째 법적 쟁점은 하부의 지지력 문제였다. 데저트 뷰 드라이브 제방은 원고의 건물에 횡방향 지지력을 제공하고 있었다(그림 6.27). 제방이 수평으로 움직였을 때 횡방향 지지력이 상실되어 붕괴가 발생하였다. 이 사건은 양자 간의 합의로 종결되었기 때문에 상급법원에서 이러한 법적 논리가 승리했을지는 알 수가 없다.

보수

데저트 뷰 드라이브 제방의 활동을 막기 위해 샌디에이고시는 40개소의 철근보강 콘크리트 피어기초를 설치했다(그림 6.28). 이 피어기초는 지표면에서 하부의 Ardath 셰일층까지 관입되었다. 이 보강 콘크리트 피어기초가 횡방향 저항력을 제공하여 성토 제방의 안정성을 높이도록 설계되었다. 이 피어기초는 데저트 뷰 드라이브의 동쪽에 있었으며 대부분 피어기초의 직경은 1.4m이고 중심에서 2.4m 간격으로 설치되었다(그림 6.29). 대부분의 피어기초 길이는

23m이고 20개의 No. 18 철근으로 보강되었다.

그림 6.28(동쪽 방향)은 1993년 10월에 설치한 피어기초를 보여준다. 그림 6.28에서 원고의 주택을 확인할 수 있으며 그림에서 화살표는 조립식 철근망을 가리킨다. 피어기초 시공 과정은 데저트 뷰 드라이브 보도를 철거한 후 지반을 천공하고 조립된 철근망을 삽입하고 구멍을 콘크리트로 채웠다. 복구 비용은 샌디에이고시가 지불하였다.

그림 6.28 데저트 뷰 드라이브의 콘크리트 피어기초 시공

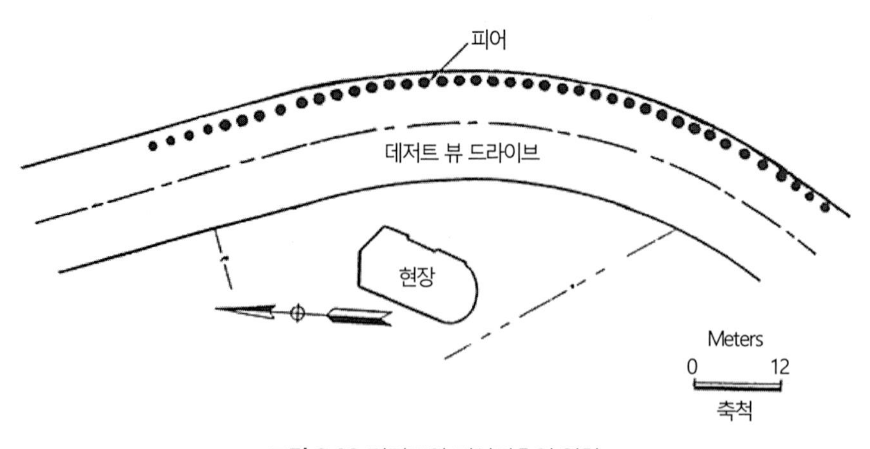

그림 6.29 평면도와 피어기초의 위치

요약하면, 데저트 뷰 드라이브 제방의 붕괴는 깊은 원호파괴로 시작하여 전체 성토 제방의 쐐기형 파괴로 발전하는 진행성 파괴였다. 이러한 파괴를 조사하기 위해 포렌식 엔지니어가 사용하는 방법에는 지중 탐사, 실내실험, 현장계측(경사계), 사면 안정해석 등이 있다. 샌디에이고시를 고소하기 위한 근거로 다음과 같은 두 가지 법적 논리가 사용되었다. (1) 시 공무원이 제방의 결함(불량한 다짐)을 알고 있었지만, 이러한 결함을 시정하지 않았다. (2) 시는 원고의 건물에 하부 지지력을 제공하지 못했다.

6.6 산사태

미국 국립연구회(NRC, 1985)는 다음과 같이 기술하였다.

> 미국에서는 산사태로 매년 최소 10~20억 달러의 경제적 손실이 발생하고 25~50여 명이 사망한다. 산사태 발생과정에 대한 지질학적 이해도가 높아지고 산사태를 제어하기 위한 공학적 능력이 빠르게 발전하고 있음에도 불구하고 산사태로 인한 피해는 계속해서 증가하고 있다. 그 이유는 산사태가 일어나기 쉬운 급경사 지역까지 계속해서 확장되는 주택과 상업 부지개발의 결과이다.

그림 6.30은 산사태의 예이며 표 6.3은 산사태 특징을 설명하는 데 사용되는 일반적인 용어를 나타낸 것이다(Varnes, 1978). 데저트 뷰 드라이브 제방 붕괴에 대한 사례연구에서는 1961년에 현장 주변에서 발생한 산사태를 설명하였다. 산사태는 하나 또는 여러 개의 파괴면을 따라 전단변위를 동반하는 흙이나 암석의 이동으로 설명되는데, 이것은 가시적이거나 합리적으로 추론할 수 있다(Varnes, 1978). 산사태가 낙석, 전도 또는 암석류 등 다른 유형의 흙이나 암석 이동과 구별되는 점은 뚜렷한 파괴면을 따라 발생하는 전단거동이다.

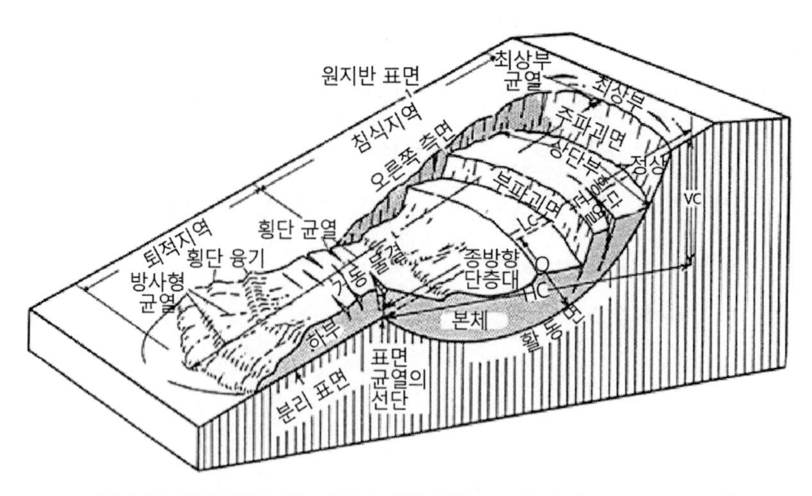

그림 6.30 산사태[산사태: 분석과 제어 특별보고서 176(Varnes, 1978)]

표 6.3 일반적인 산사태 용어

용어	정의
주 파괴면 (Main scarp)	교란되지 않은 지반에서 분리되어 미끄러지는 물질의 움직임에 의해 발생하는 미끄러짐 주변의 교란되지 않은 지반 위에 나타난 가파른 면. 활동 물질의 아래에서 주 파괴면은 활동면이 됨
부 파괴면 (Minor scarp)	활동체 내에서 불균일한 이동에 의해 생성된 후 그 위에 놓인 급경사 비탈면
상단부(Head)	활동 물질과 주 파괴면 사이의 접촉면을 따라 미끄러지는 물질의 윗부분
정상(Top)	활동 물질과 주 파괴면 사이의 접촉면 중 가장 높은 지점
활동면의 선단 (Toe, surface of rupture)	활동면의 하단 부분과 원래 지반 사이의 교차지점(때로는 묻혀 있음)
선단(Toe)	주 파괴면에서 가장 멀리 떨어진 거동 물질의 끝부분
첨단(Tip)	활동면의 시작부에서 가장 먼 선단의 지점
하부(Foot)	활동면의 선단에서 비탈면 아래 방향으로 내려가는 거동 물질의 부분
본체(Main body)	활동면의 선단과 주 파괴면 사이의 활동면 위에 놓인 거동 물질의 부분
측면(Flank)	활동면 본체의 측면
활동면의 최상부 (Crown)	주 파괴면의 최상부 주변으로 실질적으로 변위가 발생하지 않고 원래 위치에 존재하는 물질
원지반면 (Original ground surface)	활동이 발생하기 이전에 존재했던 비탈면. 만일 이것이 오래된 산사태의 표면이라면 그 사실을 명시해야 함
왼쪽과 오른쪽 (Left and right)	미끄러짐을 설명할 때 나침반의 방향이 선호되지만, 오른쪽과 왼쪽은 활동면의 최상부에서 바라볼 때를 기준으로 사용됨
분리면 (Surface of separation)	안전한 물질로부터 분리된 활동 물질의 표면이지만, 파괴가 발생한 면으로 알려지지 않음
활동물질 (Displaced material)	비탈면의 원래 위치로부터 이동한 물질. 변형되거나 변형되지 않은 상태일 수 있음
침식지역 (Zone of depletion)	활동 물질이 원지반면 아래에 있는 지역
퇴적지역 (Zone of accumulation)	활동 물질이 원지반면 위에 놓여 있는 지역

* 주석: 산사태 분석 및 관리 특별보고서 176(Varnes, 1978)

산사태는 일반적으로 회전형(rotational)과 전이형(translational)으로 구분된다. 회전형 산사태는 파괴되는 토체의 무게중심 위의 한 점을 중심으로 회전하는 움직임에 의해 발생하며 그 결과 곡선 또는 원형의 파괴면이 형성된다. 전이형 산사태는 대개 평면 또는 약간의 굴곡이 있는 파괴면에서 발생한다. 전이형 산사태는 단층, 절리, 층리 등과 같은 연약면에 의해 좌우된다. 예를 들면, 경사진 퇴적층면 또는 단단한 기반암과 그 위에 있는 풍화된 흙과의 접촉면에서 발생하는 전단강도의 변화를 포함한다.

활동성 산사태는 현재 움직이고 있거나 일시적으로 정지된 산사태로 현재는 움직이지 않지만, 일 년 이내에 움직임이 있었다는 것을 의미한다(Varnes, 1978). 활동성 산사태는 주 파괴면(main scarp), 횡단하는 융기나 균열, 뚜렷한 성토체의 움직임과 같이 새롭게 형성된 특징을 가지고 있다. 활동성 산사태에서 새로 발생한 특징은 활동의 경계를 쉽게 인식할 수 있게 한다. 일반적으로 활동성 산사태는 풍화나 침식 과정에 의해 크게 변형되지 않는다.

활동이 멈춘 고대 산사태는 일반적으로 침식이나 풍화작용에 의해 변형되거나 초목으로 덮여 있어 활동의 증거가 불분명하다. 주 파괴면이나 횡단 균열은 침식되거나 토석으로 채워진다. 이러한 산사태를 일반적으로 고대(ancient) 또는 화석(fossil) 산사태라고 하는데, 수천 년 전에 다양한 기후조건에서 발생하였다(Zaruba & Mencl, 1969; Day, 1995b).

다양한 조건들이 산사태를 일으키는 요인으로 작용한다. 산사태는 전단응력의 증가 또는 전단강도의 감소 때문에 발생할 수 있는데, 전단응력을 증가시키는 요인은 다음과 같다.

- 하천이나 강물에 의한 비탈면 선단의 침식과 같은 측면 지지 제거
- 도로 건설을 위한 성토와 같은 비탈면 상부에 추가 하중 작용
- 지하수위 상승에 의한 횡방향 압력의 증가
- 지진이나 건설공사에 의한 진동력 작용

전단강도의 감소를 일으키는 요인은 다음과 같다.

- 흙이나 암석의 자연적 풍화
- 단층이나 층리면 같은 불연속면의 발달
- 활동면에 있는 흙의 함수비 또는 간극수압 증가

6.6.1 사례연구

산사태에 대한 포렌식 조사의 복잡한 특성을 설명하기 위해 캘리포니아 샌디에이고에 있는 고대 산사태를 다루었다. 고대(아주 오래된) 산사태 비탈면의 일부가 1994년에 다시 활동을 일으켰다. 그림 6.31은 활동이 재개된 산사태 부분을 보여주는 부지의 계획도이다.

1970년대 후반 광범위한 지반조사가 수행되었고 이때 고대 산사태 비탈면이 발견되었다. 고대 산사태의 첫 시작은 11,000년 전(홀로세 이전)의 전이형 활동 때문으로 판단되었다. 기후 연구에 따르면 현재의 남부 캘리포니아주 기후보다 홀로세 이전 기후가 훨씬 강우량이 많은 것으로 나타났다. 이 시기에 남부 캘리포니아의 연간 강우량은 현재보다 3~4배 많았다. 고대 산사태의 시작은 높은 지하수위나 침식이 비탈면을 가파르게 하거나 약화시켰기 때문일 수 있다.

고대 산사태는 완만하게 경사진 사암이나 점토암이 포함된 중기에서 후기 에오세의 프라이어 층에서의 전이형 활동으로 발생했다(Kennedy, 1975). 점토암은 팽창성이 높고 쉽게 부서지며 암석 형태의 재료이기보다는 박리성이 있는 단단한 셰일과 유사한 경향을 보인다. 프라이어 층 내부 굳은 점토의 일반적인 균열 간격은 2.5~5cm이다.

이와 같은 고대 산사태의 실제 파괴면은 윤기가 나는 녹색의 재성형된 얇은 점토층이 있는 단층활면(slickenside)에서 발생하였다. 점토층의 두께는 다양하지만, 일반적으로 0.3m 이하였다. 파괴면의 깊이는 지표면 아래로 최대 22m까지 다양했다. 수많은 내부 전단면이 존재하기 때문에 고대 산사태는 한 개의 토체에 의한 파괴라기보다는 비탈면 상부 방향으로 진행하는 전이형 활동의 결과였다. 고대 산사태의 상부와 측면을 따라 이차적인 산사태도 나타나고 있다.

전단키

고대 산사태 비탈면의 안전율을 높이기 위해 전단키가 제안되었다. 전단키는 고대 산사태 비탈면의 토체를 통과하여 산사태 비탈면 아래 기반암까지 굴착한 깊고 넓은 트렌치를 의미하는데, 성토재를 다짐하여 정지작업을 한다. 전단키는 최소 폭과 깊이, 최대 배면 절취경사를 확보하도록 시공되며 일반적으로 배수시스템도 설치된다.

전단키는 지표면에서 파괴면 아래까지 굴착한 후 원래의 파괴면보다 높은 전단강도를 가진 흙으로 뒤채움을 한다. 높은 강도의 흙으로 원래 약한 파괴면을 차단함으로써 고대 산사태 비탈면의 안전율을 증가시킨다. 일반적으로 전단키를 굴착하는 동안 고대 산사태 비탈면의 활동이 재개될 위험이 있다는 점을 염두에 두어야 한다. 이러한 위험을 줄이기 위해 전단키는 노출된 활동면의 일부에 대해서만 일정한 시간 내에 여러 구역으로 나누어 시공된다.

그림 6.31은 전단키의 위치를 나타내며 그림 6.32는 단면 A-A′를 나타내고 전단키가 고대 산사태 비탈면의 기저 파괴면을 차단하기 위해 어떻게 설계되었는지를 보여준다. 전단키의 폭은 기본적인 블록형 파괴해석을 통해 결정된다. 이 경우, 고대 산사태 비탈면의 대부분은 하나의 경사진 주경사 블록으로 표현되었고 전단키는 다른 블록으로 표현되었다. 블록 간의 힘은 고려되지 않았으며 전단키의 폭은 블록들의 안전율을 1.5까지 증가시키는 데 필요한 폭으로 결정되었다. 원래 지반조사에서 지하수위를 고려하지 않았기 때문에 지하수위는 블록 해석에 포함되지 않았다. 또한 블록 해석에서 고대 산사태 비탈면의 파괴면은 점착력=2kPa, 마찰각=8° 그리고 산사태 지반의 습윤단위중량(γ_t)은 2.0Mg/m^{3}을 갖는 것으로 가정하였다.

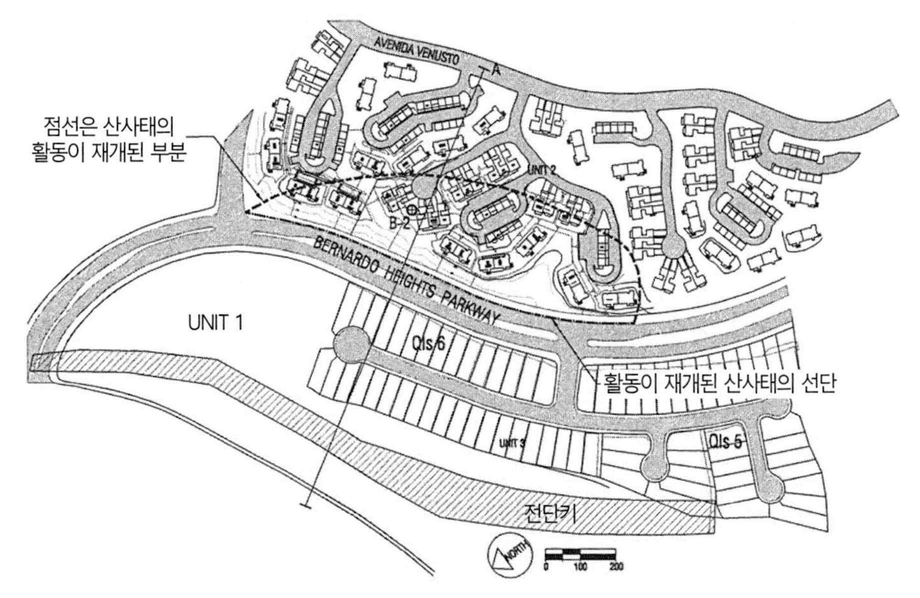

그림 6.31 활동이 재개된 산사태 비탈면의 위치를 보여주는 부지 계획

전단키는 1979년부터 1980년까지 평평한 건물기초를 만들기 위해 부지의 경사를 완만하게 하는 동안에 시공되었다.

여러 단계에 걸쳐 공동주택, 차고, 인접도로 등이 건설되었으며 1단계 공사는 1980년대 초에 이루어졌고 마지막 단계는 1994년에 준공되었다.

고대 산사태 비탈면의 활동재개

1994년 고대 산사태 비탈면의 일부가 다시 활동하기 시작하였다. 그림 6.31과 6.32는 활동이 재개된 비탈면의 위치를 보여준다. 산사태로 인하여 지반에 인장균열이 형성되었고 주택과 조경시설이 파손되었다. 주택은 내부와 외부의 벽에 균열이 주로 발생하였다. 주택기초의 피해를 줄이기 위해 슬래브 기초(S.O.G)에 포스트텐션 공법을 적용하였다.

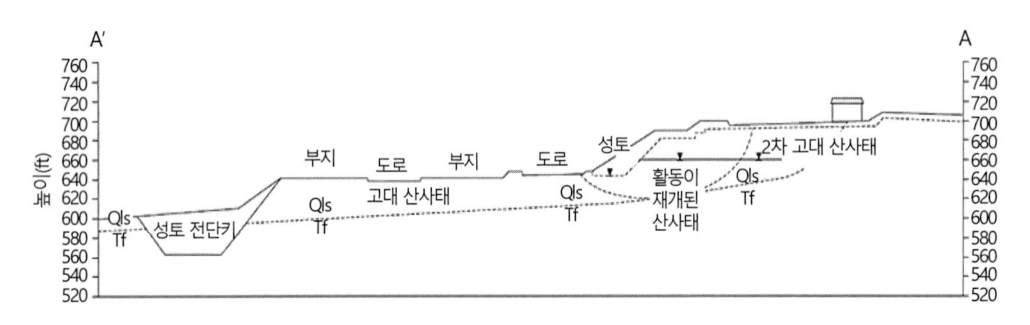

그림 6.32 A-A′ 단면도

활동이 재개된 산사태의 정상부와 선단에서 가장 심한 손상이 관찰되었다. 산사태 비탈면의 정상부에서는 구조물의 분리로 인한 인장 형태의 손상이 발생하였고(그림 6.33, 6.34) 산사태 비탈면의 선단에서는 구조물의 압축에 의해 좌굴 형태의 손상이 발생하였다(그림 6.35, 6.36).

그림 6.33 활동이 재개된 산사태 비탈면의 정상부(도로 경계석의 좌우가 초기에는 수평 상태였음)

그림 6.34 활동이 재개된 산사태 비탈면 정상부의 조경 시설에 발생한 손상

그림 6.35 활동이 재개된 산사태 비탈면의 선단(화살표는 도로 경계석의 뒤틀림과 아스팔트의 좌굴을 보여줌)

그림 6.36 활동이 재개된 산사태 비탈면 선단의 압축형태 손상

지중경사계 계측

지중경사계는 1995년에 설치되었다. 그림 6.37은 A와 B방향의 횡방향 변위 대 경사계 2의 지표면 아래의 깊이를 나타낸다. 이 그림은 산사태의 중심 부근에 있는 경사계의 시간과 변위 관계를 보여준다. 그림 6.31은 시추공 B-2에 설치된 경사계의 위치를 보여준다.

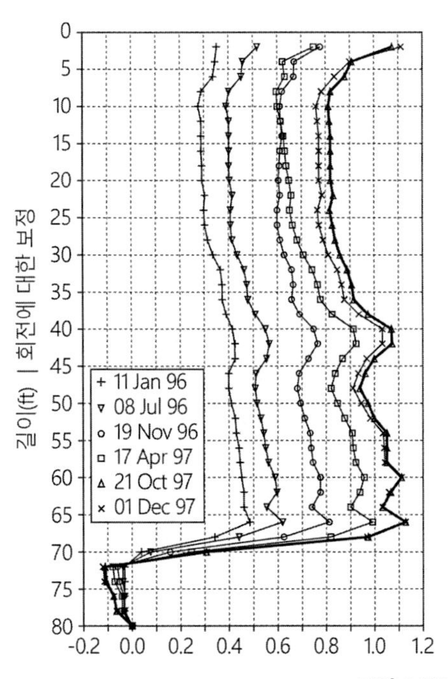

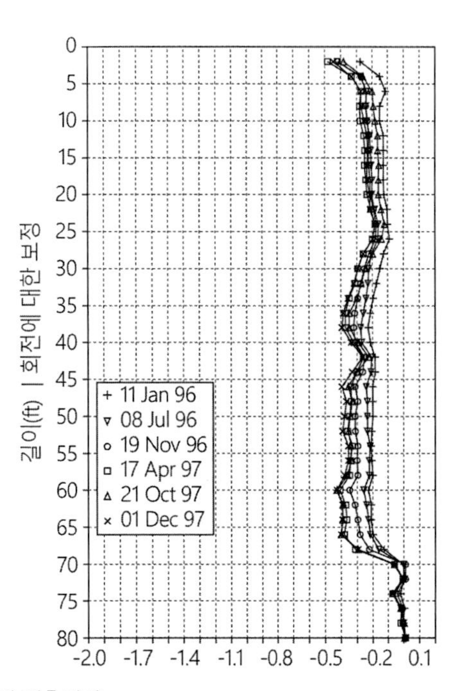

그림 6.37 경사계 계측결과

그림 6.37은 1995년 6월부터 1997년 12월까지 경사계 2에 기록된 고대 산사태 비탈면의 활동이 재개된 부분의 계측결과이다. 계측결과, 변위가 약 3cm(1.2in) 발생하였고 변위의 합성벡터 방향은 일반적으로 비탈면 아래 방향으로 나타났다.

활동이 재개된 산사태 비탈면 부분의 총 횡방향 변위는 3cm보다 컸는데, 이는 경사계 2가 움직임이 시작된 이후에 설치되었기 때문이었다. 흙과 조경시설의 균열 및 분리된 폭을 관찰한 결과, 총 횡방향 변위는 약 15~20cm(6~8in)로 추정되었다.

그림 6.37의 경우, 지표에서 약 22m(72ft) 아래에 있는 뚜렷한 파괴면에서 변위가 발생했음에 주목해야 한다. 경사계 데이터에서 고대 산사태 비탈면의 활동이 재개된 부분의 활동면 위치는 그림 6.32와 같다.

활동면의 전단강도

활동면의 배수 잔류 전단강도는 Bromhead의 개량된 링 전단시험기를 이용하여 측정하였다(Stark & Eid, 1994). 역해석 결과, 링 전단시험에서 구한 잔류 전단강도가 활동면의 전단강도를 합리적으로 나타내고 있음을 알 수 있었다(Watry & Ehlig, 1995). 링 전단시료는 내부 직경이 7cm이고 외부 직경이 10cm인 환상형이다. 배수는 시료 용기의 바닥과 재하판에 고정된 다공질관을 통해 양면 배수된다.

링 전단시험과 물성시험에는 재성형된 시료가 사용되었다. 재성형된 시료는 활동면에 있는 점토층을 채취하여 공기 중에서 건조한 후 막자사발과 막자를 이용하여 분쇄한 다음 분쇄된 재료를 볼 밀링(ball milling)한 후, No. 200체를 통과한 시료를 사용하였다. 액성한계와 거의 동일한 함수비가 얻어질 때까지 시료에 증류수를 첨가하였다. 그 후, 시료를 습윤실에 넣고 7일간 보관하였다. 재성형된 흙 시료는 주걱을 이용하여 전단링에 넣었다.

배수 잔류 전단강도를 측정하기 위해 링 전단시료에 700kPa까지 압밀하중을 가하였다. 그 이후 50kPa까지 하중을 제거하였으며, 핸드 휠을 이용하여 천천히 전단링의 하부를 한 바퀴 회전하면서 사전 전단을 시행하였다. 사전 전단 후, 시료를 0.018mm/min의 배수 변위 속도로 전단하였다. 링 전단시험에서 가장 느린 변위속도를 이용하여 활동면 재료보다 소성이 더 큰 흙 시료를 시험하는 데 성공하였다.

연직응력이 50kPa인 상태에서 배수 잔류강도 조건이 설정된 후, 전단을 중지하고 연직응력을 100kPa로 증가시켰다. 100kPa에서 압밀시킨 후, 배수 잔류 조건을 얻을 때까지 다시 전단하였다. 이 시험과정을 유효 연직응력 200kPa, 400kPa, 700kPa에 대하여 반복하였다. 배수변위 속도는 0.018mm/min로 다단계 시험의 모든 단계에서 사용되었다.

표 6.4는 활동면에 있는 흙의 지수 특성을 나타낸다. 비탈면의 활동면에 있는 흙의 액성한계는 100이 넘으며 통일분류법에 따라 고소성점토로 분류되었다. 프라이어(Friars) 층은 주로 몬모릴로나이트 점토 입자로 구성되어 있기 때문으로 액성한계가 높다(Kennedy, 1975).

표 6.4 흙의 지수 특성

시료 위치	깊이	시료 종류	점토 입자의 비율 (%<0.002mm)	액성한계	소성한계	소성지수	통일 분류법
B-1	8.2~8.5m	교란 (활동면)	81	118	36	82	CH

그림 6.38은 배수 잔류 파괴 포락선을 나타내며 그림 6.39는 활동면 시료에 대한 링 전단시험의 응력-변위 곡선이다. 그림 6.38에서 파괴 포락선은 비선형임을 알 수 있다. 만약 할선 파괴 포락선이 원점과 100kPa(2,090psf)의 유효 연직응력에서 전단응력을 통과한다고 가정하면 할선 마찰각은 8.2°이다. 만약 할선 파괴 포락선이 원점과 700kPa(14,600psf)의 유효 연직응력에서 전단응력을 통과한다고 가정하면 할선 마찰각은 6.2°이다.

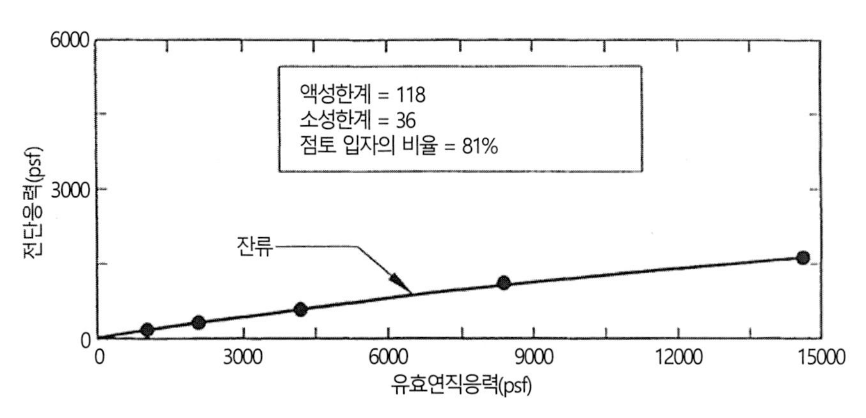

그림 6.38 활동면 흙에 대한 배수 잔류 전단강도 파괴 포락선

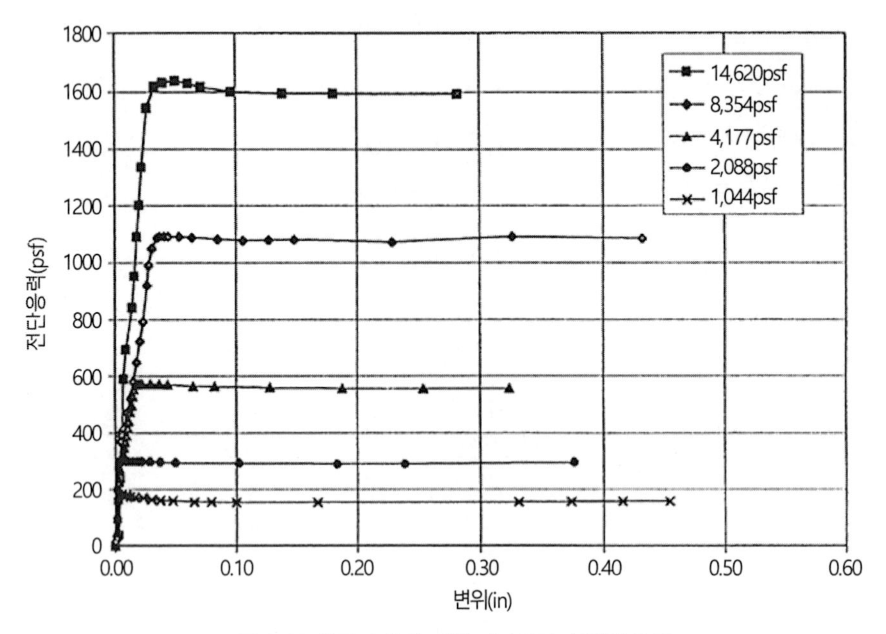

그림 6.39 활동면 흙에 대한 전단응력과 변위 곡선

안정성 해석

고대 산사태 비탈면의 활동이 재개된 구간에 대한 안정해석은 유효응력 해석법을 사용하였다. 실제 계산은 SLOPE/W 비탈면 안정 프로그램을 이용하였으며 Janbu의 절편법이 사용되었다. 그림 6.40은 그림 6.32에서 활동이 재개된 고대 산사태 비탈면을 확대한 그림이다.

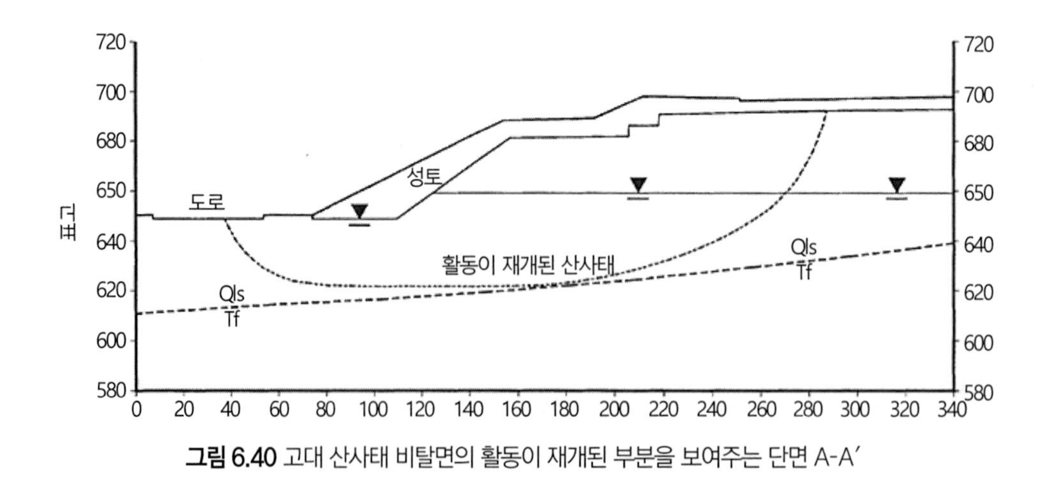

그림 6.40 고대 산사태 비탈면의 활동이 재개된 부분을 보여주는 단면 A-A′

그림 6.40에 표시된 지하수위는 피에조미터를 이용하여 결정하였다. 남부 캘리포니아주에서는 부지가 개발된 이후에 지하수위가 생성되는 일은 흔한 일이다. 부지가 개발된 이후에 지하로 물이 침투되는 주요 원인인 관개와 수도관 누수로 인한 물은 일반적으로 현장의 연평균강우량[약 25cm]의 4~5배에 해당하였다.

비탈면 안정해석모델은 다음 매개변수를 사용하여 작성되었다.

1. 그림 6.40에 표시된 단면
2. 활동면에 있는 흙 시료의 실제 비선형 유효 전단강도 포락선(그림 6.38)
3. 그림 6.40에 표시된 경사계로부터 결정된 활동면의 위치
4. 피에조미터 계측에 의한 지하수위의 위치
5. 프라이어(Friars) 층에 대한 습윤단위중량, $\gamma_t = 2.0\text{Mg/m}^3$
6. 고대 산사태 비탈면의 활동이 재개된 부분의 선단파괴는 파쇄된 프라이어 층에서 발생한 것으로 가정

상기와 같은 입력 변수를 가지고 A-A′ 단면에 대해 SLOPE/W 프로그램을 이용하여 구한 안전율은 0.92였다. 활동이 재개된 고대 산사태 비탈면의 다른 횡단면에 대해서도 안전율이 산출되었으며 활동이 재개된 전체 산사태 비탈면에 대해 가중치를 고려한 안전율은 약 1.0으로 현장의 산사태 비탈면의 변위와 일치하였다.

안정성 감소 원인

전단키는 부지를 개발하는 초기 단계에서 설계 및 시공되었다. 그림 6.32와 같이 전단키 설계는 대규모 고대 산사태 비탈면의 안정화를 목적으로 하였다. 그러나 현장 여건상 활동면 토체 내 중간 부분의 파괴 가능성을 파악하기 위한 분석은 수행되지 않았다.

부지개발은 고대 산사태 비탈면의 일부가 활동이 재개될 수 있는 조건을 만들었다. 첫 번째, 안정성을 감소시키는 원인은 활동이 재개된 고대 산사태 비탈면의 선단부에 도로 건설을 위한 도로의 굴착과 관련이 있다. 도로 절취는 활동면 상부의 상재압을 줄여 활동이 재개된 고대 산사태 비탈면의 선단에 파괴면 발생을 촉진시켰다. 활동이 재개된 고대 산사태 비탈면의 선단을 따라 관찰된 압축특성의 대부분은 깊은 도로 굴착지역에서 발생하였다. 이는 임계

활동면의 선단이 도로에 있음을 보여주는 것으로 안정성 해석과도 일치한다.

두 번째, 고대 산사태 비탈면 일부의 활동 재개에 기여한 안정성 저하 원인은 지하수위의 발달이었다. 주요한 물 공급원은 현장의 관개시설과 산비탈 위쪽에 있는 주택 단지에서 제공되었다. 지하수위의 형성은 활동 토체 내로 침투력을 생성하여 안전율을 감소시킨다.

산사태 비탈면의 안정화

지하수위를 낮추어 산사태 비탈면의 거동을 감소시키려는 시도가 있었다. 수평배수를 고려하였으나 지하수위가 비탈면 선단의 높이와 거의 같았기 때문에 수평배수에 의한 수위저하로 산사태 비탈면의 안정성을 높이기는 어려울 것으로 판단하였다.

지하수위를 낮추기 위해 수평배수공을 사용하는 대신 양수정을 설치한 후 양수정에서 물을 퍼내는 방법의 타당성을 조사하였다. 1996년 초에 3개의 연직 양수정이 비탈면 내에 설치되었다. 깊이가 15m이고 직경이 76cm인 양수정을 설치한 후, 약 2개월 동안 양수 속도를 모니터링하였다. 이 기간 동안의 양수속도는 약 5gpm으로 매우 낮았으며 이로 인해 지하수위가 내려가지는 않았다. 산사태 지역의 점토질 토사의 낮은 투수성으로 인해 양수정의 설치가 비효율적이라는 결론이 나왔다.

1996년 산사태를 막기 위해 타이백 앵커를 활용한 보강 시스템을 설치하여 산사태 비탈면의 안정성을 높이자는 제안이 있었다. 그러나 보강 시스템은 아직 설치되지 않았으며 산사태 비탈면은 연간 약 1cm의 속도로 계속 이동하고 있었다.

요약

포렌식 조사결과, 다음과 같이 고대 산사태 비탈면의 일부에서 활동이 재개되는 몇 가지 원인을 밝혀냈다.

1. **전단키 설계.** 전단키에 대한 해석에서 고대 산사태 비탈면은 하나의 주요 경사 블록으로 구성되어 있다고 가정하였다. 이것이 일반적인 해석 방법이지만, 현장의 상태를 대표하지는 않는다. 고대 산사태 비탈면은 원래 하나의 대규모 블록 파괴가 아니라 오르막 비탈 방향으로 진행되는 전이형 거동으로 인한 것이었다. 고대 산사태 비탈면의 일부분에서 활동이 재개된 내부 전단면을 따라 오르막 비탈 방향으로 진행되는 전이형 거동이 발생했다.

2. **지하수위.** 최초의 지반조사에서는 지하수위가 관찰되지 않았으므로 해석에 포함되지 않았다. 부지조성 후, 지하수위가 발달한 것은 지표면 관개수의 누수로 인한 추가적인 물의 침투가 원인으로 보인다.
3. **비선형 전단강도 포락선.** 원설계에서 사용한 전단강도는 점착력 $c=2$kPa(40psf)과 마찰각 $\phi=8°$였다. 이 값은 낮은 유효응력의 링 전단시험에서 얻은 값과 유사하다. 예를 들어, 연직응력 100kPa(2,090psf)에서 할선 유효 마찰각은 8.2°이다. 그러나 그림 6.38과 같이 잔류 전단강도 포락선이 비선형적이기 때문에 높은 연직응력에서 블록 해석에 사용된 전단강도($c=2$kPa, $\phi=8°$)는 너무 높았다. 연직응력 700kPa(14,600psf)에서 할선 유효 마찰각은 6.2°이다. 활동이 재개된 고대 산사태 비탈면의 선단을 절취한 도로는 기초 파괴면까지의 거리를 감소시켰고 활동이 재개된 고대 산사태 비탈면이 이 위치에서 선단까지 올라가게 되었다.

이러한 산사태 비탈면의 경우, 더 나은 설계 접근방법은 여러 개의 전단키를 평행하게 설치하는 것이었다. 예를 들어, 고대 산사태 비탈면의 선단에 전단키를 설치한 다음, 상부를 안정시키기 위해 도로 절취부 바로 위에 두 번째 평행 전단키를 설치했을 수 있다.

이 사례연구는 산사태가 포렌식 엔지니어가 조사하는 가장 복잡하고 어려운 파괴일 수 있음을 보여준다. 특히, 개발된 부동산에 영향을 미치는 산사태의 경우, 조사 및 복구 비용이 클 수 있다. 전체 비탈면 파괴와 마찬가지로 포렌식 엔지니어가 산사태를 조사하기 위해 사용하는 방법에는 문서 조사, 경사계 및 피에조미터 계측, 지중탐사, 정밀한 실내시험, 광범위한 지질조사 및 비탈면 안정해석 등의 공학적 분석이 포함된다.

6.7 토석류

토석류는 전 세계적으로 엄청난 피해와 인명 손실을 초래하고 있다. 예를 들어, 1991년 11월 5일 필리핀 레이테에서 삼림벌채와 열대성 태풍 델마로 인한 폭우로 파괴력이 큰 토석류가 발생하여 약 6,000명이 목숨을 잃었다. 지속적인 인구 증가와 삼림벌채, 열악한 토지 개발로 토석류의 발생빈도와 대규모의 피해는 증가할 것으로 예상된다. 일반적으로 토석류는 물과 공기가 혼합된 토사로 정의되며 낮은 비탈면에서 유체처럼 쉽게 이동한다. 그림 6.22와 같이 초기에 발생한 얕은 파괴가 토석류로 전환된다(Ellen & Fleming, 1987; Anderson & Sitar, 1995, 1996). 그림 6.41은 토석류의 발생지와 토석류가 주택으로 유입된 사진이다.

그림 6.41 토석류의 두 가지 모습. 좌측 사진은 발생지, 우측 사진은 토석류가 어떻게 집으로 유입되었는지를 보여줌

토석류에는 통나무, 나뭇가지, 타이어나 자동차뿐만 아니라 다양한 크기의 토립자(호박돌 포함)가 포함될 수 있다. 이류(mud flow), 토석 활동(debris slide), 진흙 활동(mud slide), 토사류(earth flow) 등과 같은 용어가 유사한 과정을 구분하는 데 사용된다. 이동속도나 점토 입자의 비율에 따라 흐름을 분류하는 것이 중요할 수 있지만, 본질적으로 모든 흐름의 메커니즘은 같다(Johnson & Rodine, 1984).

과거의 이력에 대한 고찰은 특정 지역의 토석류 활동을 예측하는 방법 중 하나이다. 예를 들어, Johnson과 Rodine(1984)이 지적했듯이 남부 캘리포니아의 많은 선상지(alluvial fans)에는 과거의 토석류 퇴적물을 포함하고 있으며 다시 토석류가 발생할 가능성이 크다. 그러나 토석류를 예측하기 위해 과거의 이력을 사용하는 것이 항상 신뢰할 수 있는 것은 아니다. 예를 들어, 로스 알토스 힐의 주택은 며칠 동안 쏟아진 폭우로 도로 성토부에서 예기치 않은 토석류가 발생하였다(Johnson & Hampton, 1969). 토석류를 예측하기 위해 과거의 기록을 사용하는 것도 개발로 지역이 변형될 수 있기 때문에 항상 신뢰할 수 있는 것은 아니다.

Johnson과 Rodine(1984)은 토석류의 발생 가능성이나 실제 발생을 예측할 때 단일변수를 사용해서는 안 된다고 하였다. 많은 연구 결과, 가장 중요한 두 가지 매개변수는 강우량과 강우강도이다. 예를 들어, Neary와 Swift(1987)는 남부 애팔래치아에서 토석류를 일으키는 주요 인자로 시간당 90~100mm/h의 강우를 들었다. 다른 중요한 요인으로는 토석류 발생지의 토질과 두께, 발생지의 경사도와 길이, 화재 또는 벌목으로 인한 식생 파괴, 도로 절취와 같은 기타 사회적 유발 요인이 있다.

일반적으로 토석류는 근원지, 주요 이동 경로, 퇴적 영역의 세 부분으로 구분된다(Baldwin 등, 1987). 근원지는 토체가 지반에서 분리되어 토석류로 변형되는 영역이다. 주요 이동 경로는 토석류가 경사를 따라 내려가고 비탈면 경사, 장애물, 경로 형태 및 유체의 점성도 등에 따라 속도가 증가하는 경로이다. 비탈면의 경사가 현저하게 감소하면서 토석류가 퇴적하기 시작될 때 그 영역을 퇴적 영역이라고 한다.

6.7.1 사례연구

캘리포니아주 샌디에이고 카운티의 파우마(Pauma) 인디언 보호 구역에 인접하여 발생한 토석류를 다루었다. 토석류는 1980년 1월 겨울, 집중호우가 내리는 동안 발생하였다. 항공사진을 검토한 결과, 이 지역의 협곡 입구에 과거의 토석류로 인해 선상지가 형성되어 있음을 알 수 있었다.

1980년 1월에 발생한 토석류가 주택을 덮쳐 소송이 제기되었다. 필자는 1990년 6월 교차 피고 중 하나인 목재 회사의 포렌식 전문가로 고용되었다. 그러나 이 사건은 1990년 7월 법정 밖에서 합의로 종료가 되었다.

목재 회사는 파우마 인디언 보호 구역에서 나무를 베어냈고 도로 건설과 나무의 부족이 토석류의 원인이 되었다는 주장이 제기되었다. 이러한 요인들이 토석류의 원인이 되는 것으로 관찰되었다. 예를 들어, 토석류가 흐른 후에 도로에서 깊은 침식 통로가 발견되어 적어도 토석류 일부는 도로의 노상에서 비롯되었음을 보여주었다.

그림 6.42는 주택의 위치와 토석류의 경로를 보여주는 지형도이다. 토석류는 추정 배수유역이 0.8km^{2}인 좁은 협곡(그림 6.42 상단)을 따라 이동하였다. 접근이 제한되었기 때문에 토석류 발원지의 전체 범위를 확인할 수는 없었다. 발원지와 주요 경로는 해발고도 약 980m(3,200ft)에서 400m(1,300ft)까지 확장되었으며 협곡의 경사도는 약 34°에서 20°까지 다양하였다. 약 400m의 고도에서 비탈면 경사는 퇴적 지역의 시점부에 해당하는 약 7°까지 변화되었다.

그림 6.43은 전형적인 목재 골조와 외벽이 마감벽토로 이루어진 단층 단독 주택의 사진이다. 현장에서 토석류는 약 0.6m 두께로 균일한 것으로 관찰되었다. 다음의 두 가지 요인으로

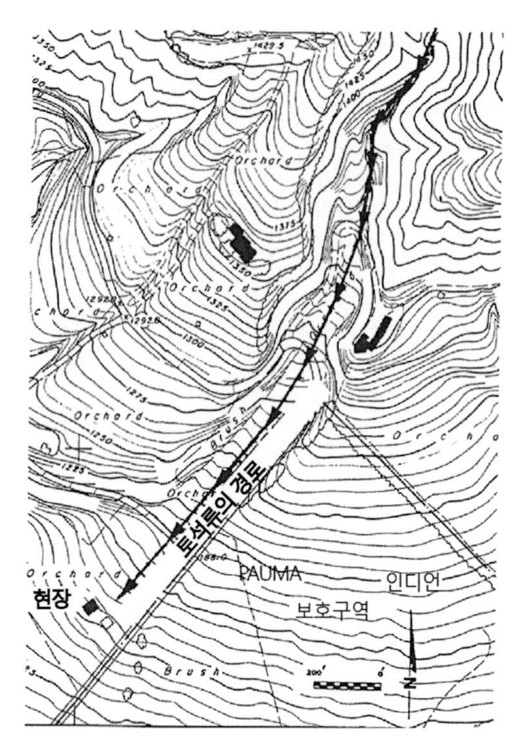

그림 6.42 토석류의 경로 및 지형도

그림 6.43 현장 사진(화살표는 토석류의 높이를 나타냄)

인해 주택의 구조에는 손상이 발생하지 않았다. (1) 토석류가 충돌한 부분에 개구부가 없었기 때문에 토석류가 집과 충돌한 이후 집을 통과하지 않고 집의 측면 주위로 빠져나갔다(그림 6.43). (2) 토석류는 집을 덮치기 전에 퇴적 구역에서 약 370m(1,200ft)를 이동한 후에 집을 지나 약 15m만 이동했다. 토석류가 집에 도달했을 때는 에너지가 거의 소모되었다.

토석류에서 채취한 시료에 대한 입도분석 결과, 토석류를 구성하는 흙은 자갈 16%, 모래 69%, 실트 및 점토 15%의 비소성 실트질 모래(SM)로 분류되었다. 토석류를 구성하고 있는 흙은 발원지의 암석 풍화작용에서 유래되었다. 이 지역의 지질도는 이 유역이 변성암 중 Julian 편암으로 구성되어 있음을 보여준다.

그림 6.42에 나타난 부지의 경우, 과거의 이력에 근거하면 향후 토석류가 발생할 가능성이 있다. 따라서 가장 좋은 방법은 퇴적지역에 주택 건설을 제한하는 것이다. 그림 6.42의 중앙에 있는 2채의 주택은 토석류의 경로에 매우 가깝게 지어졌지만, 퇴적지역으로부터 약 15m 높이에 있었기 때문에 토석류의 영향을 받지 않았다.

요약하면, 토석류의 두 가지 원인은 벌목 및 흙을 운반하는 도로의 건설이었다. 토석류가 주택을 덮치기 전에 퇴적지역에서 먼 거리(370m)를 이동했다. 벌목이 제한되고 도로가 제거되더라도 향후 토석류가 발생할 가능성이 있다. 공학적 관점에서 가장 좋은 해결방법은 선상지 퇴적지역에는 주택 건설을 제한하는 것이다.

6.8 비탈면 연화와 크리프

도시에서는 대부분의 부지가 건물로 채워져 있고 토지 비용이 높기 때문에 작은 부지를 선호하는 경향이 있다. 일반적으로 토질공학에서는 비탈면 높이나 흙의 종류와 관계없이 모든 비탈면에서 수평으로 1.5m만큼 기초 바닥의 여유 공간을 갖도록 권장하고 있다. 이러한 권장사항 때문에 많은 건물이 성토 비탈면의 상단 근처에 건설되는 결과를 초래하였다.

비탈면의 성토는 일반적으로 포화상태보다 훨씬 낮은 최적함수비에서 시공되고 다져진다. 비탈면 성토공사가 종료된 후에는 관개, 강우, 지하수 공급원과 수도관의 누수 등으로 추가 수분이 성토 비탈면으로 유입된다. 최적함수비로 다져진 점토 성토재는 부(−)의 간극수압으로 인해 높은 전단강도를 가질 수 있다. 물이 점토로 침투하면서 간극이 물로 채워지고 간극수압이 0에 가까워지면서 비탈면이 연화된다. 지하수위가 발달하면 간극수압은 양(+)의 값을 갖게 된다. 부(−)의 간극수압이 제거되면 유효응력이 감소하게 되어 안정성을 유지하는 데 필요한 전단응력을 동원하기 위해 비탈면이 변형된다. 다져진 점토 비탈면으로 수분이 침투하여 비탈면의 변형을 일으키는 과정을 비탈면 연화(softening)라 한다(Day & Axten, 1990).

비탈면의 연화로 나타나는 징후는 구조물에서 분리된 후면 파티오, 도로 경계석(갓돌, coping)에서 이탈한 수영장 데크, 비탈면 상단 근처 개량 공사지역의 기울어짐, 비탈면에 연직인 벽의 계단 균열, 비탈면 상단 근처에 있는 건물 일부의 하향 변형 등이다. 비탈면 연화에 의한 비탈면 거동 외에도 크리프 과정에 의한 추가이동이 있을 수 있다.

크리프는 비탈면을 형성하는 흙 또는 암석이 눈에 띄지 않을 정도로 느리고, 다소 연속적으로 하향 및 바깥쪽으로 이동하는 현상으로 정의된다(Stokes & Varnes, 1955). 크리프는 지표면에 가까운 흙이나 깊은 곳의 흙에 영향을 미칠 수 있다. 크리프 과정은 영구적인 변형을 일으키는 점성 전단으로 표현되기도 하지만, 산사태의 이동처럼 파괴로 고려하지는 않는다. 일반적으로 비탈면의 이동량은 점토의 전단강도, 경사각, 비탈면 높이, 경과 시간, 수분 조건 및 활성 크리프 영역의 두께와 같은 요인에 의해 결정된다(Lytton & Dyke, 1980).

6.8.1 사례연구

이 사례연구는 포렌식 엔지니어가 비탈면의 크리프를 조사하기 위해 사용하는 일반적인 절차를 보여준다. 연구 대상지역은 캘리포니아 라호야의 솔레다드산 정상 근처에 있는 현장으로 원래 지형은 북동쪽으로 흘러가는 협곡으로 구성되어 있었다. 부분적으로 높이가 다른 건물 부지를 만들기 위해 협곡을 점토질 흙으로 성토한 후 다짐을 하였다. 평탄화 작업은 1974년 6월과 7월에 이루어졌다. 그림 6.44는 원래의 협곡 높이와 최종 부지의 높이가 표시된 부지의 지형도이다.

1974년 평탄화 작업 중 건물 부지 뒤쪽에 성토 비탈면이 시공되었으며 비탈면의 상부는 2 : 1(수평 : 연직)의 경사를 가지고 있다(그림 6.44). 비탈면 경사는 비탈면 바닥에서 감소하며 최대 성토 깊이는 비탈면의 상단에 있다.

원래의 토공사 보고서에는 현장을 정지작업하는 동안 수행된 현장 밀도와 함수비 시험 결과가 제시되어 있다. 이 자료는 성토되는 동안 평균 함수비가 17.9%이고 표준편차가 1.8%임을 보여준다. 성토재의 평균 건조밀도와 함수비를 사용하여 다져진 성토재의 평균 포화도는 80%였다.

또한 그림 6.44는 부분적으로 높이가 다른 부지에 시공된 건물의 위치를 보여준다. 차고는 높은 부지[200m(656ft)]에 시공되었으며, 낮은 부지[198m(651ft)]에 차고와 연결된 2층 거실 공간이 있다. 이 건물은 1970년대 후반에 지어졌으며 4개의 콘도를 포함하고 있다. 콘크리트 슬래브 기초(거주 지역)로 되어 있으며 전형적인 목조 건축물이다. 외부는 마감 벽토로 덮여 있고 내부 벽은 벽판(wallboard)으로 되어 있다.

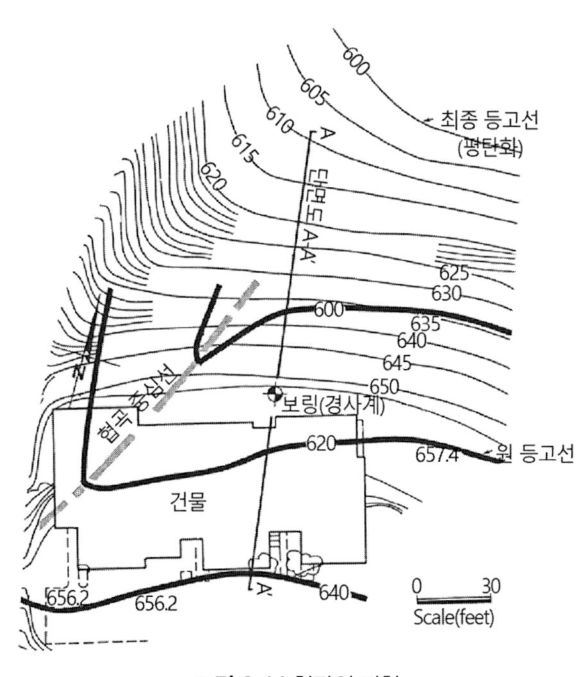

그림 6.44 현장의 지형

그림 6.45는 그림 6.44에 표시된 건물에 대해 1986년 6월에 수행된 압력계 조사결과이다. 압력계 조사결과, 55mm의 기초부등침하 거동을 나타냈다. 압력계 측정 시 낮게 측정된 지역은 건물 뒤쪽에 있었다. 또한 기초 거동과 관련된 손상도 있었다. 손상은 건물 뒤쪽(성토 경사의 상단)으로 갈수록 증가하는 경향이 있었다. 예를 들어, 그림 6.46과 6.47은 뒤뜰 파티오에서 발생된 전형적인 균열과 분리 사진을 보여준다.

압력계 조사에서 얻은 자료를 바탕으로 1987년 1월 지중 탐사가 수행되었다. 그림 6.44는 오거 보링의 위치이며 뒷마당에서 직경 150mm의 오거 보링이 수행되었으며 보링 로그는 그림 6.48

과 같다. 지중 탐사 결과, Ardath 셰일(기반암)을 덮고 있는 약 13m의 실트질 점토지반이 발견되었다.

보링이 완료된 후, 경사계 케이싱이 설치되었다. 또한 지중 탐사 중에 회수된 흙 시료는 실험실로 보냈다. 성토재는 저소성의 실트질 점토(CL)로 구성되어 있으며 점토의 주요 구성 광물은 카올리나이트와 몬모릴로나이트이다.

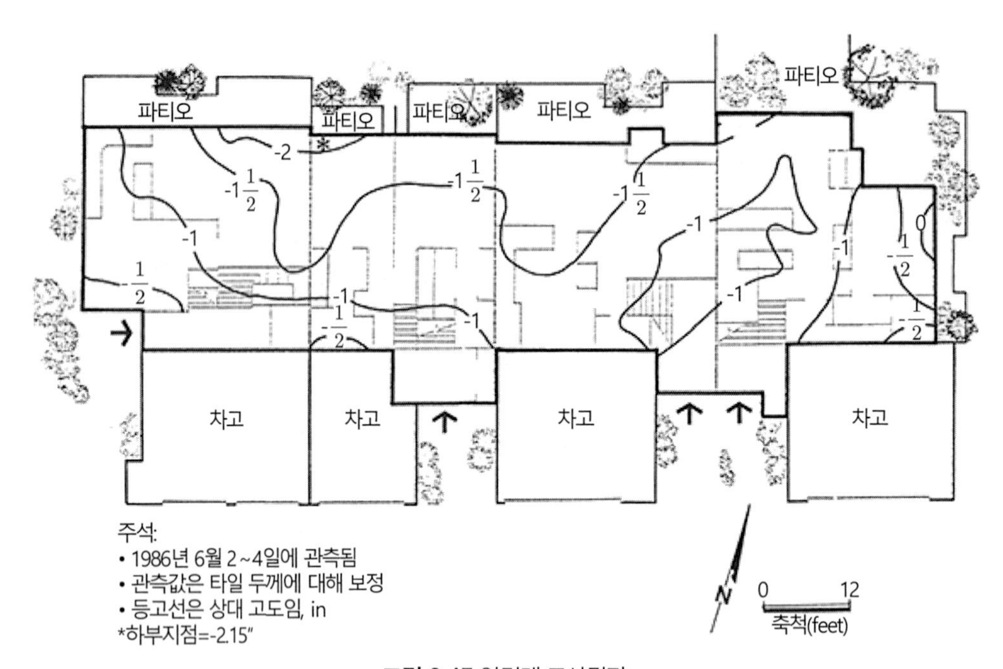

그림 6.45 압력계 조사결과

그림 6.46 뒷마당 파티오의 손상

그림 6.47 앞마당 파티오의 손상

BORING LOG

Project/Client: CONDOMINIUMS, LA JOLLA, CALIFORNIA F.N.: N/A

Location: Rear yard Date: 1-28-87

Estimated Surface Elevation (ft): 651 Total depth (ft): 50 Rig Type 6" Mini Flight Auger

Depth (Feet)	Sample Type	Sample Depth	Blow Count	Field Description By:
				Surface Conditions: At top of slope, behind building.
				Subsurface Conditions: FORMATION: Classification, color, moisture, tightness, etc.
0				FILL: From 0-43.0', Silty Clay, pale olive, moist, stiff; numerous fragments, medium green gray
	T	3		to pale yellow brown, claystone up to 3", mottled orange, concretion at 5'.
	T	9		
10				
	T	12		
	T	15		
	T	18		
20	T	21		
	T	24		At 24.0', Soil slightly darker and siltier, slightly fewer and irregular fragments.
				At 26.0', Very few fragments, soil slightly more moist.
30	T	29		
				At 34.0', Soil becomes wet.
				At 37.0', Soil becomes dark olive brown, wet, organic odor.
40	T	40		
				ARDATH SHALE: From 43.0'-45.0', Claystone, pale, green, damp, hard; fractured, varies to
				pale olive brown, stained pale orange.
50				Total Depth - 50.0'.
				No water.
				No caving.
60				

Notes: T = Shelby Tube

그림 6.48 보링 로그

표 6.5는 보링에서 얻은 온전한 시료에 대한 함수비와 밀도 시험을 요약한 것이다. 표 6.5와 같이 0.9m 깊이의 지표면 근처에서 채취한 흙 시료를 제외하면 성토재의 평균 포화도는 96%였다. 1974년 7월 정지작업 종료 시점의 평균 포화도는 80%였다. 1974년부터 1987년까지 함수비와 포화도의 증가는 강우와 관개로 인해 비탈면으로 수분이 침투했기 때문일 것이다. 지중탐사 중에는 자유수(free water)가 관찰되지는 않았지만, 높은 포화도는 국지적으로 잔류수위면(宙水, perched groundwater)이 존재하고 있음을 알 수 있다.

실트질 점토의 성토시료에 대한 배수 직접전단시험 결과, 최대 유효 전단강도는 마찰각 $\phi' = 28°$, 점착력 $c' = 2.4$kPa로 나타났다.

경사계 케이싱은 오거 보링공 내에 설치하였다(그림 6.44). 그림 6.49는 경사계의 계측결과로 그림에서 수직눈금은 지표면 아래의 깊이이고 수평눈금은 수평변위를 나타낸다.

표 6.5 현장의 함수비와 단위중량시험 결과

시료위치, m(ft)	건조단위중량(Mg/m³)	함수비(%)	포화도(%)
0.9 (3)	1.65	16.1	71
2.7 (9)	1.71	19.8	97
3.7 (12)	1.71	20.6	100
4.6 (15)	1.73	19.4	97
5.5 (18)	1.70	20.0	95
6.4 (21)	1.67	20.0	91
7.3 (24)	1.68	20.4	94
8.8 (29)	1.73	19.3	96
12.2 (40)	1.62	24.5	100

* 주석: 시료는 오거보링을 통해 획득됨(오거 보링의 위치는 그림 6.44 참고)

초기 조사에서 기준값은 1987년 2월 11일에 얻었으며 1987년부터 1995년까지 추가 조사가 수행되었다. 그림 6.49와 같이 경사계 판독 값을 통해 비탈면이 느리고 연속적으로 횡방향 이동(크리프)을 하는 것을 알 수 있다. 경사계 자료는 각각의 파괴면 거동을 보여주는 것이 아니고 전체 성토 비탈면의 점진적인 크리프 거동을 나타낸다. 경사계 측정결과, 0.3m 깊이에서 가장 큰 횡방향 변위[33mm]를 기록했다. 깊이에 따라 비탈면의 변위가 감소하였다.

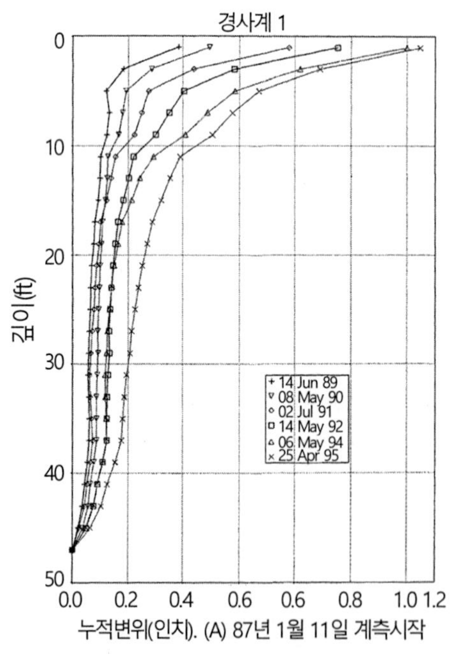

그림 6.49 경사계 계측결과

그림 6.50은 0.9m와 3.0m 깊이에서 시간과 비탈면의 횡방향 이동량의 측정값 관계를 나타낸 것이다. 이 그림에서 0.9m 깊이에서는 비탈면의 이동속도가 약 4.1mm/년이며, 3.0m 깊이에서는 약 1.3mm/년임을 알 수 있다.

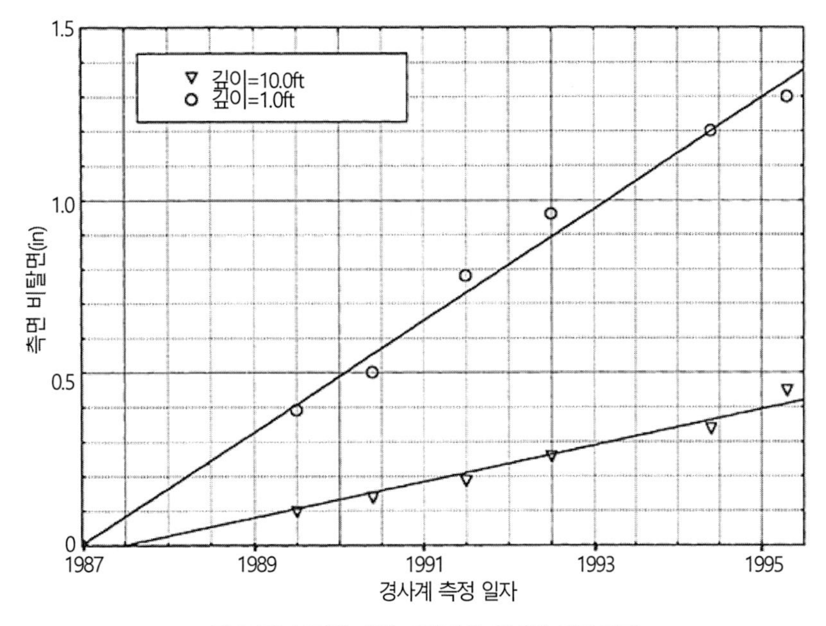

그림 6.50 시간에 대한 비탈면의 횡방향 이동 관계

SLOPE/W 비탈면 안정해석 프로그램을 사용하였으며 비탈면의 특성, 흙의 전단강도, 흙의 습윤단위중량과 간극수 조건을 입력값으로 사용하고 Janbu의 단순 절편법을 이용하여 비탈면의 안전율을 계산했다.

그림 6.51은 비탈면 안정해석에 사용된 비탈면 특성을 보여준다. 단면 A-A′의 위치는 그림 6.44에 있다. 해석 단면은 사전 및 사후 지형도, 그림 6.48의 보링주상도를 이용하여 작성되었다. 비탈면 안정해석에 사용된 성토재의 강도정수는 $\phi' = 28°$, $c' = 2.4$kPa(50psf), $\gamma_t = 2.0$Mg/m^3(127 pcf)이다. 간극수압은 0으로 가정하였다.

비탈면 안정해석 결과, 성토 비탈면의 최소 안전율은 1.28이었다. 또한 그림 6.51은 비탈면 안정해석 결과 도출된 안전율이 가장 낮은 활동면의 위치를 보여준다. 안정해석 결과, 비탈면에 가장 가까운 성토 비탈면의 안전율이 가장 낮았으며 이는 경사계에서 기록된 최대 이동량과 일치하였다.

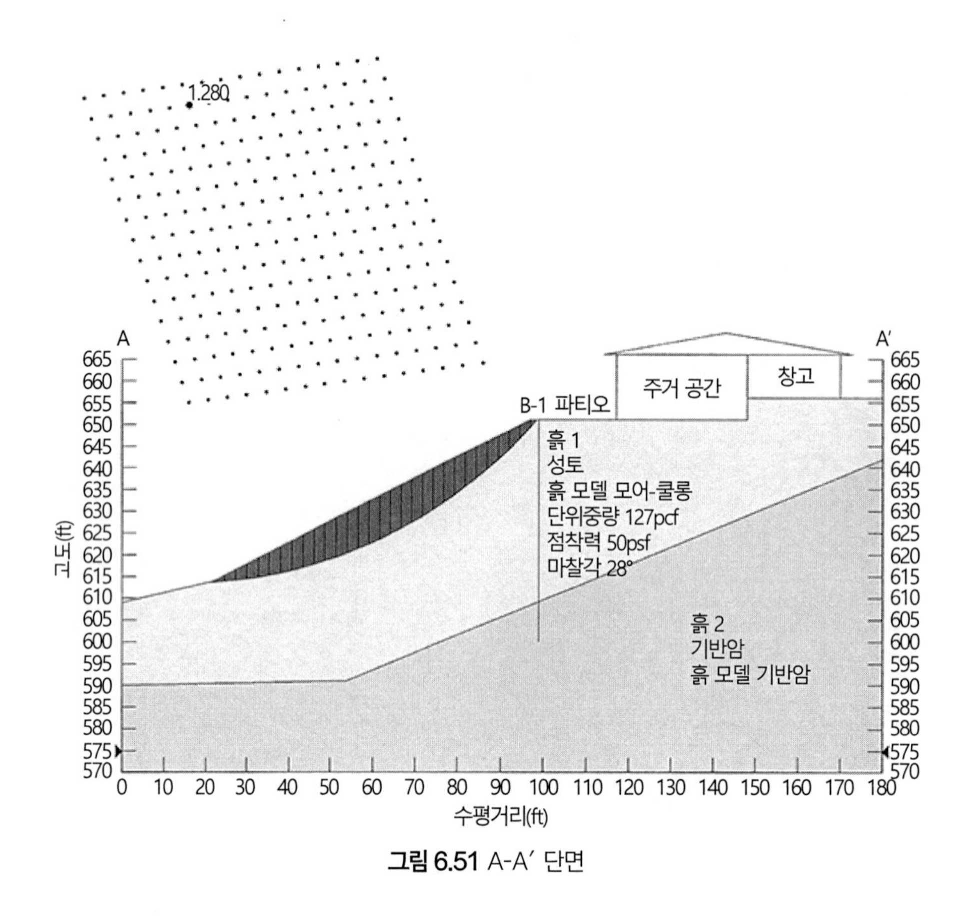

그림 6.51 A-A′ 단면

지중 탐사, 실내시험 및 안정성 해석결과에 의하면 성토 비탈면의 거동 원인은 다음과 같다.

1. **비탈면 연화.** 비탈면 연화(slope softening)는 강우 및 관개시설에 의해 성토 비탈면으로 수분이 침투하는 과정이다. 수분이 비탈면으로 침투하면 성토재가 불포화 상태(S=80%)에서 포화 상태(S=100%) 또는 거의 포화상태로 진행되면서 습윤단위중량이 높아지고 부(−)의 간극수압이 감소한다. 습윤단위중량이 증가하고 점토 비탈면의 유효응력이 감소하면 안정성을 유지하는 데 필요한 전단응력을 동원하기 위해 비탈면의 기울기가 변형된다. 표 6.5에 제시된 지중 탐사 중에 채취한 성토 시료의 높은 포화도(표 6.5)를 근거로 1987년까지 대부분의 비탈면 연화가 발생했다는 것을 알 수 있다.
2. **크리프.** 비탈면의 크리프에 기여하는 두 가지 요인은 다음과 같다.

   a. **첨두 전단강도의 손실.** 안정성 해석에서는 첨두 유효 전단강도가 사용되었다(ϕ' =28°, c' =

2.4kPa). 그림 6.52는 배수 직접전단시험에서 연직하중이 19kPa(400psf)일 때 전단응력과 수평변형의 관계를 나타낸 것이다. 이 그림에서 첨두강도를 확인할 수 있다. 지속적으로 변형이 발생하면 전단강도가 감소하고 최종값(첨두값보다 작음)에 도달한다. 다짐 된 점토와 같이 과압밀된 흙은 첨두 배수전단강도를 가지며, 이 강도는 추가 변형에 따라 손실되므로 과압밀 및 정규압밀강도는 큰 변형상태에서 서로 근접한 값을 가진다(Lambe & Whitman, 1969). 배수 하중이 작용하는 동안 변형이 일어나고 다져진 점토의 강도가 감소하면 크리프를 촉진할 수 있다.

b. **계절별 함수비 변화.** 계절별 함수비 변화는 성토 비탈면의 크리프를 일으킬 수 있다. 예를 들어, Bromhead(1984)는 다음과 같이 기술하였다.

> 일반적으로 이러한 현상은 지표면에서의 변형 또는 지반 이동으로 나타난다. 특히, 일부 지표면 부근의 지반 이동은 계절적 함수비 변화에 대하여 안정한 것으로 파악된 비탈면에서도 발생하는데, 수 cm 정도의 속도로 크리프가 발생한다.

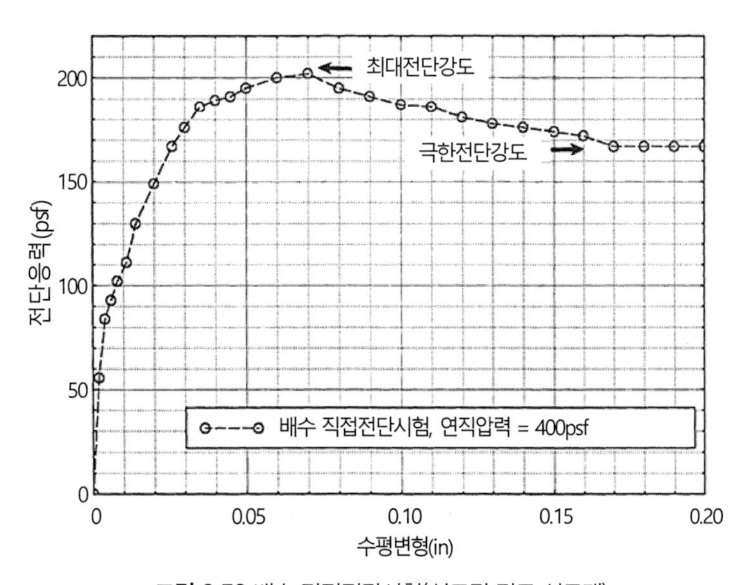

그림 6.52 배수 직접전단시험(실트질 점토 성토재)

이 현장에서도 계절적 수분 변화가 있을 수 있는데, 그것은 성토 비탈면의 지표면 부근에서 크리프 발생의 원인이 되었을 것이다.

건물의 기초는 보수되지 않았지만, 손상된 뒤뜰 파티오와 파티오 벽은 제거 및 교체되었다. 또한 배수가 잘되지 않는 지역은 개량하고 추가 집수정을 설치하여 배수를 개선했다. 지붕 홈통의 배수구는 지하 배수 시스템에 연결되어 있었다.

이 사례연구는 다져진 점토 비탈면의 성능을 예측하는 데 어려움이 있음을 보여준다. 비탈면의 안정성은 비탈면의 다짐 이후 오랜 시간 동안 발생할 수 있는 최대 함수비 또는 지하수 조건에 따라 달라진다. 포렌식 엔지니어는 비탈면 설계, 특히 설계 간극수압에 대해 어떤 가정을 했는지 결정해야 한다.

요약하면, 이 사례연구에서는 초기 연화에 따른 크리프로 인한 성토 비탈면의 변형을 다루고 있다. 성토의 초기 다짐은 1974년에 발생했으며 다짐 중의 평균 포화도는 80%였다. 1987년 지중 탐사 결과, 성토재의 함수비가 증가했으며 평균 포화도는 96%로 나타났다. 이러한 함수비 증가는 강우 및 관개로 인해 비탈면으로 물이 침투했기 때문일 것이다. 비탈면으로의 수분 침투는 습윤단위중량을 증가시키고 다져진 점토의 유효응력을 감소시켰다. 이로 인해 안정성을 유지하는 데 필요한 전단응력을 동원하기 위해 비탈면이 변형되었으며 이 과정을 비탈면 연화라고 한다.

1986년의 압력계 조사결과, 콘크리트 슬래브 기초에 55mm의 부등침하가 발생하였다. 그림 6.45와 같이 콘크리트 슬래브 기초는 비탈면의 상단을 향해 아래로 기울어졌다. 기초의 부등침하 이외에도 뒷마당 파티오에서 횡방향 이동과 손상이 발생했다(그림 6.46, 6.47). 1987년에 경사계가 설치되었고 1987년부터 1995년까지의 계측을 통해 개별적인 파괴가 아닌 전체 성토 비탈면에 점진적인 크리프가 발생하였음을 알 수 있었다. 비탈면의 크리프에 영향을 미치는 두 가지 요인은 추가 변형에 의한 첨두 전단강도 손실과 지표면 근처의 계절적 수분 변화이다.

6.9 트렌치 붕괴

트렌치는 일반적으로 지표면 아래에서 버팀보로 지지가 되거나 지지가 되지 않은 상태로 만들어진 좁은 굴착으로 정의된다. 매년 수많은 노동자가 트렌치나 굴착공사 중 붕괴로 사망하거나 부상을 당한다. 이러한 사고의 대부분은 트렌치에 버팀보가 없거나 버팀보 시스템이 적절하지 않았기 때문에 발생한다(Thompson & Tanenbaum, 1977). 미국에서는 무너진 트렌치에서 발생한 사망자가 건설사고 사망자의 상당 부분을 차지하고 있다. 오하이오 노동 보상국은 1986~1990년 동안 총 271건의 트렌치 붕괴가 발생했다고 보고하였다. 많은 경우, 함몰에 의한 질식으로 사망하며 함몰압력으로 가슴에 심한 부상을 당하여 사망하는 경우도 있다.

Petersen(1963)은 트렌치가 벽돌처럼 단단해 보여 버팀보가 필요하지 않을 거라고 판단했던 건설 노동자 Peter Reimer의 죽음에 관해 설명하였다. Reimer는 트렌치의 한쪽이 붕괴하였을 때 트렌치에 혼자 남아 있었는데, 가슴까지 흙에 파묻혔다. 세 명의 동료들이 Reimer를 파내기 시작했지만, 트렌치의 반대편이 무너지자 안전을 위해 기어 올라와야 했다. Reimer의 시신은 사고 후 30분이 지나서 발견되었다. Petersen은 더 이상의 붕괴를 방지하기 위해서는 트렌치를 보강한 다음 구조를 진행하는 것이 첫 번째 규칙이라고 하였다.

대규모 건설 프로젝트나 건축물을 위한 깊은 굴착 시 일반적으로 프로젝트 전체에 걸쳐 흙과 지하수 조건을 파악하는 탐사 프로그램을 수행하는 데 예산을 활용할 수 있다. 이러한 경우, 다양한 현장조건을 만족하도록 조정될 수 있는 버팀보 설계기법을 적용해야 한다. 그러나 매설관로를 위한 트렌치 굴착은 일반적으로 지중탐사 비용이 적게 드는 소규모 프로젝트이다. 또한 매설관로 트렌치 굴착은 대형 프로젝트나 깊은 건물 굴착보다 더 길게 연장하여 굴착한다. 매설관로 트렌치 굴착은 대부분 감독관의 경험, 조사된 토질 및 지하수 조건을 바탕으로 시공자가 설치할 버팀보 시스템을 결정한다. 트렌치 벽이 느슨하거나 모래인 경우, 시공자가 위험성을 명백하게 알 수 있으므로 버팀보가 설치된다. 반면 Reimer 사례처럼 지반이 단단하게 보이고 소규모 공사일 때, 시공자는 몇 시간 동안은 안정적일 것이라는 가정하에 버팀보를 최소화하거나 설치하지 않기 때문에 많은 문제가 발생한다(Petersen, 1963).

불안정한 지반에 대한 버팀보 시스템의 일반적인 형태는 근접 흙막이 벽이다. 그림 6.53은 근접 흙막이 벽체의 시공 단면도이다("Trench" 1984). 버팀보 시스템의 주요 구성요소는 트렌치 상단에서 하단까지는 연속되는 널말뚝을 적용하고 띠장(스트링거)과 가로 버팀보(스트럿)에 의해 위치를 고정시킨다. 대부분의 경우, 가로 버팀보는 목재 부재가 아닌 유압잭이다. 또 다른 일반적인 유형의 버팀보 시스템은 슬라이드 방식의 관로 강판 쉴드가 있다(NAVFAC DM-7.2, 1982).

트렌치 바닥에 매설관로를 설치한 후, 되메우기하는 동안에도 피해가 많이 발생한다. 트렌치가 오랫동안 개방되어 있으면 버팀보 시스템이 설치된 직후보다 훨씬 더 많은 토압이 가해질 수 있다. 작업자가 트렌치에 있는 가로 버팀보를 제거하면 토압이 이완되어 다른 부재가 파괴되거나 붕괴할 수 있다. 다음은 Petersen(1963)이 제시한 트렌치를 되메우기 위한 절차이다.

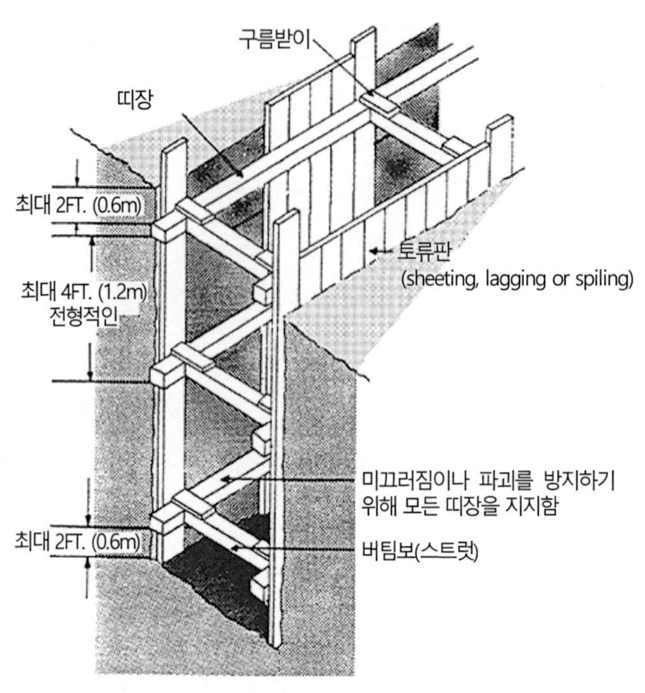

그림 6.53 지반의 활동을 막기 위한 근접 흙막이 공법

1. 하단의 가로 버팀보 바로 아래 지점까지 트렌치를 되메우고 다진다.
2. 트렌치에 들어가 하단 가로 버팀보만 제거한다.
3. 다음 단계의 버팀보까지 다시 되메우고 다진다.
4. 가로 버팀보들을 제거하고 널말뚝 또는 토류판만 지표면에 남을 때까지 절차를 계속한다.
5. 백호나 로우더를 사용하여 널말뚝 또는 토류판을 뽑는다.

트렌치 붕괴를 조사할 때 포렌식 엔지니어는 버팀보의 종류를 조사하고 버팀보 시스템이 주정부의 최소기준을 충족하는지 확인해야 한다. 예를 들어, 캘리포니아 산업안전보건국(Cal/OSHA)은 네 가지 다른 종류의 자재를 기반으로 버팀보 설계시스템을 개발하였다. 이전의 산업안전보건국의 분류시스템("Excavations" 1989)은 단단하고 다져진 흙이나 유동성 흙 중 하나를 선택하여 버팀보를 설계하는 것이었다. 유동성 흙은 거의 액체상태의 흙이거나 약간의 압력으로도 자유롭게 흐르는 건조하고 굳지 않은 모래와 같이 안식각이 거의 0인 흙으로 정의된다. 유동성 흙에는 근접 흙막이 벽체로만 지지할 수 있는 느슨하거나 교란된 흙이 포함된다(Standards,

1991). 단단하고 다져진 흙은 유동성 흙으로 분류하지 않는다.

1991년 9월 25일 발표된 캘리포니아 산업안전보건국의 새로운 버팀보 설계시스템은 흙과 암석 퇴적물을 안정된 암석과 안정성이 낮은 순서로 A형, B형, C형으로 분류하였다(Standards, 1991). 안정된 암석은 연직으로 굴착 할 수 있고, 노출되어 있는 동안 그대로 유지되는 단단한 암석으로 정의된다. A형, B형, C형의 정의는 다소 광범위하지만, 일반적으로 재료의 강도에 따라 분류된다. 지반에서 트렌치를 굴착하는 경우, 일축압축강도가 150kPa 이상이면 A형, 50~150kPa이면 B형 그리고 50kPa 미만이면 C형으로 분류한다. 캘리포니아 산업안전보건국이 제시한 기준에는 흙의 종류 및 특정 트렌치 깊이에 대한 최소 목재 버팀보의 요건을 제공하는 표가 있다(Standards, 1991). 동일한 깊이의 트렌치에서 C형 흙은 A형 흙보다 더 튼튼한 버팀보 시스템이 필요하다.

버팀보 시스템과 흙의 종류 외에도 트렌치 함몰을 조사하는 동안 포렌식 엔지니어가 고려해야 할 기타 중요한 요소는 다음과 같다.

1. 트렌치의 깊이, 길이 또는 폭의 일시적인 증가
2. 추천된 트렌치 특성과 일치하지 않는 측면 경사 또는 급경사 비탈면의 존재
3. 지하수위 아래에서의 트렌치 굴착
4. 인접한 지반이나 자재 적재, 건물과 기타 하중으로 인한 추가 하중
5. 교통하중, 지진, 잭 해머와 기타 원인으로 인한 진동
6. 트렌치가 굴착상태로 오랫동안 방치되어 있을 가능성
7. 잦은 폭풍우 또는 동결된 지반의 해빙과 같은 기후변화
8. 트렌치 상단에서 우회되지 않은 지표수 흐름

6.9.1 사례연구

1986년 8월 28일 새로운 하수도를 설치하는 동안 샌디에이고 시내의 4번가와 상업지역 도로가 교차하는 지역에서 발생한 트렌치 함몰에 관한 사례를 다루었다. 트렌치 함몰과정에서 노동자 한명이 부상을 당해 소송이 제기되었다. 이 사례연구에서는 소송을 제기한 사람(원고)을 부상자라고 하고 트렌치를 굴착한 계약자는 시공자 또는 고용주라고 한다.

필자는 1988년 11월에 교차 피고인 샌디에이고시의 포렌식 전문가로 고용되었다. 샌디에이고시는 하수도를 신설하기 위해 시공자와 계약을 맺었기 때문에 소송에 연루되었고 시공자의 작업을 주기적으로 점검했다. 소송은 1989년 3월 재판 전에 합의되었다.

트렌치 함몰의 원인을 알아내는 데 사용할 수 있는 몇 가지 중요한 증거가 있다. 첫 번째는 부상당한 근로자의 진술이다. 사고 다음 날 다음과 같은 진술이 있었다.

> 1986년 8월 28일 오후 2시 15분에 배관공인 나[근로자]는 트렌치를 만드는 굴착지반으로 들어갔다. 트렌치 내의 버팀보는 1.2m 간격으로 설치되어 있었다. 북쪽에 있는 두 버팀보가 함께 무너져 깔리긴 했지만, 아주 심하게 다치지는 않았다. 나는 스스로 사다리 위로 올라갔다. 붕괴사고가 너무 빨리 일어나서 어떻게 발생한 것인지는 모르겠다. [고용주] 장비는 상태가 양호하였다. 내 기억으로는 이것이 내가 사고에 대해 기억하는 전부이다. 사장은 평소보다 더 나를 재촉하였다.

부상당한 작업자가 진술한 버팀보 시스템은 가로 버팀보(스트럿)로 사용되는 유압잭이 있는 목재로 만들어졌다. 매설 관로가 정확히 트렌치를 통과했기 때문에 슬라이드 방식의 관로 강판 쉴드를 사용할 수 없었다. 저녁에 차량통행을 허용하기 위해서 복공판을 트렌치 위에 설치하기 때문에 목재 버팀보는 지표면 위로는 연장되지 않았다.

캘리포니아 산업안전보건국이 사고 조사보고서를 작성하였다. 이 보고서에는 조사 날짜가 표기되어 있지는 않지만, 사고 당일 또는 직후에 작성된 것으로 보인다. 이 보고서의 서술 부분에서는 다음과 같이 설명하고 있다.

> 유동성 흙을 만나면 트렌치 버팀보 시스템의 널말뚝을 트렌치 바닥까지 연장하도록 요구하는 1541(c)(6)조의 기준에 따라 고용주를 소환하였다. 사망이나 심각한 신체적 상해를 초래할 가능성이 매우 크기 때문에 위반 사항을 '심각'하다고 평가했다. 만약 합리적으로 고민했다면 고용주는 우수관 주변의 토사가 유동할 수 있음을 알 수 있었을 것이다.

또한 산업안전보건국 검사관은 버팀보 시스템의 붕괴를 나타내는 도해를 준비하였다. 그림 6.54와 같이 붕괴 시 트렌치의 깊이는 4.5m(14.9ft)였다. 흙막이는 1.9cm(3/4in)의 토류판으로 시공되었고 엄지말뚝은 길이 3.7m(12ft), 단면은 0.1×0.35m(4in×14in)이며 가로 버팀보(스트럿)는 유압잭이었다. 산업안전보건국 검사관은 “모래가 우수관 주변에서 흘러나왔을 때 엄지말뚝이 미끄러졌다.”고 설명하였다(그림 6.54). 이러한 지반의 지지력 손실이 우수관 바로 위에 있는 버팀보의 북쪽 배면에 공동을 발생시켰다.

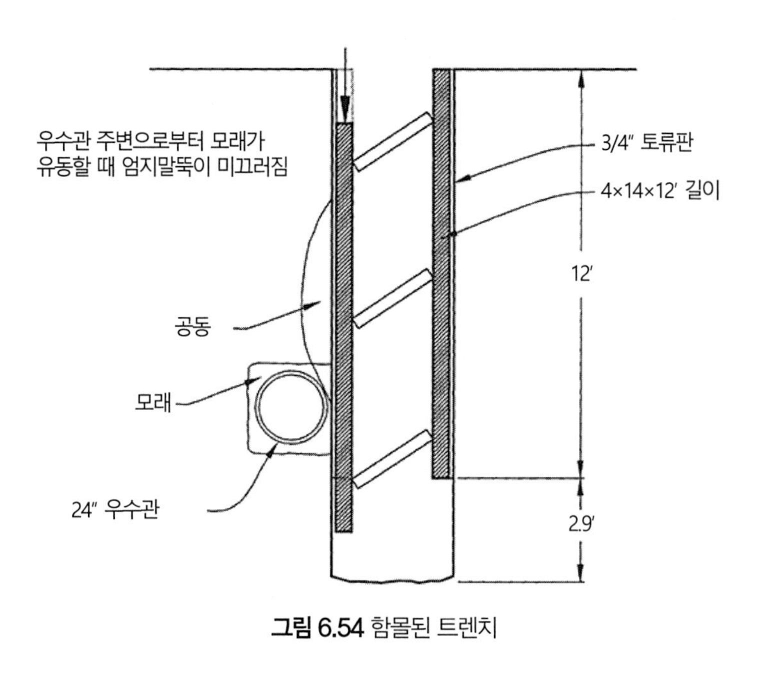

그림 6.54 함몰된 트렌치

1986년 9월 4일, 계약자는 산업안전보건국(“Citation” 1986)으로부터 소환장을 받았으며, 위반 혐의가 심각한 것으로 언급되어 있었다. 산업안전보건국은 소환장에서 다음과 같이 기술하였다.

> 트렌치 버팀보 시스템의 엄지말뚝은 최소한 트렌치의 상단과 자재의 설치가 허용되는 한 바닥 근처까지 연장되어야 하며 최소한 바닥에서 0.6m 이하의 깊이까지 연장되어야 한다. 유동성 흙이 발견되면 버팀보 시스템을 트렌치 바닥까지 연장되어야 하나 3.7m 길이의 엄지말뚝을 사용하여 4.5m 깊이의 트렌치를 지지하였다. 결국, 유동성 흙이 발견되었고 트렌치가 함몰되었다. 엄지말뚝의 하단은 트렌치 바닥에서 0.6m보다 높은 위치에 있었다.

1986년 11월 24일 버팀보 시스템을 설계한 엔지니어는 Slough-In 사건보고서를 발간하였다. 이 보고서에서 버팀보 설계 엔지니어는 "붕괴는 평행한 우수관을 둘러싼 재료의 불안정 때문이며 버팀보 시스템의 강도가 붕괴원인이 되지는 않았다."라고 주장하였다.

요약하면, 이 버팀보 붕괴로부터 얻은 두 가지 주요 교훈은 다음과 같다.

1. **우수관.** 굴착된 트렌치와 평행하게 설치된 직경 0.6m(24in)의 우수관은 유동성 흙이라고 진술된 모래로 둘러싸여 있었다(그림 6.54). 우수관 되메우기 시 발생한 흙의 지지력 손실로 인하여 북쪽 버팀보가 아래로 미끄러져 내렸다.
2. **트렌치 버팀보 엄지말뚝.** 엄지말뚝 벽체가 트렌치 바닥까지 연장되지 않았다. 만약 바닥까지 연장되었다면 버팀보 시스템이 아래로 미끄러져 붕괴를 초래하지 않았을 것이다(그림 6.54).

6.10 댐 붕괴

6.10.1 대형 댐

댐 붕괴는 다른 유형의 토목구조물 붕괴보다 더 큰 피해와 사상자를 초래할 수 있다. 최악의 붕괴 유형은 대형 댐에 물이 가득 찬 상태에서 댐이 갑자기 붕괴하여 대규모 홍수파가 하류로 밀려드는 경우이다. 이러한 유형의 댐 붕괴가 예고 없이 발생하면 피해 규모가 특히 커질 수 있다. 예를 들어, 1928년 캘리포니아 프랜시스 댐의 갑작스러운 붕괴로 약 450명이 사망했으며 이는 1906년 샌프란시스코에서 일어난 지진피해에 다음으로 큰 재난이었다. 많은 댐 붕괴사고와 마찬가지로, 댐 대부분이 쓸려 내려갔고 정확한 붕괴 원인은 밝혀지지 않았다. 포렌식 지질학자와 공학자들의 공통된 의견은 이러한 댐의 붕괴 원인은 부지의 열악한 지질 조건 때문이라고 하였다. 다음과 같은 세 가지 지질학적 조건이 재난을 초래할 수 있다. (1) 약한 지질학적 면(planes)을 따라 댐의 동쪽 아래에 있는 암석의 미끄러짐(slipping) (2) 물의 포화로 인해 댐의 서쪽에 있는 암석의 슬럼핑(slumping) 발생 또는 (3) 댐 아래 단층을 따라 피압수의 침투 발생(Committee Report, 1928; Association of Engineering Geologists, 1978; Schlager, 1994).

Middle brooks(1953)는 흙댐에 관한 광범위한 연구를 바탕으로 가장 일반적인 대규모 재해의 원인을 다음과 같이 기술하였다.

월류

가장 빈번한 붕괴의 원인은 흙댐의 마루를 흘러넘치는 물이다. 일반적으로 폭우 또는 기록적인 비가 내리는 동안 발생하며, 이로 인해 저수지로 너무 많은 물이 유입되어 여수로가 물의 흐름을 감당하지 못하거나 여수로가 막히게 되어 발생한다. 흙댐이 월류되면 물의 침식 작용으로 댐의 표면과 코어가 빠르게 유실될 수 있다.

파이핑

흙댐 붕괴의 두 번째 가장 흔한 원인은 파이핑 현상이다(Middlebrooks, 1953). 파이핑은 누수가 집중된 지역에서 발생하는 댐의 점진적인 침식 현상으로 정의된다. 흙댐 제체로 물이 스며들면 흙 입자에 점성 저항력을 일으키는 침투력이 생성된다. 침식에 저항하는 점착 저항력이 침투력보다 작으면 흙 입자가 씻겨 나가고 파이핑이 시작된다. 침식에 저항하는 힘에는 흙의 점착력, 흙 입자간의 맞물림, 상부 흙으로부터 발생하는 구속압력 그리고 필터의 작용 등이 포함된다(Sherard 등, 1963). 그림 6.55는 소형 흙댐의 점진적인 파이핑 붕괴 현상을 보여주는 사진이다(Sherard 등, 1963). 그림 6.55의 화살표는 파이핑 붕괴의 위치를 가리킨다.

흙댐에서 파이핑이 발생하는 여러 가지 원인이 있는데, 그중 가장 일반적인 이유는 다음과 같다(Sherard 등, 1963).

- 시공관리가 불량하여 흙댐 제체의 다짐이 불량하거나 투수층의 존재
- 콘크리트 배수구 또는 기타 구조물 인접부의 다짐 불량
- 흙댐 제체와 기초 또는 바닥부 사이의 다짐과 밀착 불량
- 댐의 부등침하로 댐 일부가 인장 변형을 일으킬 때 발생하는 균열을 통한 누수
- 기초 침하, 댐 바닥의 퍼짐 또는 파이프 자체의 열화로 인해 종종 발생하는 배수 파이프의 균열
- 댐 하부의 기초지반을 통과한 누수

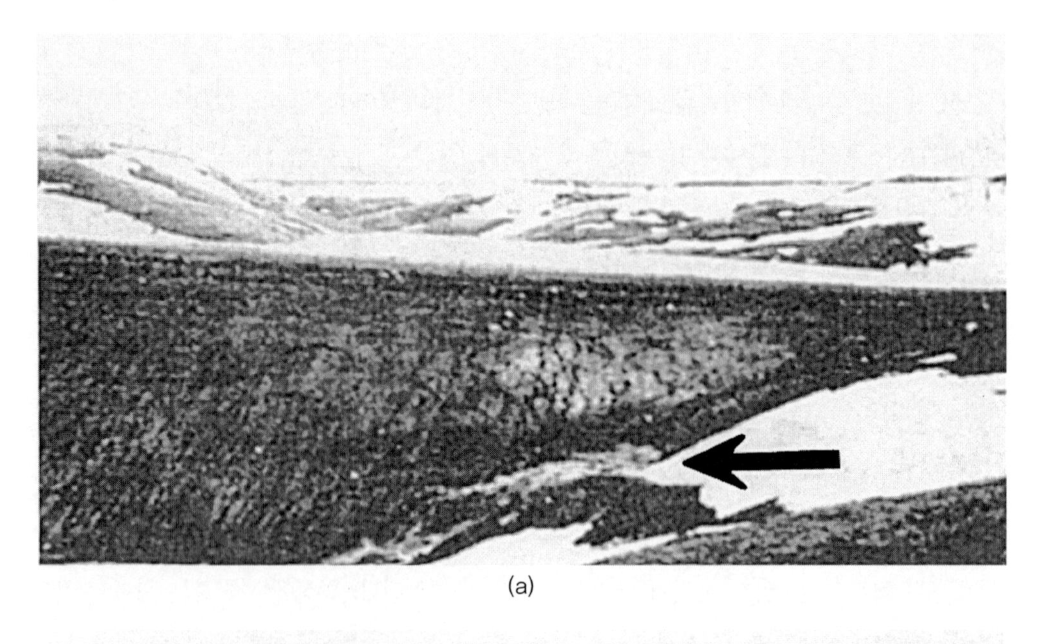

(a)

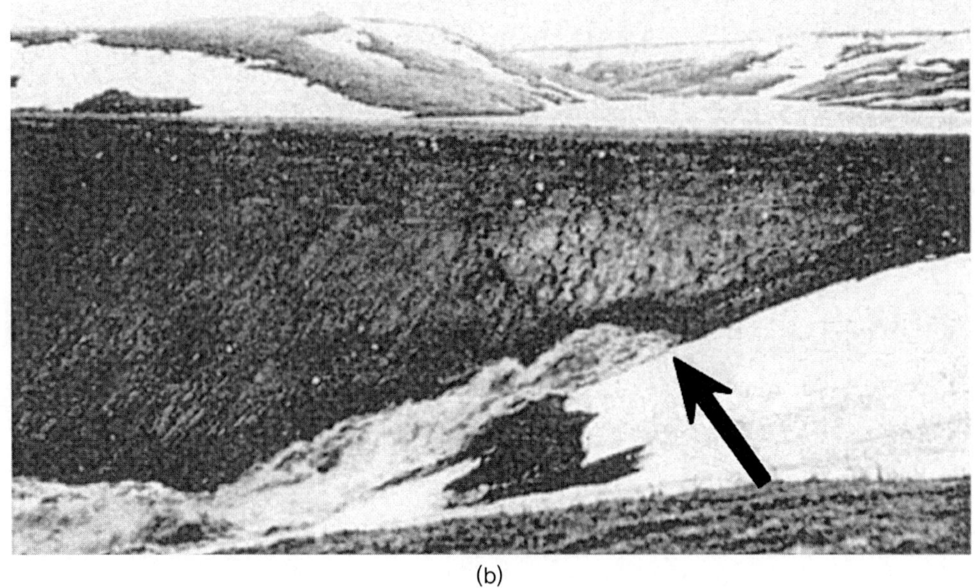

(b)

그림 6.55 소형 댐에서 바닥부 누수의 점진적 파이핑. (a) 오후 3 : 30, (b) 오후 3 : 45, (c) 오후 4 : 30, (d) 오후 5 : 30 (Sherard 등, 1963)

(c)

(d)

그림 6.55 소형 댐에서 바닥부 누수의 점진적 파이핑. (a) 오후 3 : 30, (b) 오후 3 : 45, (c) 오후 4 : 30, (d) 오후 5 : 30 (Sherard 등, 1963) (계속)

댐 하부 원지반에서의 누수는 기초재료의 자연적인 변화 때문일 수 있다. 댐 하류에서 분출되는 누수는 '모래 분사(sand boil)'를 일으킬 가능성이 있는데, 물이 지표면을 빠져나가면서 퇴적되어 원형 흙더미를 형성한다(그림 6.56). 모래 분사를 주의하지 않거나 방치하면 파이핑에 의해 전체적인 붕괴가 발생할 수 있다(Sherard 등, 1963).

그림 6.56 전형적인 모래의 분사현상(Sherard 등, 1963)

미고결된 깨끗한 모래가 파이핑에 가장 취약하며 점토가 가장 저항력이 크지만, 분산성 점토와 같은 예외가 있을 수 있다(Perry, 1987).

분산성 점토(dispersive clays)는 탈 응집 과정에 의해 물이 있을 때 점토 부분이 침식되는 특이한 종류의 토질이다. 이것은 입자 간 반발력이 인력을 초과하여 점토 입자가 부유상태가 되어 흙댐 제체의 균열 내로 물이 흐르면 분리된 입자가 떠내려가면서 파이핑되는 경우에 발생한다.

미국에서 가장 큰 분산성 점토 지역 중 한 곳은 미시시피 중북부 지역으로 이곳에서 일어난 여러 흙댐의 붕괴 원인 중 하나가 분산성 점토의 파이핑 때문이었다(Bourdeaux & Imaizumi, 1977; Stapledon & Casinader, 1977; Sherard 등, 1972).

비탈면의 불안정

댐 붕괴의 또 다른 일반적인 원인은 비탈면의 불안정이다. 댐의 상류나 하류 방향의 전체 비탈면 붕괴 또는 댐 기초의 활동이 발생할 수 있다. 6.5절과 6.6절에서 설명한 것과 같이 이러한 붕괴는 깊은 비탈면 파괴 및 산사태와 유사하며 비탈면 안정해석을 이용하여 붕괴 유형을 조사할 수 있다. 댐 기초의 활동은 다음과 같이 세 가지 범주로 분류할 수 있다(Sherard 등, 1963).

1. 시공 중 미끄러짐. 일반적으로 댐 아래의 원지반을 관통하는 붕괴
2. 댐 운영 중 하류 비탈면에서의 활동
3. 댐 수위저하 후 상류 비탈면에서의 활동

흙댐 붕괴의 가장 일반적인 세 가지 원인(월류, 파이핑, 비탈면 불안정) 외에도 흙댐의 붕괴나 손상에 대한 여러 가지 원인이 있을 수 있다(Sherard 등, 1963). 대형 댐 붕괴의 복잡성으로 인해 포렌식 엔지니어가 붕괴 조사위원회의 위원이 될 가능성이 크다. 조사위원회의 위원으로 포렌식 지질학자와 수문 지질학자가 포함될 수 있다. 붕괴에 대한 조사는 매우 광범위할 수 있으며 목격자 인터뷰, 설계 및 시공 문서 조사, 계측 데이터 검토, 비탈면 안정 및 침투 해석이 포함될 수 있다. 표 6.1에 제시된 점검표는 댐 붕괴에 대한 포렌식 조사에도 유용하게 사용할 수 있다.

6.10.2 소형 댐

소형 댐은 높이가 12m 미만인 댐이나 1,000,000m^3 미만의 물을 저장하는 댐으로 분류된다(Corns, 1974). Sowers(1974)는 일반적으로 대형 댐의 붕괴가 더 치명적이지만, 소형 댐의 붕괴가 훨씬 더 자주 발생한다고 하였다. 댐의 붕괴 빈도가 높은 이유는 다음과 같다. (1) 부적절한 설계 (2) 운영자는 소형 댐의 붕괴로 인한 피해가 적을 것이라고 믿는다. (3) 소형 댐의 운영자는 종종 댐에 대한 경험이 없는 경우가 많다. (4) 소형 댐은 유지 보수되지 않는 경우가 많다(Sowers, 1974). 상기와 같은 경험을 바탕으로 Griffin(1974)은 소형 댐에서 흔히 볼 수 있는 몇 가지 결함을 다음과 같이 기술하였다.

1. 지하 또는 지질조사가 매우 적거나 거의 수행되지 않았다.
2. 향후 유지보수를 위한 조항도 없었으며 수년 동안 유지보수가 전혀 되지 않았다.
3. 많은 구조물의 비탈면이 일상적인 유지보수를 하기에는 너무 가파르게 건설되었다.
4. 공사감독이 미흡한 상황부터 전혀 없는 상황까지 다양했다.
5. 댐의 마루의 고도가 저수면으로부터 임의의 높이로 설정되었고 홍수에 대비한 여수로가 만들어지지 않았다는 점에서 수문학적 설계가 부족했다. 이러한 수문학적 결함은 유역 내 개발로 인해 증폭되었다.
6. 프로젝트 비용 절감을 위한 부적절한 토지 구매

6.10.3 천연댐

천연댐(Landslide dam)은 일반적으로 산사태, 토석류 또는 낙석으로 인해 계곡이 막힐 때 발생한다. 천연댐과 관련하여 Schuster(1986)는 다음과 같이 기술하였다.

> 천연댐은 세계 여러 지역에서 발생한 흥미로운 자연 현상이자 중대한 위험 요소로 입증되었다. 이러한 댐 중 일부는 세계에서 가장 큰 인공 댐과 맞먹거나 그 이상의 높이와 부피를 가지고 있다. 천연댐은 자연 현상이고 공학적 설계 대상이 아니므로 (공학적 방법을 활용해 기하학적 구조를 변경하거나 물리적인 제어 대책을 추가할 수 있음) 월류나 갈라진 틈에 의한 치명적인 붕괴에 취약하다. 세계에서 가장 크고 치명적인 홍수 중 일부는 이러한 자연 댐의 붕괴로 인해 발생하였다.

Schuster와 Costa(1986)에 따르면 대부분의 천연댐은 수명이 짧다. 63개의 천연댐에 대한 연구에서 22%는 형성 후, 1일 이내에 붕괴되었으며 절반은 10일 이내에 붕괴되었다. Schuster와 Costa(1986)에 따르면 천연댐 붕괴의 가장 흔한 원인은 월류였다.

지반 및 기초문제

이 장에서 사용된 기호들은 다음과 같다.

기호	정의
H	옹벽의 높이
k_a	주동토압계수
P_a	주동토압 합력
P_P	수동토압 합력
Q	등분포 상재하중
W	옹벽에 작용하는 연직하중의 합력
x'	W에서 기초의 앞굽까지의 수평거리
Y	옹벽의 수평변위
μ	마찰계수

7.1 서론

제4장과 제5장, 제6장에서는 침하(하향 이동), 팽창성 흙(상향 이동) 및 비탈면 활동(측방이동)을 다루었다. 제7장에서는 포렌식 엔지니어가 직면할 가능성이 큰 지반과 기초 문제에 관해 기술하였다. 실제로 발생하는 모든 상황을 다루기는 어려우므로 이 장에서는 일반적인 포렌식 문제에 중점을 두었다. 7.2절에서는 지진에 대해 간략하게 기술하였다. 구조물은 지진에너지나

단층의 이동으로 인한 지반변위 때문에 손상될 수 있다. 지진 시 발생하는 지반진동으로 인한 문제에는 느슨한 지반의 침하, 비탈면 활동 또는 붕괴, 지하수위 하부의 느슨한 사질토 지반의 액상화 등이 있다.

7.3절에서는 강우와 유수에 의한 토립자의 이동으로 발생하는 침식(erosion)에 관해 기술하였다. 예를 들어, 해안절벽의 침식에 관한 사례연구에서 설명한 것처럼 폭우가 내리는 동안 우수관이 파열되어 침식이 발생할 수도 있다.

7.4절에서는 재료의 열화(deterioration)에 대해 다루었다. 모든 인공 및 천연 재료는 열화되기 쉽다. 열화에 취약한 모든 유형의 지질학적 또는 기초적 요소를 다루는 것은 너무 광범위하므로 불가능하다. 본 절에서는 콘크리트의 황산염 침식, 포장파손과 동결손상 등 세 가지 일반적인 유형의 열화에 대해 다루었다.

7.5절에서는 나무뿌리 성장으로 인한 기초지반의 손상에 대해 간략하게 설명하였다. 나무뿌리가 자라게 되면 균열이 커져 벽돌이 분리되고 수압과 같이 콘크리트와 아스팔트 포장을 들어 올리는 엄청난 힘을 발생시킨다.

7.6절에서는 기초지반의 지지력의 부족으로 인한 파붕괴 문제를 다루었다. 지지력 부족으로 붕괴되는 구조물보다 침하로 손상되는 구조물의 수가 훨씬 많다. 그러나 기초지반의 지지력이 부족한 경우, 구조물이 갑작스럽게 붕괴할 수 있기 때문에 치명적일 수가 있다.

7.7절에서는 역사적 구조물에 대해 다루었다. 포렌식 엔지니어에게 유적의 유지보수 문제를 다루는 일은 매우 어려운 과제이다.

7.8절에서는 특이한 토질을 다루었다. 희귀하거나 비정상적인 공학적 거동을 하는 특이한 토질에는 여러 가지 종류가 있다. 이에 대한 예로, 규조류의 잔해를 포함하고 있는 규조토가 있다.

7.9절에서는 옹벽에 관한 내용을 다루었다. 옹벽은 침하, 전도 또는 지지력 파괴와 같은 다양한 원인으로 손상될 수 있으므로 별도의 절에서 다루었다. 마지막 세 개 절에서는 콘크리트 기초의 수축균열(7.10), 기초 목재의 부식(7.11), 용해성 토립자(7.12)를 다루었다.

7.2 지진

지진은 많은 인명피해를 일으키거나 구조물의 파괴를 초래한다. 질병이 약하고 병약한 사람들을 공격하는 것처럼 지진도 구조적으로 취약하거나 열화된 구조물에 심한 손상을 발생시킨다. 보강되지 않았거나, 부실하게 건축되었거나, 노후 또는 부식으로 인해 약화되었거나, 연약하거나 불안정한 지반 위에 있는 건물은 지진에 의해 손상되기 쉬운 구조물이다. 예를 들어, 그림 7.1은 1994년 캘리포니아주 노스리지(Northridge) 지진 시 발생한 벽돌로 만든 굴뚝의 붕괴 사진이다. 그림 7.1과 같이 굴뚝은 부실하게 시공되었으며 주택에 연결이 안 되어 있었다.

그림 7.1 1994년 노스리지 지진 시 벽돌로 지어진 굴뚝의 붕괴

지진은 건축물 외에도 흙댐과 같은 구조물을 손상시킬 수 있다. Sherard(1963) 등이 심한 지진으로 흔들린 댐에 대한 조사결과, 확인된 두 가지 주요 손상 원인은 (1) 댐 상단의 종방향 균열과 (2) 댐 정상부의 침하 발생이었다. 세필드(Sheffield) 댐의 경우, 제체는 매우 느슨하고 포화된 하부 지반의 액상화로 인해 완전히 파괴된 것으로 조사되었다(Sherard 등, 1963).

구조물은 지진으로 인한 다양한 영향으로 손상될 수 있다. 다음 절에서는 포렌식 엔지니어가 직면할 수 있는 일반적인 지진의 영향에 대해 간략하게 설명하였다.

7.2.1 지표 단층과 지반파열

지진으로 인한 지표면 단층 파열은 건물, 교량, 댐, 터널, 운하, 지하 시설물 등을 심각하게 손상하기 때문에 중요하게 고려된다(Lawson 등, 1908; Ambraseys, 1960; Duke, 1960; 캘리포니아 수자원부, 1967; Bonilla, 1970; Steinbrugge, 1970). 단층 변위는 특정 방향으로 측정된 단층면의 상대적 이동으로 정의된다(Bonilla, 1970). 대형 지표 단층 파열의 예로는 1897년 아삼(Assam) 지진(Oldham, 1899) 때 발생한 11m의 연직변위와 1957년 고비 알타이 지진(Florensov & Solonenko, 1965) 시 발생한 9m의 수평 이동을 들 수 있다. 단층 파열의 길이는 상당히 클 수 있다. 예를 들어, 1964년 알래스카 지진 시 발생한 표면 단층의 길이는 약 600~720km로 추정되었다(Savage & Hastie, 1966; Housner, 1970).

그림 7.2와 같이 캘리포니아의 블랙 마운틴 기슭에서 발생한 지진으로 단층 파열이 발생하였다. 지진으로 인한 연직 단층 변위는 그림 7.2의 두 화살표 사이의 연직거리이다. 단층 변위는 블랙 마운틴 기슭에 퇴적된 충적선상지에서 발생하였다. 그림 7.2와 같이 거대한 연직변위가 발생한다면 대부분 구조물은 버틸 수가 없을 것이다.

그림 7.2 블랙 마운틴 기슭의 단층 파열(화살표는 지진으로 인한 연직변위의 크기를 나타냄)

단층 파열 외에도 단층의 주변에서는 지반 균열이 발생할 수 있다. 이러한 지반 균열은 보조 단층의 이동, 주 단층으로부터 분기되는 부가적 이동, 하부 지반의 부등침하 또는 횡방향 이동에 의한 지반파열과 같이 여러 가지 요인으로 발생할 수 있다. 예를 들어, 그림 7.3은 1994년 캘리포니아주 노스리지 지진 당시 발생한 지반의 파열 현상을 보여준다. 그림 7.3에서 지반의 전단변위 방향은 북서쪽을 향한다. 지반의 이동으로 콘크리트로 만든 베란다와 인접한 수영장이 모두 갈라졌고 주택의 기초가 무너졌다.

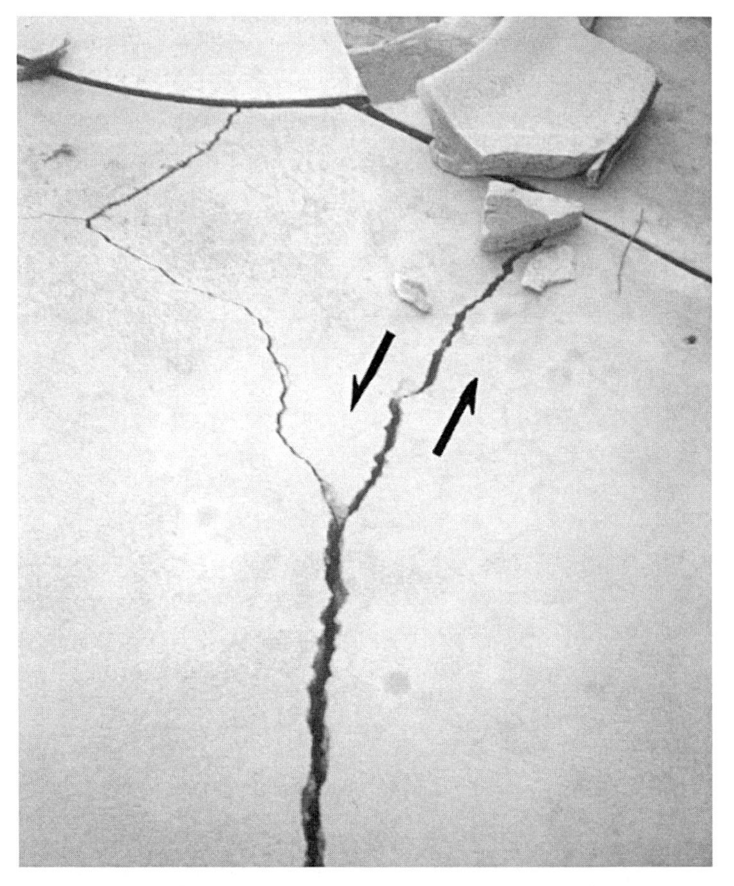

그림 7.3 캘리포니아주 노스리지 지진으로 인한 지반파열(1994)

포렌식 엔지니어가 표면 단층과 지반파열로 인한 손상을 조사할 때에는 보통 지반변위와 균열, 그림 7.2와 7.3과 같은 구조물의 전단파괴 유무를 관찰한다.

7.2.2 액상화

전형적으로 액상화에 취약한 지반은 퇴적 이력이 짧고, 느슨한 모래 지반에서 지하수위가 지표면 근처에 있는 경우이다. 지진이 발생하면 지반이 흔들리면서 느슨한 모래가 수축하여 간극수압이 상승한다. 간극수압이 상승하면 유효응력 감소로 전단강도가 저하되어 하부에서 지표면으로 물의 흐름이 발생하면서 세립토가 분출하거나 모래가 끓는 현상이 발생한다. 지반 진동과 물의 상향 흐름으로 간극수압이 증가하면 모래지반을 액상 상태로 변화시킬 수 있는데, 이 과정을 액상화 작용이라 한다. 지진으로 액상화가 된 느슨한 모래 퇴적층 위에 있는 구조물들은 가라앉거나 전도되며 매립된 탱크와 같은 구조물은 수면 위로 떠 오를 수 있다 (Seed, 1970).

액상화로 인하여 비탈면의 횡방향 이동이나 유동 활동이 발생할 수 있다(Ishihara, 1993). Seed(1970)에 의하면,

> 경사진 지반의 하부나 내부에서 액상화 현상이 발생하면 유동 활동에 의해 지지가 되지 않는 쪽으로 횡방향 흐름이나 변위가 발생한다. 지진 시 느슨하고 포화된 조립질 흙에서 유동 활동이 발생하는데, 칠레(Chile, 1960), 알래스카(Alaska, 1964), 니가타(Niigata, 1964) 등에서도 이와 같은 유동 활동이 보고되었다.

그림 7.4는 액상화로 인한 모래의 횡방향 이동의 사례이다(Kerwin & Stone, 1997). 1994년 캘리포니아 노스리지 지진으로 리돈드(Redondo) 비치 킹 항구의 해양시설에 피해가 발생하였는데, 액상화 작용으로 해양시설 일부로 건설된 해안의 경사진 성토지반에서 5.5m의 수평변위가 발생하였다.

비탈면 내부에서 느슨하게 포화된 모래층이 액상화될 수도 있다. 이로 인해 전체 비탈면이 바닥의 액상화 층을 따라 횡방향으로 이동할 수 있다. 1964년 알래스카 지진 시 지반 내 액상화된 모래층에서 발생한 전체 비탈면의 붕괴로 광범위한 피해가 발생하였다(Shannon & Wilson, Inc. 1964;, Hansen, 1965). 일반적으로 이러한 유형의 비탈면 이동이 활동지반 중심부에 있는 구조물에는 거의 피해를 주지 않지만, 단층지역(地溝)에 위치한 건물들은 부등침하가 크게 발생하였고 완전히 파괴되는 경우도 많았다(Seed, 1970).

그림 7.4 1994년 캘리포니아주 노스리지 지진으로 인한 해양시설 손상(Kerwin & Stone, 1997)

7.2.3 비탈면 활동과 침하

느슨한 포화 모래지반 외에 다른 지반들도 지진이 발생하면 비탈면이 활동하거나 침하가 발생할 수 있다. 예를 들어, Grantz 등(1964)은 알래스카 지진 시 발생한 지반 진동으로 0.8m의 충적층 침하가 일어난 사례를 설명하였다. 모래나 자갈로 이루어진 느슨한 지반도 지진으로 인한 지반 진동으로 침하되기 쉽다.

안전율이 작은 비탈면은 지진 시 수평 이동이 크게 일어날 수 있다. 지진 시 변위가 발생할 가능성이 큰 비탈면 유형에는 변형으로 전단강도를 잃은 토질(민감한 흙 등) 또는 지진력에 의해 활동이 재발할 수 있는 과거에 산사태가 발생한 지역이 포함된다(Day & Poland, 1996).

7.2.4 병진과 회전

지진의 특이한 특징은 물체에 일어나는 병진과 회전운동이다. 예를 들어, 그림 7.5는 노스리지 지진 시 발생한 병진(측면이동)과 회전운동으로 변위가 발생한 조적식 우편함의 사진이다. 그림 7.5에 화살표로 표시된 "초기 위치"는 지진이 일어나기 전에 있던 우편함의 위치를 나타낸다.

그림 7.5 캘리포니아주 노스리지 지진 시 발생한 조적식 우편함의 회전변형(1994)

지진은 비석과 같이 이동 가능한 물체에도 회전을 일으켰다(Athanasopoulos, 1995; Yegiana 등, 1994). Athanasopoulos(1995)는 이동이 가능한 물체는 지진의 운동 방향과 일치하도록 회전할 거라고 하였다. 회전 외에도 지진 중에 병진(측면이동)이 발생할 수 있다. 물체는 에너지 파동의 전파와 같은 방향, 즉 지진의 진원지에서 멀어지는 방향으로 움직이는 경향이 있다.

7.2.5 기초의 거동

기초의 종류는 지진 발생 시 기초의 성능을 좌우하는 매우 중요한 요소이다. 매트나 포스트 텐션 슬래브와 같은 기초는 상당한 변위가 발생하더라도 건물을 온전하게 유지할 수 있다. 이 절에서는 캘리포니아주 노스리지 지진 시 발생한 기초형식에 따른 단독 주택의 피해 유형과 기초 손상에 대해 중점적으로 설명하였다.

노스리지 지진은 1994년 1월 17일 오전 4시 31분에 발생했으며 지진의 규모는 6.7이었다. 고층건물, 주차장, 고속도로와 같은 특수 설계 구조물도 붕괴하였다. 진도 7에서 8의 지진이 주로 발생했지만, 가장 손상이 심한 일부 지역은 진도가 9로 나타났다. 노스리지 지진은 교외 지역에서 발생했기 때문에 주로 단독 주택에 피해가 발생하였다.

노스리지 지진으로 인한 공공 및 민간시설의 총 피해액은 약 200~250억 달러 수준으로 캘리포니아 역사상 경제적으로 가장 큰 피해를 일으킨 자연재해였다. 이러한 지진으로 인한 피해를 고려하면 노스리지 지진으로 인한 공공 및 민간시설의 총 피해액은 약 200~250억 달러 수준으로 캘리포니아 역사상 가장 비싼 피해를 일으킨 자연재해였다. 이번 지진으로 인한 피해를 고려하면 사망자는 상대적으로 적었다. 그 이유는 지진 당시 대부분 사람이 집에서 자고 있었기 때문이라고 생각되었다.

노스리지 지진 데이터는 1994년 현장조사에서 필자가 얻은 것으로 여러 보험회사에서도 지진 자료를 요청받았다. 조사 대상 주택의 대부분은 외부 스타코와 내부 석고보드 또는 회반죽으로 지은 목재구조의 단독 주택이었다.

지진의 강도와 지속 시간이 비슷한 경우, 기초형식이 피해의 심각도에 영향을 미치는 가장 큰 요인이었다. 남부 캘리포니아에 있는 대부분의 단독 주택은 기초가 목재 바닥이나 슬래브(slab on grade) 기초로 되어 있으며 동결융해는 문제가 되지 않기 때문에 대부분 기초의 깊이가 얕다.

내부 기둥이 분리된 목재 바닥

이중 목재 바닥판 기초는 연속 콘크리트 기초와 내부(단열) 콘크리트 패드로 구성되며 바닥 빔은 연속기초와 분리된 내부 콘크리트 패드로 구성된다. 보통 연속 콘크리트 기초는 인접한 패드 위로 약 0.3~0.6m 돌출되도록 한다. 내부 콘크리트 슬래브 기초는 둘레 줄기초 만큼 높지 않으며 바닥의 보를 지지하는 데 짧은 나무 기둥이 사용된다. 둘레 줄기초와 내부 기둥은 목재 마룻바닥을 들어 올리고 있어 마루 밑에 사람이 기어 다닐 수 있는 공간을 제공한다.

캘리포니아 남부에서는 30년 이상 된 주택 대부분이 내부 패드가 분리된 이중 목재 바닥기초로 되어 있다. 그러나 대부분의 최신 주택은 이 기초형식으로 지어지지 않았다. 일부 주택의 경우, 콘크리트 기초에 목재 바닥이 볼트로 고정되지도 않았으며 콘크리트 기초에 나무판을 부착하는 데 몇 개의 볼트나 못만 사용한 경우도 있었다.

일반적으로, 이런 종류의 목재 바닥판을 가진 주택들이 더 큰 피해를 보았다. 피해를 본 원인에는 다음과 같은 몇 가지 이유가 있을 수 있다.

1. **목재기둥의 전단저항력 부족.** 내부에서는 내부 콘크리트 패드에 부착된 짧은 목재기둥에 의해 들어 올려진 목재 바닥 보가 지지가 된다. 지진 당시 이런 짧은 기둥은 무너지거나 기울어지기 쉬웠다.
2. **볼트가 없거나 볼트 체결 상태가 부적절함.** 대부분은 주택이 기초에 볼트로 적절하게 고정되지 않았기 때문에 지진이 발생하는 동안 주택이 기초에서 미끄러지거나 떨어져 나갔다. 또한 볼트의 간격이 너무 크거나 나무판이 갈라져서 주택이 기초에서 미끄러지기도 하였다.
3. **주택의 연령.** 목재 바닥재가 있는 주택들은 매우 오래전에 지어졌다. 목재는 부서지기 쉬웠고, 썩거나 흰개미 손상으로 인해 약해져 있는 경우도 있었다. 콘크리트 줄기초가 보강되지 않은 경우나 과거에 발생한 지반변위로 약화되어 있는 경우에는 지진 발생 시 균열에 더 취약하였다.

슬래브 기초

슬래브 기초(S.O.G)는 지난 20여 년 동안 남부 캘리포니아에서 지어진 주택의 가장 일반적인 기초 형태다. 슬래브 기초는 둘레 줄기초 및 내부 연속기초로 구성되며 슬래브로 상호 연결된다. 슬래브 기초의 시공은 내부와 둘레 연속기초의 굴착으로부터 시작한다. 일반적으로 보강철근이 기초의 중심에 있으며 와이어 매쉬가 슬래브 보강재로 사용기도 한다. 일체형 기초를 만들기 위해 기초와 슬래브에 콘크리트가 동시에 타설된다. 이중 목재 바닥기초와 달리 슬래브 기초하부에는 사람이 기어 다닐 만한 공간이 없다.

일반적으로 슬래브 기초에 시공된 주택의 경우, 목재 토대(sill plate)가 콘크리트 기초에 볼트로 고정되어 있었다. 이번 지진으로 목재 토대와 콘크리트 기초가 만나는 곳의 스타코에 외부균열이 발생하였다. 어떤 경우에는 주택의 사방에서 균열이 발견되었는데, 지진 진동이 일어나는 동안 주택 골조가 앞뒤로 휘어지면서 균열이 발생하였다. 비슷한 지진 강도와 지속 시간을 받는 경우, 슬래브 기초위에 시공된 주택이 가장 좋은 성능을 보였다. 그 이유는 철근보강과 일체형 구조로 인해 주택이 강화(목재 부식과 콘크리트 열화가 적음)되었고, 전단벽 시공으로 골조의 저항력은 커지고, 목재 토대가 콘크리트 기초와 연속적으로 밀착되었기 때문이다.

일반적으로 슬래브 기초가 가장 좋은 성능을 보였지만, 심하게 파손된 주택이 있었다는 점을 주목해야 한다. 이들 주택은 적절한 전단벽이 없거나, 벽에 수많은 벽 개구부가 있거나, 부실시공이 된 경우가 많았다. 슬래브 위의 구조물이 적절한 전단 저항을 갖지 못하는 경우, 슬래브 기초만으로는 구조물의 골조가 붕괴하지 않도록 보호하기에 충분하지 않았다.

포렌식 엔지니어는 지진 관련 피해를 조사하는 것 외에도 기존 구조물의 보수보강에도 참여할 수 있다. 분리된 기둥이 있는 이중 목재 바닥은 신축 공사에는 거의 사용되지 않는다. 그러나 이러한 기초유형을 가진 오래된 주택이 많이 있으며 많은 경우 목재 토대가 기초에 부적절하게 볼트로 고정되어 있다. 볼트나 고정 앵커를 이용하여 목재 골조를 콘크리트 기초에 단단히 고정할 수 있으며 기둥 사이의 공간에 목재 브레이싱 또는 합판을 추가하여 기초의 전단 저항을 크게 할 수도 있다.

노스리지 지진에서 관찰된 기초 손상은 다양한 기초 요소를 일체로 연결하는 것이 중요하다는 것을 보여주었다. 구조물이 지진에 저항하려면 바닥판이나 평면에 플로팅 슬래브로 인한 틈새가 없는 일체형이어야 한다.

7.3 침식

비탈면 침식(erosion)의 과정은 비탈 침식(slope wash)으로부터 시작할 수 있다. 비탈침식이란 물이 얇고 비교적 균일한 액막(flim)으로 이동하는 침식의 한 형태를 의미한다(Rice, 1988). 시간이 지남에 따라 물의 흐름은 약간 더 깊은 우구(雨溝, rill)로 집중될 수 있으며, 이것을 세류(rill wash)라 한다. 지속적인 침식으로 구곡(Gulley)이 나타날 수 있으며 궁극적으로는 비탈을 통해 흐르는 수로가 형성될 수 있다. 표 7.1에는 다섯 가지 수준의 비탈면 침식 현상이 제시되어 있으며 그림 7.6은 비탈면 침식이 크게 일어난 현장의 사진이다.

표 7.1 침식 수준

침식 수준	분류	설명
1	매우 경미	경미한 침식, 비탈면 바닥에 잔해가 약간 축적됨
2	경미한	침식은 깊이가 약 8cm 정도의 우구(rill)로 구성되며, 비탈면 하단에 토석 잔해도 일부 있음
3	상당	최대 약 0.3m 깊이의 우구. 비탈면 하단에 토석 잔해 있음
4	심각	약 0.3~1m 깊이의 우구와 협곡이 형성되기 시작함. 비탈면 하단에 상당한 정도의 토석 잔해물
5	매우 심각	우구와 협곡으로 구성된 깊게 침식된 수로, 지하 침식을 일으키는 파이핑 공동 형성, 비탈면 선단에 매우 많은 양의 토석 잔해물

그림 7.6 비탈면의 심각한 침식(사진 왼쪽 아래 모서리에 파손된 배수로가 있음)

Smith와 Wischmeier(1957)는 박층(sheet)과 세류(rill) 침식에 영향을 미치는 요인들에 관한 연구에서 박층 침식에는 두 가지 주요 과정이 있다고 하였다. 즉, 빗방울의 충격과 흐르는 물에 의한 토립자의 이동이다. 두 연구자에 의하면 흙의 손실량은 경사 길이, 경사, 지표 식물, 흙의 종류, 관리 및 강우량 등 여섯 가지 요인에 의해 영향을 받고 흙의 유형은 입자의 결합 정도 및 결합 형태와 같은 요소를 포함한다고 하였다.

6.10절에서 설명한 것과 같이 고결되지 않은 모래는 침식에 가장 취약하고 점토는 분산성 점토와 같은 특정한 경우를 제외하고는 저항력이 가장 크다. McElroy(1987)는 분산성 점토에 의해 발생하는 독특한 침식의 특징을 설명하였다. 예를 들어, 성토 또는 절토 비탈면의 침식은 "저그(jug)"라고 부르는 연직 또는 연직에 가까운 터널의 형태를 취할 수 있다. 이러한 저그들이 작은 건조균열, 설치류에 의한 구멍, 뿌리가 썩어 생긴 개구부, 동물과 차량에 의한 자국 또는 작은 표면 함몰로 강우나 지표수가 모여 발생할 수 있다고 하였다. 저그는 절토 또는 성토 비탈면의 작은 구멍(종종 25mm 미만)으로 시작되며 이 구멍은 바닥 직경 1m, 깊이 3m까지 확장될 수 있다. 저그들이 무너지면 비탈면이 침식되어 심각한 우구(rills)와 구곡(gullies)이 형성될 수 있다.

7.3.1 해안절벽

해안절벽(sea cliffs)은 해수로 인하여 토양에 염분이 축적되어 초목이 잘 자라지 못하기 때문에 침식에 더 취약할 수 있다. 초목이 부족하면 빗방울 충격에 대한 저항력과 나무나 식물 뿌리에 의한 저항력이 감소한다. 해안절벽의 침식을 일으키는 또 다른 요인에는 파도의 영향과 호안의 세굴로 인한 침식이 있다.

그림 7.7은 캘리포니아 솔라나(Solana) 해변에 있는 해안절벽의 침식을 방지하기 위한 침식 보호공의 사진이다. 그림 7.7의 해안절벽은 약하게 내지는 중간 정도로 고결된 사암으로 구성되어 있다. 사진의 왼쪽은 비탈면 상단을 제외하고는 배수로가 없는 자연 비탈면을 보여주고 있다. 비탈면의 침식으로 수많은 세류가 만들어졌다는 점을 주목해야 한다. 해안절벽의 보호를 위해 주로 비탈면 선단(toe)은 사석으로 이루어져 있다.

그림 7.7 해안절벽의 침식 보호공

그림 7.7의 비탈면 중간에는 강화된 해안절벽 보호시스템이 구축되었다. 비탈면 선단에는 파도로부터 비탈면을 보호하기 위해 콘크리트 호안을 설치하였고 호안 상부에는 시멘트 처리

된 비탈면을 지지하기 위한 크립(crib) 벽체를 조성하였다. 해안절벽 전면은 저항력이 큰 침식 제어시스템으로 재시공하였다.

그림 7.7의 오른쪽에는 바다의 파도로부터 비탈면의 선단을 보호하기 위한 호안(sea wall)이 있으며 호안 위에는 식생의 성장을 촉진하기 위해 식생과 관개시설을 설치하였다. 비탈면은 완전히 식생이 되었다.

그림 7.8은 캘리포니아 솔라나 해변의 해안절벽에 사용된 침식방지 대책을 보여준다. 그림 7.8의 왼쪽은 숏크리트(gunite) 옹벽구조물로서 숏크리트는 타이백 앵커를 이용하여 암석에 고정하였다. 그림 7.8의 오른쪽에는 비탈면이 침식되지 않도록 보강토를 이용하여 계단식 옹벽 구조물을 만들었다.

그림 7.8 해안절벽의 침식 보호공

그림 7.9는 해안절벽의 침식제어를 위한 국부적인 안정화 조치로 동굴이나 협곡을 그라우트나 숏크리트로 채울 수 있으나 해변이 낮아지면 그라우트 바닥이 노출되어 그라우트가 훼손되는 단점이 있다.

그림 7.9 해안절벽의 침식 보호공

사례연구

캘리포니아주 엔시니타스(Encinitas)에서 우수관로의 파손으로 발생한 해안절벽의 침식사례를 기술하였다. 해안절벽의 평면도는 그림 7.10과 같으며 지름 0.46m의 금속 주름관을 통하여 넵튠 애비뉴(Neptune Avenue)의 빗물 일부가 배수되었다. 넵튠 애비뉴 서쪽에 있는 집수정으로 빗물이 모이면 우수관을 통해 건물 부지를 가로질러 해안절벽을 따라 내려간 다음 해변으로 배출되었다. 빗물 배수관은 해안절벽의 끝부분을 제외하고는 땅속에 묻혀 있었다.

우수관이 있는 해안절벽은 홍적세(Pleistocene)와 에오세(Eocene Age)의 단구 퇴적물로 이루어져 있으며 약간 내지 보통의 굳은 사암으로 구성되어 있다. 해안절벽은 비탈면에 층리면이 없어 비교적 안정한 상태를 유지하고 있었다. 해안절벽의 높이는 약 23m이며, 경사는 약 45°이다.

서로 다른 두 위치에서 셸비튜브(shelby tube)를 사암에 관입하여 시료를 채취하였다(Day, 1990b). 사암의 침식 가능성에 대한 지수시험결과, 침식 가능성은 '매우 심각'으로 나타났다.

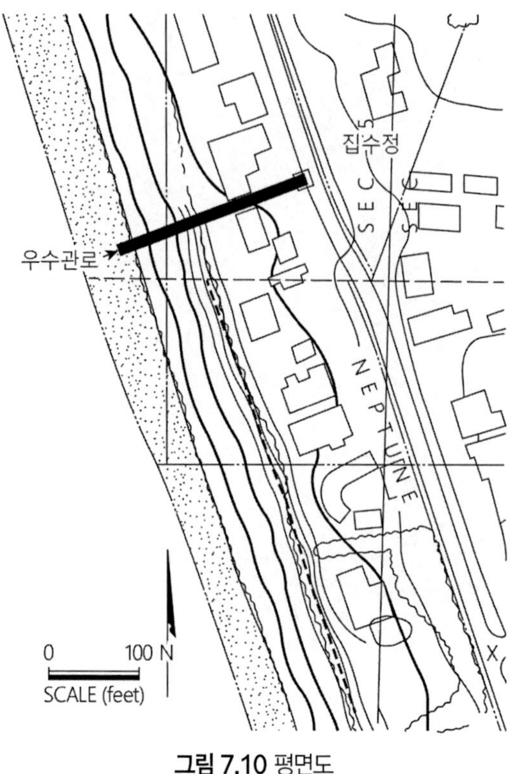

그림 7.10 평면도

그림 7.11은 사암을 구성하는 광물 입자의 입도분포곡선이다. 입도분포가 불량한 사암에는 약 8%의 실트 크기의 입자를 가진 미세한 입자에서 중간 크기의 모래 입자들이 포함되어 있다. 사암의 건조밀도와 함수비는 각각 1.7Mg/m^{3}과 2%이다.

1991년 3월 20~21일 내린 폭우로 인해 직경이 0.46m인 우수 주름관이 파손되었다. 이 기간에 기록된 강우량은 74mm였다. 우수관은 해안절벽의 중간 지점에서 파손되었다. 우수관의 파손 원인은 파이프를 약화시킨 열화(부식)로 확인되었다. 우수관의 정확한 연식은 알 수 없었지만, 인근 주택 소유자들은 약 50~60년 정도 된 것으로 추정했다.

그림 7.12는 우수관의 파손 위치를 나타낸다. 해안절벽의 침식을 막기 위해 우수관이 파손된 금속 배관 끝부분에 플라스틱 파이프를 연결하여 임시 조치를 하였다.

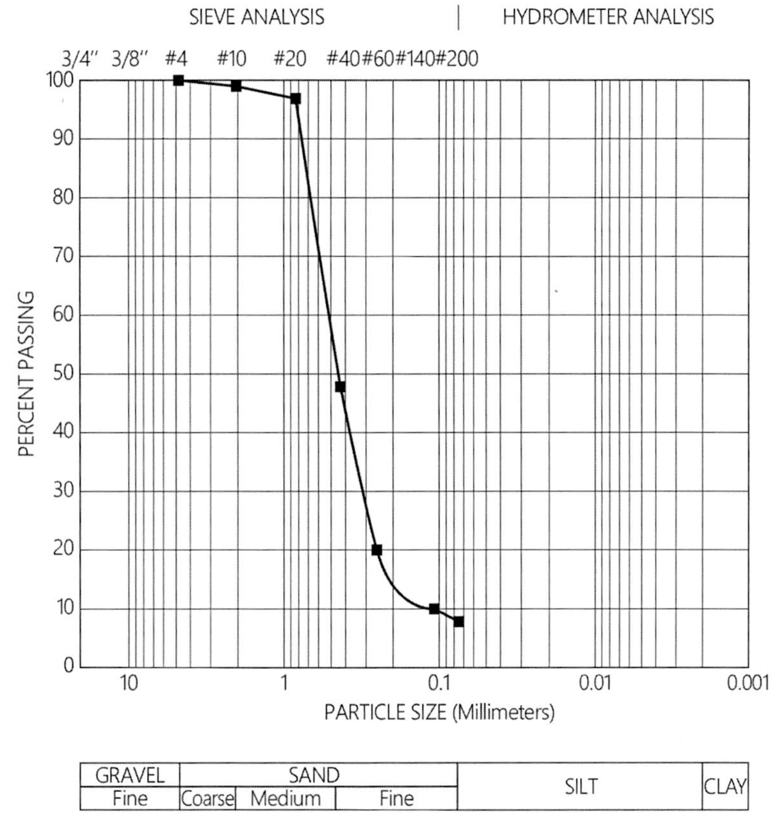

그림 7.11 입도분포곡선

그림 7.12 배수관의 파손 위치

그림 7.13은 우수관 파손으로 해안절벽에 발생한 침식장면으로 비탈면 상단과 해변에서 찍은 사진이다. 그림 7.13a 및 7.13b와 같이 우수관이 파손되었을 때, 유출된 물이 지표면의 식생 피복 역할을 하는 초목을 사라지게 하였다. 초목이 사라진 후, 물은 '매우 쉽게' 땅속으로 침투하여 해안절벽을 심각하게 침식시켰다. 침식된 대부분의 토사는 바다로 씻겨 나가거나 해변에 퇴적되었으며 침식된 토사의 양(즉, 해안절벽의 함몰 크기)은 약 300m^{3}으로 추정되었다.

요약하면, 해안절벽을 구성하는 약하게 굳어진 사암은 "매우 심각한" 침식 가능성이 있는 것으로 조사되었다. 우수관에서 물이 누수되면서 보호 식생 피복이 사라지고 그림 7.13a 및 7.13b와 같이 해안절벽이 쉽게 침식되었다. 우수관을 주기적으로 조사하고 유지관리를 했다면 우수관이 파손되는 것을 예방할 수 있었을 것이다.

그림 7.13a 우수관 누수로 인한 침식(비탈면 상단)

그림 7.13b 우수관 누수로 인한 침식(해변)

7.3.2 배드랜드

배드랜드는 다음과 같이 정의되었다(Stokes & Varnes, 1955).

> 침식 작용으로 매우 복잡하고 날카로운 침식 조각이 특징인 크고 작은 지역. 배드랜드(bedlands)는 셰일과 같은 부드러운 퇴적암 지역에서 발생하지만, 분해된 화성암, 황토 등에서도 발생할 수 있다. 침식된 암석들은 매우 날카롭게 분리되며 협곡과 고랑의 복잡한 형태를 가진 비탈면이 생성된다. 환상적인 침식 모양은 단단하고 부드러운 층의 불균등한 침식 작용으로 만들어진다. 초목이나 거친 암석 부스러기들도 거의 없다. 배드랜드는 갑작스러운 폭우로 강우량이 집중되는 건조하거나 반

건조한 기후에서 주로 발생하지만, 식생이 파괴된 습한 지역이나 흙과 조립질 쇄설물이 부족한 곳에서도 발생할 수 있다.

그림 7.14는 캘리포니아 데스 밸리 근처에 있는 배드랜드의 사진이다. 그림 7.14a와 7.14b의 화살표는 골든 캐년(Golden Canyon)에 있는 아스팔트 포장의 잔해물을 가리킨다. 국립공원관리공단에 따르면 1976년 2월에 4일 동안 58mm의 폭우가 내렸으며 그림 7.14a 및 7.14b와 같이 도로를 훼손하고 침식시킨 엄청난 유출수가 있었다. 폭우로 인한 강렬한 침식 작용으로 배드랜드에 뿌리를 내렸을지 모르는 초목들이 모두 씻겨져 내려갔다.

그림 7.14a 배드랜드(화살표는 아스팔트 포장의 잔해)

그림 7.14b 배드랜드(화살표는 아스팔트 포장의 잔해)

그림 7.15는 토석류로 인한 침식 현상을 보여주고 있다. 피복암(cap rock)이 하부에 있는 토석류 잔해물들이 침식되지 않도록 보호해주었고 그 결과, 특이한 지형이 만들어졌다.

그림 7.15 배드랜드(피복암이 하부 토석류의 침식을 방지함)

7.4 열화

열화(deterioration)와 관련하여, 미국 과학재단(NSF, 1992)은 다음과 같이 기술하고 있다.

> 기반시설은 재료의 열화, 과도한 사용, 과부하, 기후조건, 충분한 유지보수 부족, 적절한 점검 방법 선정의 어려움 등으로 시간이 지날수록 기반시설이 악화되어 전체 구조 시스템 열화의 원인이 된다. 따라서 공공의 안전을 보장하기 위해서는 보수, 개조, 재건과 교체 등의 필요한 조치가 이루어져야 한다.

이 절에서는 콘크리트의 황산염 침투, 포장 피로, 동결과 관련된 손상 등 세 가지 일반적인 열화 유형에 관해 기술하였다.

7.4.1 황산염 침투

콘크리트의 황산염 침투(sulfate attack)는 황산염(보통 토양이나 지하수에서)과 콘크리트 또는 모르타르 사이의 화학적·물리적 반응으로 정의되며, 주로 시멘트 페이스트 경화체에서 수화된 칼슘 알루미나이트와 함께 열화를 일으키는 경우가 많다(ACI, 1990). 콘크리트의 황산염 침투는 미국 남서부와 같은 건조한 지역에서 주로 발생한다. 그림 7.16a 및 7.16b와 같이 건조한 지역에서는 콘크리트 속으로 침투된 염분이 지하수가 증발함에 따라서 콘크리트 표면에 침전된다.

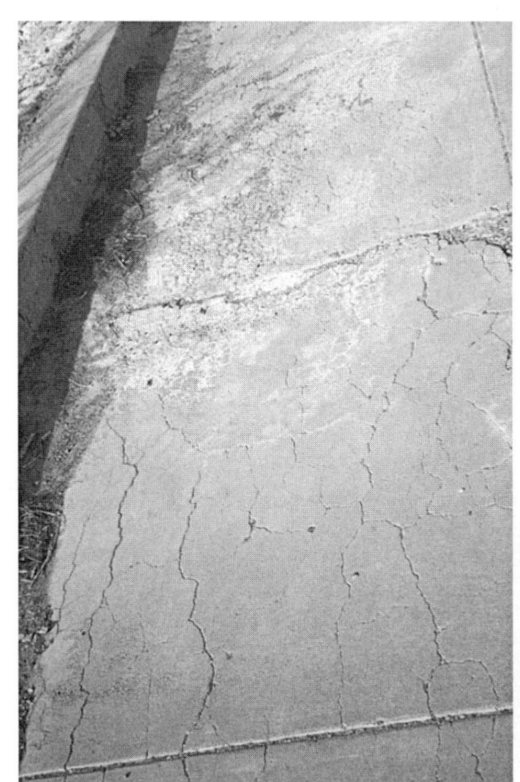

그림 7.16a 콘크리트 보도의 열화, 모하비 사막(지하수 증발로 콘크리트 표면에 침전된 침전물)

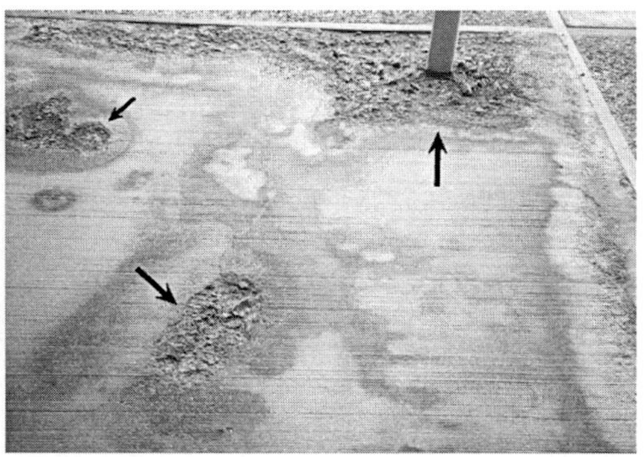

그림 7.16b 콘크리트 보도의 열화, 모하비 사막(지하수 증발로 콘크리트 표면에 침전된 침전물)

지반공학 엔지니어는 황산염 함량을 시험할 대표적인 토양 또는 지하수 시료를 채취할 수 있으며 채취된 흙 시료나 지하수를 분석하기 위해 시험을 의뢰할 수 있다. 흙이나 지하수에 포함된 수용성 황산염 함량을 결정하는 방법에는 여러 가지가 있다. 한 가지 방법은 침전물을 제거한 다음 황산염 화합물의 무게를 재는 것이다. 더 빠르고 쉬운 방법은 염화바륨을 용액에 첨가한 다음 황산바륨의 탁도(상대적 탁도)를 알려진 농도 기준과 비교하는 것이다.

일단 용해성 황산염 함량이 결정되면 지반 또는 기초공학자는 콘크리트에 미치는 황산염의 영향을 완화하기 위해 V종 시멘트 사용과 같은 조치를 권장할 수 있다. 콘크리트 기초나 옹벽에 열화가 발생한 경우에는 포렌식 지반공학자와 콘크리트 재료 전문가가 조사팀의 일원으로 참여하게 된다.

황산염 침식에 관한 연구와 실험 및 화학적 분석이 진행되었으며 두 가지 다른 메커니즘인 화학반응과 결정체의 물리적 성장이 관찰되었다.

화학반응

콘크리트의 황산염 침식과 관련된 화학반응은 복잡하다. Lea(1971)와 Mehta(1976)는 두 가지 주요 화학반응을 발견하였다. 첫째는 황산염과 수산화칼슘(시멘트의 수화 과정에서 발생)의 화학반응으로 석고라고 하는 황산칼슘을 생성한다. 두 번째는 석고와 수화된 알루미늄산칼슘의 화학반응으로 에트린자이트(ettringite)라고 불리는 유황의 알루민산염을 생성한다(ACI, 1990). 많은 화학반응과 마찬가지로 에트린자이트의 최종 생성물은 콘크리트의 부피를 증가시킨다. Hurst(1968)는 화학반응으로 알루민산 삼칼슘 화합물 부피의 두 배에 해당하는 화합물이 생성된다고 하였다. 콘크리트는 인장강도가 작기 때문에 부피가 증가하면서 콘크리트에 균열이 발생하여 더 많은 황산염이 콘크리트에 침투하여 열화가 가속된다.

황산염 결정의 물리적 성장

Tuthill(1966)과 Reading(1975)에 의한 연구 결과, 황산염의 물리적 반응으로 콘크리트의 내부 공극에서 황산염의 결정화가 생길 수 있다고 하였다. 결정의 성장은 콘크리트 내부에서 팽창력을 발휘하여 외부 콘크리트 표면의 박리(flaking)와 박락(spalling)을 일으킨다. 황산염 외에도 다공성이 큰 콘크리트는 기공 속에 있는 소금의 결정화에 의해 가해지는 팽창력에 의해 분해될 수 있다(Tuthill, 1966; Reading, 1975). 소금의 결정화에 따른 손상은 물이 콘크리트를 통해 이동하다가 콘크리트 표면에서 증발하는 영역에서 흔히 관찰된다. 예를 들면 콘크리트 댐의 표면, 적절한 방수 기능이 없는 지하실과 옹벽, 염분이 함유된 바닷물이나 흙 속에 부분적으로 잠긴 콘크리트 구조물 등이 있다.

포렌식 엔지니어는 그림 7.17과 같은 콘크리트의 물리적 손상이나 그림 7.18과 같은 콘크리트의 비정상적인 균열과 변색에 의한 황산염의 침식을 확인할 수 있다. 콘크리트 열화를 조사할 때에는 황산염 침투를 일으키는 원인을 알고 있어야 한다. 콘크리트에 대한 황산염의 침투 정도는 시멘트의 종류, 콘크리트의 품질, 콘크리트와 접촉하는 용해성 황산염 농도와 콘크리트의 표면 처리에 따라 달라진다(Mather, 1968).

그림 7.17 황산염 침식에 의한 콘크리트의 물리적 손실

그림 7.18 황산염의 침식에 의한 콘크리트의 균열과변색

1. **시멘트의 종류.** 시멘트의 황산염 저항성과 3중 칼슘 알루민산염 함량 사이에는 상관관계가 있다. 에트린자이트(ettringite)를 생성하는 것은 수산화 알루민산 칼슘과 석고의 화학반응이다. 따라서 시멘트의 삼중 칼슘 알루민산염 함량을 제한하면 에트린자이트의 생성 가능성이 감소한다. 시멘트의 삼중 칼슘 알루민산염 함량은 황산염 공격에 대한 콘크리트의 저항성에 영향을 미치는 가장 큰 단일 요소이며, 일반적으로 삼중 칼슘 알루민산염의 함량이 낮을수록 황산염에 대한 저항성이 커진다(Bellport, 1968). 포틀랜드 시멘트의 종류 중 가장 내성이 강한 시멘트는 V형인데, 이 V형 시멘트의 3중 칼슘 알루민산염 함량은 5% 미만이어야 한다. ACI(ACI, 1990)와 포틀랜드 시멘트협회(Design, 1988)의 기준 모두 황산염 침식을 받는 일반 중량콘크리트에 대한 요구사항이 같다. 흙이나 지하수에 용해되는 황산염의 비

율에 따라 일정한 시멘트 종류가 필요하다. 황산염 열화로 인한 손상 조사 시, 포렌식 엔지니어는 ACI의 요구 기준과 콘크리트에 사용된 실제 시멘트의 종류를 비교해야 한다.

2. **콘크리트의 품질.** 포렌식 엔지니어는 콘크리트의 투수성을 평가해야 한다. 일반적으로 콘크리트의 불투수성이 클수록 수인성 황산염은 콘크리트 표면으로 침투하기가 어렵다. 투수성이 작아지려면 콘크리트는 밀도가 크고 시멘트 함량이 높으며 물-시멘트 비가 적어야 한다(Design, 1988). ACI(1990)에서는 토양이나 지하수로부터 수용성 황산염에 노출된 콘크리트의 경우, 낮은 물-시멘트비를 사용할 것을 요구하고 있다. 예를 들어, 황산염에 노출이 매우 심하게 된 콘크리트의 경우, 물-시멘트비는 0.45 이하가 되어야 한다. 콘크리트의 품질에 영향을 미칠 수 있는 여러 가지 조건들이 있다. 예를 들어, 콘크리트가 적절하게 고화되지 않으면 과도한 공극이 발생할 수 있으며 철근이 부식되면 콘크리트가 갈라지고 투수성이 커질 수 있다. 구조부재가 휨 응력을 받는 경우에도 콘크리트 균열이 발생할 수 있다. 예를 들어, 기초의 휨모멘트로 인한 인장응력은 미세균열을 발생시켜 콘크리트의 투수성을 높일 수 있다.
3. **용해성 황산염 농도.** 콘크리트의 황산염 침투를 조사할 때, 포렌식 엔지니어는 콘크리트와 접촉하는 흙이나 물에 대한 용해성 황산염 함량을 결정하기 위한 시험을 했는지 확인해야 한다. 어떤 경우에는 용해성 황산염이 균열면에 집중되는 경우도 있다. 예를 들어, 콘크리트 평탄화 작업 시 발생하는 균열을 통해 증발하는 물은 황산염을 균열면 위에 침전시킨다. 이러한 황산염의 농도가 콘크리트의 열화를 가속할 수 있다.
4. **콘크리트의 표면 처리.** 콘크리트 저항력의 중요한 요소는 콘크리트의 양생과 같은 표면 처리이다. 양생을 통해 강하고 불투수성의 콘크리트가 만들어지면 염분 침투의 영향을 잘 견딜 수 있다(Design, 1988).

사례연구

캘리포니아 샌디에이고에 있는 객실 150개의 콘도미니엄 공사에서 발생한 콘크리트 플랫워크의 황산염 침투 문제를 다루었다. 콘도미니엄은 1977~1978년에 건설되었다. 1985년경 주택 입주자협의회는 건축물에 결함이 있다는 소송을 제기하였다. 필자는 입주자협의회의 포렌식 전문가로 참여하였다. 입주자협의회는 1988년 초에 소송을 하지 않기로 합의하였으며 소송이 타결된 후, 입주자협의회가 어떤 보수를 했는지는 알려지지 않았다.

필자가 조사한 한 영역은 콘크리트 플랫워크, 특히 진입로의 균열과 관련이 있다. 그림 7.19는 콘크리트 진입로의 일반적인 균열 사진이다. 다양한 폭의 균열은 콘크리트에서 흔히 나타난다. 그러나 그림 7.19의 작은 화살표로 표시된 것과 같이 균열을 따라 넓은 틈이 있다는 것이 특이한 점이다.

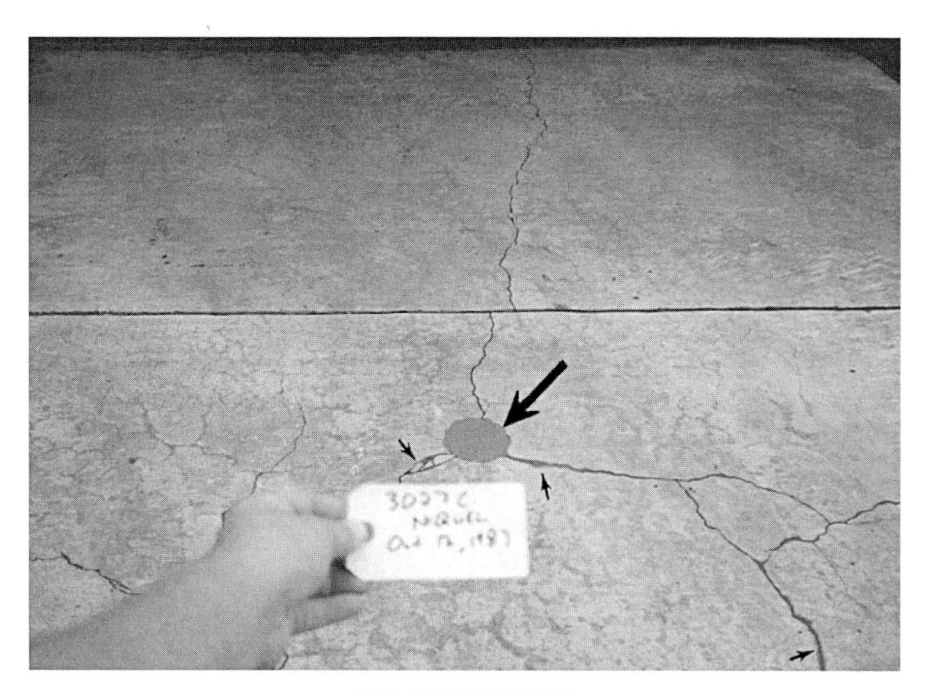

그림 7.19 진입로의 균열

그림 7.19의 큰 화살표는 직경 150mm 코어가 채취된 위치를 나타낸다. 콘크리트는 두께는 약 90mm로 무근이었으며 제1종 시멘트로 시공되었다. 또한 다른 진입로의 콘크리트 중심부에서는 콘크리트 반죽의 일부가 분해되었고 굵은 골재 조각이 남아 있는 것이 확인되었다.

그림 7.20은 콘크리트 코어의 일반적인 상태를 나타낸다. 표면균열 바로 아래에 분해된 삼각형 모양의 콘크리트 조각이 있고 표면에는 상당한 양의 소금 침전물이 있었다. 그림 7.19에 나타난 틈새는 화학적 물리적 침투 때문에 표면 콘크리트의 균열이 확장된 것으로 보인다. 균열에서 떨어진 지역에 있는 콘크리트 진입로 바닥은 비교적 온전하고 손상되지 않은 것처럼 보였다. 콘크리트 코어를 통해 진입로가 기층 없이 노반(성토재, fill) 위에 직접 시공되었다는 것을 확인할 수 있었다. 시험결과, 노반은 수용성 황산염의 함량이 매우 다양한 실트질 점토로

분류되었다. 이것은 수용성 황산염을 포함하는 흙 퇴적물의 전형적인 현상이다. 황산염의 농도 분석을 위해 6개의 흙 시료가 선정되었다. 흙 시료 중 2개는 용해성 황산염이 농도가 매우 작았지만, 다른 4개의 농도는 0.29~1.26%로 나타났는데, 이는 황산염에 '심각하게' 노출되었음을 의미한다. 노반의 모암에는 자연적으로 침전된 석고 렌즈가 포함되어 있었다. 황산염 함량이 다양한 이유는 황산염 농도가 다른 석고들로 성토 공사가 되었기 때문으로 판단되었다.

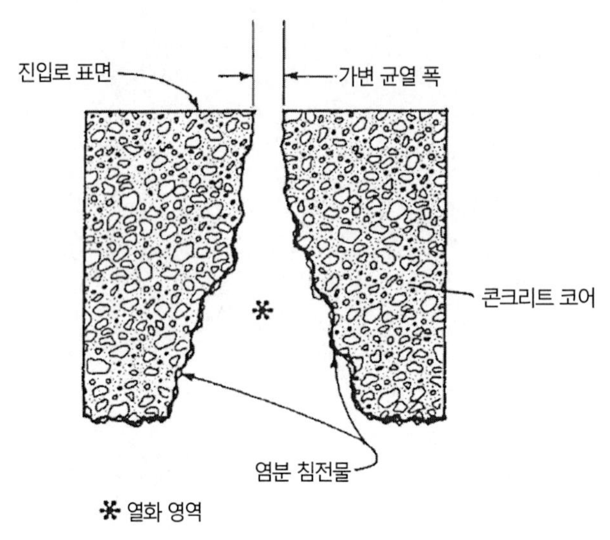

그림 7.20 열화로 인한 진입로의 파손

포렌식 조사결과, 진입로 콘크리트 포장도로의 열화 메커니즘은 다음과 같다.

1. 콘크리트 포장도로의 하부로 수분이 이동했다. 실트질 점토로 구성된 흙의 모세관 작용으로 콘크리트 슬래브 하부에 수분이 축적되는 경향이 있다. 수분은 열삼투(thermo osmosis)로 인해 콘크리트 슬래브 하부와 같이 더 차가운 영역으로 이동한다.
2. 콘크리트 포장도로 하부에 생긴 습기로 인해 실트질 점토 성토재가 팽창되었다. 일반적으로 실트질 점토는 중간에서 매우 높은 정도의 팽창성을 가지는 것으로 분류된다. 일부 장소에서 콘크리트 이음부의 불규칙한 융기가 관찰되었다. 점토질 성토재의 팽창으로 무근 콘크리트에 균열이 발생하였다. 또한 진입로 포장도로 하부에 쌓인 습기 일부는 콘크리트 포장체의 균열을 통해 증발하였다.

3. 콘크리트 진입로 균열면에서는 물이 증발하면서 염분이 침전되었다. 염분 때문에 콘크리트에 물리적, 화학적 열화가 일어났으며 이로 인해 균열이 확대되었고 균열을 통해 더 많은 수분이 증발하였다.
4. 콘크리트 진입로의 포장에서 먼저 균열이 발생하였으며 그림 7.19의 작은 화살표가 표시한 것처럼 가장 높은 농도의 황산염이 있는 곳에서 가장 넓은 표면균열이 발생하였다.

7.4.2 포장의 열화

포장의 열화나 파손에는 소성변형, 거북 등 균열, 블리딩, 블록 균열, 패임, 주름, 포트홀 또는 함몰 등의 여러 가지 유형이 있다. 이러한 유형의 포장 열화에 대한 설명과 사진은 ASTM에서 제공한다(예: ASTM D 5340-93, ASTM E 1778-96a, ASTM 1997b, ASTM 1997c).

5.5절에서는 점토 노상의 팽창으로 인한 포장의 손상과 열화, 8.1절의 '지하수'에서는 배수가 느린 포장과 기층에 갇힌 물이 주는 나쁜 영향에 대해 다루었다. 팽창성 흙과 지하수 외에도 포장 열화의 원인이 되는 다른 요인들이 있을 수 있다. 아마도 포장의 조기 열화나 파손의 가장 일반적인 원인은 계획보다 큰 교통하중 또는 예상치 못한 많은 교통량 때문일 것이다. 5.5절에서 기술한 바와 같이, 연성 포장 설계를 위한 한 가지 방법은 교통지수(TI)를 이용하는 것이다. 포렌식 엔지니어가 포장 열화나 포장파손을 조사할 때에는 실제 교통량과 설계 시 예측 교통량을 비교해야 한다. 교통하중이나 교통량 증가 외에도 포장의 조기 열화에 기여하는 원인은 많이 있다. 예를 들면, 설계단계에서 가정한 것보다 약한 포장면과 기층 또는 노상(subgrade)이 있다. 부적절한 다짐, 입자의 열화 또는 노반에 갇힌 지하수 때문에 입도 조정기층의 실제 CBR 또는 R 값이 설계단계에서 가정한 값보다 훨씬 작아질 수 있다. 또한 포렌식 엔지니어는 포장 표면과 노반의 두께를 원래의 설계 사양과 비교해야 한다. 통상적으로 포장의 열화나 파손의 주된 원인은 권고 기준보다 훨씬 얇은 포장 단면 두께로 시공되는 경우다. 포장 열화 조사에서 고려해야 할 사항은 다음과 같다(NAVFAC DM-21.3, 1978).

- 노상, 기층, 아스팔트 또는 콘크리트 표층의 특성, 강도, 내부 밀도
- 계절별 지하수위 변동과 포장의 배수 효과
- 포장 구간의 결빙에 대한 취약성과 노상에서 동결-융해의 영향

- 노상에 연약하거나 압축성이 큰 지층의 존재
- 포장면의 부등 변위를 발생시킬 수 있는 노상의 변동성

7.4.3 동결

지금까지 동결의 해로운 영향에 관한 다양한 연구가 진행되어 왔다(Casagrande, 1932; Kaplar, 1970; Yong & Warkentin, 1975; Reed 등, 1979). 동결과 관련하여 일반적인 두 가지 유형의 손상은 (1) 균열 사이의 물이 얼거나 (2) 아이스 렌즈가 형성되는 것이다. 대부분은 얼음이 녹을 때까지는 열화나 손상이 뚜렷하지 않은 경우가 많다. 이러한 경우, 동결이 열화의 주요 원인이라고 단정하기 어려울 수 있다.

균열 틈새의 수분 동결

물이 얼면 그 부피가 약 10%가량 증가하는데, 물의 부피가 팽창하면 다른 물질에 열화 또는 손상을 일으킬 수 있다. 암반 비탈면과 콘크리트의 예를 들면 다음과 같다.

- **암반 비탈면.** 동결로 발생하는 물의 팽창력은 암반의 열화, 추가적인 파쇄, 비탈면의 불안정화를 증가시킨다. Feld와 Carper(1997)는 1957년 2월 뉴욕주 고속도로에서 암반 비탈면의 동결로 약 1,000t의 암석이 떨어져 세 개의 양방향 차선이 모두 폐쇄된 사례 등의 암반 비탈면 붕괴사례를 발표하였다.
- **콘크리트.** 미국 콘크리트 협회는 내구성을 풍화, 화학적 침식, 마모 또는 기타 유형의 열화에 저항하는 능력으로 정의하였다(ACI, 1982). 내구성은 강도뿐만 아니라 밀도, 투수성, AE제, 기하학적 안정성, 구성 재료의 특성과 비율, 시공품질에 영향을 받는다(Feld & Carper, 1997). 또한 동결융해, 황산염 침식, 철근 부식, 시멘트와 골재의 다양한 성분 간의 반응 등으로 내구성이 손상된다. 동결로 인한 콘크리트 손상은 콘크리트를 타설하는 동안이나 경화된 후에 발생할 수 있다. 콘크리트 타설 중 손상을 방지하려면 콘크리트가 얼지 않도록 하는 것이 중요하다. 콘크리트 혼합물에 AE제를 첨가하면 경화된 콘크리트를 동결융해에 의한 열화로부터 보호할 수 있다.

아이스 렌즈의 형성

동결침투(frost penetration)와 흙 속에서의 아이스 렌즈로 얕은 기초와 포장이 자주 파손이 된다. 흙 속에서 습기가 아이스 렌즈를 형성하는 경우, 동결침투로 인해 구조물이 부풀어 오른다. 봄철 해빙기에는 얼음이 녹아 기초가 침하되거나 노상(subgrade)이 약해져 포장 표면이 열화되거나 깨지기 쉽다. 미국과 캐나다에서 동결 현상으로 발생하는 고속도로 피해액은 연간 수백만 달러에 달한다(Holtz & Kovacs, 1981).

실트질 지반에서 아이스 렌즈가 생성될 가능성이 큰 이유는 모세관 현상과 충분한 투수성으로 아이스 렌즈로 수분을 충분히 공급할 수 있기 때문이다. 포렌식 엔지니어는 동결작용으로 인해 손상될 가능성이 큰 건축물을 다룰 때는 건축물의 외부 기둥이나 벽체가 동결심도 아래에 있는지 확인해야 한다.

Feld와 Carper(1997)는 동결작용으로 인한 몇 가지 흥미로운 피해 사례를 설명하였다. 뉴욕 프레도니아(Fredonia)에서는 지하에 있는 냉동 저장시설의 영향으로 주변 지반이 얼고 기초가 100mm나 위로 솟아올라 흙의 체적안정성을 유지하기 위해 전기 난방시스템을 설치하였다.

또 다른 피해 사례는 시카고의 매우 추운 겨울에 일어난 사고인데 서리가 지하차고 아래로 침투하여 지하에 묻힌 스프링클러 라인이 파괴되었다. 이로 인해 얼음이 쌓이면서 건물이 도로 위로 솟아올랐으며 여러 개의 기둥에서 전단파괴가 발생하였다.

7.5 나무뿌리

나무뿌리로 인한 구조물 손상은 매우 흔하다. 일반적으로 보도, 파티오, 도로 및 블록벽 등 경량 구조물에서 발생하며 뿌리가 자라면서 물리적인 하중으로 작용하여 융기와 부등침하를 일으킨다. 나무뿌리의 파괴적인 영향에 대해 상당한 양의 기록이 있다. Perry와 Merschel(1987)은 나무뿌리의 영향에 대해 다음과 같이 기술하였다.

> 식물의 가장 파괴적인 무기는 뿌리이다. 나무뿌리는 도시에서 발생하는 미세한 균열 속으로 길을 찾는다. 뿌리는 작아도 균열을 키우고 벽돌을 분리시키며 콘크리트와 아스팔트 포장이 융기되는 엄청난 압력을 발생시킨다.

그림 7.21은 나무뿌리로 인한 가장 일반적인 유형의 손상 사진이다. 남부 캘리포니아 지역에 있는 대부분 토지는 주택과 도로 등에 의해 점유되었다. 토지가 비싸므로 대부분 건축물 주변의 지정된 소규모 면적에서만 식생이 이루어진다. 그림 7.21과 같이 나무들이 성장함에 따라 나무뿌리가 콘크리트 보도 아래에서 자라고 확장되어 콘크리트 보도에 균열과 부등침하를 일으켰다.

그림 7.21 나무뿌리로 인한 보도 융기

그림 7.22는 나무뿌리가 자라면서 도로에 발생한 손상 사진이다. 지반조사를 통해 도로 갓길의 가장자리 위에 아스팔트 콘크리트 포장이 시공된 사실이 밝혀졌다. 이를 통해 기초가 식생 지역의 흙과 직접 접촉할 수 있었다. 본 사례에서 도로 경계석은 나무뿌리가 도로 기층에 접근하지 못하도록 하는 장벽으로 작용하지 않았다. 그림 7.22와 같이 뿌리가 바닥을 뚫고 자

라면서 아스팔트 경계석과 도로가 융기되고 갈라졌다. 그림 7.22와 같이 어린 유칼립투스 나무에 의해서도 도로 손상이 발생한다는 점을 주목해야 한다.

그림 7.22a 시험 굴 굴착 전 상태

그림 7.22b 시험 굴 굴착 후 상태

그림 7.23은 나무뿌리로 인한 융기의 세 번째 사진이다. 사진 오른쪽에 보이는 유칼립투스 나무가 콘도 근처에 심겨 있었다. 지반조사를 통해 콘도미니엄의 기초는 약 0.6m의 단단하고 밀도가 높은 퇴적암 위에 놓여 있다는 것이 밝혀졌다. 뿌리는 퇴적암을 쉽게 뚫을 수 없었고 오히려 성토구역 상부에서 자랐다. 콘도미니엄 슬래브 하부에 있는 파이프 누수는 물의 공급원이 되었고 나무뿌리는 기초 아래를 관통하였다. 단단한 퇴적암반 위를 덮고 있던 얇은 합판은 나무뿌리를 막는 역할을 하지 못했으며 나무뿌리가 자라면서 콘도미니엄이 융기되었다.

나무뿌리로 인한 융기의 예에서 알 수 있듯이 보도, 도로, 조적벽 등 경량 구조물에 손상이 자주 발생하는 것으로 관찰되었다. 그림 7.22의 기초와 같이 조밀하거나 단단한 지반보다는 뿌리가 자라면서 변형될 수 있는 부드럽고 느슨한 지반에서 손상이 덜 하였다.

그림 7.23 융기된 콘도미니엄

7.6 지지력 파괴

7.6.1 건축물

기초의 일반적인 지지력 파괴는 구조물 기초지반의 전단변위 및 파열과 관련이 있다. 침하로 손상된 구조물에 비해 지지력 부족으로 영향을 받는 구조물은 훨씬 적다. 이는 기초의 극한 지지력을 결정하는 데 사용되는 지지력식(예: Lambe & Whitman, 1969, 14.3)의 개발과 함께 손상에 관한 광범위한 연구가 있었기 때문이다. 또한 주별 설계기준에는 Uniform Building Code(1997)의 표 18-I-A, 18-I-C와 같이 다양한 토질 및 암반 조건에 대하여 최소 기초치수와 최대 허용지지력에 대한 기준을 가지고 있다. 일반적으로 건축물은 지지력 파괴를 방지하기 위해 적절한 안전율을 갖도록 설계와 시공된다.

포렌식 엔지니어가 건물의 지지력 파괴를 조사할 때에는 구조물 하부에 있는 흙의 전단강도를 결정하기 위해 지반조사 및 실내시험을 해야 한다. 시험에서 구한 전단강도는 기초설계에 사용된 값과 비교되어야 한다. 또 다른 중요한 매개변수는 파괴 시의 구조물 하중으로서 설계단계에서 가정한 하중과 비교해야 한다. 일반적으로 기초지반의 전단강도가 과대 평가되었거나 파괴 시 실제 구조물의 하중이 설계단계에서 가정한 것보다 더 큰 경우에 지지력 파괴가 일어난다.

7.6.2 도로

건물 외에 다른 구조물도 지지력 파괴에 취약할 수 있다. 예를 들어, 비포장도로와 부실하게 포장된 구간이나 노상이 약한 도로는 무거운 차량 하중으로 인한 지지력 파괴에 취약할 수 있다. 무거운 차량 하중은 지지력 파괴나 펀칭 전단파괴를 일으킬 수 있다. 지지력 파괴는 일반적으로 소성변형으로 알려져 있는데, 비포장도로나 연약한 포장 구간이 무거운 차량 하중을 지탱할 수 없을 때 발생한다.

7.6.3 점토의 펌핑

지지력 파괴의 또 다른 형태는 다짐 작업을 하는 동안 습윤 점토가 펌핑(pumping)되는 것이다. 일반적인 펌핑의 정의는 다짐 장비 아래에서 점토가 연화되어 스키징(squeezing)되는 것이다. 다짐 장비를 계속 통과시키면 습윤 점토의 비배수 전단강도가 감소하여 펌핑이 더 악화할 수 있다. 그림 7.24와 7.25는 습윤 점토로 구성된 노상의 펌핑현상을 보여준다. 펌핑은 다져진 점토의 관입 저항성에 따라 결정된다. Turnbull과 Foster(1956)는 다짐된 점토의 CBR 시험에서 점토가 최적함수비의 상태로 다짐될 때 관입저항이 0에 가까워져 점토지반에서 펌핑이 발생할 수 있음을 보여주었다.

그림 7.24 다짐 중 지지력 파괴(펌핑 점토)

그림 7.25 다짐 중 지지력 파괴(펌핑 점토)

펌핑 지반을 안정화하기 위한 방법에는 여러 가지가 있다. 일반적으로 사용되는 방법에는 점토를 현장에서 건조하는 방법, 점토에 첨가제(석회 등)를 첨가하는 방법 및 표면을 안정화하기 위하여 펌핑 점토 위에 토목섬유를 놓는 방법이 있다(Winterkorn & Fang, 1975). 펌핑 점토를 안정화하기 위한 또 다른 방법은 점토에 자갈을 첨가하는 것이다. 일반적인 절차는 지표면에 각진 자갈을 포설한 후 표면에서 작업하는 것으로 각진 자갈이 입상구조를 만들어 혼합물의 비배수 전단강도와 관입저항을 증가시킨다.

7.7 역사적 구조물

지반 및 기초공학자들에게 역사적 구조물의 보수 및 유지관리는 매우 어려운 과제이다. 포렌식 엔지니어는 역사적 구조물과 관련된 다양한 종류의 문제에 관여할 수 있다. 일반적인 문제에는 노후 또는 환경 조건으로 인한 구조적 약화 및 열화, 부실시공, 부적절한 설계 및 잘못된 유지관리 등이 있다. 예를 들어, 그림 7.26은 브리즈 힐(Breed's Hill)에서 사망한 민병대를 기리기 위해 1825년 벙커 힐(Bunker Hill) 꼭대기에 세워진 기념비 기초가 노출된 사진이다. 그림 7.27은 기초를 구성하는 각섬석 화강암 블록 사이에 있는 모르타르를 보여준다. 어떤 경우에는 모르타르가 완전히 분해되지만, 그림 7.27과 같이 펜으로 모르타르가 쉽게 관통되는 경우도 있다. 붕괴의 원인은 기초의 반복적인 동결 및 융해와 같은 화학적·물리적 풍화작용이었다.

역사적인 구조물들은 매우 오래돼서 부서지기 쉽고 쉽게 손상되는 경향이 있다. Feld와 Carper(1997)는 1846년 보스턴 근처에 지어진 트리니티 교회를 훼손한 존 핸콕(John Hancock) 타워의 건설을 예로 들었다. 법원 기록에 따르면 1969년 기초공사가 진행되면서 옹벽(존 핸콕 지하실 건설에 사용)이 84cm 이동했다. 옹벽의 이동으로 인해 인접도로가 46cm 가라앉았고 인접한 트리니티 교회의 기초가 이동하면서 구조적으로 파손되었고 중앙탑이 13cm 정도 기울어졌다. 이에 따른 소송은 1984년 약 1,200만 달러를 교회에 보상하는 것으로 타결되었다. 이 소송의 특징은 트리니티 교회가 회복할 수 없을 정도로 훼손되었다는 점이었으며 1984년 타결된 피해 보상액은 약 1,200만 달러로 역사적인 석조건축물을 완전히 철거하고 재건하는 비용을 기준으로 하였다(ASCE, 1987, Engineering News Record, 1987).

그림 7.26 벙커 힐 기념비의 노출된 기초

그림 7.27 벙커 힐 기념비 기초의 화강암 블록 사이에 있는 열화된 모르타르

역사적 건축물들이 벽돌이나 돌로 만들어진 보스턴과는 달리 미국 남서부의 역사적 건축물들은 보통 어도비(adobe) 벽돌로 지어졌다. 어도비 벽돌은 짚과 흙을 섞어 만든 후 햇볕에 말린 벽돌이다. 어도비 벽돌은 건조 시 암석과 같이 단단해지는 점토질 흙으로 만들어졌다. 인장력 강화를 위해 어도비 벽돌에 짚이 추가되었는데, 이는 콘크리트에 강 섬유를 첨가하는 것과 비슷하다.

어도비 건축은 수천 년 전에 원주민에 의해 개발되었고 전통적인 어도비 벽돌 건축은 20세기 이전에 일반적으로 사용되었다. 건축 자재로 어도비 벽돌을 사용한 것은 나무와 같은 풍부한 대체 건축자재가 부족했기 때문이다. 미국 남서부의 건조한 기후는 어도비 벽돌을 보존하는 데 도움을 주었다.

다세대 주택 형태의 어도비 구조물은 일반적으로 하천이나 호수 근처의 저지대 계곡에 건설되었다. 건조한 환경에서는 일 년 내내 상수원이 생존에 필수적이었다. 개울 바닥에서 진흙을 채취하여 어도비 벽돌을 만드는 데 사용하였다. 주기적으로 침수되는 범람원이나 지하수위가 얕은 지역과 같이 진흙을 채취하기 쉬운 지역에 많은 구조물이 건설되었다.

어도비 벽돌을 이용한 건설은 영원히 지속하지는 않았다. 많은 역사적인 어도비 구조물들이 그냥 녹아 없어졌다. 시간이 지남에 따라 어도비 벽돌이 열화되는 이유는 어도비 벽돌의 비침착성 또는 약하게 고화된 성질 때문이다. 즉, 강우나 주기적인 범람 또는 얕은 지하수위에 의해 물이 어도비 벽돌로 스며들어 침식이나 붕괴를 일으키기 때문이다. 현재, 어도비 벽돌로 지어진 역사적인 건축물 중 유적지에서 남아 있는 것은 대부분 진흙더미뿐이다.

7.7.1 사례연구

캘리포니아 비스타에 있는 과조메 랜치(Guajome Ranch) 주택으로 알려진 역사적인 어도비 구조물의 성능을 설명하였다. 단층짜리 어도비 건축물인 과조메 랜치 주택은 현재 남아 있는 멕시코의 식민지식 목장 주택 중 가장 훌륭한 것으로 평가받고 있다(Guajome, 1986). 과조메라는 이름은 개구리 연못을 의미한다(Engstrand & Ward, 미발표 보고서, 1991).

주요 어도비 구조물은 1852~1854년 사이에 지어졌는데, 그림 7.28과 같이 대표적인 멕시코 건축물로 내부에 마당이 있고 이를 둘러싸고 있는 방들로 구성되었다. 주요 거처는 집 앞쪽에 있고 잠자는 숙소는 다른 건물에, 주방과 빵집은 세 번째 건물에 있다. 초기 건축 당시 주택은 광활한 시골 지역에 자리를 잡고 있었다. 주민들은 인근 개울에서 물을 자급했으며 농업과 축산업으로 생계를 유지하였다.

1855년경에는 그림 7.28과 같이 두 번째 안마당 주위로 많은 방이 추가되었으며 1887년에도 몇 개의 방이 더 추가되었다. 그림 7.28에 표시되지는 않았지만, 추가로 지어진 현대식 시설에는 차고와 응접실 근처에 지어진 박공지붕 재봉실이 포함된다.

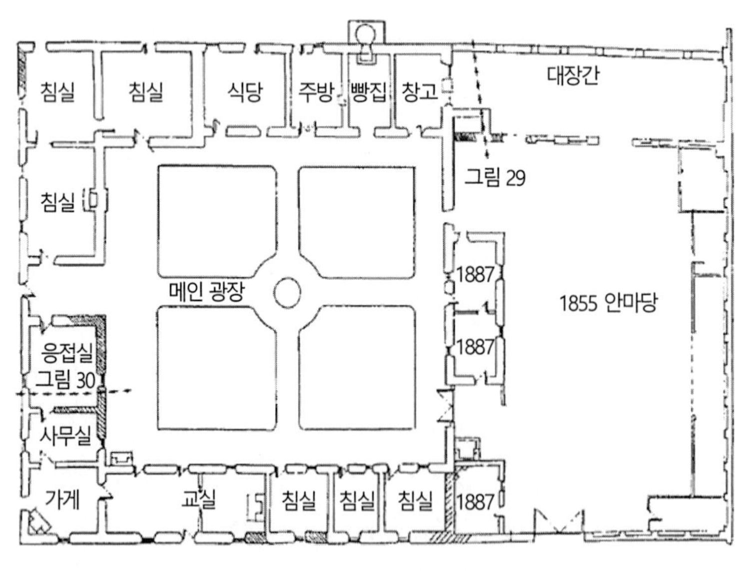

그림 7.28 과조메 랜치 주택 배치도

과조메 랜치는 1973년 샌디에이고 카운티가 Couts 가문으로부터 구입하여 국가 문화재로 지정 후 복원되었다. 필자는 복원팀 소속으로 현장에서 표면 배수가 제대로 되지 않아 발생한 피해 상황을 조사하였다.

열화 조건

두께가 0.6~1.2m인 원래의 어도비 외벽은 개량되어 스타코로 덮여 있었고 낮은 기와지붕 일부가 파형 강판으로 교체되었다.

과조메 랜치 주택은 완만하게 경사진 지형에 지어졌다. 1855년 안뜰에서는 물이 한쪽 구석으로 빠진 후에 건물 아래로 흘러 들어갔다. 그림 7.28의 화살표는 지표수가 흘러나가는 경로를 나타낸다. 그림 7.29와 같이 물에 닿은 어도비 벽돌에서는 상당한 열화가 발생하였다.

구조물의 내부와 외부 모두 유지보수가 제대로 되지 않아 상당히 열화되어 있었다. 1974년에는 박공지붕의 재봉실이 불에 탔으며 소방호스의 물이 어도비를 심하게 침식시켰다. 그림 7.29는 칸살 창문 아래의 어도비 벽이 매우 심하게 손상되었음을 보여준다.

그림 7.28의 화살표로 표시한 것과 같이 안뜰은 집 앞쪽으로 배수된다. 집 앞쪽 하부에는 배수구가 없어 마루판 아래의 도랑으로 물이 흐르게 하였다. 그림 7.30은 집 앞쪽의 바로 밑에 있는 배수로 사진으로 습기 때문에 목재 마루판의 열화가 촉진되었다. 물이 어도비 벽돌과 직접 접촉하였기 때문에 응접실에는 가장 심하게 손상된 어도비 벽돌이 몇 개 있었다.

그림 7.29 어도비 벽돌의 열화

그림 7.30 거실 배수로

오리지널 어도비 재료의 실내시험

어도비 벽돌의 재성형 시료에 대한 분류시험 결과, 흙은 실트질 모래에서 점토질 모래(SM-SC)로 분류되었고 소성지수는 2~4, 액성한계는 20이었다. 건조중량을 기준으로 오리지널 어도비 벽돌은 모래 크기의 입자가 약 50%, 실트 크기의 입자가 약 40%, 0.002mm보다 작은 점토 크기의 입자가 약 10% 포함되어 있었다.

오리지널 어도비 벽돌의 습기에 대한 저항성은 보존에 중요한 요소다. 수분 침투에 대한 어도비의 저항성을 결정하기 위해 침식 가능성 시험을 하였다(Day, 1990b). 침식 가능성 시험을 위해 오리지널 어도비 벽돌을 직경 6.35cm, 높이 2.54cm로 트리밍하였다. 직경 6.35cm의 다공성 돌을 시편의 상단과 하단에 배치하였다. 어도비 시편에 2.9kPa의 연직 응력을 가했으며 수평 방향으로는 구속압을 가하지 않았다. 다이얼 게이지를 이용하여 연직변형을 측정하였다.

초기 다이얼 게이지 판독값을 기록한 후 어도비 시료를 증류수에 수침시켰다. 그 후, 시간별로 다이얼 게이지 판독값을 기록하였다. 그림 7.31과 같이 다이얼 게이지 판독값은 시간에 대한 변형률로 나타냈다. 처음 증류수에 잠겼을 때 일부 흙 입자가 수평방향으로 떨어졌지만, 시료는 거의 온전한 상태로 남아 있었다. 이것은 토립자 사이의 결합이 약함을 의미한다.

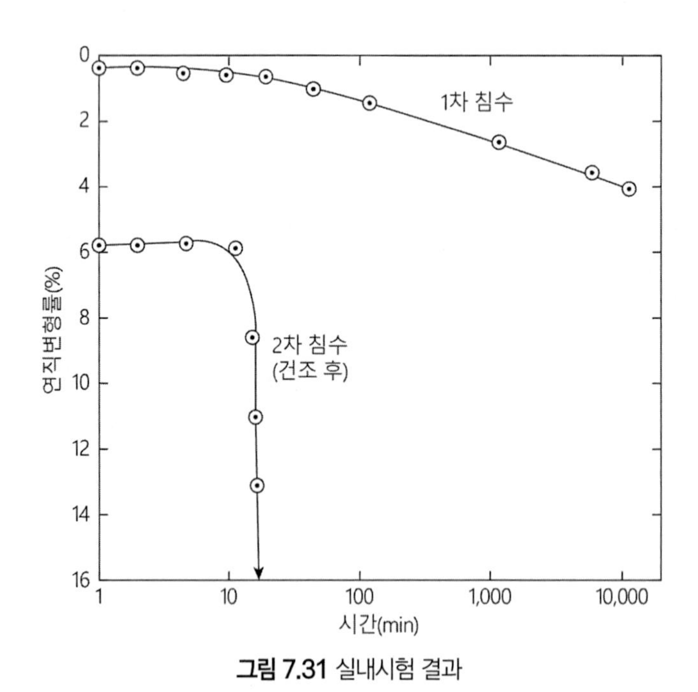

그림 7.31 실내시험 결과

시료를 8일 동안 증류수에 수침 후, 장치에서 물을 뺀 후 어도비 시료를 외부에서 여름 햇볕에 건조했다. 7일간 시료를 건조한 후, 어도비 시료의 상태를 관찰한 결과 약간의 수축과 그에 따른 균열이 나타났다.

다시 어도비 시료를 증류수에 수침 후, 불과 18분 만에 흙입자가 수평방향으로 떨어져 나가면서 시료가 완전히 분해되었다. 이 실험을 통해 어도비가 습식-건조 주기에 반복적으로 노출되면 급속도로 분해가 된다는 것을 알 수 있었다. 처음에 어도비는 약하게 굳어져 침수에도 내성이 있지만, 물에 젖은 어도비가 건조되면 수축 및 균열이 발생하고 다시 물에 잠길 때에는 열화가 가속화되었다.

배수시설의 보수

과조메 랜치 주택이 지어졌을 때 배수는 주요한 설계 고려사항은 아니었다. 그러나 물이 있는 곳에서 어도비의 열화현상을 막기 위해서는 적절한 배수가 중요함을 알 수 있다. 배수시설은 지표수가 우수배관에 연결된 상자형 송풍구로 흐르도록 안뜰에서 보수하였다. 지하 파이프를 통해 현장에서 지표수가 제거되도록 하였고 새로운 배수시스템을 설치하여 표면수가 어도비 기초와 접촉하지 않도록 하였다.

요약하면, 과조메 랜치 주택에서 표면배수로 물이 구조물과 접촉한 곳에서는 어도비 벽돌과 목재 바닥의 열화가 심했다(그림 7.29 및 7.30). 실내시험 결과, 어도비가 반복적인 습윤과 건조조건에 노출되었을 때 급격히 분해되는 것을 알 수 있었다. 표면배수와 관련된 손상의 보수를 위해 표면수가 어도비 기초와 접촉되지 않도록 배수시스템을 설치하였다.

7.8 특이성 흙

특이성 흙(unusual soil)은 드물거나 일반적이지 않은 공학적 거동을 하는 흙으로 정의할 수 있다. 이러한 흙은 프로젝트의 설계 및 시공 과정에서 그 특성이 식별되지 않거나 적절하게 평가되지 않기 때문에 손상 또는 비용 초과(부수적 손해)를 초래할 수 있다. 몇 가지 특이성 흙에 대한 특성은 다음과 같다.

암석분

이 흙은 주로 실트 크기의 입자로 이루어져 있지만, 소성이 거의 없거나 전혀 없다. 비소성 암석분(rock flour)은 석영입자를 포함하고 있으며 빙하의 연마작용 때문에 매우 미세한 입자 상태가 된다. Terzaghi & Peck(1967)은 토립자의 크기가 미세하므로 암석분을 점토로 오인하는 경우가 많다고 하였다.

이탄

이탄은 부분적으로 부패한 유기물(부식성 및 비부식성 물질)로 구성되어 있으며 잎, 줄기, 잔가지 및 뿌리의 잔해를 확인할 수 있다. 이탄이 축적되는 장소를 이탄 습지라 한다. 이탄의 색은 밝은 갈색에서 검은색까지 다양하다. 이탄은 수분 함량이 매우 높아 압축성이 매우 크기 때문에 기초를 지지하는 지반으로는 적합하지 않다(Terzaghi & Peck, 1967).

미용결 응회암과 화산재

응회암은 화쇄쇄설암으로 화산폭발로 인한 공중 파편에서 비롯된다. 가장 큰 파편(64mm 이상)은 화산암괴(blocks) 또는 화산탄(bombs), 4~64mm 사이의 파편은 화산력(lapilli), 0.25~4mm 사이의 파편은 화산재(ash), 그리고 0.25mm 이하인 가장 세립 파편은 화산분진(volcanic dust)이라 한다(Compton, 1962).

응회암의 중요한 특성은 용결(welding)의 정도이며 용결되지 않거나 부분적으로 다양한 각도로 용결되거나 조밀하게 용결된 것으로 설명할 수 있다. 용결은 일반적으로 침전 시 뜨거운 파편에 의해 발생하며 열 때문에 끈적끈적한 유리 파편이 실제로 서로 융합될 수 있다(Best, 1982). 완전히 용결된 응회암의 특징은 유리 조각의 결합 및 신장(elongation), 경석 조각의 평탄화와 같이 원래 조각과 경석 조각에는 뚜렷한 변화가 있다(Ross & Smith, 1961). 용결 정도는 파편의 유형, 파편의 소성(설치 온도 및 화학적 조성에 따라 다름), 생성된 침전물의 두께와 냉각 속도 등 여러 가지 요인에 따라 달라진다(Smith, 1960).

대기에서 직접 화산재가 퇴적되면 미고결 퇴적물이 생성될 수 있으며 이를 화산재라 하고 단단해진 퇴적물은 응회암이라 한다. 미용결 응회암은 화산재와 유사한 공학적 거동을 보인다. 이러한 재료는 도로 및 기타 토공사에서 광물성 채움재로 사용된다. 일부 화산재는 시멘트 알칼리와 골재 사이의 반응을 지연시키기 위해 포졸란 시멘트나 콘크리트의 혼화제로 사용된다.

미용결 응회암과 화산재의 자연 퇴적물은 가벼운 유리와 경석의 존재로 인해 건조단위중량(예: 1Mg/m^3)이 매우 작은 특이한 경우이다. 이 물질은 침식에 매우 취약하여 피나클(pinnacles)로 알려진 첨탑 형태의 특이한 침식 지형이 발생할 수 있다.

황토

황토(loess)는 미국 중부에 널리 퍼져 있다. 일반적으로 연한 갈색, 노란색 또는 회색의 균일한 점착성 실트로 구성되며 대부분의 입자크기는 0.01~0.05mm 사이에 있다(Terzaghi & Peck, 1967). 점착력은 일반적으로 입자를 서로 고결시키는 석회질 시멘트 때문이다. 황토의 특이한 특징은 수평방향보다 연직방향의 투수성을 훨씬 더 크게 만드는 연직의 뿌리 구멍과 균열의 존재다. 황토는 거의 연직 비탈면 상태로 있을 수 있지만, 포화되면 점착력이 소실되어 비탈면이 붕괴하거나 지표면이 침하한다.

수성암

수성암(caliche)은 미국 남서부의 건조 또는 반건조 지역에서 흔하다. 일반적으로 탄산칼슘에 의해 서로 접착되는 흙으로 구성된다. 물이 지표면 근처에서 증발하면 탄산칼슘이 토립자 사이의 간극에 축적된다. 일반적으로 수성암은 불교란 상태에서는 강하고 안정적이지만, 누수나 하수도의 물 또는 관개수의 침투로 인해 고결 물질이 침출되는 경우에는 불안정해질 수도 있다.

토석류와 선상지 퇴적물

토석류(debris flow)의 흐름은 전석과 율석을 포함하여 다양한 크기의 흙 입자를 운반할 수 있다. 전석, 율석 및 굵은 자갈은 일반적으로 큰 입자로 구분되며 미세한 토립자가 감싸 안은 형태로 존재한다. 그림 7.32는 큰 입자의 퇴적물을 보여준다. 큰 입자는 선상지 퇴적물이나 토석류로 인해 퇴적될 수 있으며 더 미세한 토립자가 간극 사이를 채울 수 있다. 그림 7.33과 같이 토석류 및 선상지 퇴적물은 주로 상재하중을 전달하는 큰 입자로 구성되는데, 그림과 같이 4 개의 자갈이 직접 접촉하여 상재하중을 전달하였다. 이러한 토석류 및 선상지 퇴적물은 큰 입자와 느슨한 흙의 불규칙한 배열 때문에 불안정한 상태로 있다.

그림 7.32 큰 입자의 퇴적

그림 7.33 큰 입자의 불규칙하고 불안정한 배열

호상 점토

호상 점토는 일반적으로 호수 퇴적물로 형성되며 토층이 교대로 이루어져 있다. 각 층의 호상은 1년 동안의 퇴적을 나타내며, 하층의 굵은 입자는 여름 동안에 퇴적되었고 상층의 미세 입자는 호수 표면이 얼어 물이 잔잔한 겨울철에 퇴적되었다. 이로 인해 전단강도가 흙의 위치에 따라 크게 변화하는데, 호상의 미세입자(점토) 부분을 따라가는 수평 전단강도가 연직 전단강도보다 훨씬 작다. 이로 인해 호상점토 위에 놓여진 구조물기초의 경우, 안정성이 과대평가되어 지지력 파괴가 발생할 수 있다.

벤토나이트

벤토나이트는 주로 몬모릴로나이트 점토 입자로 구성된 퇴적물로 화산 응회암 또는 화산재의 변질로 생성된다. 벤토나이트는 벤토나이트/토목섬유 복합재료인 GCL(Geosynthetic Clay Liner)과 같은 불투수성 차단벽으로 사용되는 제품을 만들기 위해 채굴된다. 벤토나이트는 거의 몬모릴로나이트로 구성되어 있어서 다른 종류의 흙보다 팽창, 수축 및 팽창성 흙과 관련된 손상을 더 많이 일으킬 수 있다.

예민 점토 또는 퀵 클레이

점토의 예민비는 불교란 시료의 전단강도를 재성형된 시료의 전단강도로 나눈 값으로 점토는 '낮음(low)'에서부터 '빠른(quick)'까지의 예민비를 갖는 것으로 평가할 수 있다(Holtz & Kovacs, 1981, 표 11.7). 매우 예민한 점토 또는 퀵클레이의 특이한 특징은 현장 함수비가 액성한계(1보다 큰 액성지수)보다 큰 경우가 많다는 것이다. 예민점토는 입자 사이에 불안정한 결합을 하고 있는데, 불안정한 결합이 끊어지지 않으면 점토는 무거운 하중을 지탱할 수 있다. 그러나 일단 재성형되면 결합이 파괴되고 전단강도가 크게 감소한다. 예를 들어, 온타리오주 오타와의 예민한 Leda 점토는 불교란 상태에서 높은 전단강도를 갖지만, 재성형되면 점토는 전단강도가 없는 유동상태가 된다. 예민한 점토나 퀵 클레이로 구성된 산비탈은 불안정해지고 난 뒤 흘러내린다고 보고된 바 있다(Lambe & Whitman, 1969).

규조토

규조류는 해수와 담수 모두에서 자라는 규조강(Bacillariophyceae)의 미세한 단세포 식물로 정의된다(Bates & Jackson, 1980). 규조류는 엄청난 양의 퇴적물에 축적될 수 있는 매우 다양한 형태의 규조각(frustules)이라고 하는 실리카의 외부 껍질을 분비한다(Bates & Jackson, 1980). 규조류 퇴적물은 규조류의 구조가 물을 함유할 수 있는 실리카의 중공형 구조이기 때문에 건조밀도가 낮고 함수비가 높다. 규조류의 일반적인 형태는 막대 모양, 구형 또는 원형 원반으로 길이 또는 직경이 약 0.03~0.11mm이다(그림 7.34, Spencer, 1972). 규조류는 일반적으로 돌출부나 움푹 들어간 부분과 같은 거친 표면을 가지고 있다.

규조토의 자연 퇴적물은 영문용어로 diatomaceous earth 또는 diatomite를 사용한다. 규조토는 대개 미세하고 흰 색깔의 규조질 분말로 이루어져 있으며, 주로 규조질 또는 그 잔해로 구성되어 있다(Terzaghi & Peak, 1967; Stokes & Varnes, 1955). 규조토는 규조류의 절두체를 포함하는 유기적 퇴적암으로 방산충의 껍질, 해면의 골격 및 유공충과 혼합된다(Mottana 등, 1978). 규조토의 산업적 용도는 불순물을 제거하는 필터, 연질 금속을 연마하는 연마재 및 나이트로글리세린과 혼합하여 다이너마이트 생산 시 흡수제로 사용된다(Mottana 등, 1978).

그림 7.34 규조류. 상부 규조류는 약 1,200배, 중간 및 하부 규조류는 약 300배 확대되었다.

규조토를 성토재로 사용하면 압축성이 매우 커진다. 그림 7.35는 압밀시험장치에서 측정한 규조토의 일차원 연직 침하를 보여준다. 시험에 사용된 규조토의 초기 건조밀도는 0.87Mg/m^{3}이다. 규조토를 시험하는 동안 높은 압력(즉, 1600kPa)상태에서 규조류(속이 빈 실리카 껍질)가 함께 뭉개져서 튀는 소리가 뚜렷했다. 높은 연직압력에서는 규조류가 함께 찌그러지기 때문에 높은 압축성을 가진다.

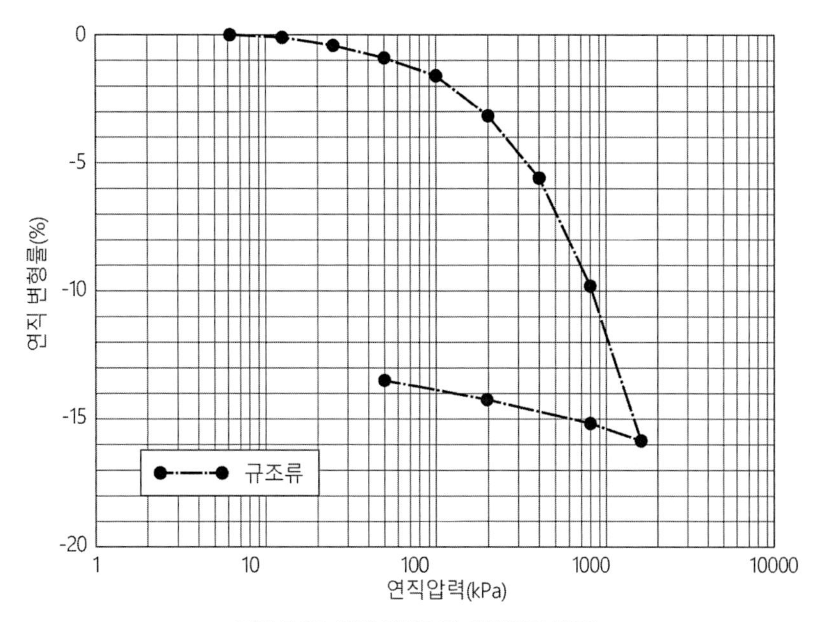

그림 7.35 연직변형률 및 연직압력 관계

7.8.1 사례연구

캘리포니아주 미션비에호(Mission Viejo)에 위치한 캐년 에스테이트(Canyon Estates)의 성토 비탈면 변형에 관한 사례를 다루었다. 필자는 원고 측 전문가로 고용되었다. 이 사건은 1997년 초에 천만 달러가 넘는 금액으로 법정 밖에서 해결되었다. 이 사례연구의 목적은비탈면 활동을 설명하고, 관측된 손상에 대한 데이터를 제시하며, 비탈면 활동의 원인을 규명하는 것 이었다. 미국에서 활동하는 지반기술자에게 중요한 프로젝트의 법적 문제에 대한 논의도 함께 진행하였다.

캐년 에스테이트 프로젝트의 대상 토지 면적은 약 4,405m^{2}이다. 1983년부터 1988년까지 도로와 계단식 건물 부지를 건설하기 위해 협곡을 채우기 위한 성토 작업을 하였다. 약 750여 가구의 1층 및 2층 단독 주택이 건물 부지 위에 지어졌다. 사례연구 당시 건축단계에서 200가구가 추가로 들어섰다. 모든 주택에 부속된 구조물에는 비탈면의 꼭대기까지 연결되는 철제 기둥과 블록 벽에 연결된 측면의 야드 대지 경계 블록벽이 포함된다. 주택 소유자가 요구한 개선사항에는 파티오 플랫워크, 데크 및 수영장이 포함된다.

성토재로 채워진 협곡과 압성토 비탈면으로 인해 대부분의 건물 부지의 뒤편에는 성토 비탈면이 있으며 일부 건물부지의 가장자리에도 성토 비탈면이 있다. 성토 비탈면의 경사는 약 2 : 1(수평 : 수직)로 시공되었으며 부지 전반에 걸쳐 비탈면의 높이는 6～12m 사이에 있다. 일부 지역에서는 성토 비탈면이 약 20m 높이로 시공되었다. 절토 비탈면에는 불리한(비탈면 바깥쪽으로 향한) 층리들이 존재하기 때문에 절토 비탈면이 과도하게 굴착되었고 압성토로 지지가 되었다. 이러한 압성토 비탈면은 일반적으로 장비 폭에 해당하는 4.6m로 비탈면 선단에서부터 마루까지 확장하며 시공되었다.

몬테레이 지층

캐년 에스테이트(Canyon Estates)에서 성토 비탈면을 축조하는 데 사용된 성토재는 몬테레이(Monterey) 지층에서 확보하였다. 몬테레이 지층은 일반적으로 실트암 또는 점토암으로 분류된다. 몬테레이 지층의 특징은 규조류나 깨진 규조류 조각들이 포함되어 있다는 것이다. 규조류 퇴적물은 수분을 함유할 수 있는 실리카질 규조류의 구조로 인해 건조단위중량이 작고 함수비가 큰 특징을 가지고 있다(그림 7.34).

성토재의 지수특성

캐년 에스테이트의 성토재는 통일분류법(USCS)을 기준으로 실트질 점토(CH)내지 점토질 실트(MH)로 분류되었고 액성한계는 60～70 사이에 있었다. 현장에서 채취한 24개 시료에 대한 입도분석 결과, 건조중량을 기준으로 점토입자(0.002 mm 미만)의 비율은 28%에서 52%까지 다양하였다. X-선 회절시험 결과, 점토 입자는 주로 몬모릴로나이트로 나타났다. 나머지 입자는 대부분 실트 크기이며 상당 부분은 규조류의 잔해였다. 몬모릴로나이트를 포함하는 무기질 흙은 일반적으로 U선 바로 아래에 있지만, 어떤 경우에는 A선 아래에 있기 때문에 규조류가 지수 특성에 영향을 미친다는 것을 알 수 있다(Holtz & Kovacs, 1981, 그림 4.14). 일부 지역의 경우, 절토구역에서 생성된 몬테레이 지층의 조각들을 다짐을 통해서 완전히 분쇄하지 못했다. 성토재에는 큰 입자가 포함되어 있었지만, 이들은 건조중량 기준으로 10% 미만이었다.

새로운 다짐법

정지작업 중에 발생하는 규조토는 함수비가 높아 90% 이상의 상대다짐도(수정다짐 기준)로 다짐을 하기 어렵기 때문에 성토 다짐을 결정하기 위한 대체 방법을 활용하였다. 이 대체 방법을 이용하여 95%의 최대다짐밀도법(Achievable Density of Compaction, ADC)으로 성토재를 다졌다. 최대다짐밀도법은 수정다짐 에너지를 이용하여 현장 함수비로 시료(한 지점)를 다짐하여 얻은 흙의 밀도이다. 규조토의 특성 때문에 규조토를 시험하기 위한 새로운 시험방법이 개발된 것이다.

최대다짐밀도법을 이용한 결과, 최적함수비보다 높고 수정다짐 시험기준보다 낮은 상대다짐도로 성토재가 다짐되었다. 조사기간 동안 측정된 평균 상대다짐도는 약 82%였다. 최대다짐밀도법에 의해 달성된 비교적 낮은 밀도 때문에 전단강도가 감소하여 비탈면이 예상보다 더 많이 변형되었다. 예를 들어, 그림 7.36~7.38은 70%(그림 7.36), 80%(그림 7.37), 그리고 90%(그림 7.38)의 상대다짐도로 재성형된 대표적인 성토재 시료에 대해 구속압을 달리하여 수행한 비압밀 비배수(UU) 삼축압축시험 결과이다. 시험결과, 상대다짐도가 감소함에 따라 비배수 전단강도가 상당히 감소한다는 것을 알 수 있었다.

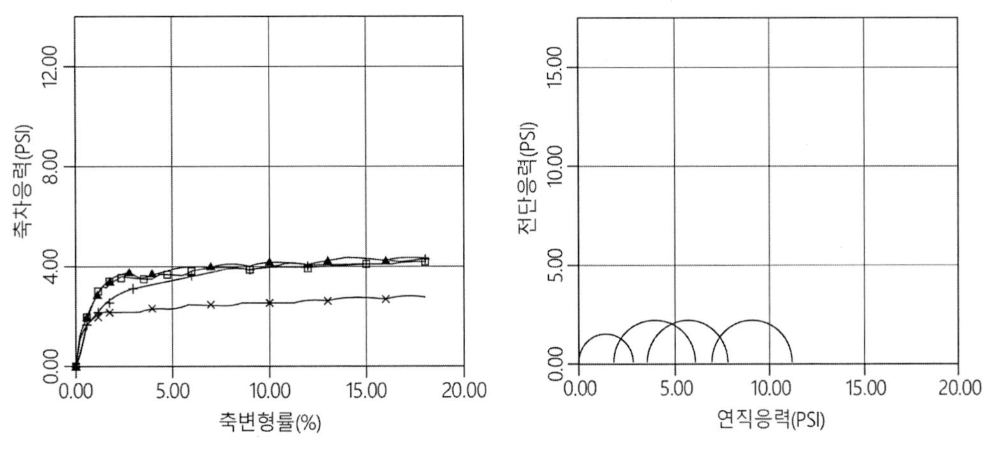

그림 7.36 UU 삼축압축시험(상대다짐도=70%, 함수비=49%)

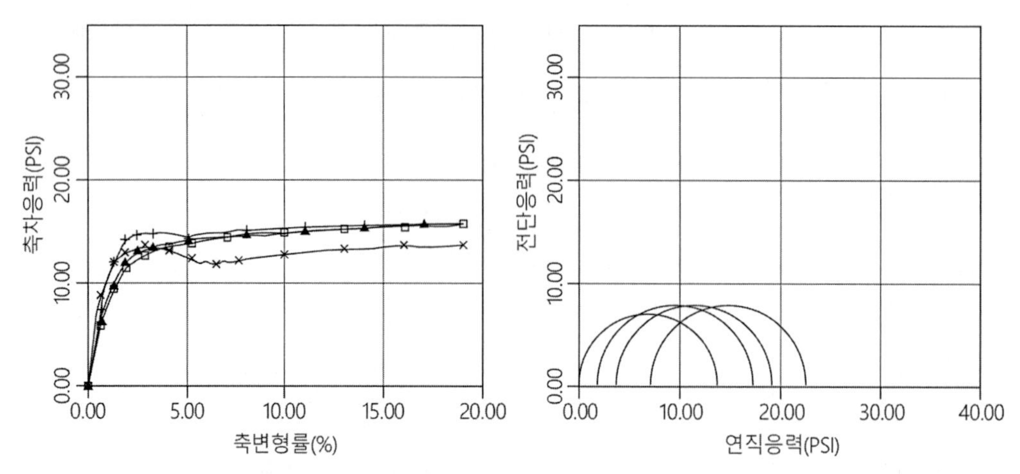

그림 7.37 UU 삼축압축시험(상대다짐도=80%, 함수비=39%)

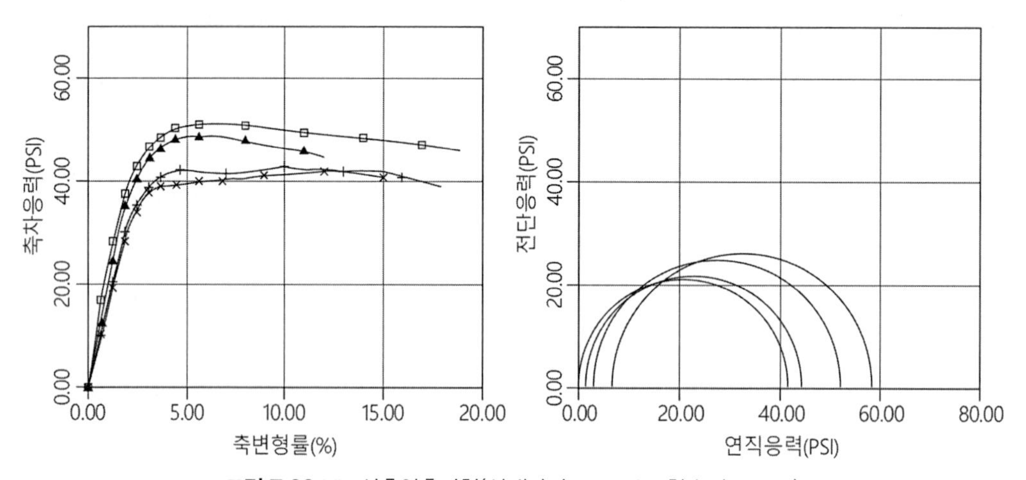

그림 7.38 UU 삼축압축시험(상대다짐도=90%, 함수비=28%)

법적소송 근거

고소장은 1992년 4월 3일 오렌지 카운티(Orange County) 고등법원에 캐년 에스테이트 주택 소유자 협의회에 의해 처음으로 제기되었다. 소송을 제기한 근거는 '무과실 책임(strict liability)' 이었다. 1.4절에서 기술한 바와 같이, 무과실 책임의 개념은 실행기준을 준수하지 않아 결함이 발생했는지와 관계없이 주택 개발자가 프로젝트의 모든 하자에 대한 책임이 있음을 의미한다. 캘리포니아에서는 반드시 건축업자의 과실을 증명할 필요는 없으며 프로젝트에 결함이 있다는 것만 보여주면 된다. 하자는 생산품이나 생산품의 일부 구성품을 소비자가 사용했을 때 제품 또는 그 일부 구성요소가 정상적으로 작동하지 않을 때 존재한다.

캐년 에스테이트에서는 비탈면 상부에 있는 수백여 주택에 대한 측방지지 역할을 하는 비탈면의 기능이 정상적으로 작동하지 않아 변위가 발생한 점은 결함이라고 주장했다.

현장 피해조사

성토 비탈면 지역과 벽체, 플랫워크, 수영장 등 비탈면 최상부에 있는 구조물에서 다양한 문제들이 드러났다. 일반적으로 손상은 비탈면 상부 부근에 있는 블록 벽의 균열과 분리로 구성되었다. 대부분의 경우, 비탈면의 벽기둥이 옆 뜰 대지 경계선 벽에서 분리되었다(그림 7.39 및 7.40). 이러한 분리 중 일부는 그 폭이 20cm 정도였다. 옆 마당 건물 벽에 대한 또 다른 유형의 손상은 비탈면에서 최대 4.5~6m 뒤쪽에서 발생한 계단식 균열이다(그림 7.41 및 7.42). 그림 7.43과 같이 균열이 벽 기초를 관통해 확장되었다. 그림 7.39~7.43과 같이 손상 대부분은 횡방향으로 발생한 변위였다.

그림 7.39 비탈면 상부 벽면에 약 20cm의 틈새

그림 7.40 비탈면 상부 벽면에 약 10cm의 틈새

그림 7.41 비탈면 상부 인근 벽체의 균열 및 분리

그림 7.42 비탈면 상부 인근 벽체의 계단식 균열

그림 7.43 벽체 및 기초를 관통한 균열

일반적으로 비탈면이 높을수록 관찰되는 균열과 분리 정도가 커졌다. 뒷마당과 옆마당 모두 비탈면이 내려가는 쪽에 있는 모퉁이의 부지에서 문제가 더 컸다. 벽의 종류와 균열의 폭에 따라 대부분의 손상은 '건축적 손상'에서 '기능적 손상'까지 다양하였다.

안뜰 테라스 슬래브, 화단 벽 및 수영장과 같은 뒷마당을 관찰한 결과, 유사한 균열 및 분리가 나타났다(그림 7.44 및 7.45). 이러한 특징은 일반적으로 비탈면과 평행하게 나타났으며 일부 지역에서는 비탈면 상단에서 6m 떨어진 곳까지 나타나 상당히 광범위한 비탈면 변위가 일어났음을 보여주었다. 일부에서는 콘크리트 진입로와 콘크리트 차고 슬래브 사이에 틈이 생기는 것이 관찰되었다. 어떤 경우에는 간격이 2.5cm를 초과하였는데, 그 원인은 포스트 텐션된 주택기초를 아래로 당기는 비탈면 변형의 영향 때문으로 추정되었다.

그림 7.44 수영장 데크의 수평변위

그림 7.45 테라스와 수영장 본드 빔 사이의 분리

현장의 상태를 조사하는 과정에서 일부 보수가 이루어진 것으로 파악되었다. 벽기둥이나 분리된 벽을 연결하기 위해 연철 울타리를 확장하거나 그라우트를 이용하여 국부적으로 보수하였다. 그러나 두 가지 유형의 보수 모두 효과가 없는 것으로 관찰되었다. 대부분의 경우, 패치가 다시 벌어지고 연철재를 연장한 부분이 분리되어 비탈면의 활동이 계속됨을 알 수 있었으며 일부 벌어진 균열은 5cm를 초과하였다.

지중 경사계 계측결과

캐년 에스테이트 부지 전체에 13개의 경사계 케이싱이 뒷마당(비탈면 상단 부근)에 설치되어 횡방향 변형률 크기를 감시하였다. 1994년 중반부터 1997년 초 사건이 법정 밖에서 해결될 때까지 13개의 경사계를 이용하여 모니터링을 하였다. 경사계의 약 2분의 1은 모니터링을 하는 동안 결정적이지 않거나 작은 경사변위를 보였다. 나머지 절반은 모니터링을 하는 동안 지속적인 횡방향 변위를 보였다. 가장 높은 비탈면과 내리막의 후방 및 측면 야드 비탈면이 있는 곳에 설치된 경사계에서도 지속적인 변위가 관찰되었다.

그림 7.46~7.49는 Geo-Slope 경사계 프로그램을 사용하여 캐년 에스테이트에서 측정한 두 경사계의 하향(A방향)변위이다. 각 그림에서 왼쪽은 깊이와 누적변위(하향)의 관계이고, 오른쪽은 시간과 수평변위의 관계이다.

그림 7.46~7.48은 경사계 중 하나에 대한 그림이다. 그림 7.46의 오른쪽은 0.6m(2ft), 그림 7.47은 1.8m(6ft), 그리고 그림 7.48은 3.6m(12ft) 깊이에서 측정한 시간과 수평변위 관계이다. 그림 7.46은 0.6m 깊이에서 시간에 대한 수평변위의 주기적 거동을 확인하였다. 경사계는 비탈면 상단 근처 건물 부지의 평평한 부분에 설치되었으며 여기서 나타난 주기적 경사계 거동은 습윤 및 건조의 반복 때문에 발생하였다. 건물 부지가 건조하게 되면 경사계가 비탈면에서 멀어지는 방향으로 움직였다. 1.8m(그림 7.47)와 3.6m(그림 7.48) 깊이에서 측정된 시간에 대한 수평변위 관계는 주기적인 수평변위를 나타내지 않았는데, 이러한 현상은 지표면에 근접한 조건임을 나타낸다.

그림 7.49는 두 번째 경사계의 측정결과로서, 변위의 발생 깊이가 4.9~5.5m(16~18ft) 정도로 다소 깊다는 점을 주목해야 한다. 또한 경사계 측정결과, 깊이에 따른 수평 변위는 점진적으로 감소하는 것으로 나타났다.

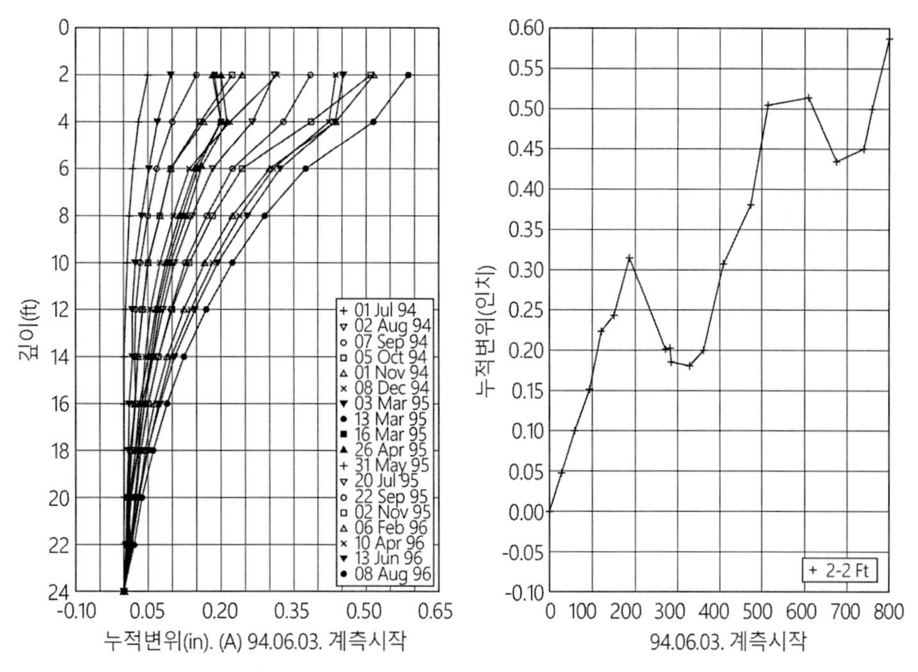

그림 7.46 경사계 7의 계측결과(깊이 2ft에 대한 변위)

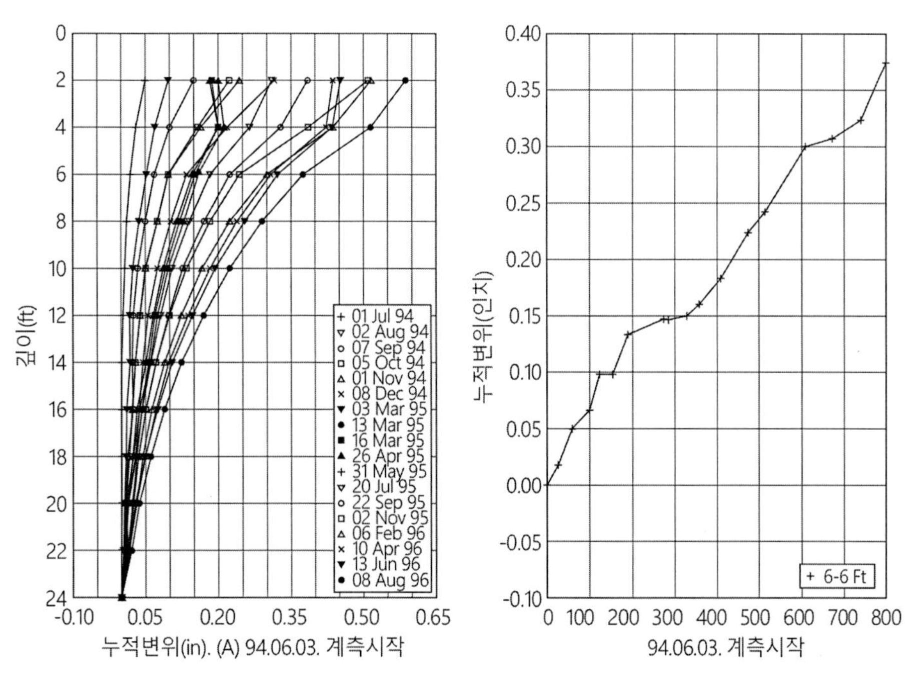

그림 7.47 경사계 7의 계측결과(깊이 6ft에 대한 변위)

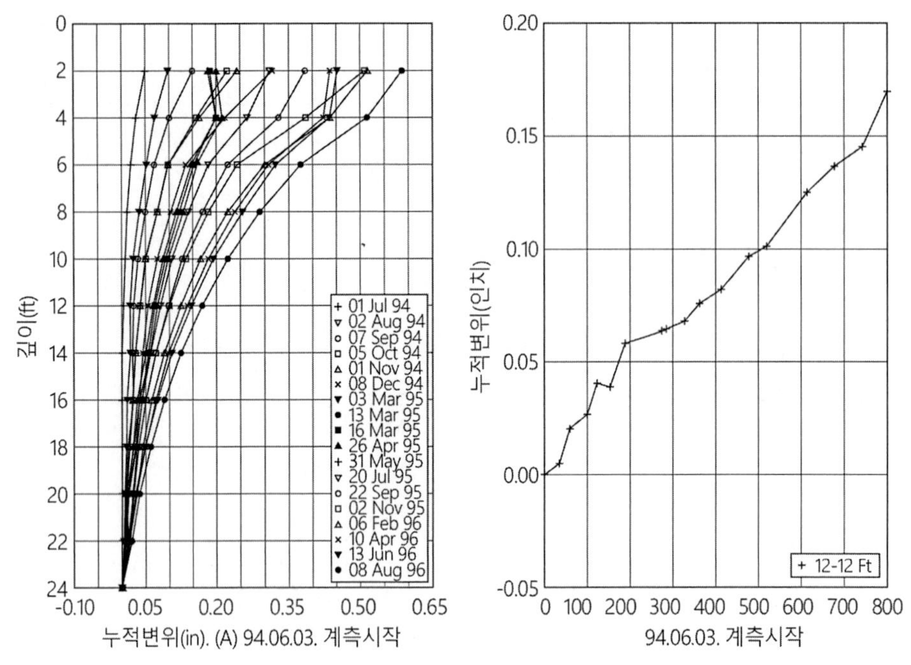

그림 7.48 경사계 7의 계측결과(깊이 12ft에 대한 변위)

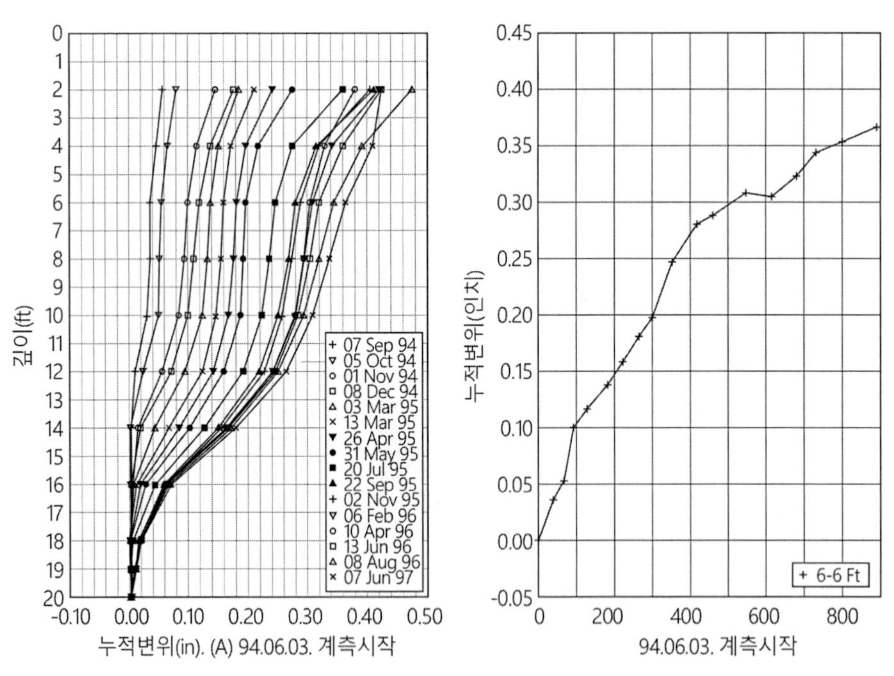

그림 7.49 경사계 12의 계측결과(깊이 6ft에 대한 변위)

비탈면의 안정성

SLOPE/W 프로그램을 사용하여 비탈면 안정성에 대해 전 응력(비배수)해석을 하였다. 비탈면(수평 : 수직=2 : 1)의 형상과 그림 7.36~7.38에서 구한 비배수 전단강도, 흙의 습윤단위중량 [1.84Mg/m^3] 및 Janbu의 단순 절편법을 이용하여 안전율을 구하였다. 비탈면 안정해석 결과는 표 7.2와 같다.

표 7.2 비탈면 안정해석 결과

상대다짐도, %	비배수 전단강도	비탈면 높이, m(ft)	안전율
70	그림 7.36	9(30)	1.15
		18(60)	0.97
80	그림 7.37	9(30)	1.89
		18(60)	1.17
90	그림 7.38	9(30)	5.11
		18(60)	3.65

비탈면 안정해석 결과, 70%의 상대다짐도에서 성토 비탈면이 파괴되었다. 현장의 평균 다짐도에 해당하는 80%의 상대다짐도에서 높은 비탈면(18m)의 안전율은 1.17로 작았다. 그림 7.50은 18m 높이의 비탈면에서 80%의 상대다짐도에 대한 비탈면 안정해석 결과이다. 상대다짐도가 90%인 경우, 비배수전단강도가 크기 때문에 비탈면의 안정성은 매우 높다.

비탈면의 변형

표 7.2와 같이 전 응력 조건에서 비탈면 안정해석 결과, 성토 비탈면의 높이가 높을수록 안전율이 작게 나타났다. 비탈면 안정해석 결과, 현장의 수평변위 발생 원인 중 하나는 다짐된 비탈면의 비배수 크리프로 확인되었으며 비탈면의 높이가 높을수록 비배수 크리프에 가장 취약하다는 것을 알 수 있었다.

변위 발생의 두 번째 원인은 비탈면의 연화(softening)였다. 초기 다짐 함수비와 본 조사에서 얻은 함수비를 비교한 결과, 시간이 지남에 따라 일부 성토 비탈면의 함수비가 증가하였다. 따라서 비탈면 변형의 두 번째 원인은 비탈면 연화라고 결론지었다.

습윤 및 건조가 건물 패드 표면 부근의 경사계에 영향을 미쳤다(그림 7.46). 지표면 부근 비탈면 변형의 세 번째 원인은 계절적 수분 변화라 결론지었다.

요약

그림 7.39~7.43은 캐년 에스테이트 프로젝트에서 대표적인으로 심각한 피해를 일으킨 사진이다. 손상의 원인은 성토 비탈면의 수평변형으로 자료에 따르면 계절별 함수 변화에 따른 비탈면 변형, 비탈면의 연화(이완) 및 지표면 부근의 하향변위 등 세 가지 메커니즘이 있었다.

표 7.2의 비탈면 안정해석 결과는 흙의 비배수전단강도에 대한 상대다짐도의 중요성을 보여준다. 프로젝트의 다짐 시방조건은 현장에 규조토가 있는 것을 기준으로 하였다. 그 결과 현장에 대한 새로운 다짐방법(ADC 방법)이 개발되었다. 이 다짐으로 평균 82%의 성토 다짐도를 얻었는데, 다짐도가 낮은 이유는 성토 비탈면에 발생한 수평변형이 주요 원인으로 간주하였다.

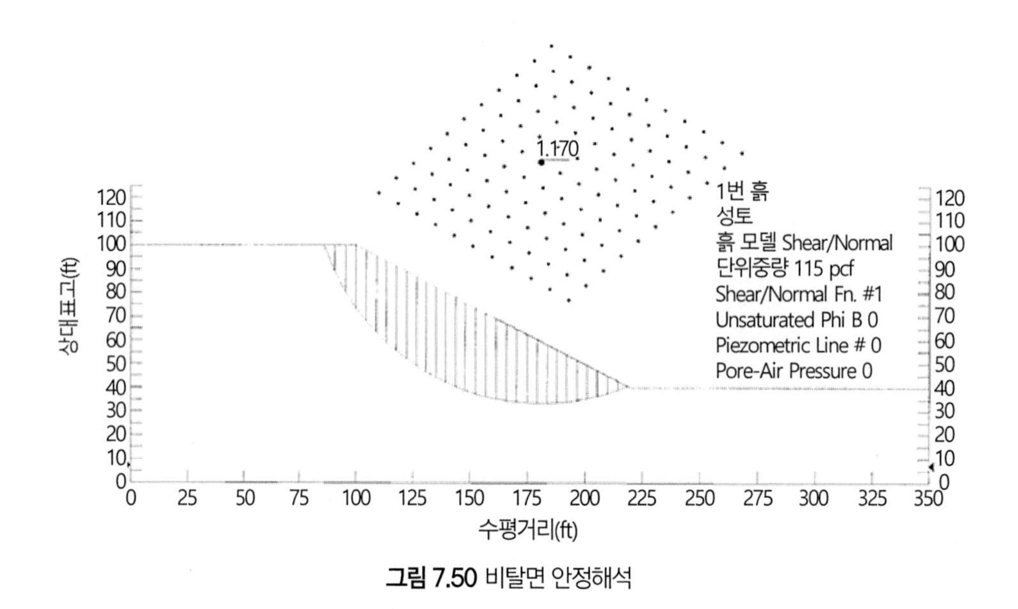

그림 7.50 비탈면 안정해석

엔지니어가 특정 프로젝트에서 작업할 때에는 법적인 문제를 고려해야 한다. 캘리포니아에서 법원은 '무과실 책임'이라는 개념을 채택하였다. 금전적 보상을 받기 위해서는 과실을 입증할 필요는 없으며 프로젝트에 손상을 일으키는 결함이 있었다는 점만 보여주면 된다. 캐년 에스테이트 프로젝트에서의 결함은 블록 벽과 주택을 손상한 성토 비탈면의 수평변형이었다.

7.9 옹벽

옹벽 구조물의 주목적은 흙과 암석에 대응하는 횡방향 지지력을 제공하는 것으로서, 지하벽과 특정 유형의 교대 등과 같이 연직하중을 지탱하는 경우도 있다.

Cernica(1995a)는 여러 가지 유형의 옹벽을 나열하고 설명하였다. 옹벽의 종류에는 중력식 옹벽, 부벽식 옹벽, 캔틸레버식 옹벽 및 크립 월 등이 있다. 중력식 옹벽은 무근 콘크리트나 돌로 만들어지며 옹벽의 전도와 활동을 방지하기 위해 주로 옹벽의 자중에 의존한다. 부벽식 옹벽은 기초, 벽체(stem wall) 및 기초와 벽체를 함께 묶는 버팀대(일명 부벽)로 구성되어 있다. 크립 월은 다짐된 흙으로 채워지는 셀(cell)을 형성하는 맞물림 콘크리트 부재로 구성된다.

지난 10년 동안 보강토 옹벽이 많이 사용되었지만, 여전히 캔틸레버식 옹벽은 가장 흔하게 사용되는 형태의 옹벽일 것이다. 캔틸레버 옹벽의 공통된 특징은 연직벽을 지탱하는 기초다. 대표적인 캔틸레버 옹벽에는 T형, L형 또는 역 L형이 있다(Cernica, 1995a).

옹벽에 수압이 작용하는 것을 방지하기 위해 깨끗한 조립질 재료(실트 또는 점토질 흙이 함유되지 않음)가 뒤채움 재료에 대한 표준권장 사항이다. 반입된 조립질의 뒤채움재는 옹벽에 가해지는 토압측면에서 예측 가능한 거동을 한다. 배면의 배수시스템이 옹벽의 뒷굽(heel) 부분에 설치되어 뒤채움재로 스며드는 물을 차단하고 처리한다.

그림 7.51의 역 L형의 캔틸레버 옹벽에 가해지는 토압은 주동토압이다. 옹벽의 기초는 흙이나 암석의 연직방향 지지력에 의해 지지된다. 옹벽의 수평방향 변위는 기초와 기초재료 사이의 활동 마찰력과 수동토압에 의해 저항된다. 옹벽에 대한 가능 파괴 모드는 다음과 같다.

횡방향 변위

그림 7.51과 같이 주동토압은 옹벽의 벽체와 뒤채움재 사이에서 발생하는 마찰력을 무시하고 수평방향으로 작용하는 것으로 가정한다. 마찰력은 벽체에 안정화 효과가 있으므로 마찰을 무시하는 것은 안전한 가정이다. 그러나 옹벽 상단에 부과되는 큰 연직하중 때문에 벽체가 뒤채움재보다 더 많이 침하되는 경우, 벽과 뒤채움 사이에 부 마찰력이 발생하여 옹벽에 불안정한 요소로 작용할 수 있다.

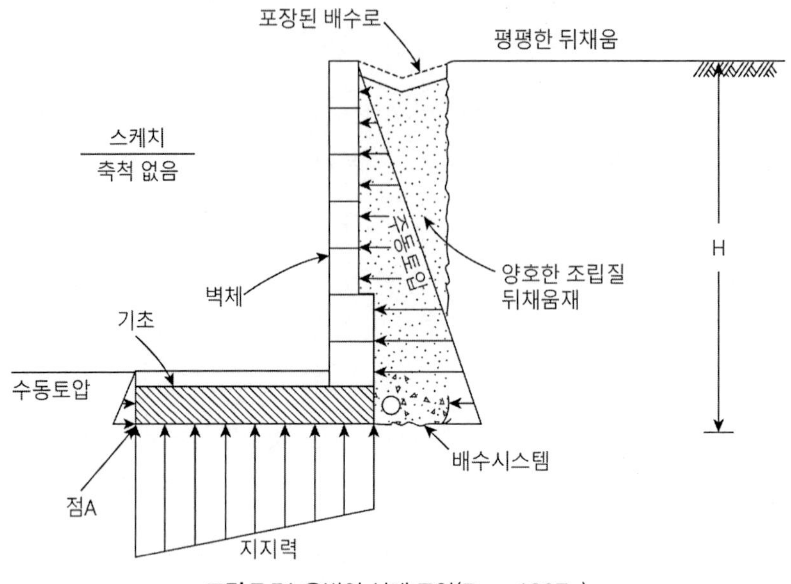

그림 7.51 옹벽의 설계 토압(Day, 1997c)

주동토압을 평가할 때, 지반 엔지니어는 깨끗한 조립질 흙을 되메우기 재료로 사용할 것을 권장하는 것이 일반적이다. 조립질 뒤채움재가 사용된 경우, 주동토압 P_a는 다음 식 (7.1)과 같다.

$$P_a = 1/2k_a\gamma_t H^2 \tag{7.1}$$

여기서, k_a =주동토압계수, γ_t =뒤채움 흙의 습윤단위중량, H=그림 7.51과 같이 주동토압이 작용하는 높이

주동토압계수 k_a는 다음 식 (7.2)와 같다.

$$k_a = \tan^2(45° - 1/2\phi) \tag{7.2}$$

여기서, ϕ=조립질 뒤채움 흙의 마찰각

식 (7.1)에서 $k_a \times \gamma_t$는 등가수압(실제로는 단위중량)이라고 한다. 설계 시 지반 엔지니어는 뒤채움재의 습윤단위중량은 1.9Mg/m³이고 마찰각 ϕ는 30°라고 가정하였다. 식 (7.2)와 $\phi=30°$를 사용하면 주동토압계수 k_a는 0.333이 된다. 주동토압계수 0.333에 습윤단위중량(γ_t)을 곱하면 등가수압은 0.64Mg/m³이 된다.

이것은 지반 엔지니어가 등가수압을 구하는 일반적인 방법으로 깨끗한 조립질 뒤채움재, 벽체 배면이 수평인 지표면, 옹벽 배수시스템 및 상재하중이 없는 조건에 유효하다. 일반적으로 등가수압 0.64Mg/m³은 안전율 계산에 포함하지 않으며, 조립질 뒤채움재의 마찰각 ϕ가 30°일 때 매끄러운 벽체에 가해지는 실제 토압이다. 식 (7.1)과 같이 연직옹벽을 설계할 때 벽체의 두께, 크기 및 철근의 위치를 고려하며 주동토압에 안전율 F가 적용된다. 뒤채움재를 다짐하는 동안 또는 기초의 변위가 제한될 때 벽체에 큰 토압이 발생될 가능성이 크기 때문에 안전율 산정에 신중해야 한다(Goh, 1993).

옹벽 뒤 지표면이 경사면인 경우, NAVFAC DM 7.2(1982)에 제시된 것과 같이 주동토압계수(k_a)를 결정하기 위한 식과 도표들이 개발되었다. 옹벽 배면에 균등한 상재하중 Q가 작용하면 옹벽에 작용하는 수평토압은 $k_a \times$Q와 같다. 옹벽 기초가 수평으로 흙 쪽으로 이동하면 수동토압이 작용한다. 표 7.3(NAVFAC DM 7.2, 1982)과 같이 수동상태에 도달하기 위한 벽면 변위는 주동토압 상태에 도달하는 데 필요한 것의 최소 두 배이다.

표 7.3 파괴에 도달하기 위한 벽체 회전의 크기

흙의 종류 및 조건	주동상태에 대한 회전(Y/H)	수동상태에 대한 회전(Y/H)
조밀한 사질토	0.0005	0.002
느슨한 사질토	0.002	0.006
굳은 점성토	0.01	0.02
연약한 점성토	0.02	0.04

* 주석: Y=벽체의변위, H=벽체의 높이

수동토압에 감소계수를 적용하여 벽체 변위를 제한하는 것이 바람직한데 일반적으로 사용되는 감소계수는 2.0이다(Lambe & Whitman, 1969). 지반 엔지니어는 통상적으로 수동토압을 반으로 줄인 다음(감소계수=2.0), 이 값을 허용 수동토압이라고 한다. 구조 엔지니어는 벽체의 변위를 제한하기 위해서는 수동토압을 사용해야 한다고 주장한다.

수동토압은 설계기준에 따라 규정될 수도 있는데, Uniform Building Code(1997)에 따르면 등가수압 측면에서 허용되는 수동토압은 16~32kN/m^{3}이다.

지지력 파괴

기초의지지 압력을 계산하기 위한 첫 번째 단계는 벽체 및 기초 자중과 같은 연직하중의 합을 구하는 것이다. 연직하중은 단위 미터당 연직합력 W로 나타낼 수 있으며, 이때 기초의 선단에서 거리 x′만큼 떨어진다. 그림 7.51과 같이 합력 W와 거리 x′는 압력분포로 변환될 수 있다(Lambe & Whitman, 1969, 예 13.12). 그림 7.51의 점 A와 같이 가장 큰지지 압력은 일반적으로 기초의 끝부분에 있다. 지지 압력은 지반 엔지니어나 현지 건축법규에 따라 제공되는 허용지지력을 초과해서는 안 된다.

활동파괴

옹벽의 활동에 대한 안전율 F는 저항력을 활동력으로 나눈 값으로 정의된다(1m당 힘).

$$F = \frac{\text{활동 마찰력} + \text{허용 수동토압 합력}}{\text{주동토압 합력}} = \frac{\mu W + P_p}{P_a} \tag{7.3}$$

여기서, μ=콘크리트 기초와 지반 사이의 마찰계수, W=연직하중의 합력, P_p=수동토압의 합력, P_a=식 (7.1)로 구한 주동토압의 합력. 일반적으로 권장되는 활동에 대한 최소안전율은 1.5~2.0이다(Cernica, 1995a).

어떤 상황에서는 기초 바닥과 지지 지반 사이에 부착력이 있을 수 있다. 옹벽은 기초의 변위가 발생할 때 발휘되는 주동토압에 대해 설계되었기 때문에 이러한 부착력은 종종 무시된다. 기초가 이동하면서 기초 바닥과 지반 사이의 부착력이 깨지기 때문에 활동 안전율 고려시 부착력이 무시되는 경우가 많다.

전도파괴

옹벽의 전도에 대한 안전율 F는 기초의 앞굽(그림 7.51, 점 A)에 대한 모멘트로 구하며 다음 식과 같다.

$$F = \frac{\text{활동 모멘트}}{\text{전도 모멘트}} = \frac{Wx'}{1/3 P_a H} \tag{7.4}$$

여기서, x' =연직합력 W에서 기초 앞굽까지의 거리, P_a =식 (7.1)로 구한 주동토압의 합력. 일반적으로 권장되는 전도에 대한 최소 안전율은 1.5~2.0이다(Cernica, 1995a).

일반적인 파괴 원인

과도한 횡방향 변위, 지지력 파괴, 활동파괴 또는 전도로 인한 옹벽의 파괴에는 여러 가지 원인이 있다. 일반적인 원인으로는 부적절한 설계, 잘못된 시공 또는 예상치 못한 하중작용이 포함된다. 기타 파괴 원인은 다음과 같다.

1. **점토 뒤채움재.** 파괴의 주된 원인은 옹벽이 점토로 뒤채움되었기 때문이다. 보통 뒤채움 재료로 깨끗한 조립질 모래 또는 자갈이 권장된다. 점토나 실트를 뒤채움 재료로 사용하는 경우에는 바람직하지 않은 영향이 작용하기 때문이다(5.3.1). 점토를 뒤채움 재료로 사용하면 점토가 벽에 팽창압력을 가할 수 있다(Fourie, 1989; Marsh & Walsh, 1996). 가장 높은 팽창압력은 낮은 함수비에서 높은 건조단위중량으로 다짐된 점토질 뒤채움재에 물이 침투할 때 발생한다. 가장 높은 팽창압력을 일으키는 점토 입자는 몬모릴로나이트이다. 점토질 뒤채움재는 배수가 자유롭지 않기 때문에 옹벽에 추가적인 정수압이나 동결 관련 하중도 작용시킬 수 있다.
2. **불량한 뒤채움재.** 시공비용을 줄이기 위해 종종 현장에서 구할 수 있는 흙을 뒤채움재로 사용한다. 이러한 흙은 설계단계에서 가정했던 높은 전단강도를 가진 깨끗한 조립질 흙과 같은 특성을 갖지 않을 수 있다. 외부에서 반입된 양질의 조립질 흙을 사용하지 않고 현장에서 채취한 흙을 사용하는 것이 아마도 옹벽 파괴의 가장 일반적인 원인일 것이다.
3. **다짐에 의한 압력.** 주동토압(식 7.1)에 안전율 F를 적용하는 한 가지 이유는 뒤채움재를 다짐하는 동안 더 큰 압력이 옹벽에 작용되기 때문이다. 옹벽 가까이에서 무거운 다짐 장비를 사용하면 과도한 압력이 발생하여 옹벽이 붕괴될 수 있다. 옹벽에 최소의 다짐 압력을 가하는 측면에서 최적의 다짐장비는 VPG 160B 및 BP 19/75와 같은 소형 진동(수동식) 다짐장비이다(Duncan 등, 1991). 진동 다짐기는 가벼운 무게 때문에 높은 횡방향 하중을 발생시키지

않고 조립질 뒤채움재를 효과적으로 다질 수 있다. 수동식 다짐기 외에 다른 종류의 가벼운 장비를 사용하여 뒤채움재를 다짐할 수 있다. 그림 7.52는 뒤채움재를 포설하고 다짐하는 데 사용되는 바브캣(Bobcat)이다.

4. **옹벽배면의 파괴.** 옹벽 시공을 위해 절토 된 임시 비탈면이 파괴될 수도 있다. 그림 7.51에 표시된 연직의 임시 비탈면은 옹벽 높이가 1.5m 미만일 때 자주 사용된다. 일반적으로는 임시 비탈면이 경사져 있다. 그림 7.53은 캘리포니아 산카를로스(San Carlos)에 있는 옹벽시공을 위한 임시 비탈면의 예이다. 임시 비탈면이 너무 가파르게 굴착되거나 적절한 안전율이 적용되지 않으면 파괴될 수 있다.

그림 7.52 뒤채움재의 다짐

그림 7.53 옹벽 시공을 위한 임시 비탈면

7.9.1 사례연구

캘리포니아 샌디에이고 지역에서 발생한 옹벽 붕괴에 관한 사례로 옹벽은 큰 건물의 지하 벽체로 시공되었다. 1984년에 건물이 철거되었고 부지가 주차장으로 바뀌었다.

지하벽체는 기초, 궁형 트러스 및 연직 건물 벽체로부터 측면 지지를 받고 있었다. 건물이 철거되었을 때, 기초 외에는 측면 지지대가 없는 캔틸레버식 옹벽이었다.

옹벽은 높이가 약 2.4~2.7m이고, 두께가 20cm로 궁형 트러스를 지지했던 두꺼운 기둥이 있었다. 그림 7.54는 건물을 철거한 후의 벽체 사진이다. 담장 뒤쪽 지역은 부동산 소유자의 것으로 측면 지지력이 상실되어 담장이 이동하면서 피해를 보았다. 그림 7.55는 옹벽 뒤쪽에 있는 콘크리트 플랫워크에서 발생한 균열 사진이다.

그림 7.54 캔틸레버 옹벽

그림 7.55 옹벽 배면 지역(화살표는 균열을 가리킴)

옹벽의 변위는 콘크리트 플랫워크 균열의 반대쪽에 황동 핀을 설치하여 모니터링 하였고 황동핀 사이의 거리를 측정하여 균열의 폭(횡방향 변위)을 계산하였다. 그림 7.56의 수평축은 균열 핀을 설치한 이후의 경과된 시간을 나타낸다.

그림 7.56에서 시간에 대한 옹벽의 변형은 기울기가 일정하지 않고 불규칙하다는 점에 유의해야 한다. 계측자료에서 옹벽은 전면으로 이동하고 균열이 벌어지며 횡방향 이동은 잠시 중단되는 것으로 나타났다. 옹벽이 전면으로 이동하면 토압이 감소하는데, 그 이유는 흙이 옹벽의 배면과 원래의 접촉을 재개하는 데 시간이 걸리기 때문이다. 그림 7.56에서 균열 핀(CP) 3은 0.9~1.2년 사이에 균열이 닫히는 것으로 기록되었는데, 이는 흙이 옹벽의 배면과 다시 접촉하면서 뒤채움 및 콘크리트 플랫워크가 침하하기 때문이다. 그림 7.57은 옹벽이 횡방향으로 이동하면서 콘크리트 플랫워크 아래에서 발생한 공동의 사진이다.

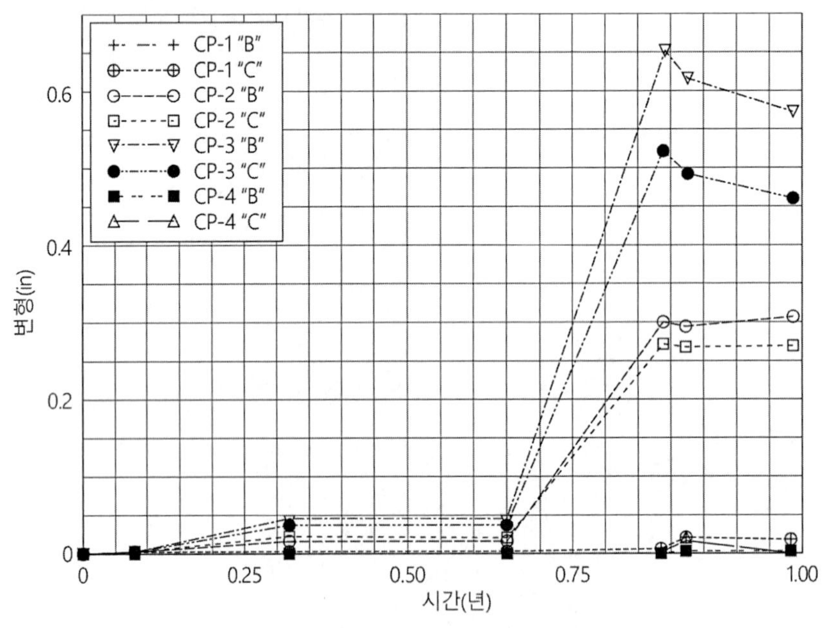

그림 7.56 시간에 따른 옹벽의 변형

그림 7.57 옹벽의 이동으로 콘크리트 슬래브 아래에 발달한 공동

대부분의 옹벽 파손은 점진적이며 간헐적으로 기울어지거나 횡방향으로 이동하면서 서서히 파괴된다. 옹벽 아래에서 비탈면이 붕괴하거나 지지력 부족으로 옹벽의 기초가 파괴되는 경우에는 갑작스럽게 파괴가 발생할 수 있다. 옹벽의 기초가 점토지반인 경우, 급속한 파괴가 발생할 수 있다(Cernica, 1995a).

지진이 발생하면 옹벽이 갑작스럽게 붕괴될 수 있다. 지진 발생 시 옹벽에 작용하는 추가 수평력을 정확히 예측하는 것은 어렵다. 옹벽에 가해지는 지진력의 규모에 영향을 미치는 요인에는 지진의 규모와 지속시간, 진앙지에서 현장까지의 거리, 옹벽 뒤채움 흙의 단위중량 등이 있다. 옹벽은 주로 주동토압으로 설계되기 때문에 지진으로 추가적인 힘이 발생하는 경우에는 무너질 수 있다.

7.10 콘크리트 기초의 수축균열

건조 수축

콘크리트는 수분이 증가하면 약간 팽창하고 수분이 감소하면 수축하는데, 수분 손실에 따른 콘크리트의 수축을 건조 수축(drying shrinkage)이라 한다. 미국 내무부(1947)는 소형 콘크리트 빔 10×10×100cm에 대해 건조수축시험을 실시했고, 38개월 동안 건조 수축량을 측정했다. 소형 콘크리트 빔은 당초 21°C에서 14일 동안 습윤 양생된 다음, 동일한 온도와 상대습도 50%에서 대기 중에 38개월 동안 보관하였다. 연구 결과에 따르면 건조 수축의 34%가 첫 달 안에, 건조 수축의 90%가 11개월 안에 발생하였다. 나머지 10%의 수축은 11개월에서 시험 종료(38개월)까지 발생하였다. 소형 콘크리트 시료를 대상으로 한 연구 결과, 대부분의 건조 수축은 콘크리트 타설 후 1년 이내에 발생하였으며 시간이 지날수록 수축량은 감소하였다.

표면 근처의 콘크리트가 내부 콘크리트 코어보다 빨리 건조되고 수축되며 건조 수축량에서 부피 대 표면적 비율이 매우 중요하다는 것을 보여주었다(Hanson, 1968; Hansen & Mattock, 1966). 부피 대 표면적 비율이 작은 콘크리트는 부피 대 표면적 비율이 높은 콘크리트 보다 훨씬 더 많이 수축이 된다. 콘크리트 중량이 큰 경우, 건조 수축이 더 오래 지속하는 것으로 관찰되었다.

콘크리트의 부피 대 표면적 비율이 일정한 경우, 건조 수축량을 결정하는 요소는 다음과 같다(PCA, 1994).

1. **콘크리트 단위 부피당 물.** 콘크리트 단위 부피당 물의 양은 건조 수축량에 영향을 미치는 가장 중요한 요소이다. 콘크리트 혼합물에 물이 많을수록 건조 수축량이 많아진다. MIT의 연구에 의하면 혼합수가 1% 증가할 때마다 콘크리트의 건조수축량은 약 2% 증가한다(Carlson, 1938). 또 다른 연구에서는 콘크리트 혼합물의 물을 120~240kg/m^{3}에서 두 배로 늘리면 건조 수축량이 5배 증가하였다.
2. **물 요구량 증가.** 시멘트 풀의 물 요구량을 증가시키는 배합설계를 변경하면 건조 수축이 증가한다. 예를 들어, 슬럼프를 증가시키거나 새로 배합된 콘크리트의 높은 온도를 낮추기 위해 추가적인 혼합수가 필요할 수 있다. 마찬가지로, 세립 골재의 비율이 높은 콘크리트 혼합물에는 단위 부피당 더 많은 물이 필요하다.

3. **굵은 골재.** 굵은 골재는 시멘트 풀의 건조 수축을 물리적으로 억제한다. 따라서 밀도가 높고 상대적으로 비압축성의 굵은 골재는 압축이 더 어려워지고 연약하고 변형 가능한 골재에 비해 건조수축량이 줄어들게 된다. 건조수축량을 감소시키는 밀도가 높고 상대적으로 비압축성인 골재에는 석영, 화강암, 장석으로 구성된 골재가 있다(ACI, 1980).
4. **양생.** 콘크리트의 양생은 콘크리트의 타설 및 마감 직후, 일정 기간 콘크리트의 수분 함량과 온도를 적절하게 유지함으로써 이루어진다. 양생의 목적은 콘크리트의 수분 손실을 막는 것이다. 경화는 강도, 내구성, 수밀성, 내마모성, 동결 및 융해에 대한 저항성 등 여러 가지 콘크리트의 특성을 개선할 수 있다. 콘크리트는 수분 손실로 인해 수축이 발생하기 때문에 양생 과정에서 건조수축량이 줄어든다.
5. **혼화제.** 일부 혼화제는 콘크리트 혼합물의 수분 함량을 높여야 하므로 건조 수축량이 증가한다. 염화칼슘과 같은 촉진제는 콘크리트의 건조 수축을 상당히 증가시킬 수 있다.
6. **시멘트.** 시멘트의 종류, 시멘트 분말도 및 성분, 시멘트 함량은 건조수축량에 어느 정도 영향을 줄 수 있지만, 그 효과는 매우 작다.

슬래브 기초(S.O.G)에서 수축균열이 발생하는 기본적인 이유는 건조 수축이 콘크리트의 인장강도를 초과하는 응력을 발생시키기 때문이다. 과도한 콘크리트 수축이 발생하는 이유에는 여러 가지가 있다. 예를 들어, 혼합물이 너무 높은 물-시멘트비 비율로 부적절하게 준비된 경우, 즉 혼합물에 물이 너무 많은 경우에는 콘크리트에서 과도한 수축균열이 발생할 수 있다. 콘크리트를 쉽게 타설하고 혼합을 쉽게 하려고 현장에서 콘크리트에 물을 추가하는 경우, 여분의 물이 과도한 건조 수축을 일으키거나 콘크리트 슬래브가 너무 얇아(즉, 부피 대 표면적 비율이 작음) 적절하게 양생되지 않았을 수 있다. 그림 7.58과 7.59는 콘크리트 매트기초의 과도한 콘크리트 수축균열의 두 가지 예이다. 수축균열은 매트기초에 수분이 침투할 수 있는 경로를 제공할 수 있다. 그림 7.60과 7.61은 슬래브 기초에 발생한 수축균열을 통한 수분 침투로 유발된 손상의 두 가지 예를 보여준다.

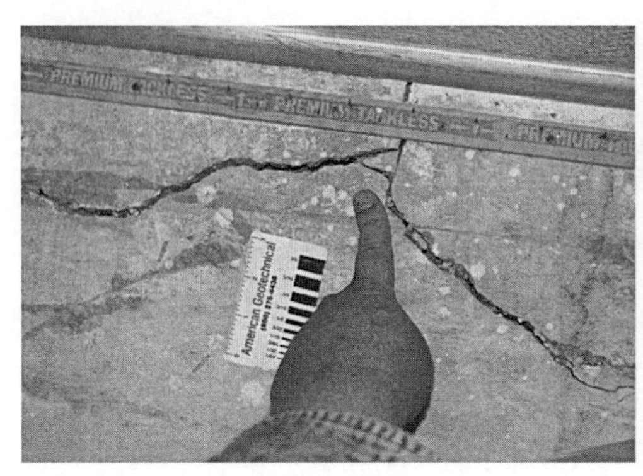

그림 7.58 슬래브 기초의 과도한 수축균열

그림 7.59 슬래브 기초의 과도한 수축균열. 콘크리트 코어 채취 결과, 균열이 콘크리트의 전체 두께를 관통한 것으로 확인되었다. 코어 위치에 수분 차단재(visqueen)가 시공되었다.

그림 7.60 슬래브 기초의 균열을 통과한 수분 이동으로 인한 바닥 타일의 융기. 사진과 같이 바닥 타일은 수분을 흡수하고 팽창하여 융기되었다.

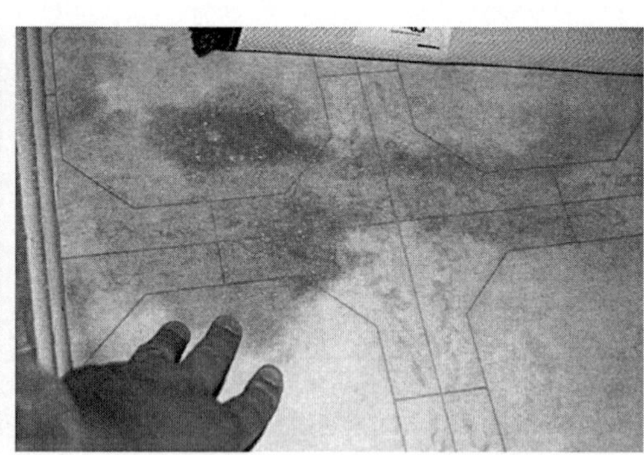

그림 7.61 슬래브 기초의 균열을 통과한 수분 이동으로 인한 리놀륨 변색. 슬래브 균열 위치의 리놀륨 아래에 수분이 누적되면서 사진과 같이 리놀륨이 어두워졌다.

슬래브 기초(S.O.G)의 수축균열을 제한하거나 방지하기 위해 다음의 세 가지 기본적인 방법을 사용할 수 있다(PCA, 1994).

1. **포스트텐션 슬래브.** 케이블에 장력을 가하면 콘크리트 수축에 의한 인장응력 발생에 대응하는 압축응력이 콘크리트에 가해진다. 압축응력이 매우 높으면 균열이 없는 기초를 만들 수 있다. 특히 긴 슬래브 기초(S.O.G)의 경우, 지반의 마찰을 줄이기 위해 특별한 노력이 필요할 수 있다.

2. **철근보강.** 슬래브 기초(S.O.G) 단면적의 0.5%에 해당하는 철근 보강재는 눈에 보이는 수축균열을 제거하기에 충분하다고 명시되어 있다.
3. **팽창성 시멘트.** 팽창성 시멘트는 타설 후 초기 경화 기간에 약간 팽창하는 수경 시멘트로 정의된다. 팽창성 시멘트를 포함한 콘크리트를 사용하면 예상되는 건조수축량을 상쇄할 수 있다. 그러나 시멘트가 팽창 기간과 이후에 압축응력을 생성하기 위해서는 철근보강이 필요하다.

수축이음

수축균열의 위치를 제어하는 방법은 수축이음(contraction joints)을 사용하는 것이다. 제어 조인트라고 하는 수축이음은 콘크리트 슬래브 상단에 연속 직선 슬롯(slot)으로 형성된다. 슬롯은 수축균열이 생기는 약한 면을 형성한다. 슬롯을 시공하는 일반적인 방법은 콘크리트가 손상되지 않을 정도로 고화한 후 톱으로 자르는 것이다. 보통 슬래브 기초(S.O.G)는 콘크리트가 굳기 시작한지 4~12시간 후에 톱으로 자른다. 슬래브 기초는 슬래브 두께의 1/4 깊이까지 톱으로 자르는 것이 좋다. 적절한 깊이까지 슬래브의 줄눈을 커팅을 하지 않을 경우, 그림 7.62와 같이 건조 수축균열이 줄눈 커팅에서 이탈한다.

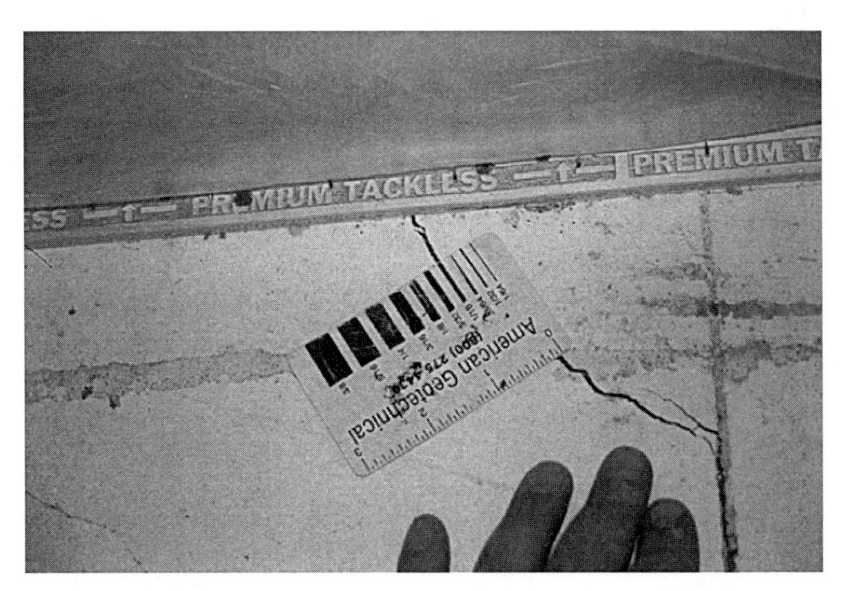

그림 7.62 매우 깊게 절단되지 않은 수축 이음이 있는 콘크리트 슬래브. 슬래브 균열이 얕은 줄눈 절삭부에서 어떻게 벗어나는지 확인된다.

슬래브 기초에 수축 조인트를 설치하는 방법에는 여러 가지가 있다. 예를 들어, 콘크리트 상단 표면을 마감하는 동안 콘크리트 안에 홈을 형성할 수 있다. 또 다른 방법은 그림 7.63과 같이 콘크리트가 굳기 전 슬래브 상단에 플라스틱 스트립을 설치하는 것이다.

수축이음의 목적은 수축균열이 특정 영역에서 발생하도록 강제하고 수축균열의 폭을 최소화하는 것이다. 수축균열의 폭을 제한함으로써 연직하중은 균열의 반대쪽 면들 사이에 있는 골재의 맞물림에 의해 수축이음을 가로질러 전달된다. 수축이음을 통한 하중 전달을 증가시키기 위해 조인트에 철근보강 또는 스틸 다웰을 배치할 수 있다.

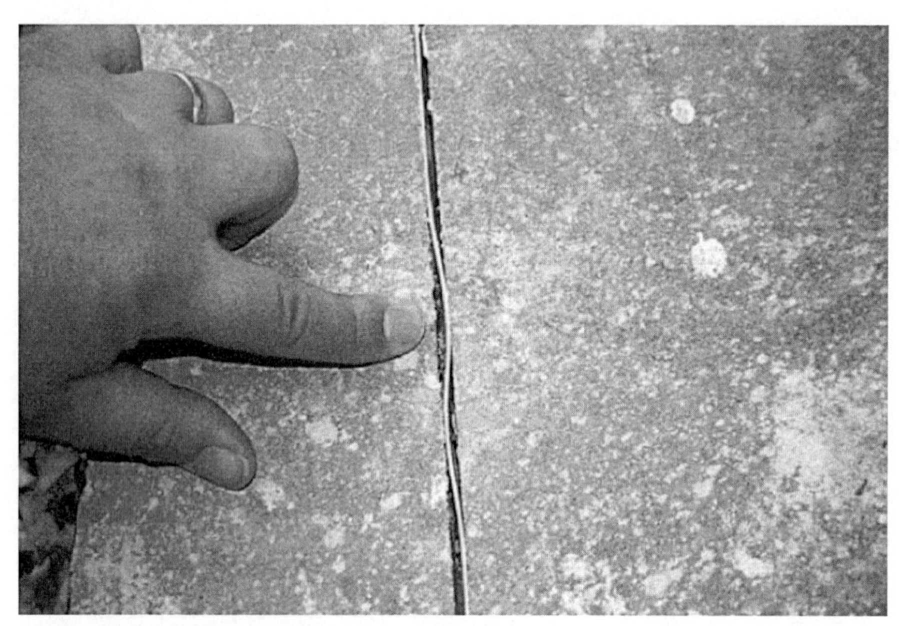

그림 7.63 수축이음을 형성하는 데 사용된 플라스틱 스트립. 플라스틱 스트립은 때로 지퍼 스트립이라고도 한다. 플라스틱 스트립의 양쪽 틈은 건조 수축으로 발생했다.

콘크리트 혼합물의 설계 및 관리

PCA(1994) 기준에서는 수축이음 설계에 유용한 두 가지 표를 제공한다. 첫 번째 표 9.1은 수축이음의 다웰 크기 및 간격을 제공하고, 두 번째 표 9.2는 바닥 슬래브 두께, 슬럼프 및 최대 골재 크기의 함수로 수축이음의 최대간격을 제공한다. 수축이음 간격은 표에서 권장하는 수축이음 간격을 사용한 표준 사각형 패턴으로 구성되어야 한다. 콘크리트가 높은 수축 특성을 갖는 것으로 판단되면 접합 간격을 줄여야 하며 이때 패널은 대략 정사각형이어야 한다.

일반적으로 수축이음은 대규모 슬래브 기초(S.O.G)를 사용한 창고와 같은 건물에 사용된다. 수축이음을 가로지르는 철근보강이 없으면 기초에서 약한 면이 된다는 점을 인식해야 한다. 그림 7.64는 수축이음에서 기초가 갈라지는 비탈면의 활동으로 인해 수축이음이 약 2.5cm 벌어진 것을 보여준다. 슬래브 기초 위에 있는 거실 부분에 배치된 수축이음은 그 위에 놓인 취성 바닥재에 손상을 줄 수 있다. 그림 7.65는 수축이음에 걸쳐 있는 욕실타일(위 화살표)의 균열을 초래한 수축이음(아래 화살표)의 틈새를 보여준다.

그림 7.64 수축이음에서 기초를 이탈시킨 비탈면 이동으로 인한 약 2.5 cm의 수축이음 틈새. 수축이음 전체에 균열 계측장치가 설치되었다.

그림 7.65 수축이음(하단 화살표)의 벌어짐으로 수축이음매를 가로지르는 욕실타일(상단 화살표)이 갈라짐

부피 대 표면적 비율이 작은 콘크리트는 건조수축이 더 많이 발생하는데, 종종 너무 얇은 플로팅 기초에서 과도한 수축이 관찰되기 때문에 부피 대 표면적 비율은 매우 중요한 요소이다.

소성수축

소성수축 균열은 콘크리트가 타설된 지 얼마 지나지 않아 콘크리트의 표면이 갈라지는 것으로 정의된다. 콘크리트가 아직 소성 상태이기 때문에 이러한 유형의 수축균열은 건조수축과 구별하기 위해 소성수축이라고 한다. 소성수축 균열은 고온, 저습도, 강풍과 같은 기후조건과 관련이 있으며 콘크리트 표면에서 습기가 빠르게 증발하는 결과를 초래한다. 특히, 미국 남서부의 사막 지역에서는 콘크리트에서 물이 빠르게 빠져나와 소성수축이 발생할 수 있다.

소성수축 균열은 물이 증발하면서 콘크리트에서 발생하는 인장응력 때문에 발생한다. 콘크리트 균열은 종종 짧고 불규칙한 균열의 뚜렷한 패턴으로 형성된다. 균열 길이는 일반적으로 수 센티에서 수십 센티 정도이며, 균열 길이와 비슷한 간격으로 균열이 발생한다. 소성수축 균열 방지대책에 대한 설명은 콘크리트 혼합물의 설계 및 관리(PCA, 1994)에 제시되어 있다.

7.11 기초의 목재 부식

목재의 부식은 다음과 같은 여러 가지 요인에 의해 발생할 수 있다(Singh, 1994, Singh & White, 1997).

1. **균질 부식.** 균질 부식(Fungal Decay)의 일반적인 유형은 건조 부식와 습식 부식 및 곰팡이 때문이다.
   a. **건조 부식.** 보통 버섯이나 두꺼비 풀과 같은 그룹에 속하는 곰팡이는 건조 부식을 일으킨다. 균류의 번식은 포자에 의해 이루어지며 엄청난 숫자로 생산될 수 있지만, 번식에 유리한 20~30%의 목재 수분 함량이 필요하다. 균류는 나무 셀룰로스를 소화하는 셀룰로라아제라는 효소를 생산하는데, 이 효소는 리그닌이라고 하는 경화성 고분자(세포벽에 있음)를 공격할 수는 없다. 리그닌은 입방체 조각으로 갈라지는 부서지기 쉬운 세포로 남아 있다. 진균 가닥은 초기 침투 영역을 넘어서 퍼지는 기능이 있으며 이러한 가닥을 균사 다발이라고 한다. 이 가닥은 영양분과 물을 운반할 수 있으며 직경이 최대 6mm까지 될 수 있다. 목재의 수분 함량이 20% 이하로 떨어지면 곰팡이는 휴면 상태가 되고 결국 9개월에서 1년 이내에 죽게 된다.
   건조 부식의 겉보기 모양과 관련하여, Singh와 White(1997)는 다음과 같이 기술하였다.

   > 건조 부식균으로 완전히 썩은 나무는 무게가 가볍고, 칙칙한 갈색이며, 손가락으로 부서지고, 신선한 수지(resinous) 냄새가 사라진다. 또한 이것을 갈색 부식이라고도 하는데, 주로 리그닌을 변화시키지 않고 나무가 독특한 갈색을 띠게 하는 방식과 관련된 용어이다. 이로 인해 구조적 강도는 거의 완전히 상실된다.

b. **습식 부식.** 습기가 많은 썩은 균류는 목재의 수분 함량이 50~60%로 지속해서 젖은 상태에 있을 때 발생한다. 습식 부식은 건물에 있는 목재 부패의 최대 90%를 차지한다.

c. **곰팡이.** 곰팡이는 보통 목재 표면에 생긴다. 곰팡이들은 나무의 다공성을 증가시키고 목재가 쉽게 젖거나 계속 젖어 있게 하여 습식 부식을 증가시킨다. 종종 표면에 곰팡이가 쌓이면 목재가 과도한 습기에 노출되었음을 나타낸다.

2. **곤충 부식.** 목재를 공격하는 곤충의 종류는 다양하다. 딱정벌레와 같은 일부 곤충들은 목재에 구멍을 내거나 목재를 직접 소비한다. 다른 곤충들은 축축한 목재나 곰팡이가 부패한 목재를 선호한다. 흰개미와 같은 일부 곤충들은 날개 달린 성인, 일꾼 및 군인 개미들의 복잡한 군집을 하고 있다. 흰개미는 목재 안에서 서식하며 종종 내부를 파내지만, 자신들을 보호하기 위해 외부 껍질은 남겨둔다.

3. **기타 요인.** 목재의 부식을 일으키는 다른 요인들도 있다. 화학적 부식, 기계적 마모와 장시간 가열, 화재 및 습기와 같이 물리적 작용에 의한 분해 등이 그 예다.

목재 말뚝

목재 말뚝은 다양한 유기체의 공격을 받을 수 있어서 열화되기 쉽다. 예를 들어, 해양 또는 하천에 있는 목재 말뚝의 침수 부분은 해양생물(해양 천공생물 등)에 의해 심각한 공격을 받기 쉽다. 지하수 위의 목재 말뚝도 곰팡이의 성장과 곤충의 공격으로 인해 부식될 수 있다. 곰팡이 부식과 곤충의 공격으로 인한 열화를 줄이려면 목재 말뚝을 화학 물질로 보존처리 해야 한다. 이 과정은 목재 말뚝을 크레오소트 또는 기타 보존 화학 물질로 채워진 가압 탱크에 넣는 것으로 구성된다. 압력 처리는 크레오소트를 목재의 기공으로 밀어 넣고 말뚝 둘레에 두꺼운 코팅을 씌운다. 크레오소트로 처리된 목재 말뚝은 일반적으로 구조물의 설계수명만큼 지속된다. 그러나 고온에 노출되는 경우에는 시간이 지날수록 강도가 감소하기 때문에 장기간 고온(예: 용광로 지지 말뚝)에 노출되는 경우는 설계수명만큼 지속하지 않는다(Coduto, 1994).

목재 기초

목재 말뚝을 제외하면 미국에서 기초 대부분은 콘크리트로 되어 있다. 그러나 역사적 구조물과 같이 목재로 구성되어 부패하기 쉬운 오래된 기초가 있을 수 있다. 그림 7.30은 과조매 랜치 주택이 목재 바닥까지 손상되고 부식한 사진이다.

7.12 용해성 흙

건조한 지역에서는 흙에 암염(소금)과 같은 용해성 토립자(soluble soil)가 포함되어 있을 수 있다. 암염 퇴적물은 소금 플라야(playa), 사브카스(해안 소금습지) 및 살리나스 지역에서 형성될 수 있다(Bell, 1983). 암염 외에도 흙에는 마그네슘 또는 탄산칼슘(칼리시) 및 석고(gypsiferous 흙)와 같이 용해성 미네랄이 포함될 수 있다.

용해성 토립자는 밀도가 높고 상재 압력을 견딜 수 있을 만큼 단단하다. 그러나 부지가 개발된 후에는 관개나 수도관 누수로 인해 땅속으로 물이 침투할 수 있는데, 이 물은 용해성 미네랄이 함유된 흙을 관통하므로 (1) 입자 간 결합력의 약화로 인하여 흙 구조가 붕괴하고 (2) 용해성 미네랄(즉, 고체의 손실)을 녹여 지표면 침하를 일으킬 수 있다.

용해성 미네랄을 확인하는 간단한 방법은 투수시험을 하는 것이다. 약 100g의 건조된 흙 시료를 투수시험 장치에 넣는다. 시험 중 세립토가 손실되지 않도록 여과지를 사용해야 한다. 일반적으로 약 2L의 증류수를 시료를 통해 천천히 흐르도록 한다. 물로 세정(flushing) 후에 흙을 건조한다. 용해성 흙 입자의 양은 초기질량에서 최종 건조 질량을 뺀 값을 초기 건조 질량으로 나눈 값으로 구한다.

용해성 미네랄의 양을 확인하기 위해 흙 시료를 통해 세정된 물을 모아서 침전 실린더(1,000mL)에 넣고 비중계를 사용하여 용해된 미네랄의 양(그램)을 결정할 수 있다. 대안으로 흙 시료를 통과한 물을 끓인 후, 잔류된 물질을 모아 무게를 잴 수 있다.

용해된 광물의 종류를 식별하기 위해 흙을 통과한 물에 대한 화학 분석을 수행하였다. 예를 들어, 그림 7.66에 표시된 데이터는 흙 시료를 통과한 물의 분석 결과이다. 흙 시료는 네바다주 라스베이거스에서 채취했으며 석고가 함유된 흙으로 추정되었다. 그림 7.66의 실험 결과에서 알 수 있듯이 함유된 성분은 고농도의 총 용존 고형분(TDS 2,610, 2,720mg/L)으로 용존 고형분 중 가장 많은 성분은 황산염(SO_4=1,820, 1,650mg/L)과 칼슘(Ca=798, 783mg/L)으로 두 화합물은 석고($CaSO_4 \cdot 2H_2O$)의 주성분이다.

흙 속에 있는 용해성 토립자의 양을 기준으로 용해성 토립자의 용해로 인한 지표면 침하를 계산할 수 있다(Day, 2010). 용해성 토립자의 용해로 계산된 침하량은 압밀시험에서 결정된 붕괴성 침하에 추가되어야 한다(4.5절).

채취된 물 시료의 분석					
				분석결과	
성분분석	시험방법	단위	실제정량한계 (PQL)	AGTP-4 00-02175-2	AGTP-5 00-02175-3
General minerals					
Alkalinity	310.1	mg/L	2	36	41
Bicarbonate	SM2320B	mg/L	2	36	41
Carbonate	SM2320B	$mgCaCO_3/L$	2	ND	ND
Hydroxide	SM2320B	$mgCaCO_3/L$	2	ND	ND
Chloride CI-	325.3	mg/L	1	14	11
Hardness	130.2	mg/L	2	1900	1830
Surfactants(MBAS)	425.1	mg/L	0.1	0.05J	0.04J
pH	9040	pH unit	0.01	6.78	6.72
Electric conductivity	120.1/9050	$\mu S/cm$	1	3080	2980
Sulfate(SO_4^{2-})	375.4	mg/L	2	1820	1650
Solids, total dissolved (TDS)	160.1	mg/L	10	2610	2720
Nitrate(NO_3^{-1})as N	SM4500N03D	mg/L	1	0.8J	0.8J
Calcium Ca	6010	mg/L	0.4	798	783
Copper, Cu	6010	mg/L	0.02	0.15	0.17
Iron, Fe	6100	mg/L	0.1	0.38	1.8
Magnesium, Mg	6010	mg/L	0.2	17.8	15.1
Magnganese, Mn	6010	mg/L	0.01	0.041	0.066
Potassium	6010	mg/L	0.08	7.4	6.9
Sodium	6010	mg/L	4	16.3	12.7
Zinc, Zn	6010	mg/L	0.02	0.079	0.11

PQL : 실제 정량한계 MDL : 측정방법의 검출한계 CRDL: 계약요구 탐지한계
N.D : 검출되지 않거나 실제 한계 이하 "_" : 분석이 필요하지 않음 J : PQL과 MDL 사이의 값으로 보고됨

그림 7.66 흙 시료를 통과한 물에 대한 시험 결과

CHAPTER

08 지하수와 수분

이 장에서 사용된 기호들은 다음과 같다.

기호	정의
A	수분 돔 시험의 표면적
Q	수분 돔 시험에서 흡수된 물의 무게
T	수분 돔 시험이 시행된 시간
V	증기 유량 또는 방출량

8.1 지하수

지하수는 과도한 포화, 침투압 또는 양압력을 발생시켜 파괴를 일으키는 원인이 될 수 있다. 포화상태와 침투현상에 대한 관리부실 때문에 연간 수십억 달러의 피해가 일어난다고 알려져 있다(Cedergren, 1989). 지하수로 인하여 발생하는 대표적인 문제점들은 다음과 같다(Harr, 1962; Collins & Johnson, 1988; Cedergren, 1989).

- 댐, 제방 및 저수지의 파이핑 파괴
- 비탈면 파괴를 유발하거나 그 원인이 되는 침투압
- 기층이나 노상 내의 지하수로 인한 도로의 열화 및 파괴

- 높은 지하수위로 인한 도로 및 기타 성토지반의 파괴
- 과잉간극수압으로 인한 흙 제방 및 기초의 파괴
- 정수압으로 인한 옹벽의 파괴
- 지하수 압력에 의해 부상하는 수로 라이닝, 드라이 독, 지하층 또는 여수로 슬래브
- 지하수위 아래의 느슨한 조립토 지반에서 지진하중에 의한 액상화
- 지하수에 의한 오염물질의 운반

8.1.1 포장

지하수로 피해를 보는 가장 흔한 토목시설물은 포장도로이다. 포장도로 내 지하수는 지하수가 없는 경우보다 파손율이 수백 배 이상 큰 것으로 나타났다. 수천 마일에 이르는 포장도로의 조기 파손으로 연간 수십억 달러의 손실이 발생하는데, 이러한 손실은 적절하게 포장 배수시설을 하면 방지할 수 있다(Cedergren, 1989). 양호한 배수시스템의 핵심 요소는 입도분포가 양호한 자갈 등의 투수성이 높은 재료를 필터나 토목섬유로 보호해 투수성 재료가 세립분의 침입으로 막히지 않도록 처리한 층이다. 기층에서 유입되는 물을 처리하기 위한 배수시스템도 필요하다.

지하수가 기층으로 유입되는 경로에는 여러 가지가 있다. 지하수위나 피압수가 높은 지역에서는 물이 기층을 통과하여 상부로 올라올 수 있다. 물은 포장부의 균열이나 이음부를 통과하여 하향으로 흐를 수도 있다. 또한 물이 인근의 조경공간, 중앙분리대 또는 갓길에서 기층을 통과하여 횡방향으로 이동하면서 비피압수와 독립적으로 존재하는 주수(宙水, perched groundwater) 상태가 발생할 수 있다.

그림 8.1은 지하수가 포장도로의 열화에 미치는 영향의 예이다. 이 현장에서는 그림 8.1과 같이 포장도로를 통해 물이 올라오는 것이 관찰되었다. 그림 8.2와 같이 매설관 위치에서 시험굴 조사를 한 결과, 지중에서 지하수가 거품 형태로 올라왔다. 원지반은 점토질 흙으로 구성되어 있었지만, 매설관은 투수성의 조립질 흙으로 되메워져 있었다. 그림 8.1과 같이 도로의 저지대에서 물이 매설관을 빠져나와 포장면을 통과하여 상부로 유출되었다. 그리고 매설관에서 지하수가 계속 흘러나와 포장이 조기에 열화되었다.

그림 8.1 포장면을 통과한 지하수의 흐름

그림 8.2 매설관 위치의 시험굴에서 유출되는 지하수

매설관을 통과하는 지하수 흐름을 막기 위한 방법은 그라우트(시멘트 슬러리 등)를 사용하여 관로를 보호하는 것이다. 트렌치의 잔여 부분을 현장의 흙으로 되메우고 다질 수 있다. 그라우트의 투수성은 트렌치 주변의 원지반보다 커서는 안 된다.

8.1.2 비탈면

지하수는 다양한 방법으로 비탈면에 영향을 미칠 수 있다. 표 8.1은 지하수가 비탈면 파괴에 미치는 영향에 관한 일반적인 사례이다. 지하수가 비탈면 안정성에 미치는 주요 불안정 요인은 다음과 같다(Cedergren, 1989).

1. 점착력의 감소 또는 상실
2. 간극수압을 유발하여 유효응력과 전단강도 저하
3. 수평면에서 경사진 침투력을 유발하여 활동력 증가 및 비탈면의 안전율 저하
4. 활동면에 대한 윤활제 역할
5. 지진이나 심각한 충격 시 간극 내의 지하수가 빠져나가지 못해 액상화 파괴를 유발

표 8.1 비탈면 파괴의 일반적 사례

비탈면 종류	파괴유발 조건	파괴형태 및 결과
개발지역(주택, 공장)의 자연 비탈면	지진 진동, 폭우, 강설, 동결융해, 선단부 굴착, 채광 굴착	이류(mud flow), 토석류, 산사태: 재산피해, 마을매몰, 하천 차단
개발지역 내 자연 비탈면	비탈면 하부의 굴착, 불안정한 비탈면 상부의 성토, 상·하수관의 누수, 잔디 살수	대개 느린 크리프 형태의 파괴: 상·하수관 파손, 건물 및 도로의 파손
저수지 비탈면	흙 및 암반의 포화도 증가, 수위 상승, 부력 증가, 수위 급강하	급속 또는 완속 산사태, 도로·철도 파손, 여수로 차단, 댐의 월류 유발, 심각한 인명피해를 수반한 홍수피해 유발
도로·철도의 깎기·성토 비탈면	폭우·폭설, 동결융해, 불안정한 비탈면 상부의 성토, 하부의 굴착, 지하수 차단	성토 비탈면 파괴로 인한 도로차단, 노상이나 노선을 포함한 기초지반 유실, 재산피해, 소규모 인명피해
흙댐, 제방, 저수지 둑	높은 침윤선, 지진 진동, 배수불량	전반파괴와 하류까지 홍수를 유발하는 급격한 침하, 대규모 인명피해, 재산피해
굴착	높은 지하수위, 불충분한 지하수 제어, 영구배수시스템의 파손	비탈면 파괴 또는 굴착면의 융기, 장시간 공기지연, 장비파손, 재산피해

* 출처: Cedergren(1989)

비탈면에 미치는 지하수의 영향을 완화하는 방법은 다양하다. 비탈면 공사 중에는 내부에 배수시스템을 설치할 수 있다. 기존 비탈면에서는 트렌치, 맹암거, 집수정 또는 수평배수구 등의 배수시설을 설치할 수 있다. 그 밖의 통상적인 비탈면 안정화 방법은 비탈면 선단부에 배수 버트레스(buttress)를 설치하는 것이다. 가장 단순한 형태의 배수 버팀대는 비탈면 선단부에 시공된 자갈이나 쇄석으로 구성된다. 배수 버팀대의 목적은 가능한 한 중량재를 사용하여 비탈면 선단부를 안정시키고 투수성을 크게 하여 하부 지반에 침투수가 갇히지 않도록 하는 것이다.

비탈면에 지하수가 미치는 다른 간접적인 영향도 있을 수 있다. 예를 들어, 지하수가 비탈면의 선단부에서 증발할 때 염분 침전물이 형성될 수 있다. 높은 지하수위와 표면의 염분 침전물이 식물과 나무의 성장을 방해하거나 죽일 수 있다. 지하수의 증발로 생성된 염분 침전물을 증발산염이라 한다. 지표면에서 수분이 증발하는 건조 또는 반건조 지역에서는 지표면 위 또는 바로 아래에서 수분이 형성될 수 있다. 가장 일반적인 증발산염에는 석고, 경석고(anhydrite) 및 염화나트륨(암염)이 있다.

그림 8.3~8.5는 지하수가 비탈면 식물에 미치는 영향의 예를 보여주고 있다. 비탈면의 선단 부근에 상대적으로 식물이 드물게 분포함에 주목할 필요가 있다. 높은 지하수위와 염분 침전물로 인해 비탈면 선단부에 있는 식물들은 대부분 죽어 있었다. 그림 8.5와 같이 염분 침전물은 지표면 위에 딱딱한 층을 형성하였다.

그림 8.3 비탈면의 선단부

그림 8.4 비탈면의 선단부(화살표는 그림 8.5의 지점을 나타냄)

그림 8.5 염분 침전물의 확대 사진

그림 8.3~8.5의 비탈면 지층은 에오세 산티아고 지층의 사암, 혈암 및 이암층이 교호하며 구성되어 있었다. 층리면의 경사를 보호하기 위해 비탈면과 역방향으로 성토재(즉, 압성토)로 처리하고, 비탈면의 선단부에 키(key)를 설치하였다. 이러한 비탈면의 조건은 그림 8.6의 단면도와 같다. 압성토 키의 뒷면에는 설치가 잘못되었거나 시공 후 막혔을 수 있지만, 지하 배수재가 있었던 것으로 알려졌다. 그림 8.6의 화살표는 압성토와 비탈면 붕괴의 원인이 된 비탈면 선단부를 통과하는 지하수의 경로이다. 그림 8.7과 같이 비탈면 보강은 전체 비탈면을 굴착한 후 배수시스템을 설치하고 조립토(자유배수)를 이용하여 비탈면을 재다짐하는 것으로 마무리하였다.

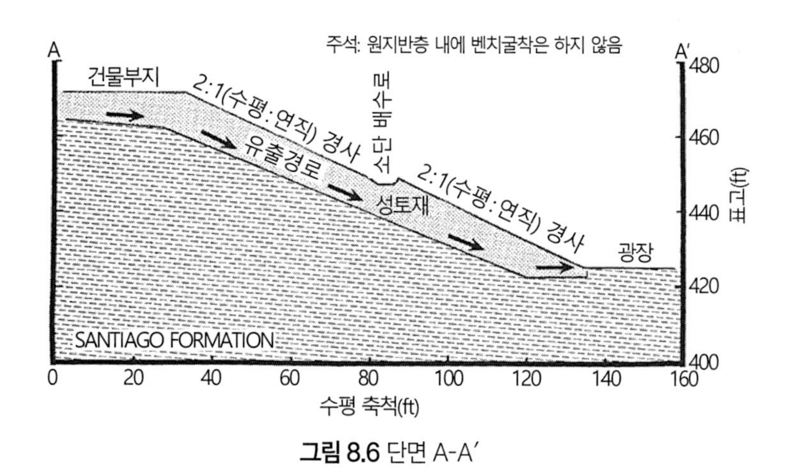

그림 8.6 단면 A-A′

그림 8.7 그림 8.3~8.5에 나타난 비탈면 보수 현장

8.2 바닥 슬래브를 통한 수분 이동

건축물로의 수분 이동은 기술자와 건축가 그리고 시공자들이 직면하는 주요 문제 중 하나이다. 어떤 구조물의 경우는 수분 이동과 관련된 문제들이 광범위하고 보수비용이 많이 들 수 있다. 수분 문제를 해결하는 데 따르는 불편과 보수비용으로 인해 소송이 제기되는 경우가 많다. 남부 캘리포니아에서는 부실하게 시공된 방수벽의 결함이 개발자를 상대로 한 소송의 주요 원인이 되고 있다.

수분이 구조물로 이동하는 요인에는 부적절한 설계와 시공 또는 관리 소홀 등이 있다. 수분은 기초, 외벽, 지붕을 통해 구조물로 이동할 수 있다. 수분이 콘크리트 바닥 슬래브를 관통할 수 있는 네 가지 방법은 수증기, 정수압, 누수 및 모세관 작용이다(WFCA, 1984). 수증기는 기체의 물리적 법칙에 따라 작용하는데, 두 영역 사이에 증기압력의 차이가 있을 때마다 수증기가 한 영역에서 다른 영역으로 이동하게 된다. 정수압이란 바닥 슬래브 아래에 수압이 축적되는 것을 의미하는데, 슬래브 균열이나 조인트를 통해 많은 양의 물이 배출될 수 있다. 누수는 중력에 의해 높은 곳에서 낮은 곳으로 물이 이동하는 것을 말하며, 이러한 물은 슬래브 아래의 구역을 침수시키거나 범람할 수 있다. 모세관 작용은 물이 낮은 곳에서 높은 곳으로 이동할 수 있다는 점에서 누수와 다르다. 흙의 모관 상승고를 조절하는 인자는 간극의 크기이다(Holtz & Kovacs, 1981). 입경이 큰 자갈은 간극이 크므로 모관 상승고가 매우 낮다. 이것이 모세관을 차단하는 역할을 하므로 바닥 슬래브 아래에는 입경이 큰 자갈을 주로 사용한다(Butt, 1992).

콘크리트 바닥 슬래브를 통해 이동하는 습기는 카펫, 경질 목재, 비닐과 같은 바닥 마감재를 손상할 수 있다. 콘크리트 바닥 슬래브에 바닥 마감재가 있는 경우, 슬래브 상부에 습기가 모여 바닥 마감재의 접착제가 약해질 수 있다. 목재 바닥은 습기에 의해 심각한 영향을 받을 수 있다.

바닥 슬래브를 관통하는 습기는 슬래브 위의 공간에 곰팡냄새나 곰팡이 증식을 일으킬 수 있다. 곰팡이나 곰팡이 포자에 대한 알레르기가 있는 사람들은 알레르기에 지속해서 노출되면 건강 문제를 일으킬 수 있다.

대부분은 콘크리트 슬래브를 통과하는 수분에는 용해된 염분이 포함되어 있다. 슬래브 표면에서 물이 증발하면서 생긴 염분 때문에 백색의 결정 침전물을 형성하는 백화현상이 생긴다. 염분은 바닥 마감재 아래에 쌓여 바닥재와 접착제를 약화한다. 그림 8.8은 슬래브 기초를 통과하는 심각한 수분 이동으로 생긴 염분 침전물(흰색 영역)과 곰팡이가 성장(어두운 영역)한 사진을 보여준다.

그림 8.8 콘크리트 슬래브를 통과한 수분 이동으로 유발된 염분 침전물과 곰팡이의 성장(카펫이 제거된 상태)

Oliver(1988)는 습기 증가의 주요 경로를 제공하는 것이 콘크리트의 수축균열 때문이라고 하였다. 민감한 나무 바닥재에 영향을 미치는 습기가 증가하는 경우, 슬래브 균열 부분에 실링(sealing)을 해야 할 필요가 있다.

그림 8.9는 콘크리트 바닥 슬래브를 통한 수분 이동으로 콘크리트 슬래브 위에 설치된 목재 바닥재가 손상된 사진이다. 주택이 완공된 지 6개월 만에 목조 바닥재의 표면에 습기 얼룩이 생기고 150mm 정도 위쪽으로 휘어졌다. 대부분의 습기 얼룩은 목재 합판이 서로 접합된 이음부에서 발생했는데, 주로 이음부를 통해 습기가 통과한 것이다. 그림 8.9에서 화살표는 습기 얼룩 중 하나를 가리키며 별표는 목재 바닥재가 위쪽으로 뒤틀린 위치를 나타낸다.

그림 8.9 목재 바닥의 손상(화살표는 습기 얼룩을 나타냄, *는 목재 바닥의 위쪽으로 뒤틀린 것을 나타냄)

8.2.1 수분 돔 시험과 증기 유량

콘크리트 슬래브를 통과해 유입되는 수분의 양을 결정하기 위한 시험이 '수분 돔 시험(moisture dome test)'이다. 수분 돔 시험장치는 플라스틱 덮개와 미리 계량된 무수 염화칼슘 접시로 구성되어 있다. 시험절차는 슬래브 표면에 염화칼슘이 포함된 접시를 놓고 염화칼슘 위를 플라스틱 덮개로 덮은 다음, 플라스틱 덮개를 콘크리트 슬래브에 밀착시키는 것이다. 콘크리트 슬래브에서 방출되는 수분은 염화칼슘에 흡수되어 염화칼슘의 중량이 증가한다. 다음 식(8.1)을 사용하여 증기 유량 V를 구한다.

$$V = \frac{Q}{AT} \tag{8.1}$$

여기서,

V =증기 유량 또는 방출량

Q =물의 중량(염화칼슘의 최종중량 − 초기중량)

A =수분 돔 시험의 표면적

T =시험 경과 시간(일)

슬래브를 통과한 증기 유량은 V에 슬래브 면적 93m^{2}를 곱하여 구한다. 증기 유량 V의 단위는 93m^2 면적에 대하여 kg/day이다. 이 책에서는 93m^{2}의 슬래브 면적을 계속해서 반복하는 대신에 증기 유량 V를 kg/day로 나타냈다.

수분 돔 시험을 이용하면 간단하고 경제적인 방법으로 슬래브의 위치와 시간대가 다른 곳에서의 증기 유량을 구할 수 있다. 그림 8.10은 수분 돔 시험의 사진이며, 수분 돔 시험에서는 증기 유량을 과소평가할 수 있는데, 그 두 가지 이유는 다음과 같다.

1. 상대습도는 장치 외부보다 내부에서 더 높아질 수 있다.
2. 수분 돔 장치 내부의 공기는 정체되어 있지만, 수분 돔 장치 외부에서는 순환하는 공기가 슬래브 표면의 습기를 제거할 수 있다.

그림 8.10 수분 돔 시험

8.2.2 허용 가능한 증기 유량

수분 시험 설명서에는 증기 유량(vapor flow rates)이 1.4kg/day 미만이면 고무, 비닐 또는 나무 바닥재를 안전하게 설치할 수 있고 증기 유량이 2.3kg/day 미만이면 비닐도 가능하다고 되어 있다.

카펫연구소(Carpet & Rug Institute, 1995)는 증기 유량의 허용값과 관련하여 주거용 섬유 바닥재 설치를 위한 산업표준지침에서 다음과 같이 설명하고 있다.

일반적인 지침에 따라 대부분 카펫에는 1.4kg 이하의 방출량이 허용된다. 1.4~2.3kg 범위에서는 다공성 구조의 카펫을 성공적으로 설치할 수 있다. 2.3kg 이상의 방출량은 허용되지 않는다.

그림 8.9의 나무 바닥재의 경우, 평균 증기 유량은 5.5kg/day였다. 이 증기 유량은 최대 허용치보다 4배 이상 큰 값으로서, 나무 바닥재에 습기 얼룩이 생기고 위쪽으로 휘어지는 원인이 되었다(그림 8.9).

8.2.3 구조설계와 시공 세부사항

바닥 슬래브를 통해 수분 이동이 발생한 경우, 포렌식 엔지니어는 바닥 슬래브를 통과하여 수증기와 모관고가 상승하는 것을 방지하기 위해 사용되는 주요 구조설계 및 수분 차단막과 자갈층의 시공상태를 조사해야 한다. 바닥 슬래브 하부에 대한 권장 사항의 예는 다음과 같다(WFCA, 1984).

> 지반 위에 10~20cm의 세척된 양질의 자갈을 포설한다. 자갈 위에 2.5~5cm의 모래를 수평으로 깔아 수분 차단막이 뚫리지 않도록 한다. 모래 포설면 위에 수분 차단막을 설치하고 이음부를 실링 하여 수분의 침투를 차단하고 다시 그 위에 5cm의 모래층을 포설한다.

자갈층은 간극이 큰 자갈로 구성되어야 한다. 자갈에 미세 입자가 포함되어서는 안 되는데, 이는 모든 토립자가 자갈 크기의 체에 남아 있다는 것을 의미한다. 이것은 자갈 입자 사이에 큰 간극을 제공하는데, 자갈층의 큰 간극은 자갈을 통해 물이 모관 상승하는 것을 막는 데 도움이 된다(Day, 1992d). 자갈층 외에도 수분 차단막(visqueen 등)을 설치하면 콘크리트를 통한 수분 이동을 더 줄일 수 있다(Brewer, 1965).

8.2.4 플랫 슬래브 천장

남부 캘리포니아에서는 플랫 슬래브(flat slab, 무량판) 천장이 지하실 또는 지하 차고의 지붕 지지대로 사용된다. 플랫 슬래브 위에 다양한 유형의 구조물을 지을 수 있다. 예를 들어, 플랫 슬래브는 보행자 통로, 화단 및 경량 구조물을 지지할 수 있다. 그림 8.11~8.13은 플랫 슬래브를 통과한 수분 이동의 영향을 보여준다. 그림 8.11에서는 플랫 슬래브 천장의 이음부 사이에 수분이 스며들면서 염분 침전물이 형성되었다. 그림 8.12와 8.13은 플랫 슬래브 천장을 관통한 설비 배관을 통과하는 수분 이동으로 생긴 염분 침전물을 보여준다. 그림 8.12 및 8.13과 같이 염분 침전물은 금속 설비 파이프를 부식시킬 수 있다. 플랫 슬래브 천장을 통한 수분 이동을 최소화하기 위해서는 플랫 슬래브의 표면을 배수 처리하고 이음부를 실링하여 플랫 슬래브 천장을 통해 구멍이 생기는 것을 막는 것이다.

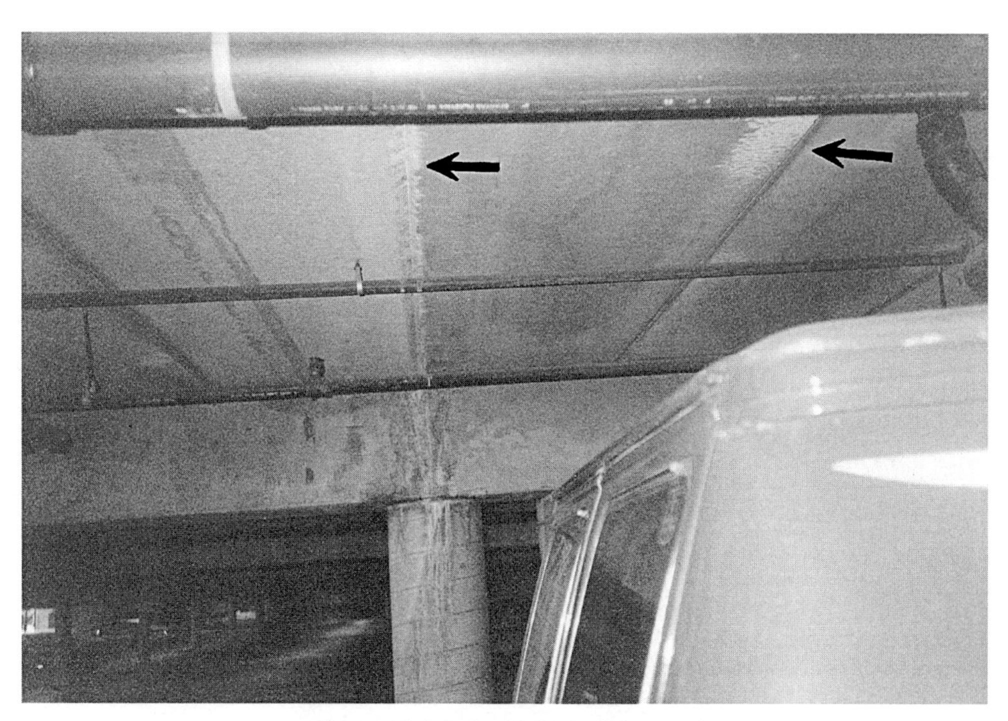

그림 8.11 플랫 슬래브 천장을 통과한 수분 이동

그림 8.12 플랫 슬래브 천장을 통과한 수분 이동

그림 8.13 플랫 슬래브 천장을 통과한 수분 이동

8.3 지하 벽을 통한 수분 이동

콘크리트 바닥 슬래브와 같이 물은 정수압, 모관 작용 및 수증기에 의해 지하 벽을 통과할 수 있다. 지하수위가 지하 벽 배면에 있으면 벽체에 정수압이 가해져 벽체의 균열이나 이음부를 통해 많은 양의 물이 유입될 수 있다. 지중 배수재는 일반적으로 정수압의 누적을 방지하기 위해 지하 벽 배면에 설치된다. 이러한 배수재는 벽체에 점토가 아닌 조립질(투수성) 흙으로 채워지면 더 효과적일 것이다.

수분이 지하 벽을 통과하는 또 다른 경로는 지반과 벽 자체의 모세관 작용이다. 모세관 작용으로 물은 지반과 벽의 낮은 위치에서 높은 위치로 이동할 수 있다. 벽의 모관 상승은 벽의 간극과 벽돌 및 모르타르의 미세한 균열과 관련이 있다. 지하 벽을 통한 수분의 이동을 방지하기 위하여 내부 또는 표면에 방수재가 사용된다. 시멘트 혼합물에 화학 물질을 첨가하여 내부 방수 역할을 할 수 있다. 보다 일반적인 방법은 외부에 포설되는 방수 멤브레인이다. Oliver (1988)는 다양한 종류의 표면 방수막의 목록과 내용을 분류하였다.

수분이 지하 벽을 통해 침투할 수 있는 세 번째 방법은 수증기에 의한 것이다. 콘크리트 바닥 슬래브와 같이 두 영역 사이에 증기압 차이가 있으면 수증기가 지하 벽을 통과할 수 있다.

8.3.1 지하 벽을 통한 수분 이동으로 인한 손상

지하 벽을 통해 이동하는 수분은 목재 패널과 같은 벽체 마감재를 손상할 수 있다. 지하벽을 통해 이동하는 습기는 지하에 곰팡냄새를 나게 하거나 곰팡이를 증식시킬 수 있다. 지하 벽이 얼게 되면 균열이나 이음부에 얼어붙은 물이 팽창하여 벽이 열화될 수 있다. 콘크리트 바닥 슬래브와 같이 지하 벽을 통과하는 수분에는 일반적으로 용해된 염분이 함유되어 있다. 침투수에는 간혹 지하 벽 재료에 자연적으로 존재하는 미네랄 염분이나 지상에서 유래한 염분을 포함할 수 있다. 지하 내부 벽면에서 물이 증발하면서 염분이 지하 벽면에 흰색 결정의 침전물(백화)을 형성한다. 그림 8.14와 8.15는 지하 벽의 내부 표면에 축적된 염분 사진을 보여준다.

그림 8.14 샌디에이고에 있는 콘도미니엄 단지에서 지하 벽을 통한 수분 이동 사례

그림 8.15 로스앤젤레스에 있는 콘도미니엄 단지에서 지하 벽을 통한 수분 이동 사례

균열이나 벽의 공극에 소금 결정이 축적되면 표면침식, 박리 또는 최종적으로 열화를 일으킬 수 있다. 이는 결정화 과정 동안에 팽창이 되면서 상당한 힘이 발생하기 때문이다. 또한 용해된 황산염이 포함된 물이 침투되면 노출된 벽면에 황산염이 축적되면서 농도를 증가시켜 콘크리트의 화학적 열화를 초래할 수 있기 때문이다("Aggressive Chemical Exposure" 1990).

습기, 결빙 및 염분 퇴적 등의 영향은 지하 벽의 풍화 및 열화의 주요 원인이 되고 있다. 지하 벽을 통과한 수분 이동에 기여하는 일반적인 하자 원인은 다음과 같다(Diaz 등, 1994; Day, 1994d).

1. 벽의 시공상태가 불량하거나(예: 이음부가 수밀되지 않도록 시공됨), 다공성이 높아 과도하게 수축하는 불량 콘크리트를 사용하였다.
2. 방수막이 없거나 지하 벽 외부에 방수가 부족하다.
3. 방수막과 벽 사이의 결속력이 부족하거나, 방수막이 시간 경과에 따라 열화되는 등 부적절하게 설치되었다.
4. 배수재가 없거나, 배수재가 막혔거나, 지하 벽 배면에 배수재가 부적절하게 설치되어 있다. 뒤채움재로 조립질 흙이 아닌 점토가 사용되었다.
5. 벽이 침하되어 지하 벽에 균열이 발생하거나 이음부가 벌어졌다.
6. 방수막 위에 보호판이 없다. 되메움 다짐 시 방수막이 손상되었다.
7. 지하 벽을 관통해 구멍을 뚫을 때 방수막이 손상되었다.
8. 표면 배수가 불량하거나 지하 벽 근처의 빗물 홈통이 비어 있다.

8.3.2 구조설계와 시공 세부사항

지하 벽을 통해 수분이 이동하는 것을 방지하기 위한 주요 구조설계 및 시공 세부사항은 벽체 바닥에 배수시스템을 설치하여 정수압이 증가하는 것을 방지하고 외벽 표면에 방수 시스템을 적용하는 것이다.

지하 벽의 일반적인 배수시스템은 그림 8.16과 같다. 지하 벽의 기초 바닥에 유공관이 설치되어 있다. 토목섬유로 감싸진 공극이 큰 자갈은 유공관으로 물을 이동시키는 데 이용된다. 배수구 말단부는 빗물 배수시스템에 연결해야 한다.

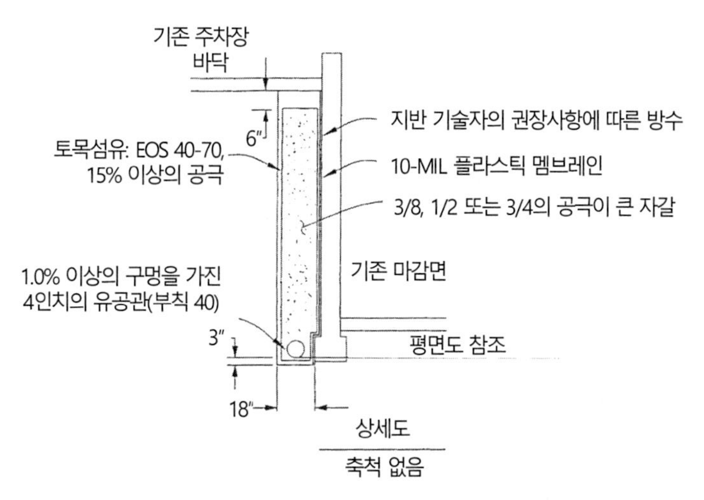

그림 8.16 지하 벽의 일반적인 방수 및 배수시스템

방수 시스템은 고강도 멤브레인, 벽면 마감용 프라이머, 접근이 어려운 부분을 위한 액체 멤브레인과 벽의 공극을 막는 매스틱(mastic) 등으로 구성되어 있다. 프라이머는 멤브레인 설치를 위해 콘크리트 벽면을 마감하고 멤브레인의 장기간 부착력을 제공하는 데 사용된다. 일반적으로 방수막 위에 보호판을 붙여 되메우기 흙을 다지는 동안 손상되지 않도록 한다. 멤브레인을 더 쉽고 빠르게 설치할 수 있도록 자체 부착식 방수 시스템이 개발되어 있다.

8.3.3 사례연구

캘리포니아주 라호야(La Jolla)에 있는 콘도미니엄에서 지하 벽을 통과해 물이 침투한 피해 사례를 다루었다. 필자는 수분 문제를 조사하고 해결하기 위해 주택소유자협회(HOA)와 공동으로 조사에 참여하였다. 이 프로젝트는 2층짜리 부속 콘도미니엄 공사로 이루어져 있다. 그림 8.17은 수분 문제가 있는 건물의 평면도이다. 물이 주거 공간으로 침투하였고 침수된 지하 벽은 차고의 뒷면에 있다. 지하 벽은 철근콘크리트 바닥판으로 지지되는 콘크리트 블록으로 이루어져 있다.

콘도미니엄은 1975년에 지어졌는데, 1980년대와 1990년대에는 폭우가 계속되는 동안이나 그 직후에 주기적으로 세대가 침수되었다고 보고되었다. 치수의 원인은 지하수위의 일시적인 상승으로 추정되었다. 물이 침투된 주요 지점은 염분 퇴적물의 위치로 확인된 것과 같이 지하 벽의 바닥 근처에 있는 것으로 추정되었다.

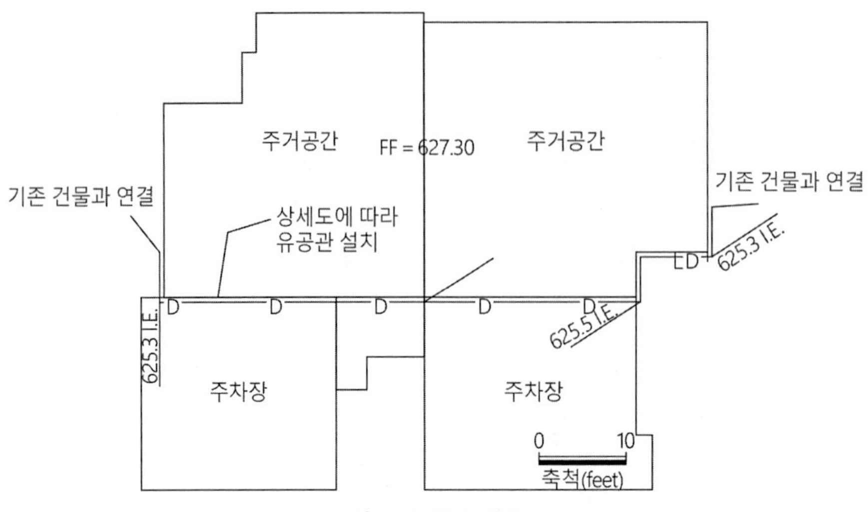

그림 8.17 현장 평면도

지하 벽 배면의 지반을 굴착하는 동안 지하 배수구가 발견되었으나 우수관과 같은 지하 배수 시스템에 연결되어 있지 않아 지하 배수구가 제 기능을 못 하고 있었다. 지하 배수구의 말단부는 지중에 묻혀 있었는데, 보수가 이루어지는 동안 이 배수구는 완전히 제거되었다. 보수하는 동안에도 상당한 폭우가 내렸고 물이 지하 벽 배면의 굴착면으로 계속해서 스며들어 일시적인 배수를 위하여 배수펌프를 사용하였다.

불량 배수구 외에도 콘도미니엄의 침수에는 두 가지 다른 원인이 있었다. 한 가지 원인은 그림 8.18과 같이 지하 벽을 관통해 구멍(설비 파이프용)이 뚫려 있었다는 점이다. 이들 구멍을 통해 지하수가 벽에 쉽게 침투할 수 있었다. 또 다른 원인은 방수 기능이 없었다는 것이다. 그림 8.19는 방수와 새로운 배수시스템의 설치모습을 보여준다.

추가로 지하수의 발생 원인을 조사하기 위해 지하수 샘플에서 분변계 대장균 검사를 하였다. 고농도의 배설물 대장균이 존재한다는 사실은 하수관이나 오수관로에서 누수가 발생했다는 것을 의미한다. 검사결과, 100mL당 2mpn 미만의 분변계 대장균 수치가 나타났는데, 이는 하수관의 누수가 지하수위의 상승에 영향을 미치지 않았음을 나타낸다.

그림 8.18 지하 벽에 있는 구멍

요약하면, 본 사례연구에서는 지하 벽의 수분 침투에 대하여 다루었다. 주택에 침수를 일으킨 세 가지 주요 원인은 다음과 같다. 그림 8.18과 같이 (1) 기능을 발휘하지 못하는 배수구, (2) 벽을 통과하는 설비 파이프용 구멍을 통한 누수, (3) 방수 부족 등 세 가지였다. 보수를 위해 새로운 지하 배수구를 설치하고 지하 벽에 관통된 구멍을 밀봉하였으며 방수막을 새로 설치하였다(그림 8.19).

그림 8.19 보수

8.4 관로의 파손과 막힘

관로는 가압식과 비가압식으로 분류할 수 있다. 일반적인 가압식 관로는 건물 거주자에게 식수를 제공하는 상수관이다. 비가압식 관로의 예로는 하수관이 있는데, 이러한 하수관은 간혹 폐수로 채워질 수도 있다.

가압식 관로의 파손은 지반에 많은 양의 물을 유입시킬 수 있다. 유입된 물은 느슨한 지반의 붕괴, 팽창성 지반의 융기나 지하수위의 상승을 유발하여 비탈면의 불안정을 초래할 수 있다. 또한 파손된 가압식 관로에서 나오는 다량의 물은 토립자를 침식시키거나 이동시켜 구조물 아래에 공극을 형성할 수 있다. 그림 8.20과 8.21은 가압식 관로의 파손으로 발생한 기층 및 노상 침식으로 생긴 도로의 붕괴 사진이다.

그림 8.20 상수관 파손에 의한 도로함몰

그림 8.21 도로함몰의 확대 사진

비가압식 관로의 파손으로 구조적 손상이 발생할 수도 있다. 한 건물에서 갑작스럽게 지반이 침하하면서 전면 내력벽에 상당한 손상이 발생하였다. 지하 탐사에서는 내력벽 하부에서 하수관이 발견되었다. 하수관의 상부가 파손되었고 흙이 서서히 하수관으로 흘러 들어갔다. 정기적인 하수관로 청소가 하수관 위에 생긴 공극을 넓히는 원인으로 작용하였으며, 결국 공극이 무너져 지표면이 침하되고 상부에 있는 내력벽이 손상되었다.

관로 파손 외에도 관로의 막힘으로 인한 손상이 있을 수 있다. 관로가 막히게 되는 원인에는 여러 가지가 있다. 예를 들어, 관로가 쓰레기로 막히거나 토피압으로 인해 파손될 수 있다. 그림 8.22는 우수관이 막힌 예를 보여준다. 우수관은 중요한 배수시설로서 폭우로 막힘에 따라 광범위한 침수가 발생하였고 인근 지역에 피해를 줬다. 그림 8.22와 같이 막힘의 원인은 우수관의 중앙을 관통해 바로 설치된 하수관 본선이었다. 하수관 바닥은 돌덩이로 막히고 하수관 상부는 플라스틱병으로 막혔다(그림 8.22). 폭우 시 플라스틱병이 빗물 위로 떠다니다가 하수관 상부에 갇혔을 수 있다. 아마도, 그림 8.22에 보이는 플라스틱병이 우수관을 막는 원인이 되었으며 그 후 주변 지역의 침수와 피해를 초래하였을 것이다.

요약하면, 포렌식 엔지니어는 관로의 누수나 막힘이 현장 피해의 원인이 되었는지 확인해야 한다. 경우에 따라, 소유주가 보험에 가입한 경우, 관로 누수로 발생한 건물 피해를 보상을 받을 수도 있다. 그림 8.22와 같이 우수관의 중앙을 관통하여 하수관이 설치된 경우, 관로의 유지보수를 담당하는 기관이 보수비용을 부담할 수도 있다.

그림 8.22 우수관을 관통하여 시공된 하수관 본선

사례연구

부속시설을 갖춘 6층 건물인 Wesley Palms 은퇴자센터에서 발생한 상수관 본선의 파손사례이다. 신문 보도로는 1997년 2월 28일 한밤중에 건물에 물을 공급하는 직경 15cm의 본관이 파손되었다. 상수관은 고압 상태였고 엄청난 양의 물에 의해 변압기실이 침수되어 6층 건물의 1층 전체로 흘러 들어갔다. 관로 파손으로 인해 수백만 달러의 재산피해가 발생했다.

관로 본선의 파손 위치는 변압기실 하부였다. 그림 8.23의 별표(*)는 변압기실의 상부를 표시한 것으로 파손된 상수관을 제거하고 교체하기 위해 굴착을 하였다.

그림 8.23 관로 파손의 위치(*는 변압기실 상부를 나타냄)

이 상수관 파손의 흥미로운 특징은 지중에서의 높은 수압으로 손상이 발생했다는 점이다. 바닥 슬래브와 콘크리트 플랫워크의 일부가 보강되고 벽 바닥 기초를 다웰바로 고정했음에도 불구하고 슬래브가 부상되었다. 배관 파손지점에서 약 15m 떨어진 곳에서도 융기된 바닥 슬래브가 있었다. 상수관 주변에 있는 대부분의 바닥 슬래브가 손상되지 않았고 온전한 상태였기 때문에 파손된 관로에서 나온 물이 맹암거를 따라 이동한 것으로 여겨졌다. 맹암거의 수압이 바닥 슬래브를 위로 밀어 올릴 정도로 증가했다.

그림 8.24는 변압기실 내부의 손상된 바닥 슬래브를 보여준다. 바닥 슬래브가 부상하면서 변압기를 모두 교체해야 할 정도로 손상을 입혔다. 그림 8.25는 변압기실의 바닥 슬래브를 보수하는 사진이다. 바닥 슬래브의 보수는 지반을 재다짐한 후에 자갈을 포설하고, 철근을 배근한 후에 콘크리트를 타설하여 재시공하였다.

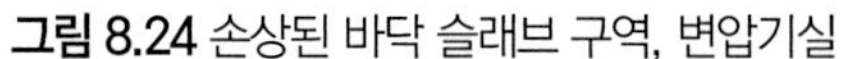

그림 8.24 손상된 바닥 슬래브 구역, 변압기실

그림 8.25 변압기 슬래브의 보수

8.5 표면 배수

제2부의 마지막 절에서는 표면 배수를 다루었다. 부적절한 표면 배수는 토질 문제를 일으키는 중요한 요소가 될 수 있다. 예를 들어, 기초에 인접한 웅덩이에 물이 고여 있으면 팽창성 흙이 기초의 모서리를 융기시키는 원인이 될 수 있고 웅덩이의 물이 침투하게 되면 지하수위가 상승할 수 있다. 부적절한 표면 배수는 바닥 슬래브나 지하 벽을 통한 수분 침투 문제를 일으킬 수 있다. 그림 8.26에서는 사진의 오른쪽에 있는 콘도미니엄 단지의 불량한 지표 배수와 물이 고인 상태를 보여준다.

그림 8.26 콘도미니엄 단지에서의 불량한 표면 배수 사례

표면 배수의 적절성을 평가하기 위한 배수 조사는 배수로를 따라 표고점을 취한 다음 배수 경사를 계산함으로써 이루어진다. 그림 8.27은 배수 측량의 예로 주택 입구의 표고를 임의로 30.9m로 가정하여 집 주변 배수로의 표고를 결정하였다. 그림 8.27의 사각형(□)은 측량 지점을 나타내고 집 앞쪽의 음영 원은 배수구를 나타낸다. 배수 경사는 표고차를 표고 지점 사이의 거리로 나누어 구한다. 그림 8.27에서 배수 방향은 배수 경사와 함께 화살표로 표시되었다. 그림 8.27에 표시된 집 주변 지역의 배수 경사는 0%(평면)에서 10.6%까지 다양했다. 배수 조사결과, 집의 오른쪽을 따라 배수가 불량하고 나무 울타리 주변에 물웅덩이가 있는 것으로 확인되었다.

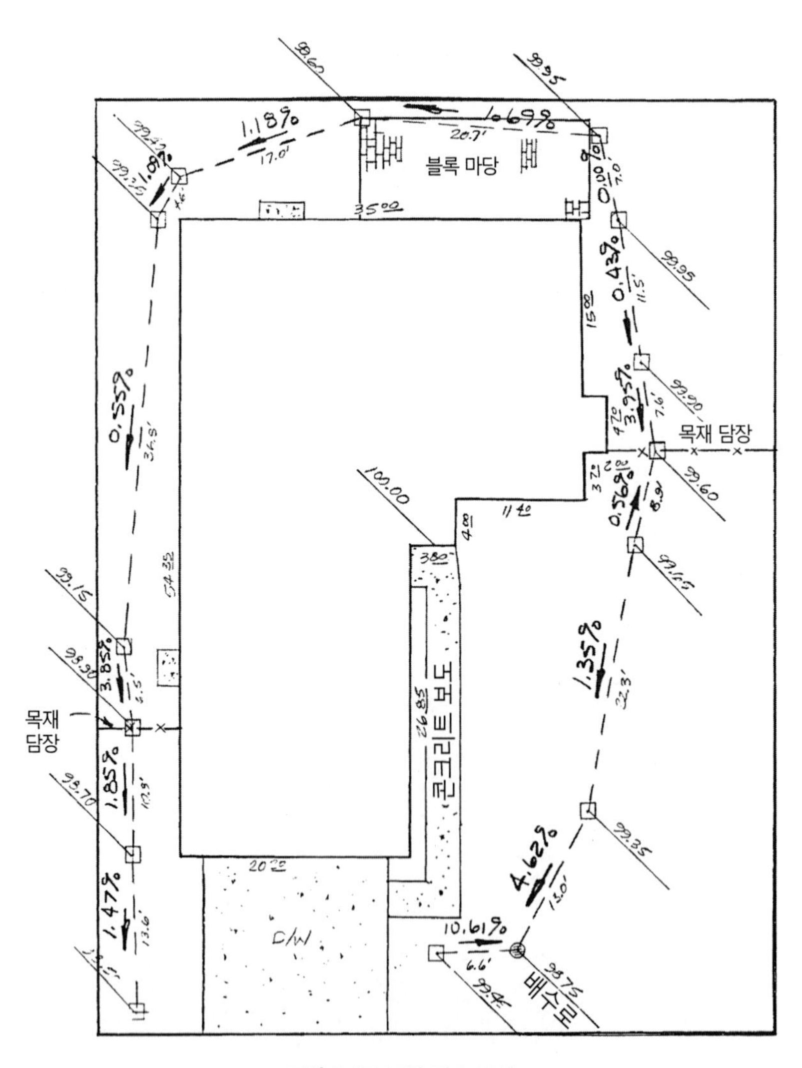

그림 8.27 표면 배수 조사

PART

III

보수와 균열 진단

Repairs and Crack Diagnosis

리노-타호(Reno/Tahoe) 국제공항에서 파손된 활주로를 제거하고 신설 활주로를 위해 기층을 시공하는 사진

보수

이 장에서 사용된 기호들은 다음과 같다.

기호	정의
D	말뚝의 직경(9.5절)
H	활동면에서 지표면까지의 거리
k_a	주동토압계수
L	토류판과 강관말뚝 사이의 길이(비탈면에 평행)
P	각 강관말뚝이 저항하는 힘
P_i	억지말뚝에 요구되는 α의 각도로 기울어진 힘
P_L	각 억지말뚝에 대한 설계 수평력
S	인접 강관말뚝 사이의 수평간격(9.4절)
S	억지말뚝의 중심간격(9.5절)
u	활동면을 따라 발생하는 평균 간극수압
W	파괴쐐기의 총 중량
Z_T	억지말뚝의 총 길이
Z_1	적절한 지지재료에 대한 깊이

9.1 보수 권고사항의 개발

보수 권고사항을 개발(development)하기 위하여 포렌식 엔지니어를 고용하는 프로젝트가 많다. 예를 들면, 많은 주택이 지진 보험에 가입된 캘리포니아주에서 노스리지 지진(규모 6.7, 1994년 1월 17일)으로 건물들이 피해를 보았다. 보상 청구가 처리되면 보험사에서는 포렌식 엔지니어를 고용하여 피해 원인(지진 대 기존 피해)을 파악하고 보수 권고 사항을 개발할 수 있다. 실제 건물 보수 과정에서 포렌식 엔지니어가 육안조사와 시험에 관여하는 경우가 많다.

보수 권고 사항을 개발하기 위하여 포렌식 엔지니어를 고용할 수 있는 또 다른 프로젝트는 역사적 구조물에 대한 것이다(7.7절). 포렌식 엔지니어는 개인, 기업, 금융기관, 부동산 회사, 주택 입주자협의회(HOA)나 다른 유형의 민간 소유주가 고용할 수 있으며, 손상되거나 열화된 구조물을 보수하는 임무를 부여받을 수 있다. 이 경우, 포렌식 엔지니어는 먼저 문제의 원인을 파악한 후 적절한 보수유형에 대한 권고사항을 준비해야 한다.

9.1.1 민사소송과 관련된 프로젝트

민사소송과 관련된 프로젝트의 경우, 원고를 위해 일하는 포렌식 전문가는 일반적으로 피고 측 포렌식 전문가와는 다른 보수 권고사항을 주장하게 된다. 원고 측 전문가는 보수의 범위를 광범위하게 하자는 견해를 가질 수 있지만, 피고 측 전문가는 덜 엄격하거나 저렴한 방법으로 문제를 해결할 수 있어야 한다. 원고 측과 피고 측의 포렌식 전문가는 조정 과정에서 소송당사자가 수용할 수 있는 절충안에 합의하는 경우가 많다. 소송당사자 간의 합의가 이루어지면 소송이 쉽게 해결되는 경우가 많다.

문제는 원고 측 포렌식 전문가가 피고 측 포렌식 전문가가 제시한 것보다 훨씬 더 큰 비용이 드는 보수를 요구하게 될 때 발생한다. 원고가 요구하는 보수비용은 건물을 완전히 철거하고 재건축하는 비용을 기준으로 할 수 있다. 7.7절에서 설명한 트리니티(Trinity) 교회의 경우와 같이 원고가 요구하는 보수비용은 손해 배상금 지급의 기초가 된 건물을 완전히 철거하고 재건축하는 비용에 근거하여 1,200만 달러를 요구하였다(ASCE, 1987; Engineering News Record, 1987).

포렌식 엔지니어는 본인이 권고하는 보수의 유형이 재판 시 자신의 신뢰도에 영향을 미칠 수 있음을 인식해야 한다. 첫 번째 예는 건물기초에 심각한 결함과 손상이 발생한 경우이다. 건물 한쪽에는 기초를 위한 토대가 시공되지 않은 상태였으며 다른 한쪽에서는 기초 일부가 실제로 흙으로 지어졌으나 결함을 숨기기 위해 얇은 석고보드를 사용하였다. 피고 측 전문가는 재판에서 기초가 충분하고 보수가 필요하지 않다고 진술하였다. 배심원단은 피고 측 전문가의 주장이 불합리하다고 판단하고 원고에게 거액의 금전적 보상을 하라고 결정하였다. 또한 배심원단은 원고 측 조사 비용도 피고가 부담하도록 결정하였다. 이 사건의 경우, 보수가 불필요하다는 피고 측의 불합리한 주장이 배심원의 결정에 영향을 미쳤다. 피고 측 전문가가 합리적인 보수 안을 제시했다면 원고 측의 조사 비용을 지불하지도 않고 배심원의 판결도 낮추는 결과를 가져왔을지도 모른다.

두 번째 예는 성토 비탈면에 변형이 발생한 대형 주택 프로젝트를 다루는데, 비탈면 변형은 뒷마당의 콘크리트 테라스 및 수영장 데크와 같은 부속시설과 비탈면 정상부 벽체에 피해를 일으켰다. 원고 측 전문가는 성토 비탈면 전체를 억지말뚝으로 보강하고, 비탈면의 표층부를 제거한 후, 지오그리드 보강토로 교체할 것을 제시하였다. 총 보수비용은 1억 달러를 초과하였다. 재판 직전에 변호사들은 배심원단에 의해 결정된 사건의 본안을 가지고 비공식적인 '미니 재판'을 하였다. 비공식 미니 재판에서 배심원단의 의견은 대부분의 성토 비탈면이 변형되지 않았고 피해가 크지 않기 때문에 산정된 보수비가 과도하다고 하였다. 배심원단은 비싼 보수비용이 필요하지 않다고 판단하였으며 비공식 미니 재판 결과를 토대로 사건은 청구 금액의 10% 미만으로 해결되었다. 이 사건에서 배심원단은 청구한 보수비용이 과다하다고 판단하였으며 이러한 판단 결과가 포렌식 엔지니어의 신뢰성에 영향을 미칠 수 있음을 다시 한번 보여주었다.

이 장의 나머지 부분에는 손상되거나 열화된 시설의 보수방법에 대한 일반적인 보수 권고사항이 수록되어 있다. 모든 유형의 지반과 기초의 보수방법을 다룰 수는 없으므로 일반적으로 사용되는 보수방법의 예를 제시하였다.

9.2 슬래브 기초의 보수

가장 비싸고 엄격한 보수방법은 슬래브 기초(S.O.G)를 완전히 제거하고 새로 설치하는 것이다. 이러한 보수방법은 대규모 지반 변형을 동반한 경우에 사용된다. 일반적으로 사용되는 기초는 철근콘크리트 매트기초나 말뚝으로 지지가 되는 철근콘크리트 매트기초이다 (Coduto, 1994).

9.2.1 철근콘크리트 매트기초

그림 9.1은 캘리포니아주 스크립스 렌치(Scripps Ranch)에 있는 팀버레인(Timberlane) 프로젝트의 콘도미니엄에서 시행한 두 건의 압력계 조사결과이다. 1977년에 준공된 콘도미니엄은 건물 전면으로 갈수록 깊이가 증가하고 다짐이 불량한 성토재가 기초지반을 이루고 있었다. 1987년에 측정된 매립지반의 침하량은 건물 뒷면에서 100mm(4in), 건물 전면에서 200mm(8in)로 추정되었다.

그림 9.1과 같이 매립지반의 침하로 기존 슬래브 기초(S.O.G)에서는 80mm, 그리고 2층에서는 99mm의 부등침하가 발생하였다. 2층의 부등침하가 더 큰 이유는 차고 위로 확장이 되어 있었기 때문이다. 그림 9.1에서 기초가 건물 뒷면에서 전면방향으로 깊어지며, 매립지반이 깊어지는 방향으로 기울어졌다는 점에 주목할 필요가 있다. 대표적인 손상은 슬래브 기초의 균열, 외부 미장 마감 균열, 내부 벽면 손상, 천장 균열과 어긋난 문틀에서 발생하였다. 표 4.2를 이용하면 손상은 심각한 것으로 분류된다. 성토 작업이 진행 중이었기 때문에 기초에 추가로 발생할 수 있는 부등침하는 약 100mm로 추정되었다.

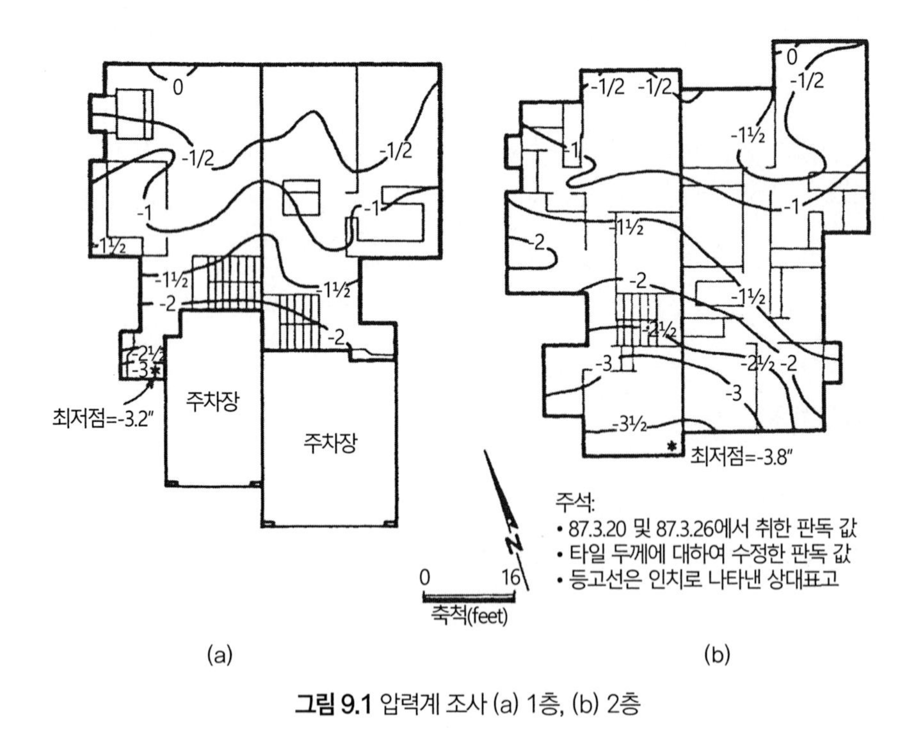

그림 9.1 압력계 조사 (a) 1층, (b) 2층

계획된 성토 공사로 인한 침하 피해 가능성을 줄이기 위하여 건물에 새로운 기초를 설치하기로 하였다. 제안된 건물기초의 형식은 두께 380mm(15in)의 No. 7 철근을 305mm(12in) 간격으로 중앙, 양방향 및 상하부에 배근한 철근콘크리트 매트기초였다.

철근콘크리트 매트기초를 설치하기 위해 건물과 기존의 슬래브 기초 사이의 연결부를 제거한 후 건물 전체를 약 2.4m 들어 올렸다. 그림 9.2는 상승한 상태의 건물 사진으로 건물 전체를 통과하는 강재 빔은 잭킹 과정에서 건물을 들어 올리는 데 사용되었다.

건물을 들어 올린 뒤 기존에 있던 슬래브 기초를 철거하였다. 철근콘크리트 매트기초 구조물을 위한 거푸집 공사는 그림 9.3과 같다. 매트기초는 건물 뒤쪽에서 전면으로 50mm 정도 위로 경사지게 설계하고 시공하였다. 향후, 건물 전면이 약 100mm 정도 침하가 발생할 것으로 예상되어 매트가 건물 뒷면에서 전면방향으로 50mm 정도 아래로 기울어질 것으로 예상하였다.

그림 9.2 들어 올려진 건물

그림 9.3 매트기초의 시공

매트용 콘크리트를 타설하고 양생한 후, 건물은 신설된 기초 위에 내려 앉혔다. 그 후 건물을 매트에 고정하고 내부와 외부에 생긴 손상을 보수하였다. 건물과 매립지반 사이의 부등침하를 수용하기 위해 신축 이음재를 사용하였다.

9.2.2 말뚝이 있는 철근콘크리트 매트기초

침하나 비탈면 활동을 받은 구조물의 일반적인 보수방법은 기존 기초를 제거하고 말뚝으로 지지되는 매트기초를 설치하는 것이다. 매트기초는 건물 하중을 말뚝에 전달한다. 지반이 침하되면 그로 인해 말뚝은 부마찰력을 받게 된다.

일반적으로 말뚝의 직경은 최소 0.6m 이상이므로 다운 홀 로깅을 통해 선단지지 조건을 확인할 수 있다. 말뚝은 건물 내부에 설치할 수도 있고, 말뚝에 하중을 전달하는 데 사용되는 지중보를 이용하여 건물 외부에 설치할 수도 있다. 드릴 장비의 높이를 고려하면 건물 내에서는 높이를 상승시키지 않는 한 천공 작업이 어렵다. 건물 외부에서 말뚝을 시공하는 경우에는 장비의 높이는 문제가 되지 않으며 대형 드릴 장비를 사용하여 빠르고 경제적으로 말뚝 천공을 할 수 있다.

그림 9.4a는 텀버레인 근교에 있는 건물의 시공 중 사진이다. 이 건물은 향후 부등침하가 매우 크게 발생할 것으로 예상하여 기존의 기초를 제거한 다음에 직경 0.76m의 말뚝으로 지지가 되는 매트기초를 시공하기로 하였다. 그림 9.4a의 화살표는 여러 개의 말뚝 중 하나를 가리킨다.

말뚝으로 지지가 되는 매트기초를 시공하기 위하여 건물을 상승시킨 다음 슬래브 기초를 철거하였다. 건물이 상승한 상태에서 말뚝 시공을 위한 굴착에 드릴 장비가 사용되었다. 말뚝은 다짐이 불량한 매립지반을 통과하여 하부의 기반암까지 천공하여 시공하였으며 선단 저항력을 증가시키기 위하여 말뚝 선단을 확대했다. 말뚝 시공을 위한 천공 후, No. 6 철근 8가닥을 0.3m 간격으로 No. 4 철사로 결속한 후, 지표면 부근까지 굴착공을 콘크리트로 채웠다. 그림 9.4b는 그림 9.4a에 표시된 현장타설말뚝을 확대한 것으로 말뚝 상단의 철근(No. 6 철근)을 매트기초의 철근과 연결하여 결속력을 강화했다.

다른 현장의 경우, 말뚝이 건물 외부에 시공되어 있다. 그림 9.5는 외부에 시공된 말뚝의 시공 사진으로서, 철근이 말뚝 상단의 한쪽으로 구부러져 있다. 구부러진 철근은 지중보의 철근에 연결되어 신설 기초를 지지하도록 하였다.

그림 9.4a 말뚝으로 지지가 된 매트기초의 시공(화살표는 여러 말뚝 가운데 하나를 가리킴)

그림 9.4b 그림 9.4a의 말뚝기초 부분의 확대 사진

그림 9.5 상단에 지중보가 있는 말뚝

말뚝 외에도 구조물은 기타 말뚝류나 스크류 또는 어스앵커로 보강할 수 있다(Brown, 1992). Greenfield와 Shen(1992)은 말뚝과 기타 말뚝류의 설치에 대한 장단점을 제시하였다.

9.2.3 기초의 부분적인 제거 후 보강

슬래브 기초(S.O.G)의 보수에 대한 두 번째 유형은 손상된 기초를 부분적으로 제거한 후 보강하는 것이다. 이 방법은 기초를 완전히 제거하고 교체하는 것보다 비용이 적게 들면서도 엄격한 보수방법이다. 지반의 변형은 부분적으로 제거한 후 보강하는 경우보다는 전체를 제거한 후 보강하는 경우가 많다. 이러한 보수유형의 주요한 목적은 손상된 기초를 보수한 다음 손상이 재발하지 않도록 기초를 보강하는 것이다. 기초를 부분적으로 제거한 후 보강하는 방법은 팽창성 흙으로 인한 손상의 통상적인 보수방법이다(Chen, 1988).

그림 9.6은 매입 줄기초(deepened perimeter footing)의 보수에 대한 일반적인 설계 단면이다. 이러한 보수방법의 장점은 주변 기초가 강화되고 깊어진다는 것이다. 이것은 계절적 수분 변화를 완화해 팽창성 흙으로 지지가 된 기초의 변형을 줄일 수 있다. 매입 줄기초의 보수는 유압잭을 설치하기 위한 천공작업으로 시작된다. 그림 9.6과 같이 유압잭이 설치되면 전체적인

확대기초가 노출된다. 그 후 다웰바 철근을 이용하여 기존 기초에 연결한다. 마지막 단계는 굴착부를 콘크리트로 채우는 것이다. 유압잭은 콘크리트를 타설하는 동안 제자리에 남겨진다.

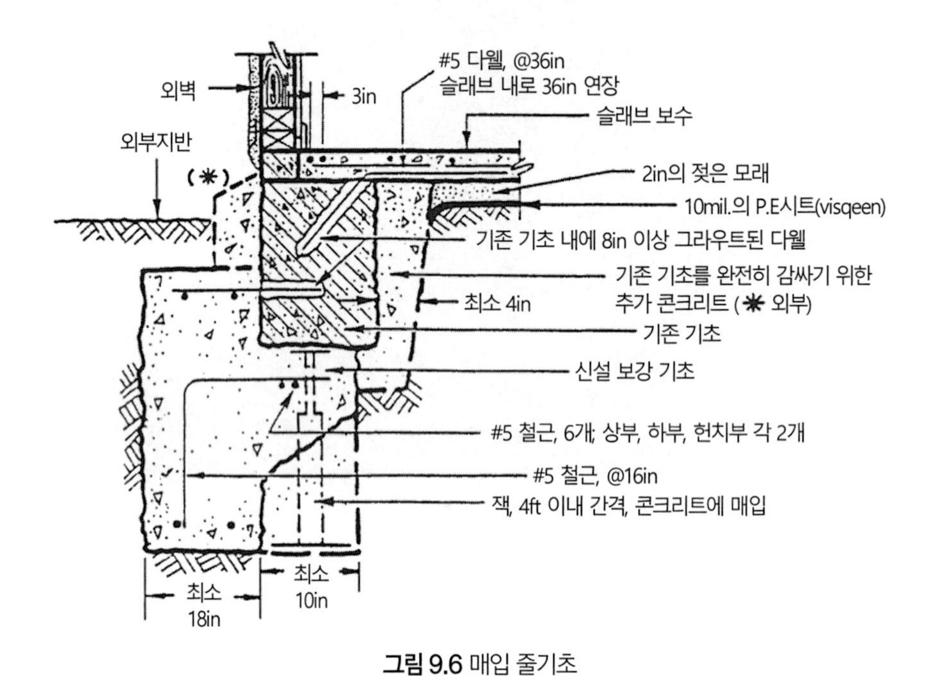

그림 9.6 매입 줄기초

그림 9.7은 캘리포니아 오션사이드에 위치한 오셔니아 미션(Oceana Mission) 프로젝트에서 매입 줄기초의 시공 장면이다. 이 건물은 산사태로 인하여 기초의 여러 곳에서 균열이 발생하였다(Day, 1995b). 쌓기 비탈면의 산사태 활동이 멈춘 후에 매입 줄기초를 시공하여 기초를 보강하기로 하였다. 그림 9.8은 철근을 설치하고, 매입 줄기초에 콘크리트를 타설하는 과정을 보여준다.

분리된 내부 콘크리트 균열의 경우, 보수 방법의 하나는 띠형(strip) 철근을 교체하는 것이다. 그림 9.9는 이러한 유형의 보수 단면을 보여준다. 띠형 철근 교체 공사는 콘크리트 균열이 있는 부분을 톱으로 절단하는 것으로 시작된다. 그림 9.9에서는 철근과 다웰바를 설치할 수 있는 충분한 작업공간을 제공하기 위해 콘크리트 균열의 양쪽으로 0.3m까지 절단할 것을 권장하고 있다. 새로운 철근(No. 3 철근)과 다웰바가 설치되면 해당 영역은 콘크리트로 다시 채워진다.

그림 9.7 매입 줄기초의 시공

그림 9.8 매입 줄기초의 시공

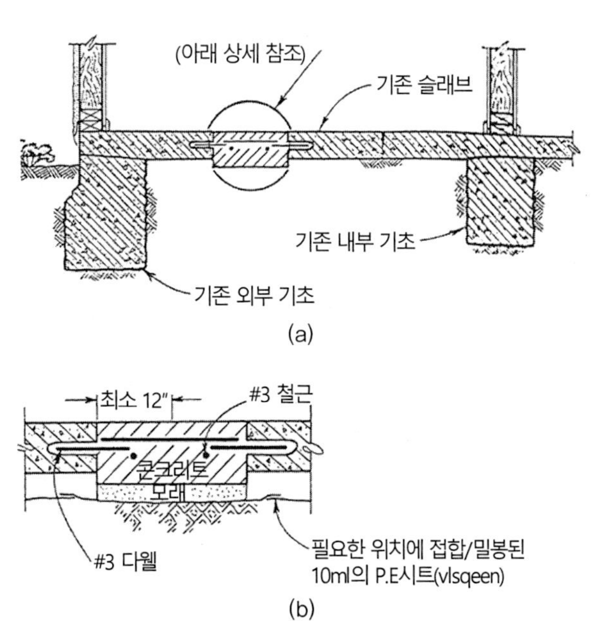

균열의 각 측면에 12" 줄눈(Saw-Cut), 기존 슬래브에 다웰 #3 철근 6"(최소), 중앙에서 양방향으로 #3 철근이 있는 5인치 콘크리트 벽체 제공. 2" 습윤 모래 포설. vlsqueen이 있는 경우, 교체 단면의 접합/밀봉

그림 9.9 콘크리트 균열 보수. (a) 바닥 균열부의 철근 교체, (b) 철근 교체 상세도

허용범위를 초과한 부등침하가 있거나 너무 심하게 손상되어 띠형 철근을 교체하는 방법으로도 보수가 안 되는 경우, 슬래브 기초 전체를 제거하고 교체할 수 있다. 예를 들어, 그림 9.10은 내부 내력벽 기초를 제외하고 전체 슬래브 기초를 제거한 사진이다. 그림 9.10과 같이 새로운 슬래브 기초를 시공하기 전에 노출된 팽창성 지반이 침수되어 점토가 팽창하였다.

그림 9.10 슬래브 기초의 제거 및 교체

9.2.4 콘크리트 균열 보수

세 번째 유형의 보수는 콘크리트의 기존 균열을 때우는 것(patching)으로 일반적인 보수방법 중에서 가장 비용이 적게 드는 방법이다. 이 보수방법은 일반적으로 기초가 과도하게 변형되지 않았고(즉, 기초를 재조정할 필요가 없음) 슬래브 기초가 향후 예상되는 지반변형을 수용할 수 있는 경우에 권장된다. 이러한 종류의 보수 목적은 콘크리트 슬래브를 만족스러운 외관으로 되돌리고 균열 부위에 구조적 강도를 제공하는 것이다. 때우기 재료는 다음 요건을 충족해야 한다고 명시되어 있다(미 교통연구위원회, 1977).

1. 최소한 주변 콘크리트만큼의 내구성이 있어야 한다.

2. 최소한의 현장 준비가 필요하다.

3. 광범위한 온도와 습도 조건을 견뎌야 한다.

4. 화학적 불화합성(incompatibility)으로 콘크리트에 유해하지 않아야 한다.

5. 가급적 주변 콘크리트와 색상 및 표면 질감이 유사해야 한다.

그림 9.11은 콘크리트 균열 보수에 대한 일반적인 상세도이다. 균열부에서 부등침하가 있는 경우, 콘크리트는 균열을 가로질러 연속성을 유지하기 위하여 연마(grinding)나 깨기(chipping)가 필요할 수 있다. 콘크리트 균열을 메우는데, 일반적으로 사용되는 재료는 에폭시이다. 에폭시 화합물은 수지, 양생제 또는 경화제 및 특정 용도에 적합하게 만들어주는 개질제로 구성된다. 일반적으로 에폭시의 인장강도(3,400~35,000kPa)는 압축강도의 범위와 유사하다(Schutz, 1984). 에폭시에 대한 성능 사양은 개발되어 있다(예: ASTM C 881-90 ASTM, 1997a). 에폭시가 효과를 발휘하려면 균열면에 접착을 방해할 수 있는 먼지와 같은 오염 물질이 없어야 한다. 에폭시 주입시에는 콘크리트 균열의 전체 깊이를 관통할 수 있도록 압력을 가해야 한다.

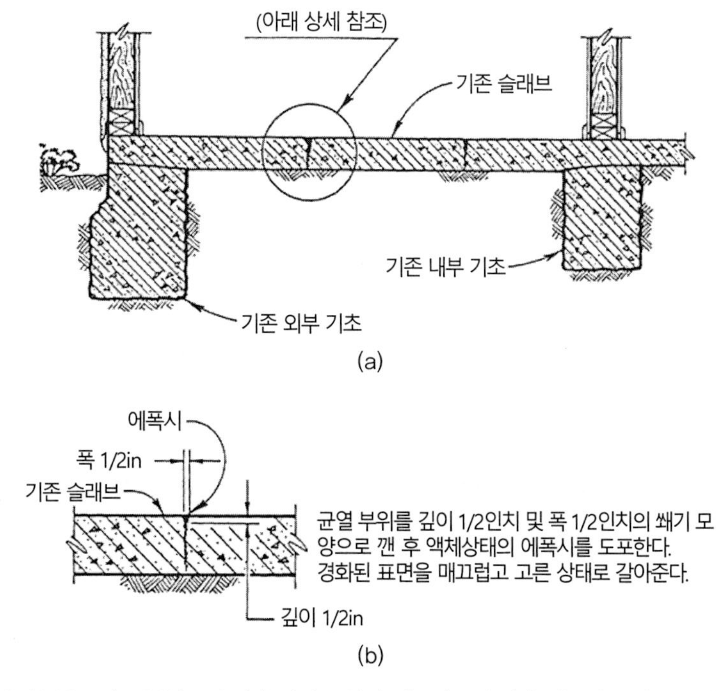

그림 9.11 콘크리트 균열 보수. (a) 바닥 균열의 에폭시 보수, (b) 에폭시 균열 보수의 상세도

요약하면, 슬래브 기초의 보수에는 (1) 기초의 철거 및 교체, (2) 기초의 부분 제거 후 보강, (3) 콘크리트 균열 보수 등 세 가지 방법이 있다. 보수유형은 지반변형의 규모 및 손상 정도와 향후 지반변형 가능성에 따라 달라진다.

가장 비싸고 엄격한 보수방법은 기초를 철거하고 교체하는 것이다. 신설 기초의 일반적인 유형은 철근콘크리트 매트기초나 말뚝으로 지지가 되는 철근콘크리트 매트기초이다(그림 9.4).

슬래브 기초에 대한 두 번째 유형의 보수는 기초를 부분적으로 제거한 후에 보강하는 것이다. 이러한 보수의 주요 목적은 손상된 기초를 보수한 후, 손상이 재발하지 않도록 기초를 보강하는 것이다. 이러한 유형의 보수에 이용되는 일반적인 방법에는 그림 9.6과 같은 매입 줄기초나 그림 9.10과 같은 슬래브 기초의 제거 및 교체 방법이 있다.

세 번째 유형의 보수는 콘크리트의 기존 균열을 메우는 것이다. 이 보수방법은 일반적으로 기초가 과도하게 변형되지 않았고 슬래브 기초가 향후 예상되는 지반변형을 수용할 수 있는 경우에 권장된다. 콘크리트 균열을 메우는 데 일반적으로 사용되는 재료는 성능 및 설치기준을 만족하는 에폭시이다.

9.3 기타 기초 보수방법

9.2절에서는 지반변형에 저항하거나 문제 있는 지반을 우회하기 위한 기초의 보강과 언더피닝 공법을 다루었다. 그 밖에 많은 종류의 기초 보수나 지반 처리 방법이 있다(Brown, 1990, 1992; Greenfield & Shen, 1992; Lawton, 1996). 어떤 경우에는 지반변형의 규모가 너무 커서 구조물을 철거하는 것이 유일한 대안일 수 있다. 예를 들어, 캘리포니아 팔로스 베르데스에 있는 포르튀기스 벤드(Portuguese Bend) 산사태로 인해 약 160채의 주택이 파손되었다. 그러나 몇몇 주택 소유자는 서서히 비탈면 아래로 미끄러져가고 있는 집을 포기하려 하지 않았다. 일부 소유주는 기초 아래에 유압잭으로 지지가 되는 강재 빔을 설치하여 주기적으로 집의 수평을 맞추고자 하였다. 다른 소유주들은 거대한 강재 드럼을 이용하여 집을 지탱하는 등 특이한 안정화 방법을 시도했다.

보다 전통적인 보수방법은 문제의 지반을 처리하는 것이다. 침하하는 구조물을 안정시킬 목적으로 절리 및 파쇄대나 지하 공동을 채우기 위해 시멘트 그라우트를 지중에 주입할 수 있다(Graf, 1969, Mitchell, 1970). 또한 물과 쏘일 시멘트나 쏘일 석회시멘트 그라우트를 슬래브 기초 아래로 주입하여 원하는 위치로 슬래브 기초를 띄우는 보수방법을 사용할 수도 있다(Brown, 1992).

일반적으로 기초지반에 사용되는 원위치 처리 방법은 컴팩션 그라우팅으로서 매우 걸쭉한 농도의 그라우트를 지중에 다량 주입하여 느슨한 지반을 치환하고 압밀시킨다(Brown & Warner, 1973; Warner, 1982). 컴팩션 그라우팅은 다짐이 불량한 매립지반, 충적층과 압축성 또는 붕괴성 지반의 밀도를 높이는 데 적합한 것으로 입증되었다. 컴팩션 그라우팅은 기초 언더피닝 보다는 구조물에 대한 교란과 비용을 최소화하면서 구조물을 복원하는 데 사용할 수 있다는 장점이 있다. 컴팩션 그라우팅의 단점은 결과를 분석하기 어렵고, 구속압이 부족한 비탈면 근처나 지표면 부근 지반에서는 효과가 떨어지며 지하 매설관에 그라우트가 유입될 위험성이 있다(Brown & Warner, 1973).

팽창성 지반의 완화 대책에서 구조물 주변의 반복적인 습윤 및 건조 작용을 줄이기 위해 수평 또는 연직 차수벽의 시공이 포함될 수 있다(Nadjer & Werno, 1973; Snethen, 1979; Williams, 1965). 차수벽의 시공과 함께 배수시스템의 개선 및 누수된 매설관의 보수도 이루어진다. 기타 팽창성 지반의 안정화 대책에는 구조물 하부 지반에 화학 물질을 주입(석회 슬러리 등)하는 것이 포함된다. 이러한 완화 조치의 목적은 점토 입자의 화학적·광물학적 변화를 유도하여 흙의 팽창성을 감소시키는 것이다.

9.4 비탈면 표면부 파괴의 보수

비탈면에 대한 보수대책은 접근성 문제와 비탈면의 작업성 문제로 인하여 시행이 어려운 경우가 많다. 일반적으로 사용되는 보수대책은 다음과 같다.

9.4.1 파괴 구역의 복구

경제적이면서 비교적 쉬운 보수방법은 비탈면 표면 파괴부에서 흙을 가져와 파손된 구역을 복구하는 데 사용하는 것이다. 나무, 풀과 같은 유기물은 표면의 붕괴한 흙에서 분리한 후, 외부로 실어 낸다. 설계와 보수는 흙을 공기 건조한 다음 파괴 구역에서 재다짐하는 것으로 이루어진다.

그러나 점토의 경우 이러한 보수방법은 효과적이지 않다. 그 원인 중 하나는 수분과 접하는 동안 점토가 부풀어 오르고 다짐으로 지반이 개량되지 않기 때문이다. 또 다른 이유는 표층 파괴 시 식물의 뿌리에 의한 보강 효과는 없어지고 식물과 나무가 다시 성장하는 데 수년이 걸릴 수 있기 때문이다.

9.4.2 지오그리드 보수

그림 9.12는 지오그리드를 사용한 일반적인 설계 단면으로서, 보수 과정은 다음과 같다.

1. **파괴부의 제거.** 첫 번째 단계는 표면의 파괴된 부분의 제거와 반출이다.
2. **벤치 굴착.** 다음 단계는 그림 9.12와 같이 벤치를 계단식으로 절취한다. 표면파괴로 인하여 매끄러운 활동면이 생성되었을 수 있는데, 하부의 교란되지 않은 지반까지 계단식으로 절취하여 제거할 수 있다. 벤치는 새로운 성토재와 벤치의 수평면 사이에 마찰력을 제공하여 성토재가 비탈면에서 유실되지 않도록 한다. 벤치는 배수시스템의 설치에도 이용된다.

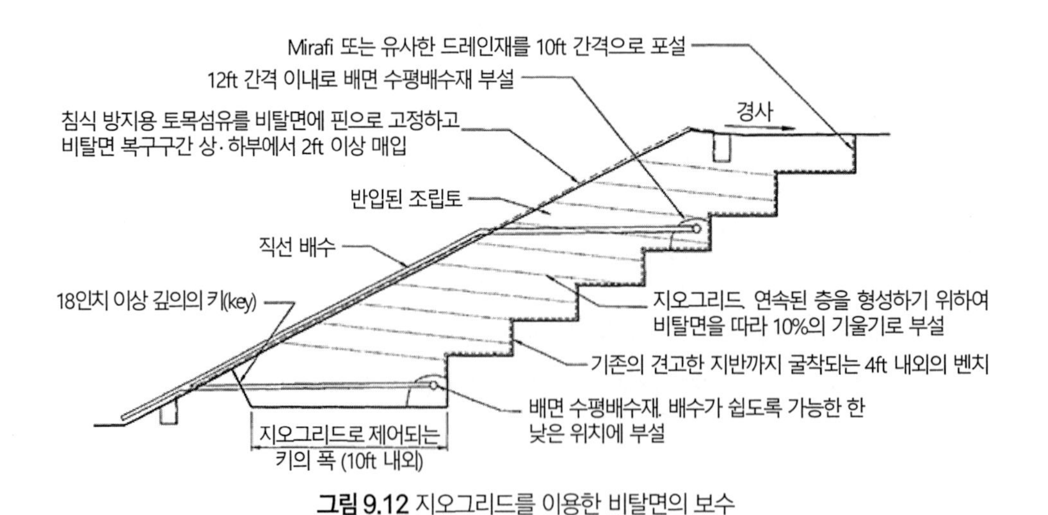

그림 9.12 지오그리드를 이용한 비탈면의 보수

3. **배수재 설치.** 그림 9.12와 같이 벤치를 굴착한 후 배수재를 설치한다. 일반적으로 연직 배수재는 3m 간격으로 설치되며 지반을 통해 이동할 수 있는 침투수를 차단하는 데 사용된다.

4. **용수 처리.** 수평배수재는 연직배수재로부터 물을 집수하여 현장 밖으로 내보낸다. 그림 9.13은 벤치 굴착과 배수재를 설치한 사진이다.

그림 9.13 벤치 굴착과 배수재 설치

5. **비탈면 복구.** 비탈면은 지오그리드 층과 성토 및 다짐을 이용하여 복구한다. 일반적인 설계 기준은 수정다짐 기준으로 최대 건조단위중량의 90% 이상까지 성토재를 다지는 것이다. 통상 복구 과정에 사용하기 위해서 조립토를 반입한다.
6. **침식 방지용 토목섬유.** 복구 과정이 완료되면 침식 방지용 토목섬유를 비탈면에 고정하고 다시 표면 식생을 한다.

그림 9.14는 지오그리드를 사용한 비탈면의 표면파괴 부분에 대한 보수 사진이다. 지오그리드는 식물 뿌리의 보강 효과와 유사한 지반 보강 역할을 한다. 그림 9.12에서 지오그리드는 가능한 한 잠재적 파괴면에 수직이 되도록 설치하기 위하여 비탈면 배면측으로 기울어져 있음에 주목할 필요가 있다. 설계 시 주요 요구사항은 지오그리드의 종류와 수직 간격이다. 보수 설계는 반입된 성토재의 전단강도, 비탈면 경사, 잠재적 파괴 토체의 두께와 같은 요인에 따라

달라진다. 설계는 식 (6.1)을 이용한 지오그리드 보강 비탈면의 안전율을 활용 한다.

그림 9.14a 지오그리드를 이용한 표면부 비탈면의 보수

그림 9.14b 비탈면 표층에 침식방지용 토목섬유를 이용하여 완성된 그림 9.14a의 비탈면

9.4.3 쏘일시멘트 보수

그림 9.15는 쏘일시멘트를 이용한 비탈면 보수방법으로서, 쏘일 시멘트를 이용한 보수절차도 지오그리드 보수절차의 항목 1~3과 같다. 그림 9.15와 같이 지오그리드 대신에 반입된 조립토를 시멘트 비율이 6%가 되도록 혼합한 후, 실내 최대 건조단위중량(수정다짐)의 90% 이상으로 다짐을 한다. 쏘일시멘트를 포설한 후, 비탈면 내의 식생 구역을 굴착하고 비탈면을 녹화한다.

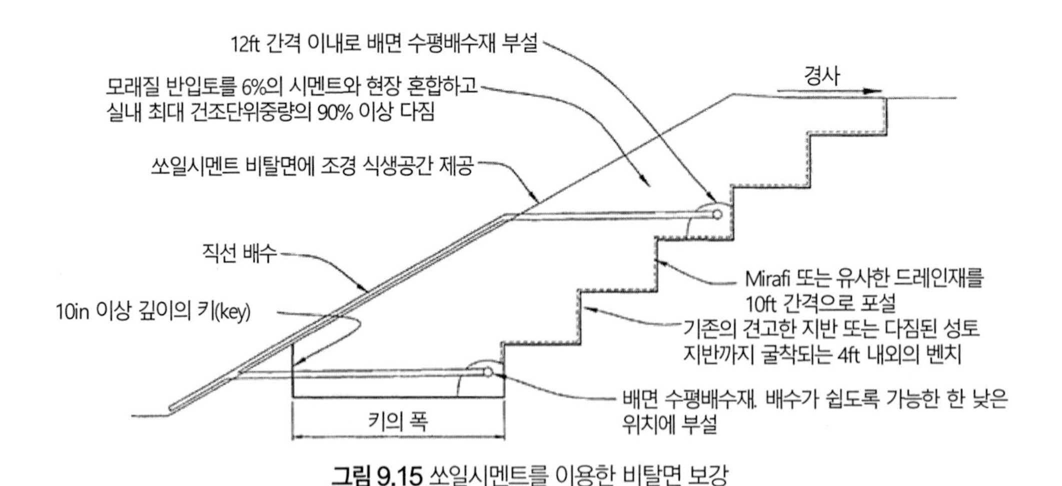

그림 9.15 쏘일시멘트를 이용한 비탈면 보강

시멘트는 반입된 조립토의 전단강도를 증가시켜 향후 표면파괴가 일어나는 것을 방지한다. 이러한 종류의 보수에서 가장 큰 어려움은 조립토와 시멘트를 혼합하는 일이다. 흙과 시멘트가 완전히 혼합되지 않으면 침식 또는 표면파괴에 취약한 시멘트 미처리 영역이 발생할 수 있다.

평탄한 비탈면에서는 반입된 조립질 성토재에 시멘트를 첨가할 필요가 없는 경우도 있다. 이러한 경우의 보수방법은 시멘트를 사용하지 않는 것을 제외하고는 그림 9.15와 같다.

9.4.4 강관말뚝과 토류판

그림 9.16은 강관말뚝과 토류판을 사용한 일반적인 설계 단면으로 강관말뚝과 토류판은 가장 빈번히 사용되는 보수 방법의 하나다. 지오그리드 및 쏘일시멘트 보수방법과 같이 토석 잔해물이 현장 외부로 반출되고 원지반까지 벤치가 굴착된다.

중공 아연 도금 강관말뚝은 항타 또는 매입 후 콘크리트로 채워진다. 그 후에 압착 처리된 토류판을 강관말뚝 배면에 설치하고, 그림 9.16과 같이 토류판 뒤에 배수시스템을 설치한 후 비탈면에 성토작업 후 다짐하여 복구한다. 비탈면에는 침식 방지용 토목섬유와 식생이 시공된다.

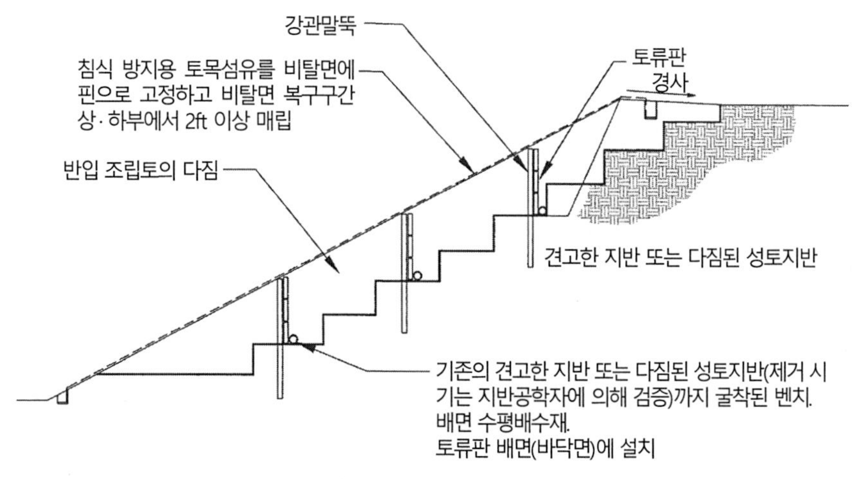

그림 9.16 강관말뚝과 토류판을 이용한 비탈면 보강

이러한 보수방법의 단점은 일반적으로 강관말뚝의 낮은 지지능력(휨 강도 측면)이다. 토류판은 토압을 강관말뚝으로 전달한다. 큰 토압이 표면지역에서 생성될 수 있으므로 강관말뚝의 휨 파괴가 쉽게 일어나지는 않는다.

그림 9.17은 파괴된 강관말뚝과 토류판 시스템의 사진으로서, 남아 있는 것은 비탈면 아래 방향으로 휘어진 강관말뚝 뿐이다. 그림 9.17과 같이 표면파괴 후 침식 방지용 매트가 비탈면에 설치되었다.

강관말뚝과 토류판이 자주 파괴되는 주된 이유는 설계 없이 시공자의 경험만으로 구조 부재의 규격과 간격이 결정되기 때문이다. 토류판 시스템을 설계할 때에는 토류판이 모든 토압을 강관말뚝으로 전달한다고 가정한다. 강관말뚝이 저항하는 힘을 P로 정의하면 식 (6.1)은 식 (9.1)과 같이 토류판과 강관말뚝의 저항이 포함되도록 수정할 수 있다.

그림 9.17 토류판과 강관말뚝의 파괴(화살표는 파괴된 강관말뚝을 가리킴)

$$F = \frac{(P/S) + c'L + \gamma_b DL\cos^2\alpha\tan\phi'}{\gamma_t DL\cos\alpha\sin\alpha} \tag{9.1}$$

여기서, S = 인접한 강관말뚝 사이의 수평 간격, L = 토류판과 강관말뚝 사이의 거리(비탈면에 평행)이다. 식 (9.1)을 재배열하면 각 강관말뚝이 전달하는 힘 P(α의 각도로 경사진)를 구할 수 있다.

$$P = F\gamma_t DSL\cos\alpha\sin\alpha - c'LS - \gamma_b DSL\cos^2\alpha\tan\phi' \tag{9.2}$$

식 (9.1)과 (9.2)에서 해석에 사용된 흙의 전단강도(c' =유효 점착력, ϕ' =유효 마찰각)는 반입된 조립질 성토재의 전단강도라는 점에 유의해야 한다. 거리 D는 향후 예상되는 표층부의 불안정 영역으로 기존의 표층 파괴면의 심도와 같다고 가정할 수 있다. 안전율 F는 토질정수에 적용된다. 토류판과 강관말뚝 설계 시 적절한 안전율과 신뢰성 있는 전단강도 정수가 사용된다면, 해석 시작은 안전율(예: 1.2)을 사용할 수 있다. 또한 식 (9.1)과 (9.2)에서는 비탈면과 평행하게 침투가 이루어진다고 가정하였는데, 이는 토류판 배면에 설치된 배수재를 고려할 때 보수적인 가정일 수 있다.

강관말뚝의 최대 전단응력은 $P\times\cos\alpha$를 강관말뚝의 강재 단면적으로 나눈 값과 같다. 합력 P는 지표면 아래 $\frac{2}{3}D$에 해당하는 지점에 작용한다고 가정한다. 최대 모멘트는 $P\times\cos\alpha\times$ 강관말뚝의 고정 위치까지의 거리로 계산된다. 보수 영역의 하부에서 강관말뚝이 암반에 근입되어 있는 경우, 고정점은 성토재와 암반 경계부에 근접할 것이다. 보수위치 하부의 토층이 연약한 경우, 고정점이 훨씬 더 깊어질 수 있으므로 강관말뚝이 더 큰 모멘트를 받게 된다. 이것이 보통 보수된 지역 바로 아래에 암석 또는 이와 유사한 단단한 재료가 있을 때 강관말뚝 시스템이 최적의 역할을 하는 이유이다.

강관말뚝의 설계 외에도 토류판의 전단과 휨 파괴 여부를 검토해야 한다. 지표면에서 0으로부터 증가하는 삼각형 토압이 토류판에 작용하는 것으로 가정할 수 있다. 삼각형 토압분포를 사용하고 각 강관말뚝의 합력 P를 알고 있다면 토류판의 최대 전단력과 최대 모멘트를 계산할 수 있다.

9.4.5 보수방법의 적절성

표면파괴의 특성은 다양하므로 특정한 보수방법이 모든 비탈면에 적절한 안전율과 경제성을 제공하지는 않는다. 표면의 파괴된 흙을 이용하여 파괴 영역을 복구하는 것이 일반적으로 가장 경제적인 조치 방법이다. 흙의 전단강도는 크게 변하지 않기 때문에 파괴가 재발하는 경우가 많다.

지오그리드는 흙의 전단강도를 높이는 데 사용될 수 있으나 지오그리드의 구매와 현장 운반 등 설치와 관련된 추가 비용이 들어갈 수 있다. 시멘트로 처리된 흙을 사용하는 것도 시멘트와 반입된 조립토를 완전히 혼합해야 하므로 노동력 등 인건비가 많이 든다.

현장의시공자들은 강관말뚝과 토류판을 이용한 보수에 전문화는 되어 있으나 이러한 보수방법에서 부재의 선정과 간격(S, L)의 결정을 설계 없이 시공자의 경험에 의존하는 경우가 많다. 그림 9.17의 파괴에서 볼 수 있듯이 강관말뚝과 토류판에 대한 적절한 설계와 시공이 이루어질 때 경제성이 확보된다.

9.4.6 요약

비탈면 표면파괴에 대하여 일반적으로 사용되는 네 가지 보수방법에 관해 설명하였다. 비탈면 표면파괴는 식생에 피해를 주는 것 외에도 관개 및 배수관을 파괴할 수 있으며 특히, 비탈면 표면파괴가 토석류로 이어지는 경우와 같이 위험한 상황이 발생할 수 있다(그림 6.22).

가장 경제적인 보수방법은 비탈면 표면 파괴지역의 흙을 이용하여 파괴된 지역을 복구하는데 사용하는 것이다. 그러나 이 보수방법은 흙의 전단강도가 크게 변하지 않기 때문에 거의 효과가 없다.

그림 9.12와 같이 지오그리드를 사용하거나 그림 9.15와 같이 반입된 조립토에 시멘트를 첨가하는 보수공법을 사용하여 지반을 복구할 수 있다. 지반 보수에는 하부의 불교란 지반까지 벤치를 굴착하는 작업이 포함되며, 지반을 통해 이동할 수 있는 침투수를 차단하기 위해 배수재가 설치된다.

그림 9.16과 같이 강관말뚝과 토류판은 가장 빈번하게 사용되는 보수방법이다. 이 보수방법은 대부분 설계 없이 시공자의 경험을 바탕으로 시공이 이루어진다. 강관말뚝이 과도하게 응력을 받아 비탈면 아래쪽으로 휘어지기 때문에 새로운 표면파괴가 자주 발생하였다(그림 9.17). 식 (9.2)를 이용하여 강관말뚝이 받는 힘을 구할 수 있으며 이 힘을 이용하여 강관말뚝의 전단력과 휨모멘트를 검토할 수 있다.

9.5 비탈면 깊은 파괴와 산사태 비탈면의 보수

비탈면이나 산사태 비탈면의 안정화에는 기본적으로 세 가지 방법이 있다. (1) 저항력을 높이거나, (2) 활동력을 줄이거나, (3) 비탈면을 절취하는 것이다. 저항력을 높이기 위해서는 비탈면의 선단부에 버팀대를 설치하거나 비탈면에 추가적인 수평 저항을 제공하기 위한 말뚝류나 철근콘크리트 억지말뚝을 설치한다. 또한 철근과 같이 비교적 짧고 전체 길이가 정착되는 삽입재로 비탈면을 보강하여 안정화하는 방법으로, 실용적이고 검증된 시스템인 쏘일네일링 공법이 사용된다(Bruce & Jewell, 1987).

비탈면의 활동력을 줄이는 방법에는 누수된 송수관의 보수, 지표 배수시설 개선, 지하 배수시설 설치 또는 우물에서 지하수 양수를 통한 지하수위 저하 등이 있다. 활동력을 감소시키는 다른 방법은 산사태 상부에 있는 흙을 제거하거나 비탈면 높이 또는 경사를 줄이기 위하여 비탈면을 절취하는 것이다. 비탈면 파괴는 지오그리드나 기타 지반 보강 공법을 이용하여 복구하고 강화할 수 있다(Rogers, 1992).

9.5.1 억지말뚝

매입된 억지말뚝은 비탈면을 안정화하기 위한 억제 시스템으로 자주 이용된다(Zaruba & Mencl, 1969). 엔지니어는 억지말뚝(pier)과 말뚝류(shaft) 및 케이슨이라는 용어를 서로 혼용하여 사용한다. 일반적인 특징은 지중에 원통형 구멍을 뚫고 그 구멍을 콘크리트로 채우는 것이다. 말뚝 시공을 위한 굴착공이 무너지는 것을 방지하고 굴착공 바닥을 쉽게 청소할 수 있도록 굴착공에 강관(케이싱)을 삽입할 수 있다. 굴착공 하부를 확장하여 더 큰 선단지지력을 얻을 수 있으며, 그 결과 허용 선단지지력이 더 큰 매입 억지말뚝의 연직 내하력을 얻을 수 있다(Cernica, 1995b). Reese 등(1981, 1985)은 매입 억지말뚝에 대한 일반적인 시공 세부사항을 제시하였다.

매입 억지말뚝은 여러 가지 용도로 사용이 되는데, 연속 매입 억지말뚝의 경우 30m 이상의 깊이까지 굴착하는 경우도 있다(Abramson 등, 1996). 비탈면 안정화에 매입 억지말뚝이 사용되는 경우, 활동면을 통과해야 하며 불안정한 경사로 인해 발생하는 불안정한 힘에 수동저항력을 제공할 수 있는 지지층까지 근입되어야 한다. 지반의 아칭(soil arching)현상으로 횡방향 하중을 매입 억지말뚝에 전달할 수 있기 때문에 억지말뚝은 일반적으로 말뚝 직경의 2~3배 간격을 두어 시공한다.

비탈면을 안정시키기 위하여 억지말뚝에 요구되는 저항력이 매우 클 수 있다. 이로 인해 전도 모멘트에 저항할 수 있도록 말뚝은 깊이가 깊고 직경이 크며 상당한 보강이 이루어질 수 있다(Abramson 등, 1996). 억지말뚝을 타이백과 결합하면 공사비를 줄일 수 있다. 타이백은 비탈면을 천공하고 타이백을 설치한 다음, 천공된 구멍의 앵커링 부분을 고강도 그라우트로 채우는 방식으로 말뚝 상단에 시공한다. 타이백의 목적은 불안정한 힘 일부를 활동면의 뒤쪽 영역으로 전달하는 것이다. 타이백은 인장강도가 높은 강재 케이블과 텐던 또는 강봉으로 구성된다.

비탈면 안정화를 위한 억지말뚝 시공의 두 가지 예는 다음과 같다.

사례연구 1. 포르투갈 벤드 산사태. 철근콘크리트 억지말뚝이 파괴된 유명한 사례로는 캘리포니아주 팔로스 베르데스 반도(Palos Verdes peninsula)에 있는 포르투갈 벤드 산사태가 있다. 산사태의 규모는 약 105ha이며 대표적인 토층의 두께는 30~45m이다(Watry & Ehlig, 1995). 1956년 중반에 산 정상을 가로지르는 도로 확장을 위해 제방을 설치한 후 비탈면이 활동하기 시작했다(Ehlig, 1992). 포르투갈 벤드 산사태의 활동면은 미오세 몬테레이 지층 내의 벤토나이트층에서 발생하였으며 산사태로 인해 약 160여 가구가 파괴되었다.

1957년 수개월에 걸쳐 산사태 비탈면의 선단부에 총 23개의 캔틸레버식 철근콘크리트 억지말뚝이 시공되었다. 콘크리트 말뚝의 직경은 1.2m로 활동면 아래 3m까지 근입되었다. 콘크리트 말뚝이 설치된 후, 산사태 비탈면의 활동률이 50% 감소한 것으로 보고되었으나 그 이유는 계절적 건조와 같은 다른 요인들 때문이라는 주장도 있었다(Ehlig, 1986). 콘크리트 억지말뚝을 시공한 직후, 산사태에 의해 말뚝은 지반에서 뽑히거나 비탈면 아래 방향으로 기울어지거나 부러져 파손되었다(Watry & Ehlig, 1995).

사례연구 2. 성토 비탈면 파괴. 비탈면 안정화를 위한 억지말뚝 시공의 두 번째 예는 캘리포니아주 샌디에이고에 있는 사고현장이다. 이 현장에는 뒷마당에 약 1.5 : 1(수평 : 수직)로 경사진 18m 높이의 내리막 성토 비탈면을 가진 단독 주택이 있었다. 1990년에 집주인은 집 하부에서 파이프가 새는 것을 발견하였다. 파이프 누수로 물이 성토부에 침투하여 비탈면 파괴를 일으켰다. 비탈면 파괴로 0.3~0.5m의 지표면이 침하되었고 약 100mm의 폭으로 인장균열이 발생하였다. 그림 9.18은 주택 아래의 협소한 공간에서 발생한 지반 균열과 기초 손상을 보여준다.

그림 9.18 지반 균열과 기초의 피해(화살표는 지반 균열을 나타냄)

성토 비탈면의 안정화를 위해 억지말뚝을 시공하였다. 그림 9.19와 9.20은 억지말뚝의 시공 사진으로 2.4~2.7m의 중심간격으로 직경이 0.9m인 말뚝 19개가 성토부를 통과하여 설치되었고 앵커는 하부 기반암에 고정되었다. 휨모멘트를 줄이기 위해 가장 큰 하중을 받는 10개의 말뚝에 타이백이 사용되었다. 그림 9.19의 화살표는 경사진 타이백 앵커 중 하나의 위치를 가리킨다. 억지말뚝은 필요한 수평 저항력을 제공하여 성토 비탈면을 안정시켰다. 그림 9.21과 같이 말뚝 상단에는 옹벽이 설치되었다.

그림 9.19 억지말뚝의 시공(화살표는 타이백 앵커를 나타냄)

그림 9.20 억지말뚝의 시공

그림 9.21 억지말뚝의 최종 시공상태

억지말뚝의 설계

억지말뚝(pier wall)의 설계를 위한 방법의 하나는 비탈면 안정성 해석을 이용하는 것이다(A 방법). 먼저 억지말뚝에 의해 안정화되는 비탈면의 안전율을 선정한다. 통상 비탈면 파괴의 규모와 중요 시설의 근접성 또는 억지말뚝 안정화의 특성(임시 또는 영구)과 같은 요인에 따라 1.2~1.5의 안전율을 선택한다. 다음 단계는 선택한 값까지 비탈면의 안전율을 증가시키기 위해 각 말뚝이 저항해야 하는 설계 수평력 P_L을 결정한다.

그림 9.22는 수평 방향에서 α의 각도로 경사진 평면 활동면을 가진 불안정한 비탈면의 단면도이다. 이 파괴 모드는 포르투갈 벤드 산사태(사례연구 1) 및 데저트 뷰 드라이브 성토 제방의 최종 쐐기 파괴(6.5절 사례연구)와 유사하다. 활동면의 전단강도는 유효마찰각 ϕ'와 유효점착력 c'로 정의할 수 있다. 억지말뚝이 있는 비탈면의 안전율 F는 활동면에 평행한 힘을 합산하여 구한다.

$$F = \frac{\text{저항력}}{\text{활동력}} = \frac{c'L + (W\cos\alpha - uL)\tan\phi' + P_i}{W\sin\alpha} \tag{9.3}$$

여기서,

L =활동면의 길이

W=파괴쐐기의 총 중량

u =파괴면에 걸친 평균 간극수압

P_i =그림 9.22와 같이 각도 α로 억지말뚝에 작용하는 힘

식 (9.3)의 요소는 다음과 같이 결정된다.

α 및 L: 경사각 α와 활동면의 길이 L은 파괴쐐기의 형상을 기초로 한다.

W: 파괴 쐐기 재료의 시료를 이용하여 습윤단위중량을 구할 수 있다. 습윤단위중량으로부터 파괴쐐기(그림 9.22)의 총 중량 W를 구할 수 있다.

ϕ' 및 c': 전단강도 정수(ϕ' 및 c')는 활동면 시료의 실내 전단시험으로 결정한다.

u: 비탈면에 피에조미터를 설치하여 간극수압 u를 측정할 수 있다.

F: 억지말뚝으로 안정된 비탈면에 대하여 통상 1.2~1.5의 안전율 F를 적용한다.

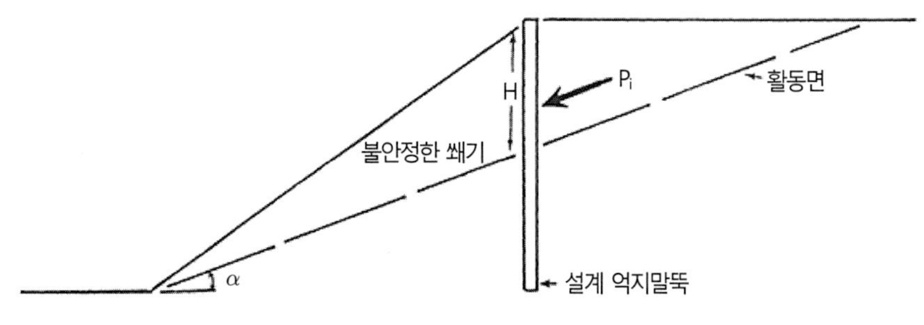

그림 9.22 쐐기형 비탈면 파괴에 대한 억지말뚝의 설계

식 (9.3)에서 유일한 미지수는 P_i(억지말뚝에 작용하는 경사진 힘, 그림 9.22)이다. 다음 식을 이용하여 중심간격이 S인 각 말뚝에 대한 설계 수평력 P_L을 구할 수 있다.

$$P_L = SP_i\cos\alpha \tag{9.4}$$

설계 수평력 P_L의 위치는 일반적으로 활동면 상부에서 $\frac{1}{3}H$ 거리에 있다고 가정한다. 여기서, H는 그림 9.22에 정의되어 있다. 설계 수평력 P_L은 활동면 아래 말뚝의 해당 부분에 가해지는 수동토압에 의해 저항될 수 있다.

그림 9.22와 같이 각 말뚝에 대한 설계 수평력 P_L을 결정하기 위한 해석은 쐐기형태의 비탈면 파괴를 기초로 한다. 활동면이 원호인 경우에는 절편법을 이용하여 설계 수평력 P_L을 계산할 수 있다.

그림 9.23과 같이 억지말뚝 설계를 위한 두 번째 방법은 토압론(B 방법)을 이용하는 것이다. 억지말뚝에 작용하는 불안정 토압을 주동토압이라고 가정한다. 주동토압은 마치 연속적인 벽이 존재하는 것처럼 적용되는데, 말뚝의 전체 길이 Z_T에 대해 적용할 수 있다.

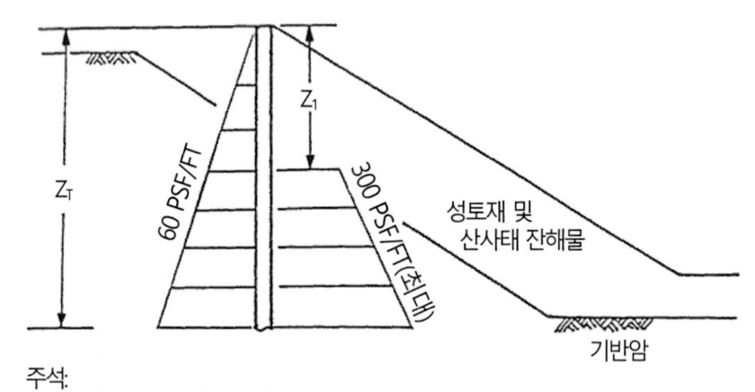

주석:
1) 억지말뚝의 최대간격 = 직경의 3배
2) 주동토압은 마치 하나의 벽이 존재하는 것처럼 적용
억지말뚝 직경의 2배 이상에 대해 수동저항 적용
3) 일반적인 캔틸레버 설계 시, 구조 엔지니어는 최대 수동저항이 발휘되기 위해서는
약 0.5~1%의 벽체 회전이 필요하다고 가정한다.
총 변형은 휨응력에 의한 구조물의 변형에 회전을 더하여 계산한다.

그림 9.23 토압론을 이용한 억지말뚝의 설계

억지말뚝의 이동에 대한 저항은 수동토압에서 비롯된다. 아칭을 설명하기 위해 두 개의 말뚝 직경에 걸쳐 수동토압을 적용할 수 있다(말뚝 간격이 2D 이상인 경우). 수동토압은 지반조사에서 결정된 적절한 수평 지지층의 깊이로 정의되는 Z_1 깊이에서 시작된다.

다음 식 (9.5)를 이용하여 각 말뚝에 대한 설계 수평력 P_L을 구한다.

$$P_L = 0.5 k_a \gamma_t Z_T^2 S \tag{9.5}$$

여기서, k_a =주동토압계수, γ_t =습윤단위중량. 주동토압은 억지말뚝에 가해지는 실제 활동력이기 때문에 식 (9.5)에 안전율 F를 포함할 수 있다. 안전율 F는 A방법(비탈면 안정성 방법)에서 사용된 값(1.2～1.5)과 같을 수 있다.

7.9절에서 기술한 $k_a \times \gamma_t$를 등가수압이라 한다. 주동토압계수 k_a는 불안정한 비탈면 재료의 전단강도를 이용하여 구할 수 있다. 그림 9.23에서 60psf/ft는 노스리지 지진 동안 이동한 성토재와 산사태 비탈면의 잔해를 안정화하기 위한 억지말뚝 설계에 권장되는 등가수압과 같다(Day & Poland, 1996).

토압론(B 방법)은 특정 활동면에서 비탈면 변형이 일어나 생기는 파괴(A 방법)보다는 점토 비탈면의 크리프 등과 같이 변형이 깊이에 따라 변하는 경우의 설계 수평력 P_L을 구하는 데 사용할 수 있다.

지반 아칭(soil arching)은 수평 하중을 매입된 말뚝으로 전달할 수 있기 때문에 말뚝 직경의 2배 또는 3배의 간격으로 말뚝을 시공한다. 그러나 어떤 지반에서는 간격이 너무 클 수 있다. 예를 들어, 그림 9.24와 9.25는 콘크리트 말뚝 주변에서 지반이 이동한 사진을 보여준다. 그림 9.24와 9.25에 나타난 흙은 액성한계가 56이고 소성지수가 32인 고소성의 실트질 점토로 분류되었다. 이 현장에서 점토는 말뚝 주위로 흐를 정도로 상당한 소성상태였다.

그림 9.24 콘크리트 억지말뚝 주변에서 흙의 이동

그림 9.25 콘크리트 억지말뚝 주변에서 흙의 이동

표 9.1은 흙과 암석의 종류에 따른 말뚝의 최대 중심간격에 대한 권장 기준으로 기존 억지말뚝의 성능을 기준으로 한다. 일반적으로 암석의 파쇄가 심하거나 흙의 소성이 심하다면 말뚝 간격을 줄여야 한다.

표 9.1 억지말뚝의 허용 간격

재료의 종류	말뚝의 최대 중심간격
무결암(신선암)	제한 없음
파쇄암	$4D$
순수 모래 또는 자갈	$3D$
점토질 모래 또는 실트	$2D$
소성점토	$1.5D$

* 주석: D=말뚝의 직경

억지말뚝의 시공

억지말뚝의 시공에 대하여는 많은 참고문헌이 있다(예: Reese 등, 1981, 1985). 억지말뚝 굴착시 가장 어려운 점은 굴착 장비에 대한 접근성이다. 일반적으로 대구경의 천공 홀, 깊은 굴착 깊이 및 수평 지지층의 높은 저항으로 인해 트럭에 탑재된 드릴 장비가 필요하다. 이것은 억지말뚝의 시공에 대한 접근성을 심각하게 제한할 수 있다. 드릴 장비를 위한 공간이 충분하지 않거나 지형이 너무 가파르면 비탈면 안정화를 위한 억지말뚝 공법을 사용하는 것이 불가능할 수 있다.

타이백 앵커 또는 비탈면 활동으로 인하여 억지말뚝에 연직하중이 작용할 수 있다(그림 9.22). 이러한 연직하중은 지지층에서의 선단지지력이나 주면 마찰력에 의해 저항되어야 한다. 억지말뚝을 시공하는 동안 천공된 홀 벽면에서 느슨한 흙이나 토석과 자주 부딪히게 된다. 이러한 현상은 일반적으로 조립된 철근망이 말뚝의 천공 홀로 하강할 때 발생한다. 철근망이 홀 벽면에 부딪히면 흙이 말뚝 홀의 바닥으로 떨어진다. 철근망이 설치된 후에는 천공 홀 바닥에 쌓인 느슨한 흙을 제거하는 것이 거의 불가능하다. 이러한 문제에 대한 한 가지 해결책은 콘크리트와 지지층 사이의 주면 마찰력으로만 연직하중에 저항하도록 억지말뚝을 설계하는 것이다. 이러한 경우, 선단 지지 저항력은 무시한다. 일반적으로 수평하중이 매입 깊이를 결정하므로 선단지지력을 무시하고 주면 마찰력으로만 연직하중에 저항하도록 설계하는 것이 경제적일 수 있다.

타이백 앵커에는 일반적으로 소구경의 경사진 홀이 사용된다. 이것은 타이백의 설치 상태를 육안으로 관찰할 수 없음을 의미한다. 일반적인 문제는 타이백이 홀의 중심에 있지 않아 필요한 마찰 저항을 생성할 수 없거나 부적절하게 그라우트 된 타이백으로 인해 발생한다. 타이백 앵커를 정확하게 시공하는 것이 어렵기 때문에 허용 가능한 지지력을 확인하기 위한 앵커의 현장 시험이 필수적이다.

그림 9.26은 억지말뚝의 시공 사진이다. 철근을 굴착공에 내리고 콘크리트로 채운다. 억지말뚝은 라구나 니구엘(Laguna Niguel) 산사태 비탈면의 안정화를 위해 시공되었는데, 산사태와 관련된 피해 사진은 제1장에서 제시하였다(그림 1.8~1.16). 억지말뚝은 산사태의 정상부에 시공되었다(그림 9.27~9.30). 산사태 정상부의 가파른 급경사 때문에 타이백 옹벽도 시공되었다(그림 9.31).

그림 9.26 라구나 니구엘 산사태의 보수를 위한 억지말뚝 시공

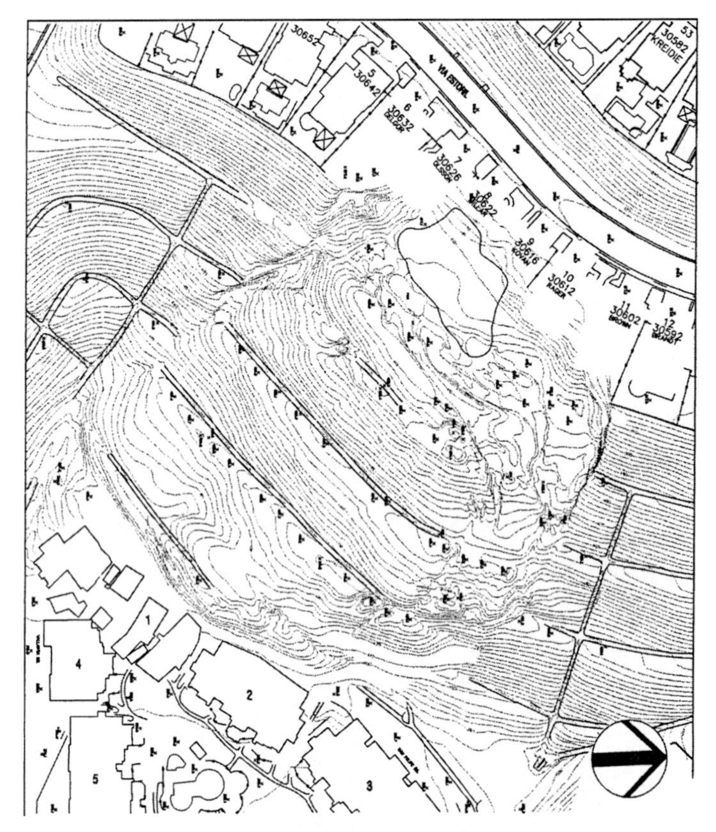

그림 9.27 라구나 니구엘 현장 평면도(주석: 대략적 축척: 1in = 150ft)

그림 9.28 라구나 니구엘 산사태 전경

그림 9.29 라구나 니구엘 산사태 전경

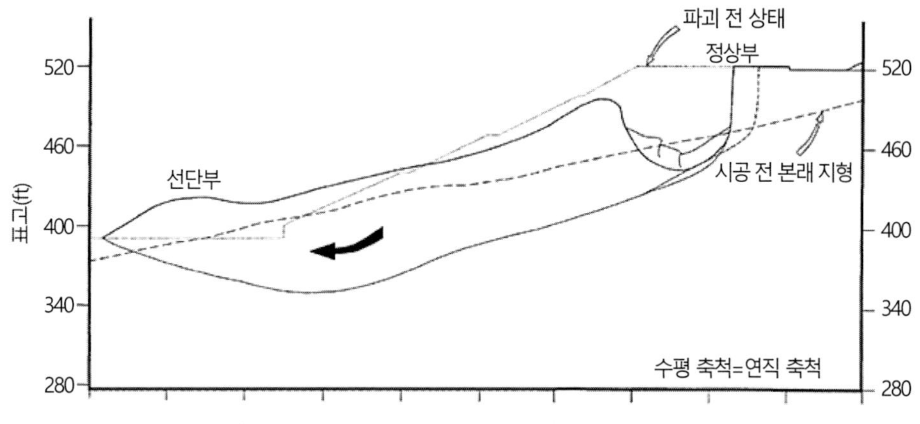

그림 9.30 라구나 니구엘 산사태: 산사태 중앙부의 단면도

그림 9.31 라구나 니구엘 산사태의 정상부에 시공된 타이백 옹벽

CHAPTER

10

균열 진단

10.1 서론

균열 진단은 균열의 조사와 분석을 토대로 토질 및 기초나 다른 부분의 문제점들을 확인하는 것으로 정의된다. 균열의 진단은 이 책의 후반부에서 기술되어 있으므로 참고 자료들은 앞장의 내용과 사진들을 참조하였다. 균열은 지반의 변위를 나타내는 가장 중요한 징후 중 하나이다. 예를 들면, Pryke(1974)는 다음과 같이 설명하였다.

> 기초 변형 시 가장 일반적으로 나타나는 징후는 벽돌 또는 석조 벽체에서 균열이 발생하는 것이다. 다른 중요한 징후로는 문과 창틀의 끼임, 천장을 가로지르는 균열의 발생, 방의 구석 및 벽과 천장 사이의 교차점에서 균열과 전단 거동, 벽지의 들뜸 부분과 탈락이 시작된 외벽 부분이 있다.

10.2 포장균열

균열의 특성과 패턴은 토질 문제의 유형 또는 포장에 영향을 미치는 조건들에 대한 단서를 제공한다. 포렌식 엔지니어는 관찰된 포장균열의 특성을 가지고 토질 문제의 유형을 판단할 수 있다.

포장은 표면 하중의 분산 방법에 따라 강성 또는 연성 포장으로 분류된다. 강성 포장에는 매우 넓은 영역에 하중을 분산시키는 포틀랜드 시멘트 콘크리트 슬래브 포장이 있다. 연성 포장은 작은 휨 저항력과 교통하중을 지지하는 데 필요한 충분한 안정성을 가진 포장(머캐덤, 쇄석, 자갈 및 아스팔트)으로 정의된다(캘리포니아 도로국, 1973).

연성 포장은 다음과 같이 네 가지 요소를 가진다.

1. **아스팔트 콘크리트.** 아스팔트 콘크리트의 최상층(표면 골재)은 마모면으로서 차량 바퀴 아래의 원뿔모양 영역에 차량하중을 분산시키는 역할을 한다. 아스팔트 콘크리트의 성분에는 아스팔트(접착제), 조립 및 세립 골재, 무기 충진제(석분토와 같은 세립분) 및 공기가 있다. 아스팔트 콘크리트는 아스팔트 플랜트에서 가열 혼합한 다음 평활 롤러를 이용하여 가열-포설 및 다짐한다. 아스팔트 콘크리트의 다른 명칭은 블랙탑(blacktop), 가열 혼합 또는 아스팔트 포장이다(Atkins, 1983).
2. **기층.** 필수사항은 아니지만, 많은 경우, 아스팔트 콘크리트를 지지하는 기층재료가 있다. 기층은 입도가 좋고 단단하며 교통하중에 대한 열화 저항력을 가진 골재로 구성되어 있다. 기층재료는 높은 마찰 저항력과 우수한 하중 분포 특성을 갖도록 조밀한 층으로 다짐 시공된다. 기층의 강도를 높이기 위하여 최대 6%까지 포틀랜드 시멘트와 혼합할 수 있다. 이를 시멘트 처리 기층(Cement Treated Base, CTB)이라고 한다.
3. **보조기층.** 어떤 경우에는 보조기층이 기층과 아스팔트 콘크리트 층을 지지하는 데 사용된다. 보조기층은 보통 기층재료보다 저렴한 가격의 저품질 골재로 시공한다.
4. **노상.** 노상은 포장층(즉, 노상 위에 있는 보조기층, 기층, 아스팔트 콘크리트)을 지탱한다. 노상은 잔류토 또는 모암, 다짐 채움재 또는 석회나 다른 혼합재를 첨가하여 강도를 향상한 흙이 될 수 있다. 노상을 강화하는 대신에 지오텍스타일을 노상 위에 설치하여 자체 하중전달 능력을 향상할 수 있다.

일반적인 유형의 토질 문제와 포장균열의 특성에 대한 설명은 다음과 같다.

지지력 파괴

연성 포장에서의 지지력 파괴는 과도한 차량하중 또는 부적절한 포장층의 시공결과로 발생한다(7.6.2). 지지력 파괴로 인한 일반적인 균열과 변형 패턴을 러팅(rutting)이라고 한다. 이 경우, 차량 휠은 포장층을 변형시키고 균열을 발생시켜 함몰 또는 홈과 같은 러트(rut)가 발생하게 된다.

열화

7.4.2절에서 기술한 바와 같이, 아스팔트 포장의 열화로 인한 가장 일반적이고 독특한 균열 패턴은 악어등 균열(alligator cracking)이다. 그림 10.1과 같이 균열이 악어의 피부와 같이 작고 서로 연결된 블록의 형태를 나타내기 때문에 악어등 균열이라고 한다. Asphalt Institute(1983)는 다음과 같이 악어등 균열의 원인을 기술하였다.

> 대부분의 경우, 악어등 균열은 불안정한 노상 또는 열악한 포장층 상부 표면에서의 과도한 변형 때문에 발생한다. 불안정한 지지층은 일반적으로 포화된 조립질 기층 또는 노상에 의해 발생한다. 대부분의 경우, 이에 대한 영향을 받는 면적은 크지 않다. 그러나 악어등 균열이 포장 전체에서 발생하기도 하는데, 그 원인은 포장의 하중전달 능력을 초과하는 반복하중이 작용한 결과로 판단된다.

그림 10.1 아스팔트 포장에서의 악어등 균열

침하

침하는 대부분 노상토 또는 관로 굴착의 되메우기 구간에서 발생한다. 연성 포장의 일부 소규모 구간에서 침하가 발생하는 경우, 포장균열은 함몰구간의 영역에서 나타난다. 예를 들어, 관로굴착 되메우기 구간의 침하인 경우, 포장균열은 그림 10.2와 같이 굴착구간의 영역을 나타내는 직사각형 형태로 발생한다.

그림 10.2 아스팔트 포장에 균열을 유발하는 관로 굴착 되메우기 구간의 침하. 두 개의 화살표는 굴착 폭을 나타냄

연성 포장의 넓은 구간에서 침하가 발생하는 경우, 그림 10.3과 같이 광범위한 범위에서 균열이 발생할 수 있다. 그림 10.3의 사진과 같이 침하 면적이 큰 경우에도 침하의 경계를 알 수 있는 반원형의 균열이 여전히 존재하고 있다.

침하로 인한 손상은 그림 10.3과 같이 눈에 보이는 포장의 함몰 때문에 알 수 있으나 항상 그러한 것만은 아니다. 예를 들어, 그림 10.4는 콘크리트 경계석에 인접한 포장층의 융기를 나타낸 것으로 이 현장에는 깊은 되메우기 구간이 존재하였다. 깊은 되메우기 구간에서 몇 인치의 침하가 발생하면 그림 10.4와 같이 포장층에서 압축형태의 손상이 나타난다.

그림 10.3 네바다주 라스베이거스의 지반 균열로 인한 도로 및 보도의 침하. 큰 화살표는 최대 침하 구간을 가리키고 작은 화살표는 주요 침하영역 주변을 둘러싼 반원형의 균열 중의 하나를 가리킴

그림 10.4 깊은 되메우기 구간의 침하로 인한 아스팔트 포장의 융기. 깊은 되메우기 구간이 존재함, 깊은 되메우기 구간에서 침하가 발생하면 아스팔트 포장에서 압축형태의 손상이 발생함. 그림에서 화살표는 포장의 융기영역을 나타냄

측방이동

비탈면 활동과 같은 측방 변형를 받는 포장도로는 종종 측방이동의 수직방향으로 균열이 발생한다(그림 6.25).

아직 붕괴되지 않은 크리프형 산사태의 경우, 포장층에서의 균열 패턴은 산사태 발생 방향을 식별하는 데 활용할 수 있다. 예를 들면, 6.6.1절의 사례연구는 크리프 산사태 비탈면의 측방변위로 인하여 연성 포장도로에 발생한 문제를 다룬 것으로 산사태 비탈면의 정상부와 선단부에 있는 연성 포장도로에는 일반적인 균열이 발생하였다. 예를 들어, 아스팔트 포장층으로 밀려오는 산사태 비탈면의 선단부에서는 아스팔트 포장도로가 위로 솟아오르고(그림 6.35), 경계석이 파괴되었다(그림 6.36). 산사태 비탈면의 정상부에서는 그림 6.33과 같이 포장도로가 아래쪽으로 붕괴하였다.

포장층에 상당한 융기와 균열을 일으킨 라구나 니구엘 산사태와 같은 경우, 포장층의 손상은 상당히 크게 발생할 수 있다(그림 1.8 및 1.9).

특이한 패턴으로 포장균열을 발생시킬 수 있는 조건들을 표 10.1에 요약하였다.

표 10.1 발생 원인에 따른 포장균열

발생 원인	포장균열
팽창성 흙	팽창성 흙에 의한 포장균열은 5.5절에서 설명하였다. 팽창성 흙은 포장층을 들어올리므로, 균열은 종종 그림 5.11과 같이 부등침하를 발생시킨다. 또한 그림 5.13과 같이 팽창성 흙은 거미줄 또는 x자 형태와 같이 구별되는 균열 패턴을 발생시킨다.
동결	동결로 인하여 연성 포장에서 가장 일반적이고 특정적인 손상의 형태는 포트홀(pothole)이며 일반적으로 노상의 아이스렌즈가 녹는 봄철 융해 기간에 일어난다. 7.4.3절에서 설명한 바와 같이 아이스렌즈에 물을 쉽게 공급할 수 있는 높은 모관상승력과 충분한 투수성을 가진 실트질 흙에서 아이스렌즈가 형성되기 쉽다.
지하수	포장층을 통과하는 지하수의 흐름은 그림 8.1과 같이 악어등 균열로 인하여 기층과 노상을 종종 약화시킨다. 또한 그림 3.19와 같이 흙의 파이핑 현상으로 종종 포장 표면의 바로 아래에서 공극이 발달되기도 한다.
수축	수축균열의 원인에 대하여 Asphalt Institute(1983)는 다음과 같이 설명하고 있다: 수축균열은 일반적으로 뾰족한 모서리 또는 각도를 가진 일련의 커다란 블록 모양의 균열들이 상호연결된 것이다. 종종 아스팔트 혼합물에서의 체적변화에 의한 수축균열인지 기층 또는 노상에서의 체적변화에 의한 수축균열인지 결정하기 어렵다. 이러한 균열들은 높은 함량의 저투수성 아스팔트가 포함된 잔골재 아스팔트 혼합체에서의 체적변화로 인하여 자주 발생한다.
나무뿌리	나무뿌리가 연성 포장의 기층 또는 노상에 침투하게 되면 나무뿌리가 생장하면서 경계석과 아스팔트 포장이 융기되고 결국은 손상을 받게 된다. 이러한 균열은 일반적으로 나무 밑동에 가장 근접한 위치에서 매우 심각하고, 나무 밑동으로부터 멀어질수록 균열은 감소한다. 기층부에서 나무뿌리의 생장으로 인하여 발생한 연성 포장의 손상에 관한 사례는 그림 7.22와 같다.
침식	아스팔트 포장의 침식에 대한 일반적인 유형은 표면부의 아스팔트가 제거되고 굵은 골재가 노출되는 것으로 표장층 표면을 흐르는 물에 의해 발생한다. 다른 침식의 유형은 그림 7.14와 같이 아스팔트 포장을 실제로 약화시켜 유실시키는 것으로 홍수로 인해 발생한다.
황산염 침해	콘크리트의 황산염 침해는 7.4.1절에서 설명하였다. 그림 7.19는 황산염 침해로 콘크리트 진입로에 발생한 피해를 나타낸 것이다. 또한 시멘트 처리된 기층(CTB)은 연성 및 강성 포장균열 및 열화를 초래할 수 있는 황산염 침해에 대해서 취약할 수 있다.
싱크홀	연성 포장의 경우, 하부의 상하수도관 파손 또는 누수로 인하여 싱크홀이 자주 발생한다. 수도관의 파손 또는 누수로 도로 하부의 흙은 물에 씻겨지고 포장 아래에 공동이 형성된다. 따라서 손상의 특징적 유형은 포장의 국부적 붕괴로서 그림 8.20 및 8.21과 같다.
기타 조건	아스팔트 포장의 경우, 모서리 균열, 차선 조인트 균열, 반사 균열, 미끄러짐 균열 및 파상마모, 밀림과 같은 특별한 균열 패턴을 초래하는 많은 다른 조건들이 있다. 모서리 균열은 포장의 모서리부에 인접한 길이 방향 균열로서 정의되며, 일반적으로 측면(갓길)이 지지되지 못함으로 인하여 발생한다. 차선 조인트 균열도 길이 방향 균열로서 일반적으로 포장의 인접구간 사이에서의 약한 이음부에서 유발된다. 반사 균열은 아스팔트 덧씌우기가 하부 포장의 균열 패턴을 반영할 때 자주 발생한다. 미끄러짐 균열은 일반적으로 반달형태 균열로서 표면층과 하부층 사이 접합의 부족으로 인하여 휠 하중의 진행방향에서 발생한다. 파상마모와 밀림 형태의 손상은 형태가 유사하고 포장면을 가로지르는 물결 모양을 나타내며, 혼합물이 너무 부드럽거나 아스팔트가 너무 많이 함유된 경우에 유발된다. 이러한 특별한 균열에 대한 사진과 더 자세한 설명은 Asphalt Institute(1983)를 참조한다.

10.3 벽체의 균열

벽체의 균열은 온도 및 습도 변화, 동결작용, 열화, 재료 결함, 부적절한 시공, 벽체의 과부하, 재료의 수축 및 구조적 결함 등 다양한 원인에 의해 발생한다.

지반변위로 인한 건물 벽체의 균열은 다음과 같은 여러 가지 요인에 의해 달라진다(Coduto, 1994).

1. **공사 유형.** 외장용 목재를 사용한 목조 건물은 무보강 벽돌 건물보다 부등침하에 더 잘 견딘다. 따라서 동일한 지반변위가 발생할 경우, 외장용 목재를 사용한 목조 건물 벽체에서의 균열은 무보강 벽돌 건물 벽체에서의 균열보다 훨씬 더 적게 전파된다.
2. **건물의 용도.** 주택 벽체의 경우에는 작은 균열도 허용되지 않지만, 공장 건물의 벽체에서 발생한 훨씬 더 큰 균열은 대수롭지 않게 취급되기도 한다.
3. **민감한 마감재의 시공.** 타일 등의 민감한 마감재는 기초의 움직임에 대한 내성이 훨씬 적으므로 균열에 더 취약하다.
4. **구조물의 강성.** 만약 강성이 큰 구조물의 특정 위치 하부에 있는 기초가 다른 기초들보다 더 침하되면 구조물은 해당 기초로부터 받는 하중 일부를 다른 곳으로 전달시킨다. 그러나 연성 구조물 하부에 있는 기초는 큰 하중전달이 발생하기 전에 더 많은 침하가 발생하므로 강성 구조물보다는 부등침하와 벽체 균열이 더 작게 발생한다.

1.2절에서 기술한 바와 같이 건물의 외관에 영향을 미치는 벽체의 경미한 균열은 건축적 손상으로 분류되고, 건물의 사용에 영향을 미치는 벽체 균열은 기능적 손상으로 분류되며, 건물의 안정성에 영향을 미치는 벽체 균열은 구조적 손상으로 분류된다. 보기 흉한 벽체의 균열, 문과 창문의 끼임을 일으키는 벽체의 뒤틀림과 기타 유사한 문제들이 건물의 구조적 안전성에 위험이 발생하기 전에 나타난다(Coduto, 1994).

기초의 부등침하로 발생하는 벽체 균열의 일반적인 유형은 다음과 같다.

침하균열

기초의 침하로 인한 고전적인 벽체 균열은 수직 또는 수직에 가까운 균열로서 바닥부에서

보다 상단부에서 폭이 더 크게 발생한다. 그림 10.5와 10.6은 침하로 인하여 건물에서 흔히 관찰되는 벽체의 균열 패턴을 나타낸 것이다. 이들 그림과 같이, 벽체의 균열 패턴은 침하구간에서 명확하게 나타난다(Pryke, 1974).

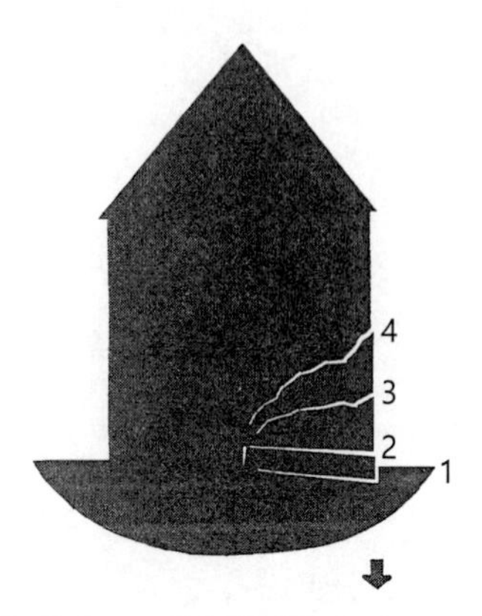

그림 10.5 기초 침하로 인한 균열 패턴. 화살표는 침하의 위치, 숫자 1~4는 침하 진행에 따른 균열 발달을 나타낸 것이다(Pryke, 1974).

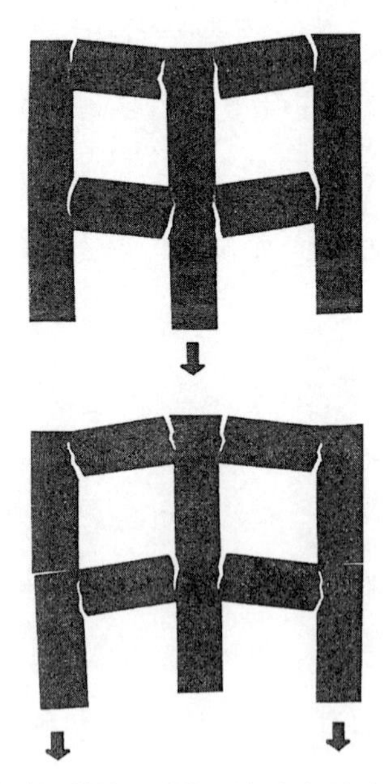

그림 10.6 4개의 공간을 가진 벽체에서 기초 침하로 인한 균열 패턴. 화살표는 침하 위치를 나타낸 것이다. 위 그림의 경우, 침하는 벽체의 중앙부에서 발생하고 아래 그림의 경우, 침하는 벽체의 양쪽 외곽부에서 발생한다(Pryke, 1974).

사방향 벽체 균열

지반에 변위가 발생할 경우, 구조물의 창문 또는 문과 같이 응력이 집중되는 곳에서 균열이 발생할 수 있다. 이러한 균열은 인접한 단단한 벽체에서는 발생하지 않으므로 응력집중 균열이라고도 한다. 응력집중과 추가 균열이 발생하는 이유는 공간이 존재하기 때문이다.

기초의 부등침하로 인한 창문과 문 모서리부의 사방향 벽체 균열은 다음과 같은 특징을 가지고 있다.

1. **사방향 벽체 균열의 형태.** 균열은 일반적으로 창문 또는 문의 모서리부에서 사방향으로 전파되는 뚜렷한 형태를 가진다. 예를 들어, 그림 10.7은 기초의 침하로 문의 모서리부 벽면에 발생한 사방향 균열에 대한 두 개의 사진이다. 그림 10.8은 팽창성 흙 위의 기초지반이 융기하여 창문의 모서리부에서 발생한 사방향의 균열 사진이다.
2. **벽체 양측면에서의 균열.** 지반의 변위는 종종 벽체 양측면에 균열을 발생시킨다. 그러나 벽체의 한쪽 면 위에 있는 재료가 다른 쪽보다 더 쉽게 균열이 발생할 수 있으므로 항상 신뢰할 수 있는 것은 아니다. 또한 균열을 보수하거나 벽지와 같은 것으로 균열을 숨길 수 있다.

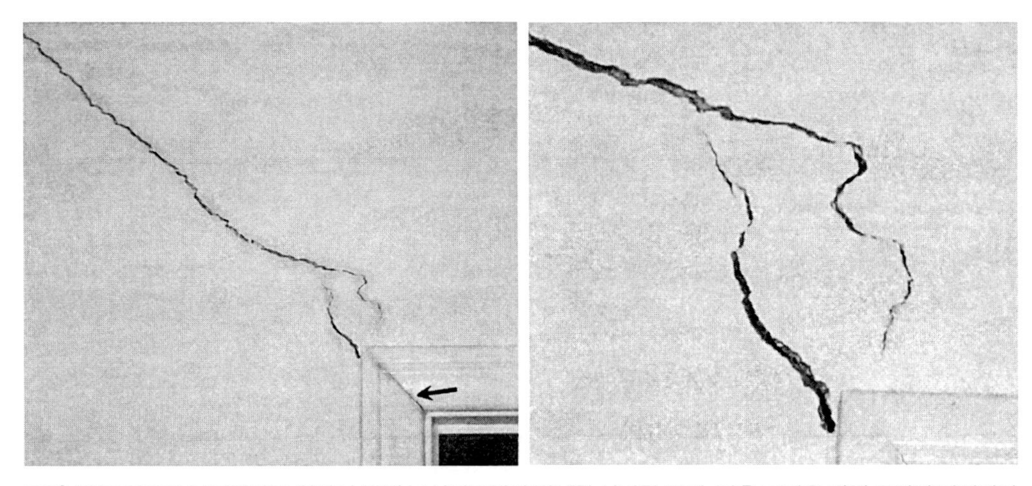

그림 10.7 기초의 부등침하로 인하여 문의 모서리부에서 발생한 사방향 균열. 좌측 그림은 벽체 균열의 전체적인 모습을 나타낸 것이고 우측 그림은 문의 모서리부를 확대해서 나타낸 것이다. 화살표는 나무 창틀의 손상을 나타낸 것이다.

그림 10.8 팽창성 흙에 의한 기초의 부등융기로 발생한 창문 모서리부의 사방향 균열

3. **창문과 문틀의 뒤틀림.** 기초에서 대규모 부등침하가 일어나는 경우, 창문과 문틀이 맞닿거나 달라붙어(즉, 기능적 손상) 뒤틀어지는 것을 볼 수 있다. 기초에 대규모 부등침하가 발생하면 종종 문이 스스로 열리거나 닫히는 경우도 있다. 창문의 뒤틀림과 균열의 예는 그림 4.7과 같고 문틀의 극단적인 뒤틀림의 예는 그림 6.15와 같다.
4. **반대편 모서리부의 사방향 창문 균열.** 그림 5.7과 같이 기초의 부등침하로 인하여 창틀에 뒤틀림이 발생하는 경우, 가장 극단적인 사방향 벽체 균열은 반대편 창의 모서리부에서 나타난다. 벽체 재료는 일반적으로 압축보다는 인장에 약하므로 가장 극단적인 벽체 균열은 반대편 모서리부에서 나타나는 인장균열이며, 창문 모서리부의 각도를 증가시켜 창문의 뒤틀림을 발생시킨다.
5. **시간 경과에 따른 균열 폭과 길이의 증가.** 지속해서 지반변위가 발생하면 벽체 균열의 폭과 길이는 일반적으로 증가하게 된다. 그림 10.9와 같이 보수되었거나 벽지 등으로 숨겨진 균열은 다시 갈라진다.

그림 10.9 지속적인 지반변위에 의한 사방향 벽체 균열

사방향 벽체 균열은 사인장 균열이라고도 한다. 예를 들면 지진 시 발생하는 진동은 창문 사이에 뚜렷한 균열 패턴을 발생시킬 수 있다. 이때 균열은 창문의 모서리에서 시작되어 X자 모양의 균열 패턴을 형성하는데, 이러한 균열은 지진이 일어나는 동안 건물이 앞뒤로 흔들려서 발생한 것이다.

인장균열

인장균열은 비탈면 활동과 같은 측방변위를 받는 건물에서 매우 흔하게 나타난다. 특히, 기초에 조인트 또는 약한 면이 있는 구조물은 인장균열에 취약할 수 있다. 그림 6.3은 측방변위로 발생한 경사진 벽체에서 발생한 인장균열의 예이다.

인장균열의 다른 예는 그림 4.21과 같다. 이 주택에서는 스타코의 수축 때문에 문의 모서리부에서 사방향 균열이 시작되었다. 그림 4.21과 같이 상당한 인장균열이 발생하여 주택에서 주차장이 분리되었다.

전단균열

벽체에서의 전단균열은 균열의 길이를 따라 발생한 전단변위에 의해 침하균열과 인장균열로 구분된다. 전단균열은 대부분 수직 또는 사방향으로 나타난다.

벽체의 전단균열은 기초의 한 부분이 고정된 상태에서 다른 부분이 파손되거나 지반변위가 발생하여 갑자기 위 또는 아래 방향으로 변위가 생길 때 흔하게 발생한다. 그림 10.10과 같은 수직 전단균열의 예를 보면, 이 주택의 기초는 상대적으로 짧은 거리(즉, 고각의 뒤틀림)에서 15cm의 부등침하가 발생하였다. 그림 10.10의 상부는 외장벽토에서 수평 조인트의 위치를 나타낸 것이고, 하부는 조인트의 변위를 발생시킨 수직 전단균열을 확대한 것이다.

그림 10.10 주택의 외장벽토에서의 전단균열. 위 그림의 화살표는 벽토의 수평 조인트의 위치를 나타낸 것이다. 아래 그림은 조인트의 변위를 발생시킨 수직 전단균열을 확대한 것이다.

계단식 균열

지반변위에 의한 계단식 균열과 같은 유형의 균열은 시멘트 블록 및 조적 벽체에서 자주 관찰된다. 균열은 일반적으로 개별 블록보다 약한 모르타르에서 발생한다. 계단식 균열의 예는 그림 10.11과 같다.

그림 10.11 과조메 랜치 주택의 점토벽돌 벽체에서 발생한 계단식 균열(7.7.1). 화살표는 계단식 균열을 가리킨 것이다.

기타 벽체 균열

특정한 형태의 벽체 균열을 설명하는 데 사용되는 용어들은 다음과 같다.

1. **수축균열.** 수축균열은 벽체 재료의 수축에 의한 것이다. 예를 들면, 벽체 재료의 수축으로 외장 벽토에서의 사방향 균열이 일반적이며 창문과 문의 모서리부에서 볼 수 있다.
2. **압축균열.** 지반의 변위는 기초의 압축을 일으킬 수 있다. 예를 들면, 지하광산 붕괴구간 상부에 있는 압축영역의 건물(그림 4.16), 팽창성 흙으로 인한 기초의 변형과 산사태 비탈면 선단부에 있는 건물에 의한 압축이 있다. 벽체가 압축되면 벽이 서로 압착되거나 벽체의 좌굴로 인하여 균열이 발생할 수 있다. 그림 10.12는 압축균열이 발생한 예로 라호야(La Jolla) 산사태 비탈면의 선단부가 주택을 측방으로 밀어서 균열이 발생하였다.

그림 10.12 라호야 산사태. 이 사진은 산사태의 선단부에 있는 주택에서 벽체 압축으로 인하여 발생한 균열을 나타낸 것이다.

3. **지하실 벽체 균열.** 일반적인 지하실 벽체 균열은 수축균열과 침하균열이다. 또한 동결작용, 높은 토압과 지하수로 인해 벽체가 안쪽으로 휘어져 균열이 발생할 수 있다. 균열은 일반적으로 콜드 조인트 또는 파이프 통과 위치와 같은 지하실 벽체의 약한 부분과 개구부에서 발생한다.
4. **충돌균열.** 그림 6.5는 벽체에 발생한 충돌균열의 예로서, 낙석이 주택의 측면과 충돌하여 균열이 발생하였다. 다른 충돌균열의 예로는 그림 10.13과 같이 산사태 비탈면 선단부의 측방이동 때문에 목재 기둥이 벽체의 측면을 밀어서 발생하였다.

다른 벽체 균열에 사용되었던 용어들은 충돌 벽체의 균열에도 적용될 수 있다. 예를 들어, 그림 10.14는 건물 모서리부의 침하로 발생한 블록 벽체의 침하를 나타낸 것이다. 왜냐하면, 벽체 균열은 상단부에서 더 넓고 건물 모서리부의 침하로 생긴 것이 명확하므로 침하균열이라고 할 수 있다. 그러나 균열이 문의 모서리부에서 시작되었기 때문에 그 모양을 토대로 사방향 벽체 균열이라고도 할 수 있다. 또한 균열의 특성이 계단식이므로 계단식 균열이라고 할 수도 있다. 따라서 벽체 균열을 적절하게 정의하려면 한 개 이상의 용어를 활용하는 것이 필요하다.

그림 10.13 라호야 산사태. 이 사진은 충격 균열을 나타낸 것으로 산사태 선단부의 측방이동 때문에 나무 기둥이 주택의 벽체 측면을 밀어서 발생한 것이다.

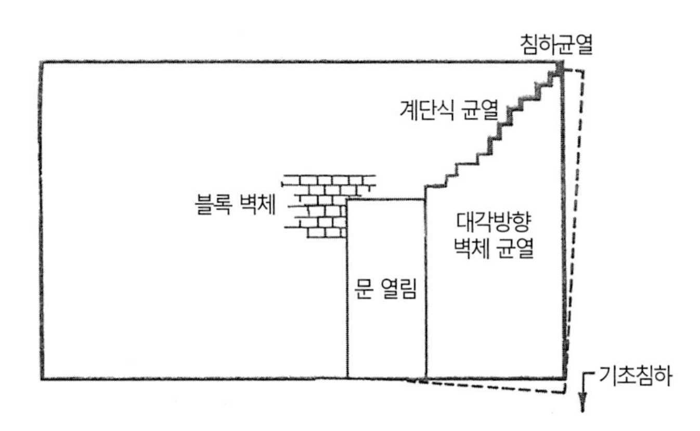

그림 10.14 사방향 및 계단식 균열의 특징을 모두 보여주고 있는 침하균열의 개념도(Grimm, 2000)

건축물에서 균열이 발생한 시기를 결정하는 것은 매우 중요하다. 균열의 발생 시기와 관련하여 Pryke(1974)는 다음과 같이 기술하였다.

> 균열에 대한 정밀 조사를 통해 균열이 만들어진 시기를 추정할 수 있다. 상대적으로 새로 생긴 균열들은 뾰족한 모서리와 깨끗하고 신선한 내부 표면을 갖는다. 만약 균열이 닫히면 원래 자리에 완벽하게 들어맞는 작은 모르타르나 마감재(plaster)

조각들이 열린 틈을 느슨하게 연결하게 된다. 반대로 오래된 균열은 덧칠되거나 내부에 먼지와 거미줄이 존재한다. 산업화가 심한 지역의 건물에 생긴 균열은 불과 몇 달 만에 매우 더러워지므로 시골 지역에 생긴 유사한 모양의 균열보다 훨씬 더 오래되어 보이게 된다.

사례연구

로스엔젤레스 북동쪽 방향 상부에 위치한 주택개발 현장에 관한 사례이다. 필자는 외장벽토와 내부 벽에 균열이 있는 주택 소유주인 원고의 포렌식 전문가로서 활동하였다. 균열에 대한 흥미로운 사실은 균열 대부분이 2층 주택에서 발생하였는데, 2층은 넓은 개방형 공간과 아치형 천장을 가지고 있었다. 해당 프로젝트의 지반보고서에서는 흙이 비팽창성이므로 지반에 대한 문제는 없을 것으로 예상하였고, 평평한 지형을 고려할 때 기초하부의 성토 깊이는 최소화될 것으로 예상하였다.

벽체 균열에 대한 단서는 산타아나에서 강풍이 불 때 주택에서 삐걱거리는 소리가 들렸다는 몇몇 주택 소유주들의 진술에서도 찾을 수 있었다. 주택 소유주들은 폭풍이 부는 동안에 주택이 실제로 앞뒤로 흔들렸다고 했다. 이러한 진술을 토대로 구조엔지니어는 개방된 공간과 아치형 천장을 가진 2층의 주택에 적합하지 않은 전단 벽체를 적용하여 최소의 내부보강만을 수행한 것을 발견하였다. 따라서 벽체 균열의 원인은 지반 문제가 아니라 주택의 구조적 결함으로 산타아나에서 부는 강풍에 의해 2층 주택이 과도한 변형을 일으킨 것으로 결론지었다.

이 사례연구에서는 벽체 균열의 패턴만으로 지반의 문제점을 다 파악할 수 없으며 압력계 측정, 지하층 탐사 및 실내시험과 같은 기법들을 활용하여 균열 진단을 보완할 필요가 있다는 것을 보여주었다.

10.4 기초균열

기초의 균열은 매우 다양한 흙과 재료 문제로 인하여 발생할 수 있다. 흙의 종류나 재료 문제로 인하여 발생하는 특정한 기초균열과 관련된 요인에는 기초의 형상, 위치, 폭 및 균열부에서 단차가 포함된다.

수축균열

수축균열은 수분 손실로 인한 콘크리트의 수축으로 정의된다. 콘크리트 혼합물의 단위체적당 물의 양은 콘크리트 기초에서 건조수축균열의 수 및 폭과 관련된 가장 중요한 요소이다.

콘크리트 기초의 건조수축은 일반적으로 정해진 패턴이 없으며 기초의 가장 얇은 부분 또는 배수관의 통과 위치와 같이 기초의 취약부에서 교차하거나 발생하는 경향이 있다. 그림 10.15와 같이 수축 조인트와 콜드 조인트 및 기초의 취약면에 형성되는 선형수축균열도 발생할 수 있다. 기초에서 수축균열의 특징은 일반적으로 균열부의 단차에서는 나타나지 않는 것이다. 수축균열은 기초 완공 후 초기에 발생하기 때문에 효과적인 보수방법은 9.2.4절 및 그림 10.16과 같이 에폭시를 압력으로 주입하는 것이다.

그림 10.15 슬래브 기초에서의 선형 수축균열

그림 10.16 콘크리트 슬래브 균열면의 에폭시 압력 주입

7.10절에서 기술한 것과 같이, 콘크리트 기초에서 수축균열의 발생을 제한하거나 방지하기 위하여 사용하는 세 가지 기본적인 방법에는 포스트 텐션 슬래브의 시공, 수축력에 저항하기 위한 철근 보강재 및 팽창성 시멘트의 활용이 있다. 기초에 철근 보강재를 부적절하게 배치할 경우, 기초에서 과도한 수축균열이 발생할 수 있다. 그림 10.17은 슬래브 기초(S.O.G)에서 와이어 매쉬가 콘크리트 슬래브의 아래에 잘못 설치된 경우의 사진이다.

그림 10.17 슬래브 기초에 철근 보강재의 잘못된 설치. 와이어매쉬는 실제로 콘크리트 슬래브의 하부에 설치되었다.

침하

제4장에서 기술한 것과 같이, 기초의 침하는 압축성 지반, 붕괴성 흙, 점토의 압밀 및 용해성 토질과 같은 다양한 토질 문제 때문에 발생할 수 있다. 기초의 침하를 일으킬 수 있는 다른 조건들은 석회암 공동 또는 싱크홀, 지하광산과 터널의 붕괴, 지하수 또는 기름 추출로 인한 지표면 균열이나 지반침하, 그리고 유기물 분해가 있다. 예상하지 못한 하중 재하조건, 인접한 굴착면에 대한 수평지지 부재, 지진 또는 홍수로 인한 기초의 훼손과 같은 자연재해도 기초의 침하를 일으킬 수 있다.

침하로 인한 기초균열의 사례는 제4장의 그림 4.6에 제시하였다. 일반적으로 기초균열은 기초의 기울어진 방향에 수직으로 발생한다. 또한 기초의 침하는 그림 4.6과 같이 균열부에서의 단차로 인하여 발생하며, 균열의 바닥부보다 상부에서 폭이 더 크게 발생한다. 그러나 4.9절의 사례연구와 같이 기초의 유형과 기초변형의 형태는 기초균열의 형상, 위치 및 폭에 상당한 영향을 받는다.

기초균열과 함께 벽체의 침하균열도 있으며, 실제로 기초가 침하된 것을 시각적으로도 명확하게 알 수 있다. 그림 10.18은 뚜렷한 침하가 발생한 주택의 모서리부를 나타내는 사진이다. 그림 10.19에서 보는 봐와 같이 기초 침하의 결과로 슬래브 기초에서 균열이 발생하였다. 벽체의 구석에서 가장 가까운 아래쪽 측면에서 균열과 함께 부등침하가 발생하였다.

그림 10.18 주택 모서리부에서의 뚜렷한 침하. 화살표는 아래방향으로 내려앉은 지붕의 모서리부를 나타낸 것이다.

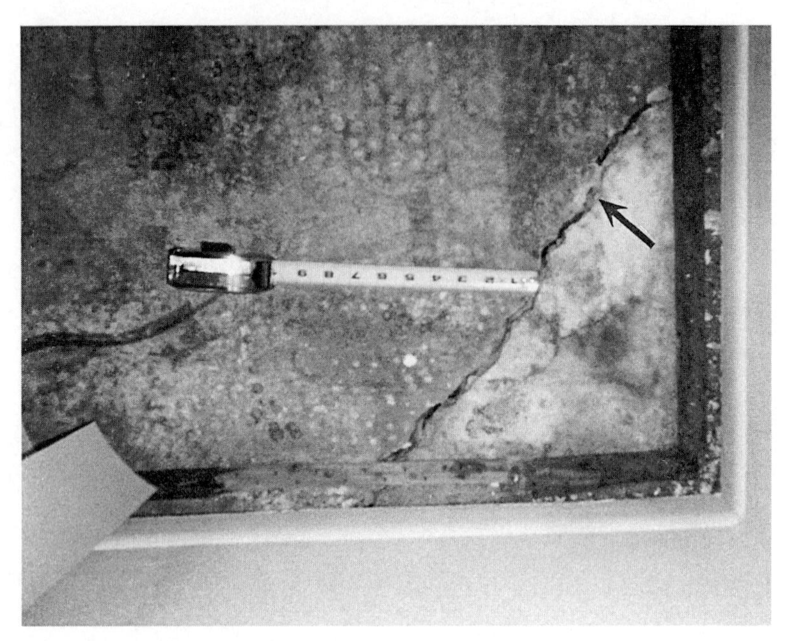

그림 10.19 뚜렷한 침하가 발생한 주택의 구석 부분에서의 기초균열. 화살표는 기초균열을 나타내고 있다. 기초균열의 형상, 위치, 폭 및 부등침하는 모두 주택의 모서리부 침하와 일치한다.

팽창성 흙

흙의 팽창 거동을 좌우하는 주요한 요인은 흙 속에 있는 수분의 가용성(availability)과 점토 입자의 함유량 및 종류이다. 표 5.1과 같이, 팽창량은 상재압력에 크게 영향을 받으므로 팽창성 흙에서 융기에 가장 취약한 부분은 가벼운 하중을 받는 기초이다.

슬래브 기초가 점토층 위에 시공되는 경우, 기초는 간혹 두 가지 유형의 융기에 대한 영향을 받는다. (1) 슬래브 중앙부 아래에서의 장기적인 진행성 팽창으로 인한 중앙부 상승, (2) 슬래브의 가장자리 아래의 반복적인 융기로 인한 외곽부의 상승. 그림 10.20은 팽창성 흙으로 인한 기초 침하의 두 가지 유형을 그림으로 나타낸 것이다.

팽창성 흙으로 인한 기초 중앙부의 상승으로 생기는 전형적인 균열 패턴은 그림 5.8과 같다. 그림과 같이 점토의 팽창은 기초의 융기와 그에 따른 균열 및 부등침하를 일으키며, 팽창성 흙은 일반적으로 인접한 부속 구조물에도 영향을 미친다. 그림 10.21과 같이 팽창성 흙이 융기되면서 배후 콘크리트 파티오에 균열이 발생하였다.

팽창성 흙에 의하여 다른 유형의 기초 손상이 일어날 수 있다. 제5장의 그림 5.20은 팽창성 흙이 가벼운 하중을 받는 콘크리트 패드 기초를 들어 올려 목재바닥 기초가 융기된 사진이다.

습윤 또는 포화된 점토지반에 시공된 기초의 경우, 점토가 건조되거나 나무뿌리가 기초 바로 아래에서 생장하여 수분을 추출하게 되면 기초는 침하에 취약하게 된다. 따라서 팽창성 점토에서의 기초는 침하균열과 유사한 형태의 기초균열 패턴이 나타날 수 있다. 그러나 팽창성 점토를 다루는 경우에는 영구 침하가 아니라 팽창성 흙의 반복적인 융기와 수축으로 인한 기초의 하향 이동을 고려하는 것이 가장 좋다.

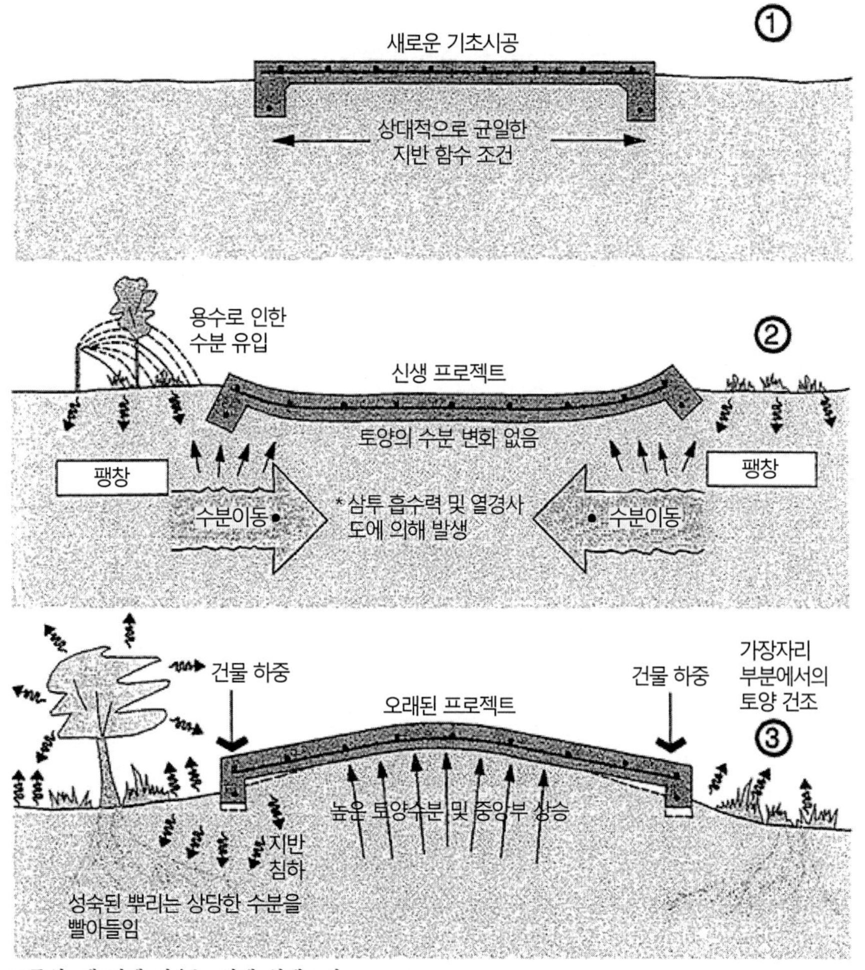

* 주석: 세 번째 경우는 임계 설계조건

그림 10.20 팽창성 흙에서 기초 손상의 진행. (1) 상대적으로 균일한 토양수분을 갖는 팽창성 흙에서의 새로운 기초시공, (2) 용수 및 강우로 인하여 물이 기초의 가장자리 부분의 아래로 이동하여 기초의 외곽부가 상승, (3) 오래된 공사의 경우 물이 결국에는 기초의 중앙 부분으로 이동하여 기초의 중앙부가 상승

그림 10.21 배후 마당에서 팽창성 흙의 융기. 위 그림은 마당의 전경을 나타낸 것이고, 아래 그림은 균열에서 약 5cm의 부등침하가 발생한 것을 확대하여 나타낸 것이다.

측방이동

제6장에서 기술한 것과 같이, 기초의 측방이동과 이에 따른 균열의 가장 일반적인 원인은 기초에 손상을 가하는 비탈면 활동 때문이다. 그림 6.2는 비탈면 정상부에 있는 건물이 비탈면 활동으로 바닥 조인트에서 콘크리트 바닥 슬래브가 측면으로 분리되면서 기초균열이 발생한 사진이다. 그림 6.2와 같이 기초균열은 비탈면의 정상부와 평행하며 비탈면 활동 방향에 수직이 된다. 균열의 규모, 패턴 및 빈도는 기초의 인장강도에 영향을 받는다. 그림 6.2와 같이 기초

에 조인트 또는 약한 단면을 갖는 건물들은 비탈면 활동으로 발생하는 기초균열에 가장 취약하다.

표 10.2에는 기초의 균열을 일으키는 문제점들을 요약하였다.

표 10.2 기초균열을 일으키는 문제점

문제점	기초균열
열화	노후화로 인한 열화는 기초 붕괴 및 균열을 초래할 수 있다. 7.7.1에서 제시한 예에서 과조메 랜치 주택의 흙벽돌 기초의 열화는 습윤 및 건조의 반복으로 인하여 유발되었다.
철근부식	기초에서 철근 부식은 콘크리트 기초의 스폴링 및 균열을 유발하는 철근의 체적팽창 원인이 될 수 있다. 부적절한 콘크리트 피복두께에 의한 철근의 산화는 얇게 녹슨 철근과 결합하여 뚜렷한 수평 및 수직 균열을 발생시킨다.
동결	동결 및 융해 주기는 콘크리트, 벽돌 또는 암석기초에 열화와 균열을 일으킬 수 있다. 7.7에서 나타낸 사례는 벙커힐 기념비의 기초가 동결 및 융해의 반복으로 인하여 피해를 본 것이다.
지하수	지하수위가 높은 지역에 있는 지하실의 경우, 지하수위에 의한 정수압에 의해 지하층과 벽체가 융기되고 균열이 일어날 수 있다.
지진	지진은 기초의 균열을 발생시키는 느슨한 조립토에서의 침하와 비탈면 안전율이 작은 비탈면에서의 측방변위를 유발할 수 있다. 또한 7.2.5절에서 설명한 바와 같이, 지진에 의한 지진동은 기초 손상에 직접적으로 영향을 미칠 수 있다.
기계진동	지진과 유사한 기계진동은 느슨한 조립토에서의 침하를 유발할 수 있다. 또한 진동하중에 저항하도록 기초가 설계되지 않은 경우, 진동이 기초균열의 직접적인 원인이 될 수도 있다.
황산염 침해	콘크리트에 대한 황산염 침투는 7.4.1절에서 설명하였다. 황산염이 포함된 토양이나 지하수에 노출된 콘크리트 기초는 황산염 침투에 취약하므로 기초의 균열과 열화를 발생시킨다.
포스트텐션 케이블	포스트텐션 보강 기초는 기초의 균열을 줄이는 데 효과적이다. 그러나 인장효과가 아주 적거나 충분하지 못하면 포스트텐션 케이블의 위에서 균열이 발생할 수 있다. 그 이유는 포스트텐션 케이블을 위한 관은 균열에 약한 슬래브에서 취약부가 되기 때문이다. 다른 가능성은 케이블의 과잉 인장력으로 인해 기초가 손상되는 것이다. 만약 포스트텐션 케이블이 끊어지거나 부주의로 단락이 된다면 기초는 급작스러운 에너지 소산의 충격에 의해 손상을 입을 수 있다.
예상치 못한 하중	기초는 예상치 못한 상부구조물의 하중에 의해 균열이 발생할 수 있다. 예를 들어, 기초가 예상치 못한 편심하중을 받으면 균열 또는 전단이 발생한다.
기타	기초의 균열을 발생시키는 많은 조건이 있다. 예를 들면, 온도와 수분 변화, 결함 있는 재료, 부적절한 시공, 기초의 과적하중 및 구조적 결함이 있다.

10.5 지반균열 및 틈새

지반균열(cracks) 및 틈새(fissures)의 일반적인 모양과 위치는 포렌식 엔지니어가 지반 문제를 평가하는 데 있어 매우 귀중한 자료가 될 수 있다. 지반균열은 지반의 침하, 지표면 근처의 건조된 점토층 존재 및 비탈면의 이동에 대한 근거가 될 수 있다. 구조물의 수평 이동 방향으로 토층균열이 발달할 수도 있다.

지반 틈새는 다양한 유형의 지질학적 메커니즘에 의해 발생할 수 있다. 지반에서 지하수나 기름을 추출하게 되면 지반 틈새가 발생할 수 있으며 지표 침하를 일으킬 수 있다. 산사태가 발생하면 비탈면의 정상부와 비탈면부 또는 활동 토체에 틈새가 발생하게 된다. 세 번째 예는 주향이동 단층 파쇄로서 지표면에 틈새를 발생시킨다.

침하로 인한 지반균열

대부분 경우, 기초 침하에서는 지표면 균열이 보이지 않는다. 그러나 침하가 크게 발생하면 지표면의 단차 발생과 관련된 지반균열이 있을 수 있다. 그림 10.22는 네바다주 패럼프 밸리(Pahrump Valley)에서 발생한 두 가지 지반균열 사례이다. 이 지역에서는 지반구조가 불안정하여 자연적으로 형성된 붕괴성 토층과 지표수 및 정화시스템에 의한 지하수 유입으로 침하가 발생하였다. 그림 10.22에서 지반균열은 부등침하가 크게 발생한 위치에 형성되어 있음을 주목해야 한다. 관계시설이나 정화조에서 물이 직접 유입되지 않은 주택은 주변 지반보다는 작게 침하되었다.

그림 10.22 네바다주 패럼프 밸리 지역의 붕괴성 토층에서 큰 침하로 인하여 발생한 지반균열의 두 가지 사례. 지반균열은 부등침하가 큰 위치에서 발생되었으며, 관계시설이나 정화조에서 물이 직접 유입되지 않은 주택은 주변 지반보다는 작게 침하되었다.

지지력 파괴로 인한 지반변위

구조물의 지지력이 파괴되는 경우는 드물지만, 지지력이 파괴되면 지반의 변위가 크게 발생한다. 그림 10.23은 캐나다의 위니펙 인근 트랜스코나(Transcona)에 위치한 곡물용 엘리베이터에서 발생한 유명한 지지력 파괴사례이다. 붕괴 당시 엘리베이터에는 곡물이 가득 차 있었다. 기초는 단단한 점토 지반 위에 시공되었는데, 그림 10.23과 같이 구조물이 기울어지면서 지반이 기초의 한쪽 면을 밀어 올리게 되었다.

그림 10.23 트랜스코나 곡물용 엘리베이터의 지지력 파괴사례

건조된 점토에 의한 지반균열

그림 10.24와 같이 표면이 건조된 점토지반은 일반적으로 매우 뚜렷한 균열 형태를 보인다. 이러한 유형의 균열은 지표면 부근에 팽창성 점토층이 명확히 존재한다는 것을 의미한다.

그림 10.24 캘리포니아주 데스 밸리에 있는 건조 점토층의 사진. 사진의 중앙에 있는 모자는 건조균열의 크기를 알 수 있는 척도가 된다.

비탈면 활동으로 인한 지반균열

지반균열의 일반적인 원인은 비탈면 활동에 의한 것이다. 비탈면 활동은 비탈면 정상부에서의 인장균열, 비탈면의 선단부에서의 압축 및 활동면을 따라 발생하는 전단균열과 같이 명확한 형태의 지반균열을 일으킬 수 있다. 비탈면 활동과 관련된 지반균열의 몇 가지 예는 다음과 같다.

1. **표층 파괴(6.4절).** 지반균열의 위치를 보여주는 전형적인 표층 비탈면 파괴의 모습은 제6장의 그림 6.18과 같다. 파괴 전 점토층에서의 표층 비탈면의 이동으로 최종 붕괴토체의 상단부에서 인장균열이 발생하였다. 그림 10.25는 배수 습지와 인접하여 발생한 틈새(fissures)과 점토 비탈면에서 발생한 인장균열을 나타낸 것이다. 비탈면 표면의 식생은 화재로 소실되어 틈과 인장균열이 노출되어 있다. 우기에 이 사진을 찍은 이후로 비탈면은 표층 파괴의 형태로 붕괴하였다. 그림 10.25와 같이 지반의 틈새와 균열은 붕괴 방향과 수직으로 발달하는데, 이러한 지반의 틈새와 균열은 비탈면 붕괴의 전조현상으로 자주 나타난다.
2. **크리프 비탈면(6.8절).** 지반균열은 점진적이고 지속적인 크리프 변형을 받는 점토 비탈면에서 일반적으로 발생한다. 예를 들어, 그림 10.26은 점토 비탈면의 정상부에 있는 벽체의 전

면에 발생한 지반균열을 나타낸 것이다. 점토 비탈면에서 점진적인 크리프 변형이 일어나면 그림 10.26과 같이 인장균열이 발생하게 된다. 이러한 균열은 일반적으로 비탈면 이동 방향과 수직으로 발달하게 된다.

3. **깊은 비탈면 파괴(6.5절).** 깊은 비탈면 파괴(gross slope failure)로 발생된 지반균열 및 틈새의 예는 그림 10.27에 나타내었다. 이와 같이 비탈면 파괴와 균열로 발생한 붕괴된 영역을 명확하게 정의할 수 있다.
4. **산사태(6.6절).** 비탈면 파괴와 유사하게, 산사태는 그림 6.30과 같이 산사태 경계부와 그 내부에서 뚜렷한 지반균열 패턴을 갖는다. 산사태와 관련된 지반균열 및 지반변위를 설명하는 데 사용되는 용어에는 최상부 균열, 횡단 균열, 방사형 균열 및 발생시점의 주 파괴면과 부 파괴면이 포함된다(그림 6.30).

그림 10.25 화살표는 배수 측구와 활동 비탈면 사이에 발생한 틈을 표시한 것이다. 또한 비탈면 표면에 나타난 지반균열을 주목해야 한다. 틈과 균열은 겨울 우기에 촬영한 이후 발생한 표층 비탈면의 파괴 위치를 나타낸다.

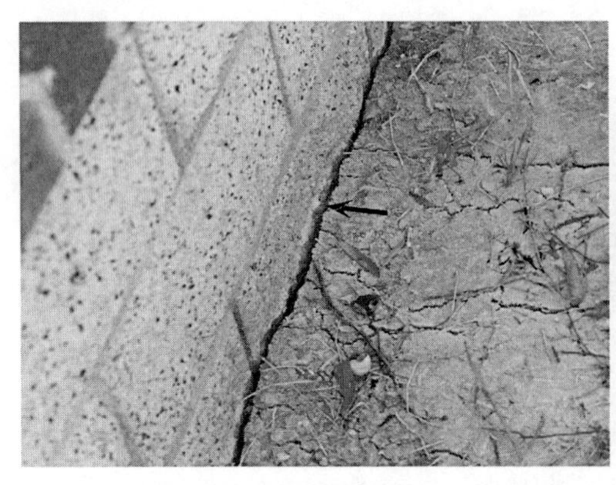

그림 10.26 화살표는 크리프 변형을 받는 점토 비탈면의 정상부에 있는 벽체의 전면에 발생한 인장균열을 나타냄

그림 10.27 깊은 비탈면 파괴와 관련된 지반균열 및 틈새

지하수 추출로 인한 지반 틈새

지하수 추출로 인하여 지반침하와 지반 틈새가 발생할 수 있다. 1963년부터 1987년 사이에 라스베이거스 계곡에서는 지하수 추출로 인하여 약 1.5m의 지반침하가 발생하였다. 이 지하수 추출로 지반 틈새가 발생하였고 그 결과 침하가 발생되었다. 그림 10.28~10.32는 네바다주 라스베이거스의 주택개발 지역에서 지반 틈새로 발생한 피해 사례를 찍은 사진이다.

그림 10.28 네바다주 라스베이거스 지역의 지반 틈새

그림 10.28은 노출된 지반 틈새를 나타낸 것이다. 대부분의 경우, 지반 틈새는 상부 토사에 의해 틈새의 존재가 숨겨지게 된다. 용수 또는 파이프에서 유출된 물은 상부의 토사를 연약화시켜 지표면에서 균열이 벌어지도록 할 수 있다.

그림 10.29 및 그림 10.30은 기초부 손상을 나타낸다. 주택은 심하게 손상되어 철거되었고, 남아 있는 부분은 기초뿐이다. 그림 10.29에서 틈새는 기초의 바로 아래에서 진행된 것을 볼 수 있다.

그림 10.31 및 그림 10.32는 도로와 보도의 손상을 나타낸 것이다. 도로에 인접한 주택들은 심하게 손상되어 철거되었다. 비록 지반 틈새가 지표면에 노출되지는 않았지만, 이 사진에서는 지하의 틈새로 인한 도로와 보도의 침하가 명확하게 나타났다.

그림 10.29 네바다주 라스베이거스 지역 기초저면 아래에서의 지반 틈새

그림 10.30 네바다주 라스베이거스에서 지반 틈새로 인한 기초의 손상

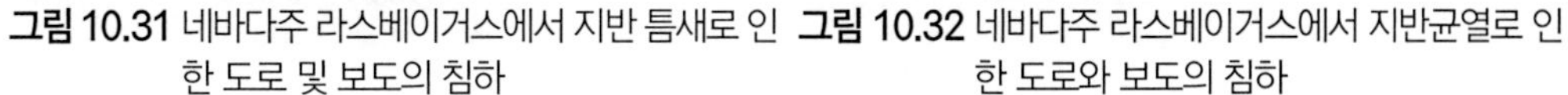

그림 10.31 네바다주 라스베이거스에서 지반 틈새로 인한 도로 및 보도의 침하

그림 10.32 네바다주 라스베이거스에서 지반균열로 인한 도로와 보도의 침하

지표면 단층파쇄로 인한 지반 틈새

대부분 지진은 지표면 단층파쇄를 발생시키지 않는다. 소규모 지진, 섭입대(subduction zone)의 대심도에서 발생한 지진과 숨어 있는 단층에서 발생한 지진의 경우에는 일반적으로 지표면 파쇄가 일어나지 않는다. Krinitzsky 등(1993)에 따르면 단층파쇄는 일반적으로 지표면의 파괴 없이 깊은 지하에서 발생한다. 또한 이러한 거동은 미국 중부와 동부지역에서 발생한 모든 지진을 설명할 수 있을 정도로 널리 분포되어 있다.

다른 한편으로, 변환 경계부에서의 대규모 지진은 일반적으로 주향이동 단층면상에서 지표면 단층파쇄를 동반한다. 그림 10.33과 10.34는 1906년 샌프란시스코 지진과 1999년 터키의 코자엘리(Kocaeli) 지진으로 발생한 지표면 단층파쇄의 예이다.

그림 10.33 1906년 샌프란시스코 지진. 샌안드레아스 단층 변위 때문에 울타리가 2.6m 이격되었다. 캘리포니아주 마린 카운티의 우드빌 지역에서 북서쪽으로 0.8km 떨어져 있다.

그림 10.34 1999년 8월 17일에 발생한 터키의 코자엘리 지진으로 인한 지표면 단층파쇄

지표면 단층파쇄의 다른 특별한 예로는 1999년 9월 21일에 타이완에서 발생한 치치(Chi-chi) 지진이 있다.

평위안 북쪽의 교량 붕괴. 그림 10.35~10.37은 타이완의 평위안(Fengyuan) 지역 바로 북쪽에 있는 교량의 붕괴 사진이다. 교량은 일반적으로 북-남방향으로 이어지며, 교량의 남쪽 부분에서 붕괴가 발생하였다. 이 교량은 원래 직선이면서 평평하였다. 지표면 단층파쇄대는 교량의 바로 아래로 지나갔으며 교량 길이가 짧아지면서 남쪽 경간(span)이 받침(교좌)으로부터 밀려난 것으로 보인다. 또한 여러 교각 중 하나의 바로 아래에서 단층파쇄가 발생하여 붕괴가 되었다. 그림 10.37에서 교량의 동쪽에 폭포가 있는 것을 알 수 있는데, 교량 아래에서 발생한 단층파쇄로 인하여 변위가 발생하면서 폭포가 형성되었다. 이 폭포의 높이는 약 9~10m로 추정된다.

사진 제공: Denver에 있는 NEIC의 USGS 지진재해 프로그램

그림 10.35 1999년 9월 21일 타이완 치치 지진에 의한 지표면 단층파쇄로 발생한 평위안 북쪽의 교량 붕괴 사진

사진 제공: Denver에 있는 NEIC의 USGS 지진재해 프로그램

그림 10.36 1999년 9월 21일 타이완 치치 지진에 의한 지표면 단층파쇄로 붕괴한 평위안 북쪽의 교량 붕괴 사진

사진 제공: Denver에 있는 NEIC의 USGS 지진재해 프로그램

그림 10.37 1999년 9월 21일 타이완 치치 지진에 의한 지표면 단층파쇄로 평위안 북쪽의 교량 붕괴에 대한 사진. 지표면 단층으로 인하여 교량의 우측에 새로운 폭포가 형성되었다.

그림 10.38 지표면 단층으로 인하여 생성된 새로운 폭포를 확대하여 나타낸 것이다. 이 사진은 교량의 동쪽 구간을 보여준다. 외관상으로 폭포의 앞쪽에 있는 어두운색의 암석들은 스러스트 단층(thrust fault)이동의 앞단 가장자리 부분에서 눌려 부스러져 발생한 것이다.

그림 10.33~10.38의 사진에서 알 수 있듯이, 구조물과 기초는 단순하게 지표면 단층으로 인한 전단 이동에 저항할 수 없다. 한 가지 설계적 접근방법은 단순하게 활성단층 전단영역에서는 건설공사를 제한하는 것이다. 주마다 건축 규정에 단층영역에서의 건설공사를 제한하고 있는 경우가 있는데, 남부 네바다주 빌딩코드(1997)에는 다음과 같이 기술되어 있다.

지반 단층대까지의 최소 거리

1. 거주가 가능한 공간의 기초시스템 가운데 일부라도 단층까지 1.6m(5ft) 이내에 존재하지 않아야 한다.
2. 지반조사 보고서에서 프로젝트 구역에 단층 또는 단층대가 존재하지 않는다고 확인된 경우, 단층대 이격 요구사항은 적용되지 않는다.
3. 만약 물리탐사를 통하여 단층의 위치가 확인되면, 단층이나 건설제한구역은 정지 및 배치계획의 축척을 고려하여 명확하게 표시되어야 한다.
4. 물리탐사에 의해 단층 위치가 완전하게 확인되지는 않았지만, 지반조사보고서에서 잠재적 단층 영향을 받는 건설제한구역으로 설정된 경우, 해당 지역에서 거주가능 공간에 대한 기초시스템의 일부라도 건설이 허용되어서는 안 된다. 건설제한구역은 정지 및 배치계획의 축척을 고려하여 명확하게 표시되어야 한다.
5. 단일부지나 단독 주택의 경우, 지반조사보고서에 표시된 대로 단층의 위치는 과거의 현장 이력 조사로 대략적으로 정의할 수 있다. 이력 조사를 통하여 대략 설정된 단층 가장자리의 양쪽에서 최소 15m까지는 건설제한구역으로 설정되어야 한다. 건설제한구역은 정지 및 배치계획의 축척을 고려하여 명확하게 표시되어야 한다.

많은 경우에 구조물은 지표 파쇄대에 건설될 수가 있다. 예를 들면, 도로가 활성 전단 단층대를 지날 수밖에 없는 경우가 있다. 한 가지 방법은 직각 방향으로 단층과 교차하도록 도로를 건설하고 지표 파쇄대에 교량이나 고가도로가 건설되지 않도록 하면서 평지에서 지표 파쇄대를 횡단하도록 하는 것이 바람직하다.

또한 파이프라인도 종종 지표 파쇄대를 통과할 수 있다. 포장과 유사하게, 평지에서 단층 파쇄대를 수직으로 가로지르는 것이 가장 좋다. 파쇄대를 가로지르는 파이프라인에 대하여 다양한 유형의 설계 대안들이 있다. 예를 들어, 터널의 중앙부에 파이프라인을 매달 수 있도록 대단면 터널을 건설하는 것이다. 터널 벽체와 파이프라인 사이의 공간은 예상되는 지표 파쇄량을 기초로 산정한다. 다른 방법은 압력이 내려갈 경우, 파이프라인을 닫는 자동 차단밸브를 설치하는 것이다. 여분의 파이프라인 세그먼트를 시공현장 근처에 보관하면 파이프를 신속하게 보수할 수 있다. 그림 10.39와 같이 단층파쇄가 있는 지진의 경우, 손상 정도를 파악하기 위하여 항상 파이프라인의 내부를 조사하는 것이 가장 좋은 방법이다.

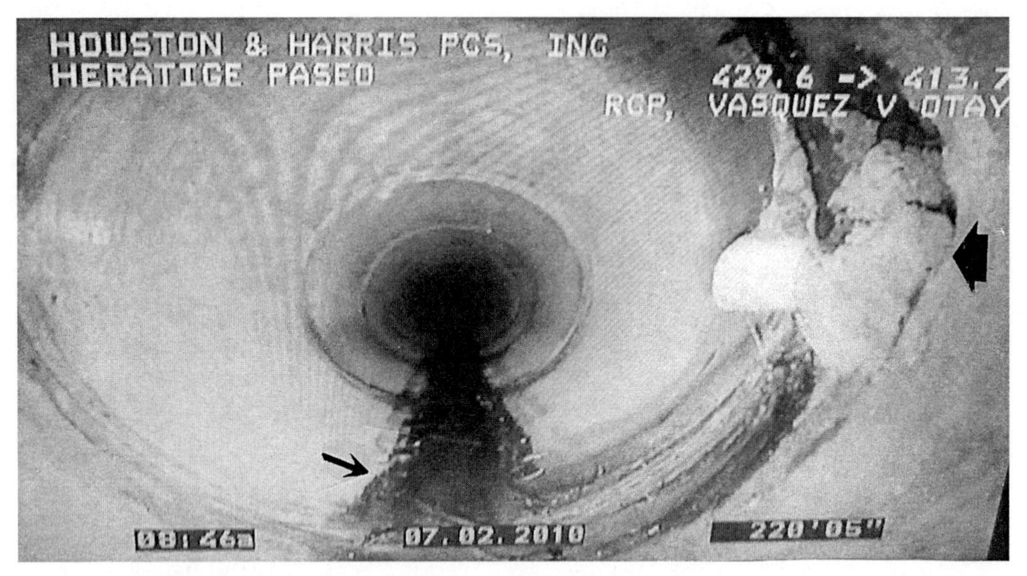

그림 10.39 우수관을 검사하기 위하여 로봇 카메라를 사용하고 있다. 작은 화살표는 배수관의 바닥부에 흐르는 물을 표시한 것이고, 큰 화살표는 배수관 측면의 손상부위를 표시한 것이다.

사례연구

2007년 10월 3일 발생한 라호야 산사태는 솔레다드 산지도로와 인접한 주택에 막대한 피해를 줬다. 그림 10.40과 그림 10.41은 산사태 비탈면 정상부에서의 피해 사진이고 그림 10.42는 산사태 비탈면 선단부에서의 피해 사진이다. 산사태가 발생한 지역은 활동면 주변에 발생한 지반균열과 틈새에 의해 잘 구분된다.

그림 10.40 라호야 산사태. 솔레다드 산지도로에서 낙하, 균열 및 측방이동으로 발생한 산사태의 정상부 피해에 대한 사진

그림 10.41 라호야 산사태. 솔레다드 산지도로에서 낙하, 균열 및 측방이동으로 발생한 산사태의 정상부 피해에 대한 다른 사진

그림 10.42 라호야 산사태. 산사태 선단부의 모습으로서, 화살표는 산사태 발생으로 융기된 진입로의 원지반 표고를 나타낸 것이다.

라호야 산사태로 소송이 제기되었고, 필자는 원고 측 포렌식 전문가로 활동하였다. 피해를 본 주택 소유주들은 샌디에이고시를 상대로 소송을 하였다. 인근 지역에 있는 일부 주택 소유자들도 소송에 참여하였는데, 이들은 산사태로 직접적인 피해를 보지는 않았으나 주변 산사태로 인하여 재산의 가치가 하락했다고 주장하였다. 이러면, 지역개발자도 소송에 지명되지만, 주택의 연수가 30~40년 정도였기 때문에 소멸시효로 인하여 개발자에 대한 소송은 불가하였다.

재판에서 샌디에이고시의 산사태에 대한 책임을 입증하기 위하여 원고 측 전문가들이 제시한 주요 사항은 다음과 같다.

1. 산사태가 발생하기 약 두 달 전에 솔레다드 산지도로의 바로 아래와 활동 토체 내에 있는 수도관이 파손되었다. 파손된 수도관은 시가 소유하고 관리를 하고 있었다.
2. 수도관 파손으로 물이 유입되어 산사태 구역 내 점토층이 습윤상태가 되고 비탈면 안전율이 감소되어 결국에는 산사태가 발생하였다.
3. 산사태 구역 내 토층의 함수비는 외부보다 훨씬 높았다. 또한 함수비는 수도관이 파손된 주변에서 가장 높았다.
4. 산사태 구역 내 토층의 함수비도 활동면 아래 토층의 함수비보다 높았다.

재판에서 샌디에이고시가 산사태에 대한 책임이 없음을 입증하기 위하여 피고 측 전문가들이 제시한 주요 사항은 다음과 같다.

1. 산사태는 1961년 초반에 일어난 것으로 알려졌다. 주택 개발자들은 산사태가 발생한 비탈면을 안정시키기 위하여 적합한 버트레스(butress) 벽체를 시공하였다.
2. 산사태 발생 이전에 수도관의 파손이 있었으나, 이러한 파손은 2007년 3월에 발생한 크리프에 의한 산사태로 발생한 것이었다.
3. 시험자료에 따르면 산사태 구간과 주변 지역 토층의 함수비는 주택 소유주들의 조경을 위한 용수로 인하여 수년에 걸쳐서 서서히 증가하였다. 조경을 위해 유입된 물이 산사태 구역 내 점토층을 습윤상태로 만들었다.
4. 산사태 발생 직후에 시행된 보링 조사에서 붕괴 토층 내부의 지하수 침투는 관찰되지 않았다.

판사는 시의 승소 판결을 내렸으며 원고가 수도관의 파손이 산사태의 근본적인 원인이라는 것을 증명하지 못했다고 하였다. 그러나 주요 도로가 손실되었기 때문에 시에서는 산사태 비탈면에 대한 많은 복구작업를 수행하였다. 복구를 위해 산사태 비탈면 정상부 주변에 대구경 억지말뚝(pier) 벽체를 시공하고 산사태 지역에는 평평한 각도로 정지작업을 하였으며, 도로에 인접하여 대구경 억지말뚝을 이용하여 옹벽을 시공하였다.

10.6 지진으로 인한 피해

제7장의 7.2절에서는 지진에 대한 개요와 지표면 단층파쇄로 인한 피해에 관해서 기술하였다. 지진으로 인한 피해는 기초의 상태와 관련이 있을 수 있다. 만약 전단벽체가 기초에 적절하게 접하여 있지 않은 경우, 벽체의 효과는 없으며 심각하게 손상될 수 있다.

비틀림

비틀림 문제는 구조물의 무게중심이 강성중심인 횡방향 저항력의 중심에 위치하지 않을 때 발생한다. 일반적인 예로 빌딩 1층의 개방된 공간에는 독립된 기둥들이 상부층을 지지하고 1층의 나머지 공간에는 서로 연결된 내력벽이 설치된 고층 빌딩을 들 수 있다. 일반적으로 독립된 기둥을 가진 개방된 공간은 서로 연결된 내력벽을 가진 공간보다 횡방향 저항력이 훨씬 작다. 빌딩의 무게중심은 1층의 중앙 지점에 있을 수 있으나 강성중심은 서로 연결된 내력벽이 설치된 쪽으로 이동된다. 지진이 발생하는 동안 무게중심이 강성중심을 비틀게 되어 빌딩의 프레임으로 비틀림 힘이 전달된다. 비틀림으로 인한 건물의 손상은 특이하며, 건물의 비틀림 회전으로 인하여 주로 기둥에 전단파괴가 발생한다.

연성층과 팬케이크형 붕괴

약층(weak story)이라고도 하는 연성층(soft story)은 건물의 위 또는 아래층보다 저항력 또는 강성이 상당히 작은 건물의 층으로 정의된다. 본질에서 연성층은 전단저항력이 부족하거나 지진으로 인하여 발생한 건물의 응력에 저항할 수 있는 연성(에너지 흡수능력)이 부족하다. 일반적으로 연성층은 건물의 1층(지층, ground floor)에 위치하는데, 그 이유는 사람들이 쉽게 접근할 수 있도록 1층에 개방된 공간을 갖도록 설계하기 때문이다. 따라서 1층은 지진 시 저항에 필요한 전단저항력 없는 기둥 사이의 넓은 개방된 공간을 포함하게 된다. 지진으로 건물에 변위가 발생하게 되면 1층이 가장 큰 응력을 받게 되므로 전단저항력이 없는 연성층(1층)에 문제가 더해진다.

미국 지진정보 서비스센터(2000)는 연성층에 대해 다음과 같이 기술하였다.

> 건물이 흔들리면, 지진동은 모든 구조적인 취약부를 찾는다. 이러한 취약부들은 일반적으로 강성 및 강도나 연성의 급격한 변화 때문에 발생한다. 구조물의 무게 분포가 균등하지 않으면 이러한 약점들은 더 커지게 된다. 최근 지진으로 몇몇 현대식 건물이 받은 심각한 구조적 손상은 측면 강성과 강도의 급격한 변화를 피해야 하는 이유를 명확히 보여주었다. 이러한 불연속적인 손상을 일으키는 유해한 영향의 전형적인 예로는 "연성층"을 가진 건물이 있다. 지진피해 조사와 지진해석 결과에 따르면, 심한 지진동 발생 시 연성층이 포함된 구조적 시스템들은 심각한 문제가 발생하게 된다. 수많은 사례가 이러한 피해를 보여줌으로써, 유연성, 강도 및 하중에 대한 균일한 분포를 통하여 연성층 회피의 필요성을 강조하였다.

건물 1층이 연성층 구조를 갖는 경우에 발생한 균열에 대한 세 가지 사례는 다음과 같다.

1. **1999년 9월 21일 타이완 치치 지진.** 타이완에서는 상부층을 지지하기 위한 독립된 기둥으로 사용하고 1층에 개방 공간을 두는 것이 일반적이다. 어떤 경우에는, 1층에 상점을 만들기 위하여 기둥 사이의 공간에 평면 유리창을 설치한다. 그림 10.43은 이러한 유형의 시공 예로 치치 지진으로 인하여 피해가 발생하였다.
2. **1994년 1월 17일 캘리포니아주 노스리지 지진.** 남부 캘리포니아주의 많은 아파트들은 1층에 주차장을 두고 있다. 1층에 개방된 주차장을 설치하기 위해서는 위층을 지지하기 위한 독립된 기둥을 사용해야 한다. 이러한 독립된 기둥은 전단저항력이 충분하지 못하고 지진 발생 시 붕괴하기 쉽다. 예를 들어, 그림 10.44와 그림 10.45는 노스리지 지진 시 1층 주차장의 약한 전단저항력으로 인하여 아파트 건물이 붕괴한 사진이다.
3. **1999년 8월 17일 터키 코자엘리 지진.** 지진 발생 시 건물의 상태에 대한 설명은 다음과 같다 (Bruneau, 1999).

그림 10.43 1층의 연성층으로 인한 피해. 이 피해는 1999년 9월 21일 타이완 치치 지진 시 발생하였다.

그림 10.44 1층 주차장의 연성층에 의해 발생된 건물의 붕괴. 1994년 1월 17일 캘리포니아주에서 노스리지 지진 시 발생한 건물의 붕괴

그림 10.45 붕괴된 1층 주차장의 내부 모습(화살표는 기둥을 나타냄). 1994년 1월 17일 캘리포니아주에서 노스리지 지진 시 발생한 건물의 붕괴

터키의 대표적인 철근콘크리트 구조의 건물은 정사각형 또는 직사각형의 기둥이 보와 연결된 일반 대칭 평면형태이다. 외벽과 내부 칸막이벽은 비내력 무보강 벽돌로 채워져 있다. 이들 벽체는 지진 시 건물의 측면강성에 크게 기여하였으나, 많은 경우에는 측방변위를 제어하고 지진하중에 대하여 탄력적으로 저항하였다. 특히 저층 건물과 벽체 대비 바닥 면적의 비율이 매우 큰 오래된 건물 그리고 견고한 지반위에 있는 건물에서 명확하게 나타났다. 벽 사이를 채운 벽돌이 붕괴하면 골조만으로 필요한 측면 강도 및 강성을 확보해야 하므로 한계영역에서는 상당한 비탄성 상태가 된다. 이 단계에서 철근콘크리트 기둥, 보 및 보-기둥 연결부의 변형량에 대한 저항능력은 설계 및 시공 시 내진 설계와 상세 요구사항을 얼마나 잘 따랐는지에 달려 있다.

많은 주거 및 상업용 건물은 1층이 연성층으로 지어졌다. 특히 도시 중심부에서 1층은 주로 상점과 상업적 공간으로 활용되었다. 이러한 공간은 유리창으로 둘러싸여 있으며, 때때로 뒷면을 단일 벽돌 성토로 시공하였다. 무거운 벽돌 성토는 상가층 바로 위에서 시작되었다. 지진 시 연성층으로 인하여 변형이 크게 발생하였고, 발생한 지진에너지는 1층의 기둥들이 부담하게 되었다. 건물의 붕괴가 많이 일어난 이유는 부실 설계로 인한 기둥의 변형에 대한 저항능력 부족과 연성층으로 인한 변형량 증가로 인한 것일 수 있다. 이것은 대부분 건물이 도로 방향으로 붕괴한 상업지구에서 더욱 명확하게 나타났다.

그림 10.46과 그림 10.47은 연성층을 가진 건물의 예로서, 포렌식 엔지니어는 연성층 구조물들의 개선에 관여할 수 있다. 연성층을 가진 구조물의 개선과 관련하여 미국 지진정보서비스센터(NISEE, 2000)는 다음과 같이 기술하였다.

> 지진위험이 큰 지역에는 구조적 시스템과 비구조적 요소와의 상호작용으로 인하여 심각한 지진 발생 시 부족한 전단저항력 또는 부족한 연성(에너지 흡수능력)을 가진 연성층이 존재하는 건물들이 많이 있다. 연성층을 가진 건물들은 보강이 필요하며 이러한 건물을 보강하기 위한 가장 경제적인 방법은 적절한 전단벽체나 연성층에 브레이싱을 설치하는 것이다.

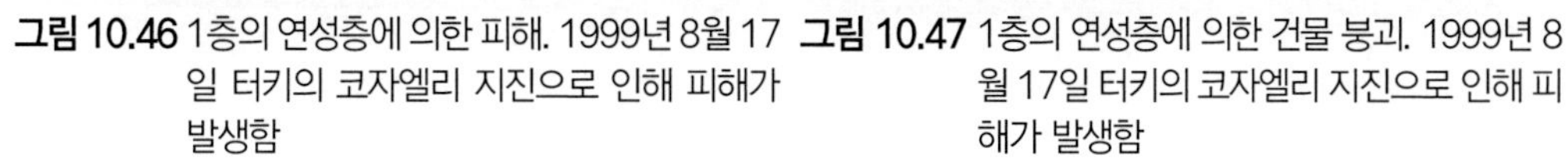

그림 10.46 1층의 연성층에 의한 피해. 1999년 8월 17일 터키의 코자엘리 지진으로 인해 피해가 발생함

그림 10.47 1층의 연성층에 의한 건물 붕괴. 1999년 8월 17일 터키의 코자엘리 지진으로 인해 피해가 발생함

지진으로 연성층이 붕괴하면 각 층의 바닥이 겹겹이 쌓여 전체적 파괴에 도달하는 팬케이크형 붕괴가 발생한다. 즉, 각 층의 바닥부가 함께 부서지고 압축되어 한 층 위에 다른 층이 쌓이는 팬케이크와 같은 모양의 최종 붕괴상태에 이르게 된다.

1999년 8월 17일에 발생한 터키 코자엘리 지진으로 철근콘크리트 다층 건물에서 팬케이크형 붕괴가 흔하게 발생하였다. 코자엘리 지진으로 인한 피해에 대하여 Bruneau(1999)는 다음과 같이 기술하였다.

> 팬케이크형 붕괴는 저층에 연성층이 존재하고 기둥-보의 조인트 연결이 불충분한 경우에 발생한다. 이러한 건물들은 거의 대부분 개방된 공간으로 구성된 연성층과 얕은 기초가 있으며, 지진동에 대한 측면저항력은 거의 없다. 115,000개에 달하는 건물들은 강한 지진동에 견딜 수가 없었으며 심하게 손상되거나 완전히 붕괴하여 잠자는 거주자들 대부분이 잔해 아래에 매몰되었다. 건물의 1층과 2층에서는 부분적인 붕괴가 일어났다. 터키에는 여전히 수십만 개의 매우 취약한 연성층 건물이 있다는 것이 매우 심각한 사실이다. 일부 건물들은 주요한 내진보강이 필요하며, 다른 건물들은 철거될 예정이다.

그림 10.48은 코자엘리 지진으로 인한 팬케이크형 붕괴의 예를 나타낸다. 이러한 사례에서 명확하게 나타나듯이, 연성층에 의한 손상은 주로 구조물의 부분적 또는 전체적인 붕괴로 구성된다.

그림 10.48 1999년 8월 17일 터키에서 발생한 코자엘리 지진으로 인한 건물의 팬케이크형 붕괴

전단 벽체와 목조 구조물

지진으로 발생하는 건물의 관성력에 저항할 수 있는 매우 다양한 유형의 구조적 시스템이 있다. 예를 들어 구조 엔지니어는 가세 골조(braced frame) 및 모멘트-저항 골조, 그리고 지진으로 인한 수평력에 저항하기 위해 전단 벽체를 사용할 수 있다. 전단 벽체는 인접한 기둥 또는 연직 지지부재에 고정한 다음 수평력을 기초로 전달하도록 설계된다. 전단 벽체에 의해 저항되는 힘은 대부분 전단력이지만, 얇은 전단 벽체의 경우에는 상당한 휨을 받을 수도 있다 (Arnold & Reitherman, 1982).

전단 벽체의 일반적인 문제점들은 수평력에 저항할 수 있는 강도가 부족하고, 기초에 부적합하게 설치되는 경우에 발생한다. 예를 들어, 건물의 특정한 층에 부적합한 전단벽체가 존재하는 경우, 연성층이 될 수 있다. 또한 전단벽체가 상부 또는 하부층의 전단벽체와 나란하지 않은 경우와 같이 두 층사이의 전단벽체가 단절되는 경우에도 연성층이 생길 수 있다.

일반적으로 전단벽체를 포함한 단독 목재 골조 구조물은 지진에 대한 저항성이 매우 강한 것으로 알려져 있다. 그 이유는 유연성, 강도 및 가벼운 자중과 같은 요인으로 지진 시 관성하중이 작게 발생하기 때문이다. 이러한 요소들이 목재 골조를 전단력에 훨씬 더 잘 견디는 구조를 만들어 붕괴에 더 강하게 된다.

지진 시 붕괴에 강한 목조 구조물에도 예외는 있다. 예를 들어, 1995년 고베지진에서 사망자의 대부분이 1층과 2층의 주거용 구조물 및 목조 상가 구조물의 붕괴에서 발생하였다. 효고현 전체 주택의 약 10%에 해당하는 200,000채 이상의 주택이 피해를 보았으며, 이 가운데 약 80,000채의 주택이 붕괴하였고, 70,000채의 주택이 심각한 피해를 보았으며, 7,000채가 화재로 소실되었다. 주택의 붕괴에 대한 여러 가지 원인들은 다음과 같다(EQE 요약보고서, 1995).

- 목재 썩음과 같은 노후화로 인한 구조적 부재들의 약화
- 수평 지진하중에 저항할 수 있는 내부 칸막이가 거의 없는 개방된 1층 공간(즉, 연성 1층)에 설치된 기둥 및 보 구조
- 벽체와 기초 사이의 취약한 연결
- 돌이나 콘크리트 블록으로 구성된 부적합한 기초
- 지진 시 침하된 연약 또는 액화성 토양의 두꺼운 퇴적물로 구성된 열악한 토질 조건. 부적합한 기초로 인하여 목조 구조물이 침하를 수용할 수 없었다.
- 수평 지진하중에 대한 지지벽체의 저항력을 초과하는 무거운 지붕의 관성 하중. 무거운 지붕은 두꺼운 진흙 또는 무거운 기와를 사용하여 만들어졌고 태풍에 의한 바람을 막는 데 사용되었다. 그러나 지진으로 무거운 지붕이 붕괴하였을 때 피해가 크게 발생하였으며 하부 구조물을 파괴했다.

파운딩 피해

파운딩(pounding) 피해는 두 빌딩이 서로 가깝게 건설되어 지진 시 두 빌딩이 앞뒤로 흔들리면서 서로 충돌할 때 발생한다. 두 빌딩의 건설재료가 상이하거나 높이가 다른 두 빌딩이 서로 인접하여 있다고 해서 파운딩 피해가 반드시 발생한다는 의미는 아니다.

파운딩 피해의 일반적인 상황은 높은 주기와 큰 진동의 진폭을 갖는 고층 빌딩이 더 낮은 주기와 작은 진동의 진폭을 갖는 저층의 작은 빌딩과 가까이 존재할 때 발생한다. 따라서 지진 시 빌딩에서는 서로 다른 주파수와 진폭이 발생하고 이들은 서로 충돌할 수 있다. 예를 들어, 한 빌딩의 층들이 다른 높이에 있는 인접 빌딩과 충돌하면, 한 빌딩의 바닥층은 인접한 빌딩의

지지기둥과 충돌하게 되므로 파운딩 효과는 더욱 심각해질 수 있다.

두 개의 구조물에 대한 파운딩 효과를 모델링하는 것이 매우 어렵기 때문에 이러한 피해에 저항할 수 있는 구조물을 설계해야 한다. 실질적인 문제로 파운딩 피해를 방지하기 위한 최적의 설계 방법은 구조물 사이에 충분한 여유 공간을 두는 것이다. 만약 두 빌딩을 서로 인접하여 건설해야 하는 경우, 두 빌딩이 같은 높이의 층들을 갖도록 설계하여 한 빌딩의 바닥층이 인접한 빌딩의 지지 기둥을 충격하도록 해서는 안 된다.

사례연구

그림 10.49~10.51은 1989년 10월 17일 로마 프리에타(Loma Prieta) 지진 시 발생한 싸이프레스로(Cypress Street) 고가대로의 붕괴 사진이다. 그림 10.52는 예바 부에나(Yerba Buena)섬과 트레져 아일랜드(Treasure Island)에서의 지반가속도(E-W방향)를 나타낸 것이다. 두 현장은 모두 로마 프리에타 지진의 진앙지로부터 같은 거리에 있다. 그러나 예바 부에나섬의 지진계는 암반 노두에 직접 설치되어 있고, 트레져 아일랜드의 지진계는 16.8m의 샌프란시스코만 점토(정규 압밀된 실트질 점토)층 위에 13.7m의 느슨한 모래층에 설치되어 있다. 이 두 현장에서 측정된 지반가속도가 상당이 차이가 있었다는 점을 주목해야 한다. 예바 부에나 섬에서 E-W방향의 최대 지반가속도는 0.06g에 불과했지만, 트레져 아일랜드의 E-W방향에서는 0.16g였다. 즉, 연약점토구간이 경암구간보다 2.7배의 최대 지반가속도를 가졌다(Kramer, 1996). 연약점토에 의한 최대 지반가속도의 증폭은 샌프란시스코만 지역 전체의 구조물 피해에 영향을 미쳤다. 예를 들어, 붕괴된 880번 주간 고속도로(싸이프레스로 고가교)의 북쪽 구간은 샌프란시스코만 점토층 위에 있다(그림 10.49~10.51). 880번 주간 고속도로의 남쪽 구간은 점토가 존재하지 않았으며 붕괴하지 않았다. 이 사례와 같이 국부적으로 존재하는 연약지반은 최대 지반가속도(a_{max})를 3에서 5배까지 증가시켰다. 또한 연약지반은 지표면에서의 진동 기간을 증가시켜 높은 구조물에서 공명현상을 유발할 수 있다.

요약하면, 싸이프레스로 고가교의 붕괴는 샌프란시스코만의 점토로 인하여 로마 프리에타 지진의 최대 지반가속도가 증폭되어 일어난 결과였다.

그림 10.49 1989년 10월 17일 캘리포니아주 로마 프리에타 지진으로 붕괴한 싸이프레스로 고가교

그림 10.50 1989년 10월 17일 캘리포니아주 로마 프리에타 지진으로 붕괴한 싸이프레스로 고가교의 근접 사진

그림 10.51 1989년 10월 17일 캘리포니아주 로마 프리에타 지진으로 붕괴한 싸이프레스로 고가교의 근접 사진

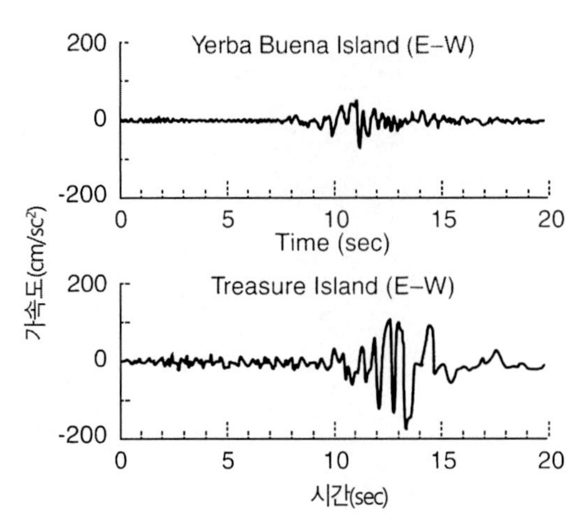

10.52 1989년 10월 17일 캘리포니아주 로마 프리에타 지진 시 예바 부에나섬과 트레져 아일랜드에서 측정한 E-W방향의 지반가속도(Seed 등, 1990)

10.7 보수된 구조물에서의 균열

제9장에서는 지반의 이동으로 인한 피해구조물의 보수에 관하여 기술하였다. 보수된 구조물에 대한 균열 조사는 더 복잡하다. 왜냐하면, 포렌식 엔지니어는 구조물에 손상을 입힌 원지반의 이동과 보수의 적절성을 평가한 다음, 새로운 손상이 원지반의 문제와 관련이 있는지 아니면 새로운 조건과 관련이 있는지 결정해야 하기 때문이다.

그림 10.53은 슬래브 기초(S.O.G)가 있는 주택에 대한 새로운 균열의 사례이다. 이 주택에서는 성토재의 침하로 기초에서 약 10cm의 부등침하가 발생하였다. 보수작업을 위해 슬래브 표면에 액상 시멘트 그라우트를 포설하여 레벨링 컴파운드 시공을 하였다. 그림 10.53의 화살표는 넓은 슬래브 균열을 나타내기 위해 제거된 레벨링 컴파운드 조각을 가리킨다. 이 사례와 같이 원지반의 이동이 계속해서 진행 중인 많은 경우에 과거에 때웠거나 보수되었던 부분에서 균열이 다시 발생하였다.

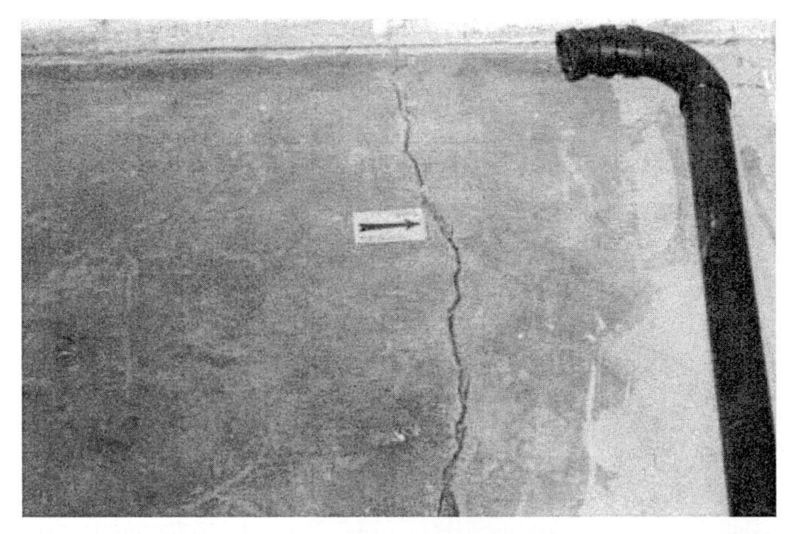

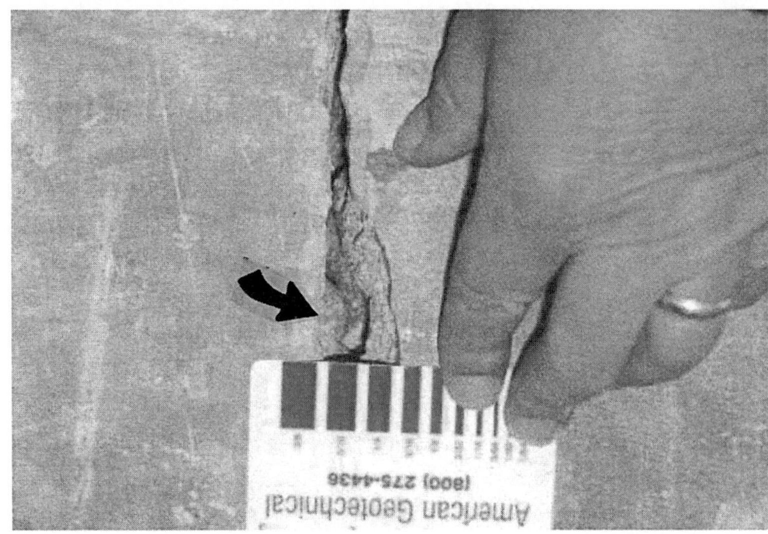

그림 10.53 보수된 주택에서의 균열. 슬래브 기초 위에 레벨링 컴파운드가 시공됨. 위 사진은 기초균열의 전경을 나타내고 아래 사진은 이를 확대한 것임. 아래 화살표는 슬래브 균열의 틈을 넓게 드러내기 위해 제거된 레벨링 컴파운드 조각을 나타냄

PART

IV

잠재적인 법적 책임의 감소

Reducing Potential Liability

1973년 ASCE의 피사의 사탑 이미지. 설계를 위한 경쟁 입찰보다는 협상을 권장하는 광고 전단 이미지이다.

CHAPTER

11 결론

11.1 포렌식 엔지니어링의 전망

도시지역 인프라의 노후화와 주변지역의 개발로 인하여 포렌식 엔지니어의 역할은 점점 더 증가할 것으로 예상된다. 미국의 경우, 민사책임이 확대되는 추세이며, 추후 설계 전문가에 대한 소송은 더욱더 증가할 것으로 예상된다. 이러한 경향으로 인하여 이 책의 마지막 부분에서는 설계에 대해 지반 및 기초 엔지니어의 잠재적 책임을 줄이려는 방안을 제시하였다. 책임 회피 전략에 관해서도 기술하였다.

Matson(1994)은 포렌식 엔지니어의 미래에 대해서 다음과 같이 기술하였다.

> 여러 가지 면에서 포렌식 엔지니어의 장래는 밝아 보인다. 포렌식 관련 소송에 참여할 수 있는 우수한 인재들이 로스쿨을 졸업하고 있다. 기술에 대한 사회의 의존성이 증가함에 따라 소송의 성격은 점점 더 복잡해지고 보건, 안전 및 환경 분야에 대한 정부의 법규는 방대해지고 있다. 이러한 추세는 전문가에 대한 의존도가 점점 더 커질 수밖에 없다는 것을 의미한다. 실제로 전문가의 "증언"은 성장 산업분야이다.

11.2 잠재적 법적 책임의 감소

Janney 등(1996)이 발표한 "Risk-Retention Professional Liability 그룹의 클레임 분석"이라는 논문을 보면 오류나 누락으로 인한 소송 가운데 공기 연장 혹은 추가 공사 발생에 연관된 설계 오류에 대한 사건이 가장 높은 비율을 차지하는 것으로 나타났다. 건설 관련 프로젝트에서 공기의 지연 또는 추가공사와 관련된 소송의 일반적인 원인은 다음과 같다.

1. 발주자(client)가 요청한 설계변경 및 추가공사
2. 설계자, 건축사, 계약자(시공자) 또는 발주자(owner)의 작업명세서에 대한 잘못된 해석
3. 작업 범위가 잘못 정의되어 누락된 작업
4. 잘못 정의된 프로젝트의 요구사항으로 인해 비현실적이거나 지나치게 낙관적으로 추정된 공사 일정
5. 새롭고 혁신적인 기술을 적용하면서 발생할 수 있는 건설공사의 모든 리스크에 대한 고려 부족
6. 자연재해 등 프로젝트에 영향을 미치는 외부 영향

공기의 지연 또는 추가 작업과 관련된 소송이 발생하는 주요 원인은 입찰 시스템 때문이다(Gould, 1995). 개인이나 공공기관의 최종 목표는 프로젝트를 수행하는 데 가장 낮은 비용을 사용하는 것이다. 일반적으로 저가 입찰자가 계약을 수주하게 된다. 저가 입찰을 준비하기 위해 시공자는 간접비 또는 이윤에 대해 충분한 인상분을 적용하지 않는다. 공사가 시작되면 시공자는 공기 지연 또는 추가 작업으로 인한 비용을 추가로 청구하여 이윤이 창출되기를 희망한다. Owens(1993)는 다음과 같이 기술하였다.

> 모든 계획에는 오류와 누락이 있다. 시공자는 추가 이윤을 위해 숨겨진 오류와 누락을 찾아내는 전문가이다. 특히, 공공 공사는 이러한 부분에서 취약하다. 공항 관계자 또는 폐수 처리장 공무원과 같은 운영자는 작은 일까지 관여해야 한다. 모든 공사에는 항상 반드시 지켜야 할 마감 기한이 존재하기 때문에 시공자는 공사를 지연시키려 한 다음, 일정을 고려하여 작업에 속도를 조정하고 추가 비용을 청구한다.

작은 비용으로 프로젝트를 시행하려고 하는 개인 발주자(owner)나 공공기관과는 달리 시공자(contract)는 공기 지연 또는 추가 작업을 통해 이윤을 얻으려 하므로 종종 양자 간에 소송이 발생한다. 공기 지연 또는 추가 작업에 이르게 하는 설계 오류로 인한 클레임을 줄이기 위해 Janney 등(1996)은 다음과 같은 제안을 하였다.

1. 발주자와 시공자 간의 계약 개선
2. 발주자와 설계 전문가 간의 계약 개선 및 설계 전문가들 사이의 계약 개선
3. 파트너십 및 분쟁 검토위원회(긴급 분쟁의 신속한 해결)
4. 설계 도서 작성을 위한 현실적인 일정 관리 개선
5. 모든 제출물에 대한 실제 처리 시간의 제어 개선
6. (특히 세부사항에 대한) 정기적인 "(역할 분담에 따라 해당 설계를 수행하지 않은) 설계전문가 검토(peer checking)"를 통한 설계 품질관리
7. 전체적인 품질관리

11.3 보고서 준비 및 파일 관리

다음 두 절에서는 잠재적인 법적 책임을 줄이기 위한 보고서 준비 방법에 관하여 기술하였다.

11.3.1 보고서 준비

Wallace(1981)에 따르면 서면 보고서의 목적은 다음과 같다.

1. 우리가 지불받는 돈에 대하여 수행한 일을 고객에게 알린다.
2. 우리 작업의 결과를 요약하고 즉시, 완료된 활동에 대한 서면 기록을 제출한다.
3. 지방 건축 부서에서부터 주 또는 연방기관에 이르는 허가부서의 요구사항을 충족시킨다.
4. 공사 관리 시, 작업 계획 및 기준이 적용된 부분을 대상으로 계약 업체의 준수사항에 대한 수행 작업을 기반으로 전문가의 공학적 의견을 제공한다.

서면 보고서에서 피해야 할 사항은 다음과 같다.

1. 완성된 작업을 보증, 인증 또는 수락해서는 안 된다. 보증은 계약자와 제조업자의 업무이다. 인증은 은행과 공증인의 업무이다. 수락은 소유자와 건축가의 업무이다.
2. 회사와 고객이 계약한 내용보다 더 많은 정보나 의견을 제공해서는 안 된다.
3. 프로젝트와 관련된 다양한 당사자 간의 분쟁 또는 논쟁을 다시 되풀이해서는 안 된다.

일반적으로 보고서는 최소한 다음 사항을 포함해야 한다. (1) 프로젝트 유형 및 작업 범위에 대한 설명, (2) 중요한 설계 특징에 대한 결론, 권장 사항 및 계산 결과, (3) 분석 방법에 대한 설명, 그리고 (4) 설계의 특징에 대한 논의와 리스크 요소에 대한 명확한 설명.

보고서를 작성하는 일반적인 방법은 보고서나 서신에 대한 표준화된 양식에 내용을 기재하는 것이다. Wallace(1981)에 따르면, 이것은 공사과정 전체에서 일부 내용이 삭제되는 경향이 있으므로 위험한 행위라고 하였다. 이러한 위험성은 작성자가 보고서나 서신을 수정하는 대신에 작업의 조건을 표준화된 형식에 맞추어 작성하기 때문에 발생한다. 또한 표준화된 양식에 포함되지 않는 항목을 잊어버리는 경향도 있다. 더 좋은 방법은 보고서 개요를 사용하고 개별 절(section)을 작성하는 것이다. 책임 조항의 종결 또는 제한과 같은 몇 가지 절만 표준화해야 한다.

11.3.2 일일 현장보고서

일일 현장보고서(daily field reports)는 건설 프로젝트에서 일반적인 사항이다. 예를 들어, 성토 후 다짐 작업에 대한 일일 현장보고서를 작성하였다고 하자. 보고서는 현장 기술자, 엔지니어 또는 지질학자가 작성할 수 있다. 일반적으로 일일 현장보고서에는 다짐 장비의 유형, 다짐 구간, 현장 다짐시험 결과와 건설 작업 시 관측내용이 포함되는데, "현장 관측과 시험 보고서"라는 양식을 복사하여 사용한다.

양식에는 일반적으로 회사의 이름, 주소, 전화번호는 물론 날짜, 작성자, 프로젝트 이름과 번호, 고객명이 기록된다. 양식에는 일반적으로 현장 관측 및 시험결과를 기록하는 주요 절(section)이 있다. 일일 현장보고서의 주요 절에 작성되는 일반적인 항목들로는 계약자의 작업, 시험결과 및 스케치 또는 도표(다이어그램)가 있다.

대부분의 경우, 일일 현장보고서는 시공 진행 보고서 또는 최종 프로젝트 완료 보고서를 작성하는 데 사용되는 내부 문건이다. 종종 일일 현장보고서의 사본이 계약자나 감독자 또는 고객에게 제공된다.

Wallace(1981)는 다음과 같이 기술하였다.

> 일일 현장보고서 작성 시, 보고서를 보는 사람이 누구인지에 따라 내용의 정도가 달라져서는 안 된다. 즉, 발주자용은 작성을 잘하고, 경영본부용은 대충 작성을 해서는 안 된다. 소송이 발생할 경우, 소송과 관련된 모든 정보는 관련 당사자 모두가 열람할 수 있다. 계약자를 대상으로 비속어 등 부적절한 용어를 사용하여 작성한 내용은 판사와 배심원뿐만 아니라 방청객들로 가득 찬 법정에서 큰 소리로 읽힐 수 있음을 명심해야 한다.

일일 현장보고서는 발주자의 최종 보고서와 같이 주의를 기울여 작성해야 한다. 최종 보고서가 완성되기 전에 몇 가지 초안이 필요할 수 있다. 일일 현장보고서는 작업에 대한 대략적인 요약이 아니라 현장 관측사항을 정확하게 반영하는 신중한 문서이어야 한다.

11.3.3 파일 관리

파일 내용의 예로는 발주자에게 보낸 보고서 사본, 일일 현장보고서, 서신, 계산 결과, 주의사항 및 지도가 있다. 소송 중에 사건과 관련된 파일 정보는 모든 당사자에게 유용하게 활용된다.

일부 엔지니어는 사소하거나 불필요한 문서들도 모두 저장해야 한다고 믿고 있으나, 비밀스럽고, 개인적이거나 관련 없는 자료가 파일에서 발견된다면 문제가 발생할 수 있다. 이와는 반대로 발주자에게 제공된 보고서를 제외하고는 첨부된 문서 파일이 하나도 없는 경우도 있다. 필수적으로 활용될 수 있는 중요한 사진이나 시험 데이터가 폐기되었을 경우, 방어를 위한 문제가 발생할 수 있다. 상기의 두 가지 극단적인 사항은 모두 바람직하지 않다.

파일은 비밀자료, 서신, 시험자료, 사진, 분석 결과, 보고서 및 지도와 같이 별도의 칸에 나누어 분류되어야 한다. 각각의 개별 칸에서 부적합한 자료를 면밀하게 조사할 수 있다. 폐기해야 하는 항목으로는 보고서 및 서신의 초안, 개인적인 문서, 대략적인 주의사항 또는 계산 결과(그러나 최종본은 보관), 부적절하거나 관련 없는 자료가 포함된다. 프로젝트가 완료되면 프로젝트 관리자는 파일을 검토하고 기록 보관소에 보관을 위한 준비를 해야 한다.

11.3.4 자료 관리의 부실 예

지반공학 엔지니어가 제출한 파일 문서 때문에 피해가 발생한 두 가지 사례는 다음과 같다.

첫 번째 사례는 피고 중 한 사람인 지반공학 엔지니어의 파일에서 카툰(cartoon)이 발견되었다. 이 카툰의 제목은 "크립벽체(cribwall)의 서쪽 모서리"였으며 주택과 크립벽체 비탈면을 포함한 뒷마당 전체에 대한 단면을 묘사하였다. 뒷마당을 내다 보며 "뒤뜰을 잃지 않았으면 좋겠어!"라고 말하는 사람이 그려져 있었다. 카툰은 배심원에게 이 피고가 크립벽체 비탈면의 붕괴 상태에 대해서 무관심하다는 것을 보여주고 있다. 배심원은 비탈면 안정해석이나 비탈면 안전율과 같은 복잡한 내용은 이해할 수 없지만, 카툰은 엔지니어의 무관심에 대한 증거로서 간주될 수 있다. 파일은 프로젝트가 완료된 후 철저하게 검토되었어야 하며 카툰은 폐기되었어야 했다.

두 번째 사례는 수많은 성토 비탈면들이 있는 대규모 주택개발과 관련된 것이다. 성토사면의 표층부가 불안정해지고 비탈면에 변형이 발생하였으며, 주택 한 채에 대한 철거가 요구되었다. 소송이 진행되는 동안 공사 중 지반공학 엔지니어가 작성한 일일 현장보고서가 파일에서 발견되었다.

> [발주자]는 여전히 비탈면 공사에 사용되는 재료가 계획에 표시된 내용과 다르다는 사실에 대해 우려를 나타내고 있었으나, 비탈면에 사용되는 재료는 적합하고 충분한 강도를 가지므로 깊은 심도의 비탈면 파괴가 발생하지 않는다는 의견을 작성하여 마침내 발주자에게 확신을 심어 주었다. 당시 엔지니어가 작성한 보고서가 발주자를 만족시킨 것 같다. [시 조사관]은 여전히 재료에 대해 매우 염려하는 듯 보였고, 비탈면이 시공되는 동안 심각한 잘못이 없었다고 확신할 수 없었다.

일일 현장보고서는 비탈면이 승인된 계획대로 시공되지 않았다는 사실을 솔직하게 인정한 것이다. 이와 같이 자기에게 불리하게 기술된 보고서는 기술자의 책임을 증가시킬 수 있다. 아마도 더 좋은 접근 방식은 계획에 따라 시공되지 않는 구간에 대한 원인과 한계 및 대책공법을 설명하여 현장조건을 정확하게 기술하는 것이다.

11.4 공학 용어, 최상급 표현 및 전문 용어

대부분 전문가와 같이 지반공학 및 기초 엔지니어들도 특별한 의미가 있는 단어나 문장을 사용한다. 이러한 공학 용어는 문제를 일으킬 수 있다. 예를 들어, 일부 단어는 법적인 영향을 미칠 수 있으며 비전문가들이 잘못 이해할 수 있다. 이로 인해 지반공학 엔지니어의 책임이 증가할 수 있다.

변호사들은 보고서가 그 자체를 대변한다고 말한다. 프로젝트가 완료된 후, 몇 년이 지나면 공식 기록은 서면 보고서가 된다. 보고서에 사용되는 용어들은 자세히 검토되고 해석되어야 한다. 보고서는 명확하고 간결해야 하며 단어와 문장을 신중하게 선택하여 모호함을 피해야 한다. 예를 들어, 검사(inspect)와 관찰(observe)이라는 두 단어는 작성자에게 정확히 같은 의미를 줄 수 있지만, 법정에서는 상당히 다른 의미가 있을 수 있다. 다음 절에서는 엔지니어의 법적 책임을 증가시킬 수 있는 단어를 사용하지 않는 방법에 관해 기술하였다.

11.4.1 공학 용어

인증, 보증, 확신 또는 보장

인증 보고서는 엔지니어링 실무에서 일반적이다. 한 가지 예로, 성토 시 다짐에 대한 인증 보고서이다. 일반적인 보고서 제목과 내용은 다음과 같다.

제목: 성토 다짐공사 인증 보고서

내용: 이 보고서는 첨부된 등급 기준에 따라 현장에 포설된 성토재의 다짐 정도를 인증하기 위하여 작성되었다.

시공 시 성토에 대하여 인증되었으므로, 성토에 대한 문제로 피해가 발생하면 지반공학 엔지니어가 소송을 당할 가능성이 크다. 인증(certification), 보증(guarantee), 확신(ensure) 및 보장(warrant)이라는 단어가 지반공학 엔지니어의 책임을 증가시키는 법적 정의를 가질 수 있기 때문이다. 예를 들어, Narver(1993)는 다음과 같이 기술하였다.

많은 주에서 인증과 보장은 동의어이다. 프로젝트가 승인된 계획과 기준에 따라 건설되었다고 인증되면 시공자는 모든 기준에 맞게 시공한 것을 보장할 수 있다. 다음에 시공자가 100% 이하로 기준을 준수한 것으로 밝혀지면 당신이 인증하였거나 보장한 작업에 대한 책임을 져야 할 수 있다.

성토에 대한 인증 대신에 보고서 제목과 내용을 다음과 같이 나타낼 수 있다.

제목: 성토 다짐공사 관찰 보고서
내용: 이 보고서는 현장에서 성토재를 부설하여 다짐하는 동안 성토 다짐시험 및 관찰 결과를 나타낸 것이다.

인증, 보증, 확신 및 보장과 관련된 잠재적인 책임 증가로 인해 지반공학 엔지니어는 이러한 단어의 사용을 피해야 한다.

통제, 검사, 감독

엔지니어의 주요 책임은 신입 엔지니어, 건축업자 및 시공자의 작업을 점검하는 것이다. 실제로, 건설 엔지니어로서 등록은 훈련 중인 엔지니어가 책임을 맡지 않으면 할 수 없다. 이로 인해 교육 중인 엔지니어가 책임에 대한 요구사항을 준수하기 위해 보고서에서 검사(inspect) 또는 감독(supervise)과 같은 용어를 사용할 수 있다. 그러나 이들 단어는 법적 의미가 있다. Narver(1993)는 다음과 같이 기술하였다.

> '관찰(observe)'은 '주의하여 인지하다', '주의 깊게 살핀다'를 의미한다. 대조적으로, 법원에서 '검사(inspection)'는 훨씬 더 넓은 의미가 있는 것으로 정의됐다. 미주리주 법원에서 '검사'라는 용어는 '주의 깊게 또는 냉철하게 검토하고 공식적으로 조사하고 시험하는 것'을 의미한다고 하였다. 펜실베니아주 법원은 한 단계 더 나아가 '검사'와 '감독' 업무 사이에는 큰 차이가 없음을 확인하였다. 이 정의의 의미는 프로젝트를 검사하는 설계 전문가에게 감독자의 책임을 부여하기 때문에 중요하다. 결과적으로, '검사 용역' 수행에 동의하거나 시공 관측과 함께 '검사'라는 용어를 사용함

으로써, 설계 전문가는 계획 및 현장 안전규정 준수와 관련된 문제에 대하여 소유자, 시공자, 근로자 및 정부로부터 추가적인 소송을 받을 수 있다.

지반공학 및 기초 엔지니어는 작업의 각 단계를 주의 깊게 또는 냉철하게 조사하지 않는 한 통제(control), 검사 및 감독에 대한 용어 사용을 피해야 한다. 이에 대한 대안으로 관찰, 점검, 연구, 주시(look over) 및 실험 수행과 같은 단어가 있다.

11.4.2 최상급 표현

Warriner(1957)에 의하면 '비교(comparison)'는 수정된 단어의 특성을 비교하는 경우에 형용사와 부사의 형태로 변화된다. 비교에는 원급, 비교급 및 최상급의 3가지 등급이 있다. 표 11.1에는 비교의 몇 가지 예를 나열하였다.

표 11.1 비교의 정도

원급	비교급	최상급
Good(좋은)	Better(더 좋은)	Best(가장 좋은)
Long(긴)	Longer(더 긴)	Longest(가장 긴)
Many, Much(많은)	More(더 많은)	Most(가장 많은)

일반적으로 사용되는 최상급 표현(superlatives)은 must, always(또는 all), never 및 none이다. 엔지니어들은 교육과 훈련을 통해 그들의 업무를 정확하게 수행하도록 배웠기 때문에 일상적인 서신에서 최상급을 사용한다.

작성자가 경험한 예로서 팽창성 지반위에 주택을 건설하는 내용이 포함되어 있다. 시공을 포함한 지반공학 설계사의 최종 다짐 보고서에는 다음과 같이 기술되어 있었다.

> 덧씌우기 작업(capping)부지에 추가공사로, 절토/성토 경계부에서는 절토구간을 최소 92cm를 제거한 후, 성토 다짐으로 치환하여 모든 부지가 완전한 절토부지가 되거나 성토부지가 되도록 하였다.

팽창성 지반과 관련하여, 지반공학 설계사에서는 모든 부지에 대한 잠재적 팽창력이 '매우 낮음' 또는 '낮음'이라고 제시하였다. 제시된 두 가지 표현에 대해 지반공학 설계사에서는 '모두', '적어도', '완전히'와 같은 최상급 표현을 사용하였다.

공사 후 얼마 안 되어 주택에 균열이 생기기 시작하였다. 같은 지반공학 설계사가 주택의 손상 정도를 조사한 후, 다음과 같이 보고서를 작성하였다.

> 우리의 의견은 조밀하게 다짐 되지 않은 성토층에서의 미소 침하 발생, 건물 완충재(pad)의 주변 구간에 높은 등급의 팽창성 지반 존재, 완전히 제거되지 않은 굴착 구간의 성토층과 원지반층에서 부등침하 등이 복합적으로 작용하여 피해가 발생했을 가능성이 크다.

지반공학 설계사는 솔직하였다. 부지의 굴착구간이 완전히 제거되지 않았으며 건물 완충재 구간에서 높은 등급의 팽창성 지반이 존재한다는 것을 인정하였다. 최종 다짐 보고서에서 사용하는 최상급 표현은 지반공학 설계사의 법적인 책임에 영향을 주었다. 최상급 표현을 사용하는 대신에 지반공학 설계사는 등급화에 대한 관찰 결과를 토대로 부지를 절토 또는 성토구간으로 등급화하여 구분했어야 했다.

11.4.3 전문 용어

지반공학 및 기초공학 전문분야에는 제한적이거나 비정상적인 의미가 있는 수많은 전문 용어가 있다. Sweet(1970)는 법정에서 전문 용어는 다른 의미로 명확하게 사용되지 않는 한 그들과 관련된 전문분야나 사업에 종사하는 사람들에 의해 일반적으로 이해하는 대로 해석이 될 것이라고 하였다. 그러나 전문 용어의 정확한 의미에 대한 견해 차이가 있을 수 있다. 극한적(critically)으로 팽창성이고 붕괴성인 흙과 같은 단어는 특정 지반정수에 의해 정의될 수 있으나, 배심원은 결론을 내리기 위하여 '극한적'으로나 '붕괴성'과 같은 단어에 집중한다. 배심원들에게 뭔가 나쁘게 들리면(극한적이거나 붕괴성인), 그들은 그것이 가장 나쁘다고 생각한다. 이러한 전문 용어는 명확하게 정의하거나 사용을 회피하여 나쁜 인상이 형성되지 않도록 해야 한다.

11.5 민사상 책임 회피 전략

많은 엔지니어는 완벽한 작업을 수행하거나 관리기준을 준수하면 민사상 책임이 면책될 것이라고 믿는다. 불행히도 프로젝트에서 문제가 발생하면 모든 엔지니어가 책임 여부와 관계없이 소송에서 지명될 수 있다. 미국에서는 고객을 위해 최대한 많은 배상 비용을 받아내기 위해 피해가 발생한 프로젝트와 관련된 모든 사람에게 소송을 제기하는 변호사가 있다(Meehan 등, 1993).

오늘날 활동 중인 엔지니어는 소송에 대한 두려움 없이 용역을 수행할 수 없다. 상당한 재정적 손실을 초래할 수 있는 소송은 모든 엔지니어에게 악몽이다. 엔지니어는 면책이 입증되더라도 자원의 낭비와 진술 및 재판으로 인한 스트레스로 심신이 쇠약해진다(Day, 1992e).

문서화가 잘된 사례 중 하나는 코네티컷주 브리지포트(Bridgeport)에서 공사 중 28명의 근로자가 사망한 L'Ambiance Plaza 붕괴사고 사례이다. Fairweather(1992)는 L'Ambiance Plaza의 기록 엔지니어였던 O'Kon사의 James O'Kon을 상대로 붕괴로 인한 개인적 영향을 검토하였다. James O'Kon은 자신의 경험을 다음과 같이 서술하였다.

> 제가 소속된 회사를 상대로 소송이나 클레임이 제기되지 않았다. 시공자는 살아남지 못했고 개발자도 살아남지 못했다. O'Kon & Co.만이 살아남았다. 나는 언론에 의해 유죄 선고를 받았고, 살인 혐의로 조사를 받았으며, 나의 전문 자격증은 거의 취소될 정도였다. 또한 연방 판사로부터 더 이상 사업을 못할 수 있다는 위협을 받았다.

개인의 잠재적인 책임을 제한하는 방법이 있다. 다음 설명은 주로 중소기업에서 컨설팅 서비스를 제공하는 지반공학 및 기초 엔지니어의 실무에 중점을 두었다.

11.5.1 리스크 평가

오랫동안 특정 지역에서 활동해온 엔지니어는 리스크가 작은 컨설팅 용역을 추진할 수 있다. 예를 들어, 엔지니어는 소송을 제기하지 않고, 문제에 대한 해결책을 협상하는 절차를 포함한 컨설팅 용역을 지역 또는 지방 정부에 제공할 수 있다. 리스크가 작은 활동의 다른 예로는 개인적인 관계에 의해 만들어진 장기 고객을 위한 컨설팅 작업이 있다. 그러한 관계를 통해 법정에서 소송을 통하지 않고 문제를 해결할 수 있다. 문제가 발생했을 때 소송을 피하는 가장 좋은 방법은 고객과 협력하여 해결하는 것이다.

Byer(1992)는 발주자(client)를 저예산 투자자, 고예산 투자자, 재건축업자, 대규모 건축업자 및 전문 건축업자로 정의하였다. 그는 이러한 고객들에 대한 작업의 리스크를 평가하고 프로젝트별 고객의 유형이 프로젝트에 대한 책임에 영향을 미칠 수 있다는 결론을 내렸다. 그는 투자자는 절차를 무시하는 경향이 있으므로 리스크가 높은 고객이지만, 전문 건축업자는 일반적으로 품질 작업을 강조하므로 실패 또는 문제에 대한 낮은 리스크를 가지고 있다고 하였다.

고객 유형 이외에도 프로젝트의 유형이 책임에 대한 영향을 미칠 수 있다. 매우 높은 잠재적 책임의 위험을 가진 일부 프로젝트 유형은 다음과 같다.

1. **독성 폐기물.** 모든 독성 폐기물을 찾아서 처리하지 못할 가능성은 항상 존재한다.
2. **콘도미니엄 단지.** 특히 캘리포니아에서는 이와 같은 개발을 위해 지반공학 또는 기초설계 엔지니어링 용역을 수행하는 것이 매우 위험하다. 왜냐하면, 손상이 발생하면 개발자가 과실과 관계없이 해당 손상에 대해 엄격하게 책임을 물을 수 있기 때문이다. 개발자가 고소를 당하면 설계 엔지니어에 대한 교차피고 사이에 소송이 불가피해진다.
3. **트렌치 굴착.** 다른 공사작업보다 트렌치 굴착으로 인한 부상자나 사망자가 많이 있다. 종종, 트렌치는 긴 노선으로 굴착되고 다양한 토층과 지하수 조건에 직면하므로 지지구조에 대한 설계 또는 관찰이 어렵다.

11.5.2 보험

잠재적 책임을 처리하는 한 가지 방법은 전문인배상 책임보험(E & O)에 가입하는 것이다. 소송이 제기되면 이 사건은 보험사로 넘겨질 수 있다. 공제금액이 소진된 이후에는 보험회사가 변호사 비용을 지급하고, 법적 변호를 제공하며, 정책에 대한 제한사항까지 판단한다. 그러나 특히, 지반 및 기초공학과 같은 리스크가 높은 활동의 경우에는 보험료가 매우 고가일 수 있다. 개인이나 회사가 소송을 당하면 보험료율이 크게 올라갈 수도 있다. 일부 엔지니어는 보험이 있으면 소송이 발생한다고 생각한다. 예를 들어, 개발자는 실제로 전문적 능력보다는 엔지니어링 컨설턴트 보험증서의 적절성에 더 관심이 있다고 말한다. 그는 “내가 원하는 것은 당신[엔지니어]의 보험증서이다.”(Meehan 등, 1993)라고 언급하였다.

피고가 보험에 가입하지 않은 경우, Patton(1992)은 다음과 같이 기술하였다.

제시된 보상비용이 원고와 피고 양측 모두에게 합리적인지는 피고 법인의 재무상태와 보험증권의 한도로 판단되기 때문에, 피고 법인은 지급능력을 적게 유지하고 보험에 가입하지 않는 방안을 선택할 수 있다. 원고의 손해액이 크고 피고의 책임이 명확한 경우에도, 지급능력이 적고 보험에 가입하지 않은 피고 법인이 실제 보상비용보다 훨씬 적은 합의금으로 배상하는 것이 종종 합리적인 것으로 해석되곤 한다. 이 경우 상대적으로 적은 합의금을 도출하기 위해서 보험에 가입하지 않은 피고 측의 숙련된 협상력이 필요하다.

11.5.3 책임 제한 조항

소송을 피하기 위한 또 다른 전략은 책임 제한 조항이다. 이는 컨설팅 엔지니어와 발주자사이의 계약 세부사항에 포함된다. 책임 제한 조항에 대한 예는 다음과 같다.

책임의 제한: 이 계약에는 다음과 같은 책임 제한 조항(Limitation of liability clauses)이 포함되어 있다. 본 계약 또는 이에 따른 컨설턴트의 수행으로 인해 법적 절차 또는 기타 조치가 발생하는 경우, 어떠한 형태의 조치가 있든지 간에 컨설턴트가 프로젝트에 대해 징수하는 전문 수수료의 1.4배로 제한된다.

책임 제한 조항에 대한 일부 문제는 다음과 같다.

1. 책임 제한 조항은 판단에 근거하지 않을 수 있다. 판례법은 지속해서 진화되고, 판사 또는 상고법원에 의해서 책임 제한 조항이 무효로 판결될 수 있다.
2. 발주자는 책임 제한 조항이 있는 계약서에 서명하지 않을 수 있다. 이런 경우 작업에 대한 증가한 위험을 수용할지 아니면 거부할지 선택해야 한다.
3. 계약 당사자가 아닌 부상당한 행인과 같은 제3자에 의한 소송 가능성이 항상 존재한다.

요약하면, 지반공학 및 기초 엔지니어는 소송에 대한 두려움 없이 용역을 수행할 수 없다. 민사상 책임을 회피하기 위해서는 임무를 수락하기 전에 리스크를 평가하고 전문인 배상책임보험(E & O)에 가입하고, 계약에서의 책임 제한 조항을 활용하는 것이다.

부록

Appendix

부록 A 건설산업 분쟁 해결을 위한 전문가의 설계 전문영역 추천 실무

머리말

현대 미국의 법원에서 전문가는 매우 중요한 역할을 한다. 전문가는 복잡한 기술적 문제를 검토하고 평가하며, 조사를 통해 알게 된 사실과 의견을 설명하여 비전문가인 배심원들이 법정 판결을 할 수 있도록 조언한다.

피고 측에서 고용된 전문가는 원고 측 전문가의 의견에 동의하지 않을 수 있다. 모든 경우에 있어 양자 간의 의견 불일치는 전문적인 판단의 차이에서만 나타나야 한다.

이러한 권고 사항은 상호 대립적인 대부분의 분쟁 해결 절차에서 사실로 입증된 전문가 의견을 편견 없이 제공하는 데 도움이 될 것이라는 믿음에서 개발되었다. 이러한 권고 사항을 승인하는 조직에서는 개인이 이 권고 사항을 따를 것을 요구하지는 않는다.

권고사항

전문가의 의무는 전문적인 방법으로 업무를 수행하고 편견 없이 봉사하는 것이다. 이러한 목적을 위해서 지구과학 엔지니어링 및 실무자협회(ASFE)에서 제시하는 내용은 다음과 같다.

1. 전문가는 이해 상충과 이해 상충의 원인이 되는 일을 회피해야 한다.

주석: 전문가의 객관성과 무관하게, 전문가가 의도적으로 또는 무의식적으로 전문가의 서비스나 의견을 편향시킬 수 있는 다른 당사자와 관계가 있거나 관계를 맺었다는 사실이 확인되면 전문가의 의견은 무시될 수 있다. 이러한 상황을 피하기 위해, 전문가들은 그 문제와

관련된 조직과 개인을 식별하고, 해당 문제와 관련된 조직 또는 개인과 관계를 맺었거나, 관계를 맺은 적이 있는지 확인해야 한다. 전문가들은 그들의 관계를 고객과 고객의 변호사에게 공개하여 그들의 관계가 이해 상충을 일으키는 것으로 해석될 수 있는지를 결정할 수 있도록 해야 한다.

2. 전문가는 자격을 갖춘 경우에만 업무를 수행해야 하며 전문가의 전문영역을 벗어난 문제에 대해서는 그 문제에 대해 자격을 갖춘 다른 전문가에게 도움을 요청해야 한다.

주석: 전문가는 자신의 한계를 알아야 하며, 자신이 가지고 있지 않은 전문성이나 경험이 필요할 때에는 자격 있는 전문가의 지원이 필요하다고 보고해야 한다. 이 경우, 필요한 전문지식을 보유한 다른 전문가와 함께 작업하는 것이 적절하다. 전문가가 자신의 전문영역을 초과하는 업무에 대하여 다른 전문가의 참여 요청이 거부되고 해당 사건을 계속해서 담당하도록 요청받는 경우, 전문가는 자신이 업무 범위를 정해야 하며, 그렇지 않으면 전문가는 계약을 종료해야 한다.

3. 전문가는 소송과 관련한 원칙에 관하여 다른 전문가의 의견을 고려해야 한다.

주석: 전문가는 의견을 작성할 때, 해당 분야의 관련 문헌과 다른 전문가의 의견이 있는 경우, 이를 고려해야 한다. 다른 전문가의 의견에 동의하지 않는 경우, 의견의 차이점과 특정 의견이 우선해야 하는 이유를 배심원들에게 설명할 준비가 되어 있어야 한다.

4. 전문가는 가설에 대한 의존을 최소화하기 위해 해당 사건과 관련하여 활용 가능한 정보를 얻어야 하며, 배심원들에게 가설을 설명할 수 있도록 준비가 되어 있어야 한다.

주석: 전문가는 해당 사건에 적용될 수 있는 제한사항을 표시하는 입찰 및 계약서와 같은 문서를 검토해야 한다. 기타 중요한 정보에는 분쟁 사항에 영향을 미치는 코드, 표준 및 규정, 조사 절차를 통해 얻은 정보가 포함될 수 있다. 직무와 관련이 있는 경우, 전문가는 관련 사건 현장을 방문하여 증인으로부터 얻은 정보를 고려해야 한다. 전문가가 가정에 의존할 때마다 각 가정을 구분하고 평가해야 한다. 전문가는 가정을 배제하기 위해 다른 가정이 선택된다면 선택의 근거를 설명할 수 있어야 한다.

5. 전문가는 원인과 결과에 대한 합리적인 설명을 평가해야 한다.

주석: 전문가는 필요한 경우에 사건의 원인과 결과에 대한 다양한 설명을 연구하고 평가해야 한다. 전문가는 의견이 다른 사람들이 제기한 논쟁을 입증하기 위한 조사를 제한해서는 안 된다.

6. 전문가는 전문가 업무로 수행되는 시험과 조사의 신뢰성을 보장하기 위해 노력해야 한다.

주석: 전문가는 개인적으로 시험과 조사를 하거나 자신이 수행한 작업과 관련하여 전문가 또는 사실적 증인 역할을 할 수 있는 자격을 갖춘 사람을 통해 시험과 조사를 시행하도록 지시해야 한다.

7. 전문가는 합리적인 조사에 근거하여 사건이 발생한 시기에 주로 사용되는 기준에 대한 지식만을 활용하여 전문적인 관리기준에 대해 입증해야 한다.

주석: 설계 전문가가 과실로 고발된 경우, 배심원은 해당 전문가가 해당 기준을 위반했는지를 판단해야 한다. 사건 발생 시점의 지배적인 기준 결정은 해당 시점에 같거나 유사한 서비스를 수행한 다른 전문가의 보고서, 기록 또는 검토 의견과 같은 조사를 통해 이루어진다. 전문가 증인은 자신의 주관을 배제하고 객관적으로 관리기준을 구분해야 하며, 현재 기준을 과거 사건에 적용해서는 안 된다.

8. 전문가는 문제를 단순화하거나 명확하게 설명할 수 있는 도구나 프레젠테이션만을 사용한다.

주석: 전문가를 증인으로 요청한 변호사는 증언에서 사용되기 전에 사례나 프레젠테이션을 검토하고 승인하기를 원할 것이다. 전문가에 의해 또는 전문가를 위해 개발된 모든 설명 도구나 프리젠테이션은 편견 없이 관련 원칙을 입증해야 한다.

9. 전문가는 전문가의 관리에 맡겨진 모든 자료에 대한 관리 및 통제권을 유지해야 한다.

주석: 분쟁 해결 절차에서 증거가 허용되기 위해서는 증거의 보존과 보관 및 관리에 대한 문서화가 필요할 수 있다. 경우에 따라, 환경적으로 관리되는 보관장소의 제공이 포함될 수 있다.

10. 전문가는 직무에 대한 기밀원칙을 준수해야 한다.

주석: 전문가, 의뢰인 또는 의뢰인 변호인 간에 논의되는 모든 문제는 특권 및 기밀로 간주되어야 한다. 이러한 논의 내용은 전문가를 고용한 당사자의 동의가 있는 경우를 제외하고는 임의로 다른 당사자에게 공개해서는 안 된다.

11. 전문가는 전문가의 판단을 절충하기 위해 수수료를 사용하는 경우, 업무 참여를 거부하거나 계약을 종료해야 한다.

주석: 사건의 객관성과 정확성을 확보하고 기술적인 문제 해결에 도움을 받고자 전문가를 고용한다. 전문가는 자신의 객관성이나 청렴성을훼손한 대가를 받을 것을 알았거나 인지한 경우에는 계약을 거부하거나 종료해야 한다.

12. 전문가는 전문가가 합리적인 수준의 확실성을 가지고 의견을 제시하는 데 필요하다고 판단되는 조사를 수행할 수 없는 경우, 업무 참여를 거부하거나 종료해야 한다.

주석: 전문가는 의뢰인 또는 의뢰인의 변호인에게 합리적인 수준의 확신을 가지고 의견을 도출하는 데 필요한 조사의 범위와 성격 및 시간, 예산 또는 기타 제한사항이 미칠 수 있는 영향에 대해 알릴 책임이 있다.
전문가들은 제한사항으로 인해 합리적인 수준의 확신을 가지고 증언할 수 없는 경우,업무 참여를 수락하거나 계속해서는 안 된다.

13. 전문가는 전문적인 태도를 유지하고 항상 냉철함을 잃지 않도록 노력해야 한다.

주석: 사건소송과 관련하여 상대방과 경쟁이 될지라도 심문을 하거나 대면조사를 하는 경우에 전문가 자신을 위한 행동은 배제되어야 한다. 특히, 증언을 하거나 반대 심문을 할 때, 전문가 증인들은 자신과 다른 당사자 사이의 소송인 것처럼 행동하지 않아야 한다.

관련 단체(Endorsing Organizations)

*1993년 7월 1일 기준

ASFE/Professional Firms Practicing in the Geosciences, February 15, 1988

American Academy of Environmental Engineers, March 15, 1988

American Association of Cost Engineers, July 9, 1988

American Association of Engineering Societies, December 7, 1989

American Congress on Surveying and Mapping, January 24, 1989

American Consulting Engineering Council, January 18, 1988

American Council of Independent Laboratories, April 8, 1988

The American Institute of Architects, March 14, 1988

American Institute of Certified Planners, April 25, 1987

American Institute of Professional Geologists, January 25, 1992

American Nuclear Society, November 2, 1988

American Public Works Association, April 4, 1989

American Society of Agricultural Engineers, October 20, 1988

American Society of Certified Engineering Technicians, January 21, 1989

American Society of Civil Engineers, October 23, 1988

American Society of Consulting Planners, April 30, 1988

American Society of Landscape Architects, August 15, 1987

American Society of Mechanical Engineers, March 15, 1990

American Society of Safety Engineers, June 1, 1988

American Tort Reform Association, September 26, 1989

Association of Energy Engineers, November 4, 1988

Association of Engineering Geologists, April 23, 1988

California Geotechnical Engineers Association, June 23, 1988

Illuminating Engineering Society of North America, June 7, 1988

International Federation of Consulting Engineers, February 10, 1990

Interprofessional Council on Environmental Design, March 17, 1988

National Academy of Forensic Engineers, January 26, 1988

National Society of Professional Engineers, January 21, 1988

Structural Engineers Association of Illinois, December 6, 1988

Washington Area Council of Engineering Laboratories, June 23, 1988

사건관리명령서

다음은 1심 법원 판사가 발행한 사건관리명령서(공개 문서)이다. 민사 소송과 관련된 프로젝트에 대한 판사의 명령과 사건/사례 관리를 제공한다.

* 사건관리명령서의 원본을 제공한 Flick, Jaroszek, Roth와 Kennedy의 법률 회사의 Billie Jaroszek 변호사님께 감사드립니다.

캘리포니아주 샌디에이고 카운티의

1심 법원

John Doe 등 | 사건번호. 00000000

원고들 | [제안된] 사건관리명령서

Vs

JANE DOE 등

피고들

관련 교차소송

본 법원은 이 사건을 검토하면서 앞서 명시된 청구원인을 관리할 목적으로 원고의 주장과 구두 진술을 청취했으며 앞서 명시한 청구원인과 향후 병합하는 모든 청구원인에 대한 사건관리를 위해 다음과 같이 명령한다.

1. **새로운 당사자(New Parties).** 새로운 당사자들을 추가하기 위한 마감일은 1997년 10월 1일이며, 이후 법원의 허가 없이 새로운 당사자를 추가할 수 없다.

2. **1997년 10월 1일 이후 참가하는 당사자.** 1997년 10월 이후, 모든 당사자는 당사자와 그 변호사를 식별하는 "출석 통지서"를 제공한다. 또한 해당 당사자는 본 주문서와 일치하는 사본을 송달할 때 각 해당 항 또는 각호에 명시된 기한을 준수해야 한다. 이 명령이 실행된 후 새로운 당사자에 대한 소환 및 소송 또는 교차 민원을 제기하는 당사자는 원고의 운영상의 불만 사항인 본 명령서의 사본을 받아야 하며, 소환과 함께 새로운 당사자에 대한 후속 사건관리명령서를 제출해야 한다.

3. **당사자 간의 소송(Cross-Complaints).** 당사자들에 대해 공정한 배상/기부/구제 조치를 하고자 하는 모든 당사자는 출석 후 60일 이내에 공식적인 당사자 간 소송 사항을 제기하고 송달해야 한다. 당사자가 처음 출석한 지 60일 후에 법정의 허가를 받아야 한다. 공평한 배상/기부만을 추구하는 당사자 간 서면은 3쪽을 초과할 수 없다.

변호사는 사법위원회 서식 928.1(14)을 사용하도록 권장되지만, 필수사항은 아니다.

다른 책임 이론을 추가하거나, 새로운 청구원인을 주장하거나, 새로운 당사자를 추가하는 당사자 간의 소송은 이 명령서의 예외이며, 접수, 처리 및 응답하여야 한다. 새로운 당사자에게 제기된 모든 소송 또는 당사자 간의 소송은 법원의 모든 사전 명령서, 서비스 목록 사본과 최신 공사 결함 목록을 첨부해야 한다. 공식적인 출석 통지서를 제출해야 한다. 모든 적용 가능한 적극적 항변사유(affirmative defenses)를 포함한 답변은 문서로 간주한다.
민사소송법 제411.35조에 의해, 해당 조에 따라 소 제기 요건 증명서가 필요한 전문가에 대한 소송 또는 교차소송은 소송을 주장하는 각 당사자의 소 제기 요건 증명서를 첨부해야 한다. 민사소송법 제41조 1.35항에 따라 소 제기 요건 증명서가 필요한 모든 전문가에 대해 제기되는 모든 소송 또는 교차소송은 해당 전문가가 별도로 답변해야 하며, 모든 적극적인 방어가 해당 변론에서 정상적으로 제기되어야 한다.

4. 조정인 지정과 수수료. 민사소송법 제638조 및 제639조(c)에 따라 Honorable ____(Ret.), ______address________의 임명에 동의하여 이 사건의 해결 합의를 위한 조정인 역할을 수행하고 증거개시(discovery) 분쟁/논쟁(dispute)을 청취하고 법원에 권고한다. 당사자들은 민사소송법 제638조 및 639(c)항에 따라 해당 사건의 합의를 위한 조정인 역할을 수행하고 이에 대한 분쟁을 발견하여 법원에 권고할 명예로운 사람을 임명하는 데 동의한다. 특별 마스터는 조정 회의를 주재하며, 당사자의 변호사와 보험 대리인의 참석을 명령한다. 당사자 수의 제한(즉, 쌍방 간의 중재 또는 발견 분쟁)만을 수반하는 문제를 제외하고, 조정을 수행하는 특별 마스터의 수수료와 이 사건관리명령서 따른 모든 사항은 다음과 같이 배분된다. 1/3은 원고, 피고에게 배분된 1/3 중 일반 계약에 50%, 하청 업체에 50%를 배분, 나머지 모든 당사자에게 1/3을 배분한다.

5. 증거개시(Discovery). 당사자들 간의 공식적인 증거개시는 본 명령이 변경될 때까지 본 명령서에 명시된 것 이외의 다른 사항으로 남아 있다.

6. 비당사자 증거개시(Non-Party Discovery). 모든 당사자에게 적절한 통지를 하는 즉시, 비당사자 증거개시를 수행할 수 있으며, 아래 절차에 명시된 대로 그러한 증거개시 문서를 보관소에 보관해야 한다. 비당사자 증거개시에 이의를 제기하는 자는 보호명령을 받아야 하며, 그러한 증거개시의 서비스를 금지하는 정당한 사유를 설정할 책임이 있다.

7. 심문(Interrogatories). 피고/교차 피고는 1997년 10월 1일까지 또는 이 소송의 모든 당사자에게서 30일 이내에 첨부된 특별 심문서에 대한 답변을 제출해야 한다.

8. 업무기술서(Statement of Work). 피고 또는 교차 피고는 1997년 10월 1일까지 또는 본 명령일 이후 당사자가 출두한 날로부터 30일 이내에 해당 당사자가 수행한 작업을 자세히 기술한 작업 명세서(별첨 B 작성) 및/또는 해당 프로젝트에 대한 관련 진술서를 모든 당사자에게 제공해야 한다.

9. 문서 보관소(Document Depositories).

(a) **위치.** 모든 당사자는 1997년 10월 1일까지 또는 본 명령일 이후 당사자가 출석한 날로부터 30일 이내에 별첨 C 및 D에 기술된 모든 관련 비특권 문서를 기탁해야 한다. 보관소에 있는 모든 문서를 열람하고자 하는 당사자는 보관소 코디네이터에게 연락하여 예약해야 한다. 당사자는 요청 후 영업일 기준 2일 이내 또는 당사자와 보관소 코디네이터 사이에서 조정된 날짜에 보관소에 접근할 수 있다.

(b) **색인 및 준수(Index and Dompliance).** 보관문서에는 (1) 기탁/예치(deposited)된 "문서 색인"과 (2) 모든 당사자에게도 제공되는 "준수 통지서"를 첨부해야 하며, 여기에는 생성된 문서, 그들의 Bates-stamp 번호 및 생성 일자를 명확하고 의미 있게 기술해야 한다. 각 문서는 별첨 E에 지정된 번호와 코드 지정으로 연속적 Bates stamp가 찍혀 있어야 하며, 각 문서 상단에 이중 구멍을 뚫고 단단하게 고정하는 방식으로 제본되어야 한다. 별첨 E에 나열되지 않은 모든 당사자는 보관소 조정인(depository coordinator)에게 연락하여 Bates stamp 배정과 할당을 요청해야 한다. 공탁에는 (1) "문서 색인", 예치, (2) "준수 통지서"가 첨부되어야 하며, 이는 자주 생산되는 문서(S)와 식별번호(bates-stamp) 및 생산 일자를 명시하여 모든 당사자에게 제공될 것이다. 각 문서는 별첨 E에 지정된 번호와 코드 명칭으로 연속적으로 식별번호가 표기되어야 하며, 각 문서 상단에 두 개의 구멍을 뚫고 끈으로 단단하게 고정한다. 별첨 E에 나열되지 않은 모든 당사자는 코디네이터에게 연락하여 식별번호 할당을 요청해야 한다.

(c) **프리빌리지 로그/제출되지 않은 문서(Privilege Log/Non-Produced Documents).** 모든 문서를 소유, 보관 또는 통제하지 않는 당사자는 준수 통지에 따라 다음을 수행해야 한다. (1) 프리빌리지 로그를 작성하고, 동의가 강제될 정도로 특수하게 보류된 문서를 식별하며, (2) 공개에 대한 보호가 기반이 되는 특정 특권 또는 원칙을 포함하여 각 문서의 생성을 거부하는 근거를 명시한다.

문서를 제출하지 않는 경우, 문서를 대신하여 제출하지 않는 근거, 관련자 성명, 일자, 문서 주제 등을 정리하여 제출하기도 하는데, 이를 프리빌리지 로그라 한다.

(d) **대형 및 컬러문서(Oversized and Color Documents).** 당사자들은 대형 문서의 실물 크기 사본과 컬러사진 및 기타 컬러문서의 재인쇄본을 보관소에 보관해야 한다. 계획이나 도면은 최종본만 제출되어야 한다. 계획 또는 도면의 최종본을 제외한 나머지 문서는 문서 색

인에 포함되어야 하며, 10일 이내에 서면 통지를 통해 당사자가 검사 및 복사를 할 수 있도록 제공되어야 한다.

(e) **준수 요건(Requirement to Comply).** 모든 당사자는 최초 제출 이후 발견된 모든 비특권 문서를 보관할 의무가 있다.

(f) **전문가 문서(Expert Documents).** 모든 당사자는 별표 E에 명시된 지정된 접두사를 사용하고 당사자의 문서를 제출하기 위해 동일한 절차에 따라 생성된 보고서를 포함하여 전문가 파일을 보관소에 보관해야 한다. 원고나 피고의 보정 권고를 제외하고, 모든 전문가 파일은 해당 전문가의 증언이 시작되기 5영업일 전에 보관소에 보관해야 한다. 사진은 예치할 필요가 없지만, 예치일로부터 5영업일 전에 예치 및 복사를 위해 사용 가능해야 한다.

(g) **원본 유지 관리(Maintenance of Originals).** 모든 당사자는 원본 문서를 보유하는 데 동의하고 사본만 보관소에 보관한다. 당사자가 원본 문서를 보고자 하는 경우, 변호사에게 통지한 후 가능하다.

(h) **계획(Plans).** 별첨 C 또는 D에 따라 예치된 모든 계획에는 수정사항이 포함되어야 한다. 각 당사자는 소유하고 있는 모든 계획의 원본, 청사진(Blueprint) 또는 책표지(Vellum)를 보관소에 보관해야 한다. 문서를 복사하고자 하는 모든 당사자는 해당 서비스를 준비하고 지불할 책임이 있는 당사자와 함께 보관소에서 요청한 문서를 복사하도록 자체적인 준비를 해야 한다.

(i) **규정 준수 비용(Cos of Compliance).** 본 조항을 준수하는 데 드는 비용은 문서를 기탁하는 당사자가 부담한다. 보관소의 유지 및 사용에 대한 수수료는 보관소의 관리인이 정한 바에 따른다. 수수료 제출 일정은 수탁자의 관리인이 서면으로 작성하여 모든 당사자에게 제공해야 한다.

본 명령을 준수하지 않은 문서를 예치한 당사자에게는 48시간 전에 부적합한 예치를 시정하라는 통지가 주어진다. 부적합한 예치를 준수 및/또는 시정하지 않으면 강제 신청의 근거가 되며, 위반당사자는 사유 및/또는 제재를 표시하라는 명령을 받을 수 있다.

10. 원고의 결함 목록(Plaintiffs's List of Defects)

(a) **예비목록(Preliminary List).** 1997년 10월 22일 이전에 원고는 모든 당사자에게 청구된 모든 결함/손상의 예비목록과 매트릭스를 예치하고 제공해야 한다. 원고의 목록은 필수적으로

기술되어야 하며, 각 하자를 기술한 내용의 위치를 제공해야 한다. 이러한 목록 및 손해 매트릭스는 후속 조항에 대한 편견이 없고, 증거에 영향을 미치지 않으며, 단지 정보 제공 목적으로만 작성된다.

(b) **최종 목록(Final List).** 원고는 모든 당사자에게 하자에 대한 최종요약서를 제공하고 늦어도 1998년 2월 1일까지 보관소에 예치해야 하며 다음 각호의 사항이 포함되어야 한다.

(1) 제기된 하자 특성에 대한 설명

(2) 제기된 설계 또는 제작 하자의 위치

(3) 제기된 하자의 원인에 대한 원고의 주장

(4) 제기된 하자에 대해 제안된 각 수리에 대한 설명

(5) 제기된 하자에 대한 설비원가(hard cost)와 소프트원가(soft cost)를 나타내는 보수 비용 견적

(6) 제기된 하자에 대해 현재까지 수행된 모든 수리에 대한 설명과 비용 또는 대안으로 보관소에 모든 수리 청구서, 견적 및 해당 수리와 관련된 견적서 제출에 대한 설명

(7) 현재까지 수행된 파괴시험에 대한 설명 또는 대안으로 모든 현장 노트, 사진, 도면, 오디오 및 시각적 녹음, 시험과 관련된 보고서를 보관소로 제출

> 컨설턴트 보고서의 첨부는 민사소송법 §§ 2018과 2034 등에 따라 부여된 권리 또는 특권의 포기를 의미하지는 않는다. 이 날짜 이후에 발견된 모든 하자는 법원에 의해서만 허용된다.
>
> 최종 하자 목록 작성에 따라 새로운 하자가 발견되는 경우, 원고들은 모든 피고에게 이후 발견된 하자에 대한 검사 또는 검사 기회를 주어야 한다. 이후에 발견된 모든 하자는 정당한 사유가 있는 경우, 법원에 신청하여 최종 하자 목록 및 최종 수리 견적서에 추가될 수도 있다.
>
> 원고의 보고서는 증거법 제1152조와 1152.5조에 따라 중재를 위해 준비된 문서로 보호된다.

(c) **최종 하자 목록 추가(Augmentation of Final Defect List).** 1998년 2월 1일 이후에 원고가 최종하자 목록을 추가하는 경우, 이를 수정하기 위한 공지된 동의서가 제출되어야 한다. 본 동의서는 최종 하자 목록에 포함되지 않았거나 이전 날짜에 합리적인 조사를 통해 발견

될 수 없었던 이유를 다루고 정당한 원인을 보여주기 위해 다음 사항을 다룬다.

(1) 재판일까지 통지된 동의(motion)의 근접성

(2) 원고에게 보완을 허용할 경우, 새로운 당사자가 포함되는지 여부

(3) 추가목록, 추가 파괴시험 또는 기타 조사를 필요로 하는지 여부

(4) 추가목록이 재판 일자를 연기할 가능성

(5) 추가목록으로 증거 제출(discovery) 또는 조사를 해야 하는 피고의 부담

(6) 추가목록으로 추가 전문가 지정이 필요한지 여부

추가목록이 허용되는 경우, 모든 당사자는 이러한 청구권의 하자/손상을 적시에 조사하고 검사할 기회를 제공해야 한다.

11. 원고 수리비용(Plaintiffs Cost to Repair)

(a) **예비목록.** 1997년 11월 5일 이전에 원고는 모든 당사자에게 예비 수리 견적을 예치하고 송달해야 한다. 원고의 추정치는 필수적으로 서술되어야 하며, 원고의 하자 목록에 있는 하자에 대해 제시된 수리안을 기술해야 한다. 이러한 수리 비용은 후속 조항과 증거에 영향을 미치지 않으며, 단지 정보 제공 목적을 위한 것이다.

(b) **최종 수리비용(Final Cost of Repair).** 하자 보수에 대한 최종 비용은 원고가 모든 당사자에게 지급해야 하며 늦어도 1998년 2월 1일까지는 공탁소에 기탁/예치해야 한다.

원고의 보수비용은 증거법 제1152조와 제1152.5조에 따라 조정을 위해 작성한 문서로서 보호되어야 한다.

12. 비침입 현장점검(Non-Intrusive Site Inspections). 피고와 교차 피고는 늦어도 1998년 9월 19일까지 별첨 G와 같이 해당 조사 영역을 확인하는 비침입 현장점검을 수행하도록 원고에게 요청해야 한다. 원고는 1997년 9월 26일까지 언급된 비침입 현장점검 일정을 모든 당사자에게 제공해야 한다. 비침입 현장점검은 1997년 10월 7일부터 1997년 10월 8일까지 실시된다.

13. 하자 발표/주변 당사자 조정(Presentation of Defects/Peripheral Party Mediation). 하자 발표는 증거법 제1152조에 의해 보호되지 않으며 1997년 12월 7일에 열릴 예정이다. 이때 원고는

컨설턴트/전문가에 의해 모든 하자와 하자의 모든 영역에 대한 발표를 제공한다. 발표는 오전 10시에 A 변호사의 법률 사무소에서 시작된다.

14. 수리(Repairs). 피고에게 48시간 전에 고지하지 않으면 중대한 수리를 할 수 없다. 비상 수리는 적절한 통지를 통해 수행할 수 있다.

15. 파괴시험(Destructive Testing).

(a) **원고 측**(By Plaintiffs). 원고는 자신이 수행하는 모든 파괴시험에 대해 5일 전에 통지한다. 모든 당사자는 원고의 파괴시험을 관찰할 수 있다. 그러나 원고의 시험 중 건설 자재를 샘플링하거나 이동/제거하기 위해 참여하는 당사자는 해당 시험 비용에 대한 비례 분담금을 부담해야 한다. 시험과 관련된 비용에 대한 모든 분쟁은 조정시 해결될 것이다. 원고들에 의해 시행되는 모든 시험은 1997년 12월 1일까지 완료되어야 한다.

(b) **피고 및 교차 피고**(By Defendants and Cross-Defendants).

(1) 모든 피고나 교차 피고 및 컨설턴트는 원고의 청구를 분석하고 평가하기 위한 시험 목적으로 해당 재산에 대한 합당한 접근 권한을 갖는다. 이러한 시험은 월요일에서 금요일 오전 9시에서 오후 4시 30분 사이에 실시하여야 한다. 원고 측 건축물(property)과 관련된 시험에 필요한 모든 협력을 얻기 위해 최선을 다해야 한다. 거주자 인터뷰는 허용되지 않는다. 원고는 피고나 교차 피고가 수행하는 모든 시험을 참관할 권리가 있다. 가능한 한 피고 측은 주민들의 불편을 피하기 위해 검사를 조정해야 한다.

(2) 피고나 교차 피고가 이전 시험의 7일 전에 사전 통지를 받았을 경우, 원고의 동의가 있는 경우를 제외하고는 이전에 다른 당사자가 시험한 장소를 재시험할 권리를 갖지 않는다. 어떤 경우에도 모든 당사자에게 48시간 전에 사전 통지 없이 파괴시험을 시행해서는 안 된다.

(3) 시험을 원하는 각 당사자는 1997년 11월 15일까지 제안된 시험의 범위와 성격을 명시한 신청서를 첨부된 양식(첨부 F)에 의거하여 원고와 피고에게 제출해야 한다. 그 후에 원고와 피고는 시험 날짜를 협의하고 정한다.

(4) 파괴시험을 위한 모든 교정은 해당 코드, 규정, 산업 표준과 관행에 따라 숙련된 방식으로 시행되어야 한다. 또한 시험 당사자는 파괴시험 동안이나 이전 상태로 복원될 때까지 악천후의 영향으로부터 해당 재산을 보호해야 한다. 모든 당사자는 모든 파괴 검사를 관찰할

권리가 있다. 그러나 건설 자재를 샘플링하거나 제거하는 파괴시험에 참여하는 당사자는 파괴시험을 시행하는 비용에 대한 비례 분담금을 부담해야 한다. 파괴시험과 관련된 혐의에 대한 모든 분쟁은 조정에서 해결될 것이다.

(5) 피고/교차 피고에 의한 파괴시험은 1997년 12월 1일부터 7일까지 실시해야 한다.

16. 조정. 원고 측과 피고 측 간의 초기 조정은 1998년 1월 15일부터 18까지 B의 사무실에서 경륜 있는 분들을 모시고 이루어진다. 중재는 모든 당사자에 대해 1998년 3월 1일에 예정되어 있다. 필요에 따라 추가 조정을 할 수 있다. 전결 권한을 가진 자(carriers/principals)가 조정에 참여해야 한다.

조정에 대한 지불은 원고가 1/3, 피고 사이에 50대 50으로 배분된 경우에는 피고가 1/3, 모든 당사자가 관련된 경우에는 교차 피고가 1/3, 두 당사자만 관련된 경우에는 원고와 피고가 1/2로 한다.

17. 원고의 합의 요구(Plaintiffs' Settlement Demand). 원고는 1998년 2월 10일 또는 그 이전에 주장된 하자에 대해 범주별로 분류된 피고에 대한 합의 요구를 이행해야 한다.

18. 피고의 합의 요구(Defendants' Settlement Demand). 피고는 1998년 2월 25일 이전에 교차 피고에 대한 하자 혐의의 성격에 따라 범주로 분류된 합의 요구서를 제출해야 한다.

19. 합의 제안(Settlement Offers). 원고는 소송 당사자가 서면으로 제안한 합의안을 수령한 날로부터 5일 이내에 피고에게 제출해야 한다. 원고는 수령 후 10일 이내에 제안된 합의안에 대한 답변을 서면으로 전송해야 한다.

20. 전문가 지정 교환(Exchange of Expert Designations). 최초의 전문가 교환은 1997년 11월 15일 또는 이 조치가 처음 등장한 후 30일 이내에 발생한다. 추가 전문가 교환은 1997년 12월 3일에 이루어질 수 있다.

21. 증언 회의와 협의(Deposition Meet and Confer). 원고와 피고는 모든 전문가의 증언 일정과

보충 협의(protocol)를 위한 회의 일정을 잡을 것이다. 이 회의는 1998년 2월 3일 이전에 열릴 예정이다. 증언은 1998년 3월 5일부터 1998년 4월 30일까지 진행될 것이다. 원고 및 당사자 PMK의 예탁은 시간과 장소에 관한 당사자들의 합의에 따라 언제든지 취소할 수 있다.

22. **신청/증거 제출 마감일(Motion/Discovery Cut-off Dates).** 신청의 마지막 날은 1998년 4월 17일이 될 것이다. 모든 증거 제출은 1998년 4월 17일까지 완료되어야 한다.

23. **처분 회의(Disposition Conference).** 처분 회의는 1998년 4월 23일로 정해졌다.

24. **재판(Trial).** 재판은 1998년 5월 8일로 지정되었다.

25. **제재(Sanctions).** 여기에 포함된 조항을 준수하지 않을 경우, 적절한 통지에 따라 제재를 받을 수 있다.

다음과 같이 명령한다.

날짜: ______________ ____________________

1심법원 판사

별첨 A _ 특별 심문

정의

"보험정책"이란 보험사가 이행할 수 있는 모든 계약을 말하며, 이 소송의 판결 또는 일부를 이행하기 위하여 지급한 대금을 배상하거나 변상하는 것을 말한다.

"손상"이라는 용어는 실제 또는 주장된 모든 약점, 결함, 흠, 불완전한 작업, 누수 또는 모든 형태의 물 침투를 유발하는 상태, 해당 계획 또는 사양과 적용 가능한 표준을 준수하지 않거나 실패를 나타내는 시공상태를 의미한다.

"손상"이란 물 침투를 일으키는 모든 형태의 공사나 또는 해당 계획이나 규격을 준수하지 못하거나 건설업에서 적용 가능한 표준을 준수하지 못함을 나타내는 공사 조건 또는 그 밖의 모든 실제 또는 의심되는 부실, 결함, 흠, 불완전한 공사를 말한다.

"주거"란 이 소송의 대상이 되는 단독 주택을 말한다.

질문서(INTERROGATIONS)

1. 법인인가? 그렇다면 다음을 명시하십시오.
   a. 현 정관에 명시된 명칭
   b. 지난 몇 년 동안 법인에서 사용한 모든 명칭과 각각 사용된 날짜
   c. 설립 날짜 및 장소
   d. 주요 사업장의 주소
   e. 캘리포니아에서 사업을 할 자격이 있는지 여부

2. 파트너십입니까? 그렇다면 다음을 명시하십시오.
   a. 현재의 파트너십 이름
   b. 지난 10년 동안 파트너십에서 사용한 모든 이름과 각각 사용된 날짜
   c. 귀하가 합당한 파트너인지 여부와 관할 구역의 법률에 따르는지 여부
   d. 각 일반 파트너의 이름과 주소
   e. 주요 사업장의 주소

3. 합작회사입니까? 그렇다면 다음을 명시하십시오.

   a. 현재의 합작회사명

   b. 지난 10년 동안 합작회사에서 사용한 모든 이름과 각각 사용된 날짜

   c. 각 합작 투자사의 이름과 주소

   d. 주요 사업장의 주소

4. 비법인입니까? 그렇다면 다음을 명시하십시오.

   a. 현재 비법인 이름

   b. 지난 10년 동안 비법인에서 사용한 모든 이름과 각각 사용된 날짜

   c. 주요 사업장의 주소

5. 지난 10년 동안 가상의 이름으로 사업을 했습니까? 그렇다면 각 가상의 이름에 대해 다음을 명시하십시오.

   a. 이름

   b. 각각 사용된 날짜

   c. 각 가상 이름을 등록한 주 및 카운티

   d. 주요 사업장의 주소

6. 지난 5년 동안 귀하의 사업체를 등록하거나 허가한 공공기관이 있습니까? 그렇다면 각 면허 또는 등록에 대해,

   a. 면허 또는 등록 식별

   b. 공공기관의 이름을 명시

   c. 발급 및 만료 날짜를 명시

7. 소장에서 주장된 행위 당시, 귀하가 어떤 방식으로든(예: 1차, 비례 또는 초과 책임 보장) 보험에 가입했거나 보장받을 수 있는 보험정책이 실제로 있었습니까? 주거지의 피해로 인해 발생한 조치? 그렇다면 각 보험에 대해 보장 종류를 명시하십시오. 보험정책 사본을 첨부하십시오.

8. 질문서에 대한 답변으로 열거된 각 정책에 대해 보험회사의 이름과 주소를 기재하시오.

9. 질문서에 대한 답변으로 열거된 각 정책에 대해 각 피보험자의 이름과 주소, 전화번호를 기재하시오.

10. 질문서에 대한 답변으로 열거된 각 정책에 대해 정책 번호를 기재하시오.

11. 질문서에 대한 답변으로 열거된 각 정책에 대해 정책에 포함된 각 유형의 적용 범위에 대한 제한의 성격을 설명하시오.

12. 질문서에 대한 답변으로 열거된 각 정책에 대해 귀하와 보험회사 사이에 권리 또는 논쟁이나 보험금 지급에 대한 논쟁이 있는지 여부를 기재하시오. 보험권리(rights letter)증의 사본을 첨부하시오.

13. 질문서에 대한 답변으로 열거된 각 정책에 대해 해당 정책에 따라 지급되었는지 여부를 명시하시오. 만약 그렇다면, 각 지급 금액과 정책을 기재하시오.

14. 질문서에 대한 답변으로 열거된 각 정책에 대해 남은 보장 금액을 명시하시오.

15. 질문서에 대한 답변으로 열거된 각 정책에 대해 정책 관리자의 이름, 주소 및 전화번호를 기재하시오.

16. 주거지에서 발생한 손상으로 발생한 손해, 청구 또는 조치에 대한 보험이 있습니까? 그렇다면 법령을 기재하시오.

17. 질문서에 대한 답변으로 열거된 각 정책에 적용 범위가 광범위한 형태인지 아닌지를 기재하시오.

18. 수행한 작업 범위 또는 주거지에서 수행한 서비스에 대한 정보를 Phase 번호와 주소를 포함하여 제공하시오.

19. 주거지에서 수행한 업무 및/또는 서비스를 구체적으로 설명하시오.

20. 주거지에서 수행한 업무 및/또는 서비스에 대해 가장 잘 알고 있는 사람의 이름, 주소 및 전화번호를 제공하시오.

별첨 B _ 업무 기술서

1. 당사자 이름: ________________________________

2. 재판 변호사 이름: ____________________________

3. 수행된 작업 설명: ____________________________

4. 수행된 작업 위치: ____________________________

5. 수행된 작업 사이의 날짜 포함: ___________________

6. 위에서 설명한 작업을 수행하기 위해 계약한 개인 또는 단체의 신원: ____________

7. 자료를 제공했습니까? 예 _______ 아니오 _______

8. 자료를 제공한 경우, 제공한 자료를 설명하시오: ________________

9. 자료를 제공한 경우, 자료를 구매한 사람이 개인 또는 단체인지 구분하시오:
   이름: ___________________________
   주소: ___________________________
   전화번호: ________________________

10. 귀하가 수행할 작업을 다른 사람이나 단체에 하도급을 주었습니까?
   예 ________ 아니오 ________

11. 작업을 다른 사람에게 하도급을 준 경우, 하도급을 담당한 사람이나 단체를 확인하시오:

____

12. 귀하의 작업을 다른 사람에게 하도급을 준 경우, 해당 하도급이 서면으로 이루어졌습니까?

____

별첨 C _ 원고에게 적용되는 기탁/예치 문서에 대한 설명

1. 다음을 포함하되 이에 국한되지 않는 증거법 제250조에 정의된 모든 문서: 즉, 소유주 불만 사항, 구매 및 판매 문서, 메모지, 청구된 결함/사고와 관련된 모든 사람이 원고에게 보낸 서신, 임대 계약, 평가, 재융자 문서 및 이와 관련된 신청서, 사진, 비디오, 건물 보수와 관련된 문서, 고용계약, 보험회사에 대한 청구, 구매 및/또는 판매와 관련하여 공개 및/또는 수령 재산, 컨설턴트 보고서 또는 주장된 결함/손상의 징후, 관찰 날짜를 반영하거나 확인하는 기타 문서

2. 본 명령서에 명시된 최종 결함

3. 모든 에스크로(escrow) 문서, 주택 소유자 공개 양식, 부동산 중개인/브로커 공개 양식(판매자 및 구매자), 모든 에스크로 및 공개 양식의 수정 및/또는 부록, 부동산 구매 계약 및 부록, 모든 제안 및 수용, 에스크로 지침, 검사 보고서, 여러 목록 양식 및 모든 광고

4. 본 명령서에서 요구하는 모든 전문가 문서

5. 본 명령서에서 요구하는 제삼자로부터 제출된 모든 문서

별첨 D _ 원고를 제외한 모든 당사자에게 적용 가능한 보관문서에 대한 설명

1. 증거 코드 §250에 정의된 모든 문서 외 다음 문서들을 포함, 즉 모든 계약서, 하도급 계약서, 하도급 계약서 작업 파일, 청사진, 계획서, 시방서, 메모, 광고, 서신, 사진, 다이어그램, 송장, 구매 주문서, 변경 주문서, 부록, 보고서, 저널, 마케팅 문서, 작업 일지, 영수증, 회계 기록, 쓰기, 모든 계획에 대한 수정, 정부 검사관 펀치 리스트 및 사인 오프 시트 및/또는 이전 소송에서의 발견을 포함한 기타 문서들. 개발, 건설 및/또는 관련 참고문서 또는 원고의 건물 수리비용

2. 보험회사가 보험 적용을 받을 수 없다고 주장하였거나 거부하였는지와 관계없이, 본 소송에서 당사자에 대해 지급되도록 한 보험금 청구에 대해 보험 적용을 잠재적으로 제공할 수 있는 모든 보험

3. 본건과 관련하여 보험회사로부터 받은 모든 권리계약서

4. 모든 에스크로 문서, 주택 소유자 공개 양식, 부동산 중개업자/브로커 공개 양식(판매자 및 구매자), 모든 에스크로와 공개 양식의 수정 및/또는 부록, 부동산 구매 계약서 및 부록, 모든 제안 및 수용, 에스크로 지침, 검사 보고서, 여러 가지 목록 양식 및 모든 광고

5. 본 명령에서 요구하는 모든 전문가 문서

6. 본 명령에서 요구하는 제삼자로부터 제출되는 모든 문서

별첨 E _ 베이츠 스탬프 접두사 코드

당사자	코드
원고	PL-
개발자	DV-

별첨 F _ 파괴시험 요청

변호사 이름: ____________________

당사자 이름: ____________________

의뢰인이 수행할 작업 영역: ____

파괴시험을 진행할 위치: ____

파괴시험의 유형: ____

시험에 필요한 특수 장비: 예: ______ 아니오: _______
예인 경우, 필요한 장비 유형을 나열하시오: ______________________

위치별 예상 소요 시간: ____
파괴시험 비용을 분담할 의향이 있습니까? 예: _____ 아니오: ______

날짜: ________________ 시험자: ________________

별첨 G _ 비침입 검사 요청

변호사 이름: ________________

당사자 이름: ________________

의뢰인이 수행할 작업 영역: ____________________________________

검사를 진행할 위치: ____

____

____

위치별 예상 소요 시간: ____________________

날짜: _______________ 시험자: _______________

별첨 H _ 주요 마감일 요약

사건관리명령서 준수	1997년 10월 1일 또는 출석 후 30일 중 늦은 날짜
공평한 당사자 간의 소송 제기	1997년 10월 1일 또는 출석 후 60일 이내
원고의 결함 목록-예비	1997년 10월 22일
원고의 수리비용-예비	1997년 11월 15일
비침입 현장검사 요청	1997년 9월 19일
새로운 당사자 추가	1997년 10월 1일
비침입적 현장검사 일정	1997년 9월 26일
비침입적 현장검사	1997년 10월 7~8일
원고 파괴시험 완료	1997년 10월 31일
원고의 결함 목록 및 수리비용-최종	1998년 2월 1일
원고의 하자 제시 및 주변 당사자 조정	1997년 12월 7일
피고 파괴시험 요청	1997년 11월 15일
피고 파괴시험	1997년 12월 1~5일
최초 전문가 지정	1997년 11월 15일 또는 활동 30일 이내 중 늦은 날짜
추가 전문가 지정	1997년 12월 3일
전문가 회의	결정될 것임
중재(원고 및 개발자)	1998년 1월 15~18일
원고의 정산 요구	1998년 2월 10일
피고의 해결 요구	1998년 2월 25일
조정(모든 당사자)	1998년 3월 1일
예치/기탁(전문가)	1998년 3월 5일~4월 30일
모션/증거 제출 마감	1998년 4월 17일
모션/사전 재판 회의	1998년 4월 23일
재판	1998년 5월 8일

부록 C 건설 분야의 전문가 증언 운영 실무

본 별첨은 2014년 11월 법원행정처 외국사법제도연구회 소속의 6개국(미국, 영국, 독일, 프랑스, 일본, 중국) 연구반이 2014년 전반기 동안 각국의 전문가 감정 및 증언 등의 운영 실무에 관하여 연구한 결과물을 담고 있고, 2007년부터 발간해온 「외국사법제도연구(1)~(15)」에 이은 연속 간행물 중 일부인 "IV. 건설 분야의 전문가 증언 운영 실무"(책임필자_대전지방법원 서산지원 판사 홍준서)를 원문 그대로 인용하였다.

* 원문을 제공한 사법정책연구원에 감사드립니다.

1. 연혁

미 법조계에서 전문가 증인(expert witness)의 증언이 증거로 채택된 최초의 사건은 1792년 국의 민사사건인 Folkes v. Chadd 사건[1]으로 알려져 있다. 19세기 미국에서는 당사자가 전문가 증인을 신청하는 매우 흔한 일이었으나 법원은 전문가의 증언을 어떻게 평가할 것인지 여부에 대해 명확한 기준을 갖추고 있지 못하는바, 그로 인해 법원은 과학적인 증거를 평가함에 있어 제대로 된 역할을 하지 못하고 있다는 비난을 받게 되었다.

---

1 강에서 유입되는 퇴적물이 항구 바닥에 쌓여 항구를 안전하게 이용할 수 없게 된 상인들이 퇴적물 이 쌓이게 된 원인을 주민들이 축조한 제방 때문으로 보고 이를 철거하려 하자 주민들이 제방의 철거를 막기 위해 소를 제기한 사건이다. 1심에서 도선사와 선원 등이 증인으로 출석하여 항구에 퇴적물이 쌓이게 된 원인이 주민들이 축조한 제방 때문이라는 진술을 하자 주민들은 존 스미튼 (John Smeaton)이라는 토목기사를 증인으로 신청하였다. 스미튼은 1심에서 항구에 퇴적물이 쌓인 원인은 자연력의 작용 때문이지 주민들이 축조한 제방 때문이 아니라는 의견을 진술하였으나 1심 법원은 스미튼이 제시한 이론이 확립된 것이 아니라는 이유로 증거능력을 부정하였다. 이에 반해 항소심 법원은 스미튼이 전문가라는 점에 대해서는 다툼이 없고, 스미튼이 제시한 이론이 가지고 있는 약점은 반대 심문을 통해 밝혀져야 하는 것이며, 증언의 신빙성은 배심원이 판단할 몫이라는 이유로 스미튼의 증언의 증거능력을 인정하였다.

1923년 Frye 사건[2]에서는 '과학계에서 일반적으로 신뢰할 수 있다고 받아들여지는 과학적 원칙에 한하여 증거능력이 있다'는 원칙이 제시되었으나 ① 기준이 애매모호하고, ② 증거능력을 인정하는 범위가 지나치게 좁을 뿐만 아니라 ③ 과학기술의 발전 속도를 따라잡지 못한다는 비판을 받게 되었다.

1975년 연방증거규칙이 제정되었으나 연방증거규칙은 ① 과학적인, 기술적인 또는 다른 전문적인 지식이 ② 사실인정 주체(trier of fact)[3]가 증거를 이해하거나 쟁점이 된 사실관계를 판단하는 데 도움이 되고, ③ 전문가가 지식, 기술, 경험, 훈련, 교육을 통해 전문성을 갖춘 경우 전문가로서 증언을 할 수 있다는 취지만을 규정하였을 뿐[4] 어떠한 과학적인, 기술적인, 전문적인 지식이 증거로 채택될 수 있는 것인지 대해서는 규정을 하지 아니하는바, 법원은 연방증거규칙이 제정된 이후에도 Frye 사건에서 제시된 기준을 증거능력을 판단하는 기준으로 계속하여 사용하게 되었다.

1993년 연방대법원은 Daubert v. Merrell Dow Pharmaceuticals[5] 사건에서 새로운 판단기준을 제시하는바, 연방대법원은 ① 전문적인 지식이 검증 가능한 것인지 여부, ② 다른 전문가의 검토를 거쳤거나 출판이 되었는지 여부, ③ 운용 기준이 설정되어 있는지 여부, ④ 해당 지식이 일반적으로 승인된 것인지 여부 등을 고려하였다.[6]

---

2 'James Frye'라는 흑인이 살인 혐의로 기소된 사건으로 거짓말탐지기 조사결과의 신빙성 여부에 대한 전문가 증인의 증언을 증거로 쓸 수 있는지 여부가 쟁점이 된 사건이다. 이 사건에서 Frye의 변호인은 피고인에 대한 거짓말탐지기 조사결과 진실 반응이 나왔다는 점을 지적하면서 전문가 증인을 신청하여 거짓말탐지기 조사결과 진실 반응이 나왔다는 것은 피고인의 진술이 진실하다는 것을 의미한다는 점을 입증하려고 하였다. 1심 법원은 인간이 진실을 말하는지 거짓을 말하는지 여부를 확인할 수 있는 결함이 없는 장치가 발명되기 이전까지는 거짓말탐지기 조사결과를 증거로 쓸 수 없다고 판시하면서 전문가 증인이 한 진술의 증거능력을 인정하지 아니하고, 항소심 법원 역시 거짓말탐지기 조사결과가 이와 관련된 전문가의 진술에 증거능력을 부여할 수 있을 정도로 신뢰할 수 있는 수준에 이르지 못했다는 이유로 항소를 기각하였다.

3 Jury trial의 경우 배심원, Bench trial의 경우 판사.

4 원문은 다음과 같다. If scientific, technical, or other specialized knowledge will assist the trier of fact to understand the evidence or to determine a fact in issue, a witness qualified as an expert by knowledge, skill, experience, training, or education, may testify therto in the form of opinion or otherwise.

5 Jason Daubert와 Eric Schuller가 Merrell Dow라는 제약회사를 상대로 민사상 손해배상을 청구한 사건이며, 원고들은 Merrell Dow사가 FDA로부터 승인을 받은 항오심제인 Bendectin이 자신들의 선천적 기형을 유발하였다고 주장하였다. 원고들은 Bendectin이 선천적 기형을 유발할 수 있다는 사실을 입증하기 위해 여덟 명의 전문가를 동원하는바, 1심 법원은 원고 측 전문가들이 원용한 자료들이 출판이 되었다거나 다른 전문가들의 검토를 거친 것이 아니라 오로지 소송을 위한 목적으로 준비된 것임을 지적하면서 'Frye test'를 적용, 원고 측 전문가들이 원용한 자료의 증거능력을 인정하지 아니하였다. 항소심 법원이었던 연방 제9항소법원 역시 Frye test를 적용하여 원고들의 항소를 기각하는바, 연방대법원은 법관이 신뢰할 수 없는 과학적 증거와 자격을 갖추지 못한 전문가를 걸러내는 역할을 해야 한다는 전제하에 'Frye test'만으로는 전문적인 지식의 증거능력을 제대로 평가할 수 없다고 하면서 새로운 기준인 'Daubert Standard'를 제시하게 되었다.

위와 같은 기준은 같은 해 Kumho Tire Co., Ltd. v. Carmichael 사건[7]에서 다시 한번 확인되었는바, 연방대법원은 Daubert 사건에서 제시된 기준들이 과학적인 지식에만 적용되는 것이 아니라 전문적인 기술이나 경험에 기초한 지식에도 적용되는 것임을 확인하였다.

현재의 연방증거규칙은 ① 과학적, 기술적 또는 전문적 지식이 ② 사실인정 주체가 증거를 이해하거나 쟁점이 된 사실관계를 판단하는 데 도움이 되고 ③ 전문가의 증언 이 충분한 사실 내지 자료에 기초하고 있으며 ④ 증언이 신뢰할 만한 원칙이나 방법론의 산물일 뿐만 아니라 ⑤ 전문가가 이와 같은 원칙 내지 방법론을 구체적인 사실관계에 신뢰할 수 있는 방법으로 적용한 경우 ⑥ 지식, 기술, 경험, 훈련 또는 교육 등에 의해 자격을 갖춘 전문가가 의견을 증거로서 제시할 수 있도록 하고 있는바,[8] 이는 1심 법원에 과학적, 기술적 또는 전문적 지식이 쟁점과 관련되고 신뢰할 수 있는 것인 경우에 한하여 증거능력을 인정하도록 하는 의무를 부과한 것으로 이해되고 있다.

2. 전문가의 증언이 허용되지 아니하는 경우

가. Common Knowledge Exception – 상식적 수준에서 판단이 가능한 경우

'Common Knowledge Exception'은 의료소송 분야에서 발달한 이론으로 일반인이 상식적인 수준에서 판단 가능한 내용에 대하여는 전문가의 증언이 허용되지 아니한다는 이론이다. 의료소송과 같이 전문가에게 과실이 있는지 여부가 문제되는 사안에 있어서는 전문가에게 부과된

---

6 위와 같은 요소들이 배타적인 것이 아님을 유의.

7 Kumho Tire Co., Ltd. v. Carmichael, 526 U.S. 137 (1999) 원고 'Patrick Carmichael'은 자신의 미니밴을 몰고 가던 중 오른쪽 뒤 타이어가 펑크가 나는 바람에 사고를 당하였다. 원고 측에서는 타이어의 하자가 사고를 야기하였다고 주장하면서 타이어에 하자가 있음을 입증하기 위해 전문가 증인의 증언을 증거로 제출하였다. 원고 측 전문가는 타이어를 잘못 사용한 경우 나타나는 4가지 현상 중 2가지 현상이 나타나지 않았다면 타이어가 펑크 난 것은 타이어에 결함이 있기 때문이라는 의견을 제시하는바, 1심 법원은 원고 측 전문가가 제시한 방법이 과학적으로 유효하다고 보기 어렵다는 이유를 들어 증거능력을 인정하지 아니하였다. 이에 항소심 법원은 'Daubert Standard'가 과학적인 지식에는 적용이 되나 전문적인 기술이나 경험에 기초한 지식에 는 적용이 되지 않는다는 전제하에 1심 판결을 파기하였으나, 연방대법원은 과학적인 지식과 전문적인 기술내지 경험에 기초한 지식을 구별하는 것은 매우 어려운 일이며, 'Daubert Standard'는 양자에 모두 적용된다고 판시하면서 1심 판결과 마찬가지로 원고 측 전문가가 제시한 의견의 증거능력을 인정하지 않았다.

8 원문은 다음과 같다. Rule 702. Testimony by Expert Witnesses A witness who is qualified as an expert by knowledge, skill, experience, training, or education may testify in the form of an opinion or otherwise if: (a) the expert's scientific, technical, or other specialized knowledge will help the trier of fact to understand the evidence or to determine a fact in issue; (b) the testimony is based on sufficient facts or data; (c) the testimony is the product of reliable principles and methods; and (d) the expert has reliably applied the principles and methods to the facts of the case.

주의의무의 정도와 그 위반 여부를 입증하기 위하여 일반적으로 다른 전문가의 증언이 필요하다. 그러나 문외한이 보더라도 전문가가 주의의무를 위반한 것이 명백한 경우[9] 전문가의 증언이 없더라도 과실이 있음을 인정할 수 있는바, 이와 같은 법리를 'common knowledge exception'이라고 한다. 의료소송을 중심으로 발달해 온 이러한 법리는 건설소송에도 널리 적용되고 있다.

나. Rules of Law Exception – 주의의무가 법규화된 경우

앞서 본 바와 같이 전문가에게 요구되는 주의의무의 정도를 입증하기 위해서는 일반적으로 전문가의 증언이 필요하나 법규 자체에서 전문가에게 일정한 수준의 주의의무를 부과한 경우에는 그러한 주의의무의 정도를 입증하기 위해 전문가의 증언이 필요하지 아니하다.[10]

다. 전문가로서의 주의의무 위반 여부가 사건의 쟁점이 아닌 경우

피고의 과실로 인해 원고에게 허위의 사실을 전달되어 이를 믿은 원고에게 손해가 발생하였음을 청구원인으로 삼는 경우와 같이 전문가로서 주의의무 위반이 아닌 일반인으로서 주의의무 위반 여부가 사건의 쟁점인 경우에는 전문가의 증언이 필요하지 아니하다.[11]

3. 전문가의 증언이 필요한 경우

가. 과실책임의 입증

전문가에게 과실이 있는지 여부가 문제되는 사건에 있어서는 전문가가 주의의무를 위반하였음이 명백한 경우가 아닌 이상 전문가에게 어느 정도의 주의의무(a duty of care)가 요구되는지를 확인하기 위해 다른 전문가의 증언이 필요하다. 예를 들어 설계상 하자가 있는지 여부가

---

9 예컨대, 수술을 함에 있어 감염된 부위가 아닌 다른 부위를 제거한 경우, 환자의 몸 안에 수술 도구를 남겨둔 경우와 같은 경우에는 수술을 한 의사에게 과실이 있는지 여부를 입증하기 위해 다른 의사의 증언이 필요하지 아니하다.

10 Spainhour v. B. Aubrey Huffman & Associates, Ltd., 237 Va 340, 346, 377 S.E.2d 615, 619(1989) 토지문서가 토지의 위치와 면적을 기술함에 있어 모순되는 내용을 담고 있는 경우 법규에 규정된 우선순위에 따라 측량을 하여야 함에도 측량사가 그 우선순위를 위반하여 측량을 실시한 경우 전문가의 증언 없이 측량사의 과실을 인정할 수 있다 한 사례.

11 Quinn Const., Inc. v. Skanska USA Bldg., inc., 2008 WL 2389449, (E.D. Pa. 2008) 소장 기재 청구원인이 'negligent misrepresentation'인 경우. Pennsylvania 주 'negligent misrepresentation'의 요건은 ① 피고가 중요한 사실에 대하여 허위의 진술을 하였을 것 ② 허위의 진술을 하였을 당시 그것이 허위임을 인식하지 못한 데에 과실이 있었을 것 ③ 다른 사람으로 하여금 그와 같은 진술에 기초한 행동을 유도하려 의도하였을 것 ④ 피해를 입은 상대방이 허위의 진술을 신뢰하고 그에 기초하여 행동할 만한 정당한 이유가 있었을 것이다.

문제되는 경우 이를 인정하기 위해서는 설계상 하자의 존재 여부를 상식적인 수준에서 판단할 수 있는 것이 아닌 이상 원칙적으로 전문가의 증언이 필요하다.[12]

나. 무과실책임의 입증

전문가에게 과실이 있는지 여부가 쟁점인 사건에 있어서 어느 정도의 주의의무가 요구되는지 여부를 입증하기 위해 전문가의 증언이 필요한 것과 마찬가지로 하자의 존재 여부를 입증해야 하는 무과실책임 사건에 있어서는 하자 상태가 존재한다는 사실(presence of a defective condition)을 입증하기 위해 전문가 증인이 필요하다.[13]

다. 약식판결(summary judgement)과의 관계

전문가의 도움 없이 하자의 존재 여부를 판단할 수 없는 사건에서 하자의 존재를 주장하는 자가 재판이 임박하였음에도 자신의 주장을 뒷받침할 만한 전문가를 확보하지 못하였다면 법원은 배심원단을 구성하지 아니하고 약식판결로 청구를 기각할 수 있다.[14]

라. 징계절차와의 관계

징계절차에서의 쟁점이 전문가로서 주의의무를 다하는지 여부인 경우 전문가에게 부여된 주의의무의 정도와 그 위반 여부를 입증하기 위해 다른 전문가의 증언이 필요하다.[15] 위와 같

---

12 Seaman Unified School Dist. No. 345, Shawnee County v. Casson Const. Co., Inc., 3 Kan App. 2d 289(1979) 폭우가 쏟아져 학교 체육관에 스며든 물이 체육관의 바닥을 뒤덮자 설계에 잘못이 있는지 여부가 쟁점이 된 사안이다. 원고 측은 구배의 설계가 잘못되었다는 이유로 손해배상을 청구하는 바, 피고 측 전문가들은 설계를 한 회사는 과실이 없다는 의견을 제시하였다. 1심 법원은 설계에 잘못이 있다는 의견을 제시한 전문가가 없었음에도 물이 높은 곳에서 낮은 쪽으로 흐르는 것은 당연한 것이라는 점을 들어 'common knowledge exception'을 적용, 원고 승소 판결을 선고하였다. 항소심 법원은 설계를 검토한 다음 구배가 1심이 설시한 바와 같이 단순한 형태가 아님을 확인하였으며, 전문가의 증언이 없이는 설계상의 잘못을 인정할 수 없다는 이유로 1심 판결을 파기하였다.

13 Ayala v. Pardee Const. Co., 2002 WL31160551 (Cal. App. 4th Dist. 2002) 과실책임을 묻는 사건에서만 전문가 증인을 필요로 할 뿐 무과실책임 사건에서는 하자가 존재한다는 사실을 입증하기 위해 전문가 증인이 필요한 것은 아니라는 취지로 주장하였으나 법원은 이와 같은 주장을 받아들이지 아니하였음.

14 Hartford Acc. and Indem Co. v. Scarlett Harbor Associates Ltd. Partnership, 109 Md, App. 217, 614 A.2d 106(1996) ① 승강기 통로를 통해 주차장의 찬 공기가 복도로 유입되는 하자, ② 구배불량으로 인해 출입구에 물이 고이는 하자, ③ 난방 및 공기정화 시스템에서 소음과 진동이 발생하는 하자와 관련하여 재판이 임박하였음에도 하자가 있다는 전문가의 증언을 확보하지 못한 사례. 1심 법원은 약식판결로 원고의 청구를 기각. 항소심 법원은 ①, ② 하자의 경우 전문가의 도움 없이 하자의 존재 여부를 판단하기 어렵다는 이유로 약식판결을 선고한 1심 법원의 입장을 지지하였으나 ③ 하자의 경우 전문가의 도움 없이도 하자의 존재 여부를 판단할 수 있다고 보아 1심 법원이 약식판결을 선고한 것이 잘못되었다고 판시(③ 하자와 관련하여 원고 측은 난방 및 공기정화 시스템에서 발생하는 소음과 진동에 대한 입주민의 진술서를 증거로 제출하였음).

은 전문가의 증언이 확보되지 아니한 상태에서 징계위원회 위원들의 개인적인 경험에 의존하여 주의의무의 위반 여부를 판단하는 것은 허용되지 아니한다.

마. Certificate of Merit Requirements – 소 제기 요건

일부 주에서는 전문직 종사자에 대한 손해배상청구소송의 무분별한 남발을 막기 위해 위와 같은 소를 제기함에 있어 청구가 이유 있음을 확인하는 진술서 내지 증명서를 제출할 것을 요구하고 있다.

(1) Arizona

자격을 갖춘 전문직 종사자를 상대로 민사소송을 제기하는 경우에는 원고 내지 원고 측 변호사는 소장과 함께 전문가의 주의의무의 정도를 입증하기 위해 다른 전문가의 의견이 필요한지 여부를 확인하는 증명서를 제출하여야 한다. 다른 전문가의 의견이 필요하다는 취지의 문서를 제출한 경우 답변서 내지 청구기각을 구하는 신청서 제출일로부터 40일 이내에 전문가의 의견이 담긴 진술서를 상대방에게 제공해야 한다. 진술서에는 ① 전문가가 어떤 자격을 갖추었는지, ② 청구의 기초가 되는 사실관계, ③ 피고의 어떤 행동이 주의의무를 위반한 것으로 간주되었는지, ④ 피고의 과실과 발생한 손해 간의 인과관계 등에 관한 내용이 포함되어야 한다. 원고 내지 원고 측 변호사가 전문가의 의견이 필요하지 않다는 취지의 증명서를 제출하였으나 피고 측이 판단하기에 전문가의 의견이 필요한 경우 피고 측에서는 원고로 하여금 전문가의 의견이 담긴 진술서의 제출을 명할 것을 요구하는 신청서를 법원에 제출할 수 있다.[16]

(2) California

원고로서 소를 제기하는 경우(교차소송에서 원고인 경우를 포함한다) 원고 소송대리인은 소장 송달일 이전에 건축가, 기술자, 측량사 자격을 갖춘 피고의 업무상 과실을 원인으로 한 손해배상 청구소송을 제기함에 있어 그 청구가 이유 있음을 확인하는 증명서를 제출하여야 한다. 증명서는 변호사에 의해 작성되어야 하며, ① 변호사가 해당 사건의 사실관계를 검토하였다는 점, ② 변호사가 적어도 1명 이상의 건축가, 기술자, 측량사 내지 교수로부터 조언을

---

15 Williams v. Tennessee Bd. of Medical Examiners, 1994 WL 420910 (Tenn. Ct. App. 1994)

16 Ariz. Rev. Stat. § 12-2602.

받았다는 점(피고와 같은 전문직에 속한 자이어야 하며, 변호사가 해당 사건의 쟁점에 정통한 사람이라고 합리적으로 믿을 만한 사람이어야 함), ③ 변호사가 사실관계 및 전문가의 조언을 검토한 결과 소송을 제기할 만한 합리적인 근거가 있다는 결론에 이르렀다는 점이 기재되어야 한다. 제척기간의 만료가 임박한 경우 변호사는 증명서에 제척기간이 임박하여 전문가의 조언을 구하지 못하였다는 취지를 기재할 수 있다. 변호사가 전문가의 조언을 얻기 위해 적어도 3회 이상의 시도를 하였으나 그럼에도 불구하고 전문가의 조언을 얻지 못한 경우 변호사는 증명서에 그러한 취지를 기재할 수 있다.[17]

(3) Colorado

자격을 갖춘 전문직 종사자를 상대로 업무상 과실을 청구원인으로 한 손해배상청구소송이나 구상금 청구소송을 제기하는 경우 원고 내지 원고 소송대리인은 전문가의 검토를 받았다는 증명서를 소장(반소와 교차소송의 경우 해당 사건의 소장) 송달일로부터 60일 이내에 제출하여야 한다. 증명서는 원고 내지 원고 소송대리인이 작성해야 하며, ① 해당 분야의 전문가로부터 조언을 받았다는 점, ② 전문가가 사실관계를 검토하였으며, 전문가가 검토한 결과 소를 제기하는 것이 정당하다는 결론에 이르렀다는 점이 기재되어야 한다. 법원은 증명서의 내용이 진실한 것인지 여부를 확인하기 위해 위와 같은 검토 과정을 거친 전문가의 신원을 밝힐 것을 명할 수 있다. 다만 이 경우에도 피고 측에 신원을 공개할 것이 요구되지는 않는다. 원고 측에서 위와 같은 증명서를 제출하여야 함에도 이를 제출하지 아니하는 경우 피고는 법원에 위와 같은 증명서의 제출을 명할 것을 신청할 수 있다. 법원이 증명서의 제출을 명하였음에도 원고 측에서 증명서를 제출하지 아니한 경우 법원은 청구를 기각할 수 있다.[18]

(4) Georgia

건축가, 측량사, 기술사 등을 상대로 업무상 과실을 청구원인으로 한 손해배상청구소송을 제기하는 경우 원고는 소장과 함께 원고가 존재한다고 주장하는 전문직 종사자의 과실 및 이를 뒷받침하는 사실관계에 대한 설명이 담긴 전문가의 진술서를 제출하여야 한다. 다만 소장 제출일로부터 10일 이내에 제척기간이 만료되거나 만료될 것이라고 믿을 만한 상당한 이유가

17 Cal. Civ. Proc. Code § 411.35.
18 Colo. Rev. Stat. § 13-20-602.

있는 경우에는 먼저 소장만을 제출할 수 있다. 이 경우 원고 소송대리인은 제척기간 만료일로부터 90일 이전에 원고가 소송대리인을 선임하지 않았음을 확인하는 진술서를 제출함으로써 소장 제출일로부터 45일의 유예기간을 얻을 수 있다. 전문가의 진술서가 정해진 기간 내에 제출되지 아니한 경우 또는 원고가 제척기간 만료일로부터 90일 이전에 소송대리인을 선임한 사실이 밝혀진 경우 법원은 청구원인을 제대로 기재하지 아니한 경우(failure to state a claim)와 마찬가지로 원고의 청구를 기각할 수 있다.[19]

(5) Maryland

원고는 소 제기일로부터 90일 이내에 자격을 갖춘 전문가의 확인서를 법원에 제출 해야 한다. 다만 법원은 확인서 제출을 면제해줄 수 있고, 피고 스스로 확인서 제출 여부를 다투는 것을 포기할 수 있다. 정해진 기간 내에 확인서를 제출하지 않는 경우 법원은 청구를 기각하여야 하나 재소가 금지되는 것은 아니다. 전문가의 확인서에는 피고(전문직 종사자)가 전문가로서 주의의무를 위반하였음을 확인하는 진술이 포함되어야 하며, 확인서는 모든 당사자에게 송달이 되어야 한다.[20]

(6) Minnesota

전문직 종사자에게 업무상 과실이 있음을 원인으로 소를 제기한 경우 이를 주장하는 측에서는 그러한 주장이 담긴 서면을 변호사 작성의 진술서와 함께 송달하여야 한다. 진술서에는 변호사가 사실관계를 증거능력 있는 의견을 제시할 수 있는 전문가와 함께 검토한 결과 피고가 주의의무를 위반하였으며, 주의의무의 위반과 손해발생 사이에 인과관계가 있음을 전문가가 인정하였다는 내용이 포함되어야 한다. 진술서에는 변호사가 서명을 하여야 하며, 전문가 증인의 인적사항, 전문가가 증언할 것으로 예상되는 의견, 그와 같은 의견의 근거 등이 명시되어야 한다. 이러한 규칙은 통상의 소, 반소, 교차소송,[21] 제3자를 상대로 한 소[22]에 모두 적용된

---

19 Ga. Code Ann. § 9-11-9.1.

20 Md. Code Ann., Cts. & Jud. Proc. 3-2C-02.

21 공동원고 또는 공동피고 상호 간에 소를 제기하는 경우

22 미국법에서는 원고나 피고가 제3자를 상대로 소를 제기하는 것이 허용되는바, 이를 'third-party claim'이라 한다. Third-party claim의 장점은 분쟁을 일거에 해결할 수 있다는 것으로 이러한 소송이 가장 많이 활용되는 분야는 구상금 청구이다.

다. 다만 상대방이 변호사의 진술서가 제출되지 아니하였음을 다투지 않는 경우 또는 제척기간 만료가 임박하여 전문가의 검토를 받을 수 없는 경우에는 진술서 제출의무가 면제될 수 있다.

변호사의 진술서 제출의무를 이행하지 않은 경우에는 법원은 상대방 당사자의 신청에 따라 청구를 기각하여야 하며, 재소는 금지된다.[23]

(7) Nevada

설계전문가 내지 기술사, 측량사, 건축가, 조경사 업무에 주로 종사하는 사람을 상대로 업무상 과실을 청구원인으로 한 소를 제기한 경우 원고 측 변호사는 자신이 작성한 진술서를 원고의 주장이 담긴 최초의 서면과 함께 상대방에게 송달해야 한다. 진술서에는 ① 변호사가 사건의 사실관계를 검토하였다는 점, ② 전문가와 상담을 하였다는 점, ③ 상담을 한 전문가가 해당 분야에 대하여 식견을 갖추었다고 믿을 만한 상당한 이유가 있다는 점, ④ 변호사와 전문가의 검토 결과 소송이 법률적으로도 사실적으로도 합리적인 근거가 있다는 점이 명시되어야 한다. 변호사는 진술서에 상담한 전문가의 보고서를 첨부해야 하며, 보고서에는 ① 전문가의 경력, ② 전문가가 보고서를 작성한 분야에 대하여 경험이 풍부하다는 진술, ③ 전문가가 적절한 관련성이 있다고 판단한 기록, 보고서, 관련서류, ④ 전문가가 내린 결론과 그 근거, ⑤ 소를 제기함에 있어 합당한 근거가 있다는 전문가의 진술 등이 포함되어야 한다.[24]

(8) New Jersey

건축사나 공학자의 업무상 과실을 청구원인으로 한 소에 있어 원고는 피고 측이 대응하는 서면을 제출한 날로부터 60일 이내에 전문가가 작성한 진술서를 제출해야 한다. 진술서에는 피고가 전문가로서 요구되는 주의의무를 위반하였다는 내용이 기재되어야 하며, 진술서를 작성한 전문가는 해당 분야에서 최소 5년 이상의 경력을 갖추었음이 증명되어야 한다. 필요한 진술서를 제출하지 않은 경우 소장에 청구원인을 제대로 기재하지 아니한 것과 동일하게 취급되어 청구가 기각될 수 있다.[25]

---

23 Minn. Stat. § 544.42.

24 Nev. Rev. Stat. § 40.6884.

25 N.J. Stat. Ann. §§ 2A:53A-26 to 2A:53A-29.

(9) Oregon

건축가, 조경사, 기술사, 측량사를 상대로 통상의 소, 반소, 교차소송, 제3자를 상대로 한 소를 제기하는 경우 자격을 갖추었으며 증언이 가능한 전문가와의 상담을 거쳤다는 변호사의 확인이 없이는 소를 제기할 수 없다. 위와 같은 변호사의 확인은 소장의 일부를 구성한다. 변호사는 전문가가 ① 피고가 전문가로서의 주의의무를 위반하였으며, ② 그와 같은 주의의무 위반과 손해 사이에 인과관계가 있음을 증언해줄 것이라는 점에 대하여 확인을 해주어야 한다. 다만 제척기간의 만료가 임박한 경우에는 ① 제척기간이 곧 만료될 것이며, ② 변호사의 확인서가 소장 등을 제출한 날로부터 30일 이내(합당한 이유가 있는 경우에는 법원이 그 이상의 기간을 허여할 수 있음)에 제출될 것이고, ③ 자격을 갖춘 증언이 가능한 전문가와 상담을 하기 위해 합당한 시도를 하였다는 취지가 기재된 진술서를 제출하는 것으로 앞서 본 확인에 갈음할 수 있다.[26]

(10) Pennsylvania

전문직 종사자가 전문가로서의 주의의무를 위반하였음을 원인으로 한 소를 제기한 경우 원고 측 변호사는 소장과 함께 자신이 서명한 확인서를 제출하여야 한다. 확인서에는 적절한 자격을 갖춘 전문가가 ① 전문가로서의 주의의무 위반 사실이 존재한다고 봄이 상당하다는 점, ② 그러한 주의의무 위반이 손해를 발생시켰다는 점을 서면으로 확인하여 주었다는 내용이 기재되어야 한다. 다만 피고의 주의의무 위반이 자신이 관리 감독하는 전문가의 주의의무 위반에 기반한 것이거나 원고가 소를 제기함에 있어 전문가 증인의 진술 자체가 필요하지 않은 것으로 보이는 경우에는 그와 같은 사정을 적절한 자격을 갖춘 전문가가 서면으로 확인해 주었다는 내용을 기재하여 제출할 수 있다. 확인서를 제출하지 않은 경우 상대방의 신청에 따라 법원은 소(통상의 소는 물론 반소, 교차소송, 제3자를 상대로 한 소를 모두 포함)를 기각하여야 한다.[27]

---

26 Or. Rev. Stat. Ann. § 31.300.

27 Pa. R. Civ. P. 1042.1. to 1042.8 et seq.

(11) Texas

건축가, 측량사 또는 기술사의 업무상 과실을 청구원인으로 한 소를 제기하는 경우 원고는 소장과 함께 피고와 같은 업종에 종사하는 전문가의 진술서를 제출하여야 한다. 진술서에는 피고에게 과실이 있다는 점 및 그와 같은 과실의 기초가 되는 사실관계가 명시되어야 한다. 진술서를 작성하는 전문가는 텍사스주 면허를 보유하고 있어야 하며, 실제로 건축가, 측량사 또는 기술사 업무를 수행하고 있어야 한다. 다만 소 제기일로부터 10일 이내에 제척기간이 만료되는 경우 진술서를 소장과 동시에 제출해야 하는 의무가 면제된다. 이러한 경우 원고는 소 제기일로부터 30일 이내에 전문가의 진술서를 제출하여야 하며, 합당한 이유가 있는 경우 법원은 신청에 따라 기간을 연장해줄 수 있다. 진술서를 적시에 제출하지 아니한 경우 법원은 청구를 기각할 수 있고, 재소는 금지된다.[28]

4. 구체적인 사례

가. 공사 지연으로 인한 손해배상청구

공사 지연으로 인한 손해배상청구소송에 있어 법원은 수급인 때문에 공사가 얼마나 지연되었는지 여부를 판단하기 위해 크리티컬 패스 분석법(Critical Path Method)[29]을 사용하되 건축주 내지 정부의 행위가 공사 지연에 얼마나 향을 미쳤는지 여부를 생각하게 된다. 위와 같은 분석을 위해 동원되는 전문가를 'scheduling expert'라고 한다. 경우에 따라서는 'scheduling expert'가 아닌 다른 분야의 전문가가 수급인의 잘못이 없었더라면 공사가 언제 완료되었을 것인지 예측하는 역할을 하기도 한다.[30] 공사 지연의 원인 및 그로 인한 효과를 일반인이 상식적인 수준에서 판단할 수 있는 경우에는 전문가의 증언을 증거로 제출하는 것이 허용되지 아니한다.[31]

---

28 Tex. Civ. Proc. & Rem. Code Ann. § 150.002.

29 일련의 프로젝트 활동의 스케줄을 관리하기 위한 수학적인 알고리즘.

30 Baidee v. Brighton Area Schools, 265 Mich. App. 343, 695 N.W.2d 521(2005) 공사계 약의 체결 및 입찰에 전문적으로 관여하는 'Schaer'라는 사람이 수급인이 공사를 계속 진행하 다면 언제 공사가 완료되었을 것인지에 대하여 의견을 제시한 사안. 1심 법원은 'Schaer'가 한 진술의 증거능력을 인정하였으며, 항소심 법원 역시 위 진술이 증거에 나타난 사실에 기초한 것이고, 그 신빙성을 다툴 기회가 보장된 이상 증거능력을 인정한 1심 법원의 조치가 재량을 남용한 것이 아니라고 판시하였다.

31 Jurgens Real Estate Co. v. R.E.D. Constr. Corp., 103 Ohio App. 3d 292(1995).

나. 손해액의 산정

(1) 가치의 차이

손해액의 산정을 계약서에 따라 시공이 완전하게 마쳐진 상태와 실제 시공이 마쳐진 상태 간의 가치 차이를 산출하는 방법으로 하게 되는 경우,가치의 차이가 얼마인지를 계산하기 위해 전문가가 동원되기도 한다.[32] 일반적으로 위와 같은 가치의 차이를 산정함에 있어서는 실제 지출한 비용이 얼마인지를 입증하는 방법이 선호되며, 실제 지출한 비용을 입증하는 것이 불가능한 경우 사실관계와 상황을 잘 알고 있는 자격이 있는 사람(competent individuals with adequate knowledge of the facts and circumstances)이 작성한 견적서에 의해 가치의 차이가 얼마인지를 증명할 수 있다.[33]

(2) 간접비 증가

간접비 증가로 인한 손해를 산정함에 있어 사실관계를 잘 알고 있는 일반인의 증언을 통해 간접비가 증가한 사실을 입증할 수도 있겠으나 경우에 따라서는 전문가가 동원되기도 한다. 건축주의 계약 위반으로 인해 간접비가 증가하는 손해가 발생한 경우 에이클리 산식(Eichleay Formula)에 의해 손해액을 산정하게 되는데, 산식은 아래와 같다.[34]

① (당해 계약의 총액 / 계약기간 동안 회사의 거래총액) × 계약기간 동안 발생한 전체 간접비 = 당해 계약에 할당된 간접비
② 할당된 간접비 / 당해 계약을 이행하는 데 소요된 날짜 = 1일당 당해 계약에 할당된 간접비
③ 1일당 당해 계약에 할당된 간접비 × 지연된 날짜 = 간접비 증가로 인한 손해액

시공자는 건축주의 사정으로 인하여 대기 상태에 있는 동안 언제든지 이행이 가능한 상태에 있었으며, 대기 중에 있는 동안 다른 일을 맡는 것이 불가능하다는 점을 입증하여야 하나, 이와 같은 사정이 반드시 전문가의 증언을 통해서만 입증이 가능한 것은 아니다.[35]

---

32 Prudence Co. v. Fidelity & Deposit Co. of Maryland, 77 F.2d 834(C.C.A. 2D Cir 1935).
33 Bell BCI Co. v. U.S., 81 Fed. Cl. 617, 636(2008).
34 Nicon, Inc. v. U.S., 331 F.3d 878, 883 (Fed. Cir. 2003).
35 Cleveland Constr., Inc. v. Ohio Public Emps. Retirement Sys., 2008-Ohoio-1630, 2008 WL 885841 (Ohio Ct. Ohio Dept. of Adm. Serv., 90 Ohio App. 10th Dist. Franklin County 2008).

(3) 생산성 저하

건축주의 계약 위반으로 인하여 생산성이 저하되는 경우[36] 이를 입증하기 위해서는 전문가의 증언이 필요하다. 간접비 증가를 청구원인으로 하는 사건에서 에이클리 산식에 따라 손해액을 산정하는 경우와는 달리 생산성 저하로 인한 손해배상 청구에 있어서는 전문가의 도움 없이 손해액을 산정하는 것이 사실상 불가능하기 때문에[37] 'scheduling expert'를 활용하는 것이 일반적이다.

다. 공사계약의 해석

법원은 계약을 해석함에 있어 계약서에 기재된 문구에 기초하여 당사자의 의사를 해석하되, 문구 자체가 애매한 경우에는 당사자의 의사를 명확히 하기 위해 계약서 이외의 다른 증거를 동원하게 되며, 경우에 따라 전문가의 증언에 의존하게 된다. 전문가의 증언이 공사계약의 내용을 해석함에 있어 사용될 수 있는 경우는 계약서에 해당 전문 분야의 관습이나 관행에 대한 언급이 있는 경우이다. 단순히 계약서의 법률적 의미를 해석하거나 어떠한 법률을 적용할 것인지 여부를 결정하는 것은 판사의 몫이기 때문에 전문가가 이와 관련된 증언을 하는 것은 허용되지 아니한다. 예컨대, 임대차계약서에 기재된 조항을 해석하기 위해 변호사를 전문가 증인으로 신청한 경우에 있어 법원은 증인으로 신청한 변호사가 법률적인 지식 이외에 부동산의 임대와 관련하여 아무런 전문적인 교육을 받은 바가 없다는 이유로 전문가로서 증언을 하는 것을 허용하지 아니하는바, 이와 같은 결정은 법률 해석은 온전히 판사의 역이라는 점에 기초하고 있다.[38] 이와 달리 건설 산업 분야의 관습 내지 관행과 관련된 계약서의 모호한 부분을 설명하기 위해 건설 관련 전문 자격을 갖춘 변호사를 증인으로 신청한 경우 이를 받아들인 사례도 있다.[39]

---

36 단순히 공정이 지연되는 경우와는 달리 하나의 공정에서 문제가 발생하여 다른 공정에 생산성을 저하시키는 경우이다. 전자의 경우에는 공정 지연으로 인해 업무를 수행할 수 없는 경우가 문제되는 것인 반면, 후자의 경우에는 업무 수행이 더 어려워지고 당초의 예상보다 비용이 더 드는 점이 문제된다. 전자의 상황을 청구원인으로 삼는 경우를 'delay' claim이라 하며, 후자의 상황을 청구원인으로 삼는 경우를 'disruption' claim이라 한다.

37 Southern Comfort Builders, Inc. v. U.S., 67 Fed. Cl. 124, 144(2005).

38 GPF Waikiki Galleria, LLC v. DFS Group, L.P., 2007 WL 3195089 (D. Haw. 2007).

39 Hartzler v. Wiley, 277 F. Supp. 2d 1114, 1116 (D. Kan. 2003).

라. 건설현장의 안전진단

건설현장의 안전성이 사건의 쟁점인 경우 일반인이 상식적인 수준에서 건설현장이 안전한지 여부를 판단할 수 없다면 건설현장 안전진단 전문가(construction safety expert)의 도움을 필요로 하게 된다.[40, 41]

5. 전문가 증인의 선정

한국과 달리 미국에서는 법원이 전문가 증인을 지정하는 경우보다 당사자 스스로 전문가 증인을 고용하는 것이 일반적이다. 전문가 증인을 확보하는 가장 일반적인 방법은 다른 사람으로부터 추천을 받는 것이며, 추천을 받는 것이 여의치 않을 경우에는 온라인에서 입수가 가능한 전문가 증인 명단을 활용하기도 한다. 이러한 명단은 불완전한 정보를 제공한다는 단점이 있기 때문에 해당 분야에서 실무에 종사하는 사람을 전문가 증인으로 고용하기도 하는데, 건설 분야의 경우 주로 실무적인 기준(standard of practice)에 대한 증언을 확보하고자 하는 경우 이와 같은 방법을 쓰게 된다. 다만 추천이나 명단을 참조하여 확보하지 아니한 전문가 증인은 소송관여 경험이 적을 수 있다는 단점이 있다.[42] 대학과 같은 교육기관에서 전문가 증인을 확보하는 경우도 있는바, 주로 신기술에 대한 증언이 필요한 경우 이와 같은 방법을 쓰게 된다. 다만 이러한 전문가 증인은 현장에 대한 경험이 적을 수 있다는 단점이 있으며, 해당 기관의 명성이 증언의 신빙성 평가에 영향을 미칠 수 있음을 유의해야 한다.

---

40 Taylor v. American Fabritech, Inc., 132 S.W.3d 613 Tex. App. Houston 14th Dist.(2004). 건설현장에서 추락사고를 방지하기 위해 어느 정도의 주의의무가 요구되는지에 관하여 전문가가 증언한 사례. 1심 법원은 위 진술의 증거능력을 인정하는바, 피고 측은 ① 증인이 현장조사를 제대로 하지 않았으며, ② 쟁점 자체가 상식적인 수준에서 판단 가능한 것이라는 이유 등을 들어 위 진술의 증거능력을 인정한 1심 판결이 잘못되었다고 주장하였음. 항소심은 증인이 설계도와 다른 서류들을 검토한 결과 현장을 조사할 필요가 없다고 판단하던 점, 건설현장에서 추락사고를 방지하기 위해 어떠한 조치가 필요한지 여부에 대한 판단은 일반인이 상식만으로 판단하기가 어렵다는 이유를 들어 위 진술의 증거능력을 인정한 1심 판결이 재량을 남용하였다고 보기 어렵다고 판시하였음.

41 Brown v. Boise-Cascade Corp., 150 Or. App. 391, 946 P.2d 324(1997). 원고가 제지공장에서 일을 하다가 추락한 사안으로 원고 측은 추락사고를 방지하기 위해 어떤 조치를 취해야 하는지, 조명은 어느 정도의 밝기를 유지하여야 하는지 여부를 입증하기 위해 산업위생사(industrial hygienist) 자격을 갖춘 전문가를 증인으로 신청하였음. 1심 법원은 증인의 의견이 혼란을 야기할 수 있고 배심원들에게 잘못된 예단을 갖게 할 수 있다는 이유로 증거능력을 인정치 아니하였음. 항소심은 위 증인의 의견이 주의의무의 정도와 주의의무를 위반하는지 여부를 판단함에 있어 중요한 역할을 할 뿐만 아니라 배심원들의 판단에 도움을 줄 수 있다는 이유로 1심 판결을 파기하였음.

42 증언을 하기 위해 소송에 관여한 경험이 많은 전문가 증인보다 많은 준비를 해야 하며, 상대방 소송대리인의 반대신문에 농락당할 우려가 있다.

6. 전문가 증인의 자격

건설 분야의 경우 전문가가 보유하고 있는 경력과 경험은 매우 다양하기 때문에 그와 같은 경력 내지 경험과 사안의 쟁점 사이에는 적절한 관련성이 요구된다. 예컨대, PC공법[43] 분야의 전문가는 목조 건축물과 관련된 사건에 도움이 되지 않을 것이다.[44] 연방증거규칙(FRE) 702조에 명시된 바와 같이 전문가가 적절한 자격을 갖추었는지 여부는 전문가가 보유한 "지식, 기술, 경험, 훈련, 교육(knowledge, skill, experience, training, or education)"에 의거하여 판단하게 되는데, 건설 분야의 경우 전문가의 경험이 가장 중요한 요소로 고려되고 있으며, 종전에 소송에 관여한 경험이 있는 전문가를 선호하는 경향이 있다. 전문가의 자격에 대한 다툼이 있는 경우 이를 다투는 측에서는 전문가가 자격증을 가지고 있는지, 특정 교육과정이나 훈련과정을 이수하는지, 논문이나 저서 등을 출간한 사실이 있는지, 업무경력이 분쟁의 대상이 된 사안과 관련성이 있는지 여부 등을 문제 삼게 되며, 이 경우 법원은 하나의 요소에 초점을 맞추기보다는 위와 같은 요소 들을 종합적으로 고려하여 전문가가 연방증거규칙(FRE) 702조가 요구하는 자격을 갖추었는지 아닌지를 판단하게 된다.[45] 전문가 증인이 자격증을 갖추어야 하는지 여부에 대하여는 주마다 입장을 달리하고 있다. 대다수의 주에서는 전문가로서 증언을 하기 위해서 반드시 자격증이 필요한 것은 아니라는 입장을 취하고 있다.[46, 47, 48] 일리노이 주를 비롯한 일

43 건축현장에서 임시틀(거푸집)을 만든 다음 콘크리트를 붓는 것과는 달리 공장에서 콘크리트 자재를 만들어 현장에서 조립하는 방법이다. PC는 precast concrete의 약자이다.

44 Goodridge v. Hyster Co., 845 A.2d 498, Prod. Liab. Rep. (CCH) P 16965 (Del. 2004). 작업 안전성 검사를 전문으로 하는 증인(occupational safety expert)으로 하여금 지게차(forklift)의 안전성에 대해 증언하게 하는 것은 공학이나 제품설계에 대한 지식이 없는 증인으로 하여금 신뢰하기 어려운 의견을 제시하게 하는 것이기 때문에 허용되지 아니한다고 판시한 사례.

45 Virginia Vermiculite Ltd. v. W.R. Grace & Co.-Conn., 98 F. Supp. 2d 729, 2000-1 Trade Cas. (CCH)이 사건에서 법원은 전문가 증인이 ① 경제학자가 아닌 점, ② 반독점 내지 여신 분야와 관련된 교육과정을 이수하지 아니한 점, ③ 단 한 편의 글을 기고한 사실이 있을 뿐이며 그나마도 가격차별, 여신, 반독점 분야와는 관련이 없다는 점, ④ 회사재정의 건전성을 분석하는 업무에 종사한 경험이 있을 뿐 다른 업무에 관여한 경험이 거의 없는 점 등의 이유를 들어 증인의 증언을 배제하여 달라는 신청이 들어오자 위와 같은 요소들이 독립적으로는 전문가 증인으로 하여금 증언을 할 수 없게 하는 것은 아니나 종합적으로는 전문가 증인이 연방증거규칙(FRE) 702조가 요구하는 자격을 갖추지 못하였다는 결론에 이르게 할 수 있다고 판시한 바 있다.

46 Martin v. Sizemore, 78 S.W.3d 249, 275 (Tenn. Ct. App. 2001). 건축사로서 주의의무를 위반하는지 여부를 증언하기 위해 건축사 자격증이나 학위가 필요한 것은 아니라고 판시하였음.

47 Perlmutter v. Flickinger, 520 P.2d 596 (Colo. App. 1974). 콜로라도에서 건축사 자격을 취득하지 아니한 사람이라 하더라도 콜로라도에서 실무를 하는 사람들에게 어느 정도의 주의의무가 요구되는지 여부에 대해 증언할 수 있다는 취지의 판결.

48 법원이 해당 주에서 자격증을 취득하지 아니한 사람이 전문가로서 증언하는 것을 허용하고 있다 하더라도 해당 주의 법률이 전문가로서 증언하는 것을 업행위를 하는 것으로 규정하는 경우가 있기 때문에 증언을 한 전문

부 주에서는 해당 주에서 딴 자격증을 소지하고 있는 경우에 한해 전문가 증인으로서 증언하는 것을 허 용하고 있으며,[49] 해당 주에서 자격증을 취득한 전문가는 전문가로서 증언할 자격을 갖춘 것으로 추정하되, 다른 주에서 자격증을 취득한 전문가는 해당 주에서 자격증을 취득할 수 있을 정도로 자격을 갖춘 사실을 입증한 경우에 한해 전문가로서 증언을 할 수 있게 하는 주도 있다.

7. 결격사유

가. 상대방 당사자를 위해 전문가 증인으로서 서비스를 제공한 경우

동일 소송에서 쌍방을 대리하는 경우처럼 전문가 증인에게 결격사유가 있음이 명백한 경우를 제외하고는 법원은 다음과 같은 기준에 의거, 전문가 증인에게 결격사유가 있는지 여부를 판단하고 있다. (1) 전문가 증인을 고용하였다고 주장하는 상대방 당사자와 당해 전문가 증인 사이에 신뢰관계(confidential relationship)가 형성되었다고 생각하는 것이 객관적으로 합리적인지 여부 (2) 외부에 공개되지 아니한 정보나 증언거부특권에 의하여 보호되는 정보가 전문가에게 공개되었는지 여부. 법원은 위와 같은 두 가지 요건이 모두 충족된 경우에 한하여 전문가 증인을 소송절차에서 배제시키고 있는바,[50, 51, 52] 이는 소송당사자의 전문적 지식에 대한 자유로운 접근을 보장하고, 전문가가 소송에서 자신의 역할을 제대로 할 수 있게 하기 위함이다. 전문가 증인을 소송에서 배제시켜야 할 결격사유가 있다는 점에 대한 입증책임은 이를 주장하는 쪽이 지게 된다. 소송당사자 내지 소송대리인과 전문가 증인 간의 관계가 오랫동안 지속되

가가 징계를 받게 될 수도 있음은 유의해야 할 것임.

49 다음과 같은 예외적인 사례도 있음을 유의. Thompson v. Gordon, 221 Ill. 2d 414, 303 Ill. Dec. 806, 851 N.E.2d 1231(2006). 남편이 교통사고로 사망하자 부인이 도로의 설계에 결함이 있음을 주장하면서 손해배상을 청구한 사안으로 원고 측에서는 워싱턴 D.C.에서 자격을 취득한 공학자의 진술서를 증거로 제출하였으며, 피고 측은 원고 측 전문가 증인이 일리노이주에서 자격을 취득하지 않았다는 이유로 이의를 제기하였음. 1심 법원은 전문가 증인으로서 증언하기 위해서는 일리노이주에서 자격을 취득해야 한다고 판시하였으나 항소심 법원은 일리노이주에서 자격을 취득하지 않았다 하더라도 전문가로서 증언하는 것이 허용된다고 판시하였으며, 대법원 역시 항소심 법원과 같은 태도를 취한 바 있음.

50 Palmer v. Ozbek, 144 F.R.D. 66, 67 (D. Md. 1992). 전문가 증인이 소송의 초기 단계에서 원고 소송대리인을 두 시간 동안 면담한 사실이 있다는 사정만으로 전문가 증인을 소송절차에서 배제할 수 없다 한 사례.

51 Great Lakes Dredge & Dock Co. v. Harnischfeger Corp., 734 F. Supp. 334, 336-37 (N.D. III. 1993). 피고 측 전문가 증인이 원고 회사에 근무한 적이 있을 뿐만 아니라 원고 측 전문가들을 상급자로서 관리한 사실이 있다는 사정만으로 전문가 증인을 소송절차에서 배제할 수 없다고 한 사례.

52 Mayer v. Dell, 139 F.R.D. 1, 3 (D.D.C. 1991). 원고 측이 피고 측 전문가 증인과 신뢰관계가 형성된 사실을 입증하지 않는 이상 전문가 증인을 소송절차에서 배제할 수 없다고 한 사례.

었다면 법원은 외부에 공개되지 않은 정보가 전문가 증인에게 전달되었다고 판단할 가능성이 크다.[53, 54] 반면 소송대리인과 전문가 증인의 접촉이 일회적인 것에 불과하고, 사건과 관련된 구체적인 정보들이 제공되지 아니하였으며, 전문가가 특정한 용역의 수행을 요청받은 바가 없다면 전문가 증인을 소송에서 배제시킬 만한 결격사유가 없다고 보게 된다.[55, 56]

나. 상대방 당사자를 위해 소송 목적 이외의 서비스를 제공한 경우

전문가 증인이 과거에 상대방 당사자에게 고용된 적이 있었다면 이는 전문가 증인을 소송절차에서 배제시킬 수 있는 사유가 될 수 있다. 그러나 상대방 당사자와 과거에 있었던 제휴관계가 전문가 증인을 소송절차에서 배제시키는 사유로 작용하는 것은 아니다. 예컨대, 피고 측 전문가 증인이 원고의 수급인을 위해 용역을 제공하였으나 원고와는 거의 접촉한 사실이 없고, 소송상 쟁점에 대해서는 논의한 사실이 전혀 없을 뿐만 아니라 제공한 용역 역시 원고와 피고 사이에 제기된 소송과는 아무런 관련성이 없는 경우 법원은 전문가 증인을 소송절차에서 배제할 수 없다고 판시한 바 있다.[57]

다. 상대방 당사자에게 고용된 적이 있는 경우

상대방 당사자와 전문가 증인 사이에 단순히 고용관계가 있었다는 사정만으로는 전문가 증인을 소송절차에서 배제시키는 사유가 되기 어렵고, 그와 같은 사정은 반대신문을 통해 증언의 신빙성을 탄핵하는 것으로 해결되어야 한다.[58] 그러나 고용과정에서 전문가에게 비밀성이 있거나 증언거부특권에 의해 보호되는 정보가 전달되었으며, 그와 같은 정보가 상대방에게 누설될 중대한 위험이 존재하는 경우 전문가 증인을 소송절차에서 배제시켜야 할 사유가 될 수 있다.

---

53 Koch Refining Co. v. Jennifer L. Boudreau M/V, 85 F.3d 1178, 1183, 1997 A.M.C. 246 (5th Cir. 1996). 상대방 당사자의 보험회사를 위해 6년간 전문가 증인으로서 서비스를 제공하였으며, 당해 소송과 관련하여 상세한 의견을 제시한 경우 전문가 증인을 소송절차에서 배제시키는 것이 타당하다 한 사례.

54 Marvin Lumber & Cedar Co. v. Norton Co., 113 F.R.D. 588, 591 (D. Minn. 1986). 원고 측 전문가 증인이 당해 소송과 유사한 문제가 제기된 다른 소송에서 피고 측을 위하여 전문가 증인으로서 의견을 제공하였다면 전문가 증인을 소송절차에서 배제시키는 것이 타당하다 한 사례.

55 Mayer v. Dell, 139 F.R.D. 1, 3-4 (D.D.C. 1991)

56 Nikkal Industries, Ltd. v. Saltonm Inc., 689 F. Supp. 187, 191 (S.D.N.Y. 1988). 전문가 증인을 고용할지 여부를 결정하기 위해 면접을 실시하였다는 사정만으로 전문가 증인을 소송절차에서 배제시킬 수 없다 한 사례.

57 City of Springfield v. Rexnord Corp., 111 F. Supp. 2d 71, 74-76 (D. Mass. 2000).

58 Great Lakes Dredge & Dock Co. v. Harnischfeger Corp., 734 F. Supp. 334, 339 (N.D. Ill. 1990).

라. 소송의 결과에 경제적인 이해관계가 있는 경우

전문가 증인이 소송의 결과에 경제적인 이해관계가 있는 경우 전문가 증인을 소송절차에서 배제시킬 수 있는 사유가 될 수 있다. 예컨대, 난방 및 공기정화 시스템에 하자가 있는지 여부에 대하여 증언을 하기 위해 고용된 전문가 증인이 소송에서 난방 및 공기정화 시스템에 하자가 있다고 판명될 경우 이를 자신이 교체하기로 약정하였다면 이러한 전문가 증인은 소송절차에서 배제시킴이 타당할 것이다.[59]

마. 같은 회사에 소속된 전문가 2인이 쌍방을 대리하는 경우

같은 회사에 소속된 전문가 2인이 쌍방을 대리하는 것 역시 허용되지 아니한다. 이는 각각의 전문가가 서로 다른 쟁점에 대하여 증언을 하는 경우에도 마찬가지로 적용되는데, 사법의 신뢰를 유지하기 위함이라고 한다. 위와 같은 경우 쌍방 당사자가 고용한 전문가 증인 모두를 소송절차에 관여하지 못하도록 할 것인지 어느 일방 당사자가 고용한 전문가 증인만을 소송절차에 관여하지 못하게 할 것인지 여부는 법원이 정책적으로 결정을 하게 되며, 법원은 ① 전문가를 통해 보호되어야 할 정보가 누설될 소지가 있는지 ② 이해관계의 충돌이 발생하지 않았다면 가정적으로 어떠한 상황이 발생하였을 것인지 여부를 고려하게 된다.[60]

바. 소송대리인이 전문가 증인으로 증언할 수 있는지 여부

매우 드문 경우이긴 하나 소송대리인이 전문가 증인으로서 증언을 할 수 있는지 여부가 문제되기도 한다. 이와 관련하여 변호사로서 소송당사자의 이익을 최선을 다해 대변할 의무와 전문가로서 중립적인 의견을 제시해야 하는 의무 간에 충돌이 발생한다는 점, 변호사가 증인으로서 증언을 하게 될 경우에는 변호사와 고객 간의 비밀유지특권이 침해될 소지가 있다는 점 등의 이유를 들어 소송대리인이 전문가 증인으로서 증언하는 것을 허용해서는 안 된다는 신청을 받아들인 사례가 있다.[61]

---

59 Chrysler Realty Co., LLC v. Design Forum Architects, Inc., 2008 WL 2245396 (E.D. Mich. 2008).

60 Sells v. Wamser, 158 F.R.D. 390, 394-395 (S.D. Ohio 1994) 예컨대, 같은 회사에 소속된 전문가 증인들이 서로 다른 쟁점에 대하여 증언을 할 예정이기 때문에 서로 간에 비밀이 누설될 염려가 없고, 원고 측이 피고 측보다 먼저 전문가 증인을 고용하였다면 피고 측으로서는 전문가 증인을 고용하는 데 소요된 비용을 변상받고 다른 전문가 증인을 고용하게 하는 한편, 원고 측의 전문가 증인은 그대로 원고 측을 도울 수 있게 함이 타당하다.

61 Costanzo v. Pennsylvania Turnpike Com'n, 50 Pa. D. & C.4th 414, 2001 WL 846474 (C.P. 2001).

8. 전문가 증인의 책임

영미법에서는 소송에서 증언한 증인에게 면책특권을 보장하고 있는바,[62] 전문가 증인 역시 일반적으로 면책특권에 의한 보호를 인정받고 있다. 다만 일반적인 증인과 달리 전문가 증인의 면책특권을 인정하는 범위는 상대방 당사자로부터 소송을 당한 경우에 한하며,[63, 64, 65, 66] 전문가 증인을 고용한 당사자로부터 소송을 제기당한 경우까지 면책특권을 인정하는 것은 드문 편이다.[67, 68]

---

62 증인의 진술이 소송에서의 쟁점과 적절한 관련성이 있는 것이라면 명예훼손이나 다른 불법행위에 기한 손해배상청구로부터 자유롭다는 의미이지 위증의 책임을 면한다는 의미가 아님을 유의.

63 미주리주에서는 전문가 증인이 자신을 고용한 당사자에게 부실한 서비스를 제공하였다는 이유로 소송을 당한 경우 면책특권을 인정하지 아니함.

64 Murphy v. A.A. Mathews, a Div. of CRS Group Engineers, Inc., 841 S.W.2D 671 (Mo. 1992). 부실한 서비스를 제공하였다는 이유로 전문가 증인을 고용한 당사자로부터 소송을 당한 경우까지 면책특권을 부여하는 것은 공공정책에 부합하지 않는다는 취지로 판시한 사례.

65 Pollock v. Panjabi, 47 Conn. Supp. 179, 781 A.2d 518, 27 Conn. L. Rptr. 316, 157 Ed. Law Rep. 766 (Super. Ct. 2000). 전문가 증인이 올바른 방법으로 실험을 하지 아니하여 증언의 증거능력이 배제되자 전문가 증인을 고용한 측에서 계약위반 및 과실로 인한 불법행위 등을 청구원인으로 하여 소를 제기하였음. 법원은 이와 같은 사안에서 전문가 증인에게 면책특권을 부여하는 것은 전문가 증인으로 하여금 자유롭게 의견을 개진할 수 있게 하려는 면책특권 제도의 취지와 부합하지 않는다는 이유로 원고의 소 제기가 허용된다고 판시하였음.

66 Mattco Forge, Inc. v. Arthur Young & Co., 5 Cal. App. 4th 392, 6 Cal. Rptr. 2d 781 (2d Dist. 1992). 전문가 증인이 원가계산 견적서를 준비하고 손해액을 산정함에 있어 허위의 정보를 사용하였다는 이유로 청구가 기각되자 전문가 증인을 고용한 측에서 전문가 증인을 상대로 소를 제기한 사안임. 캘리포니아 법원은 이와 같은 사안에 있어 전문가 증인에게 면책특권을 인정하는 것은 전문가로 하여금 진실한 증언을 하게 하려는 제도의 취지에도 부합하지 않는다고 판시한 바 있음. Lambert v. Carneghi, 158 Cal. App. 4th 1120, 70 Cal. Rptr. 3d 626 (1st Dist. 2008) 역시 같은 취지임.

67 Bruce v. Byrne-Stevens & Associates Enginees, Inc., 113 Wash. 2d 123, 776 P.2d 666 (1989). 전문가 증인이 손해액을 산정함에 있어 과실이 있었다는 이유로 전문가 증인을 고용한 측에서 손해배상을 청구한 사안으로 법원은 전문가 증인이 솔직하고 객관적인 의견을 제시할 수 있도록 하기 위해서는 전문가 증인에게 면책특권을 인정해야 하며, 전문가 증인이 법원에 의해 지정되었는지 당사자에 의해 고용되었는지는 중요하지 않다고 판시하였음.

68 Panitz v. Behrend, 429 Pa. Super. 273, 632 A.2d 562 (1993) 펜실베이니아주 사건으로 각주 66번 판결과 동지.

참고문헌

ACI (1982). Guide to Durable Concrete. ACI Committee 201, American Concrete Institute, Detroit.

ACI (1990). ACI Manual of Concrete Practice, Part 1, Materials and General Properties of Concrete. American Concrete Institute, Detroit.

ASCE (1964). Design of Foundations for Control of Settlement. American Society of Civil Engineers, New York, 592 pp.

ASCE (1972). "Subsurface Investigation for Design and Construction of Foundations of Buildings." Task Committee for Foundation Design Manual. Part I, Journal of Soil Mechanics, ASCE, vol. 98, no. SM5, pp. 481–490; Part II, no. SM6, pp. 557–578; Parts III and IV, no. SM7, pp. 749–764.

ASCE (1976). Subsurface Investigation for Design and Construction of Foundations of Buildings. Manual No. 56. American Society of Civil Engineers, New York, 61 pp.

ASCE (1978). Site Characterization and Exploration. Proceedings of the Specialty Workshop at Northwestern University, C. H. Dowding, ed. New York, 395 pp.

ASCE (1987). Civil Engineering Magazine, American Society of Civil Engineers, New York, April.

ASFE (undated). Expert: A Guide to Forensic Engineering and Service as an Expert Witness. ASFE: The Association of Engineering Firms Practicing in the Geosciences, Silver Spring, Md., 52 pp.

ASFE (1993). Recommended Practices for Design Professionals Engaged as Experts in the Resolution of Construction Industry Disputes. ASFE: The Association of Engineering Firms Practicing in the Geosciences, Silver Spring, Md., 8 pp.

ASTM (1970). "Special Procedures for Testing Soil and Rock for Engineering Purposes." ASTM Special Technical Publication 479, Philadelphia, 630 pp.

ASTM (1971). "Sampling of Soil and Rock." ASTM Special Technical Publication 483, Philadelphia, 193 pp.

ASTM (1997a). Annual Book of ASTM Standards: Concrete and Aggregates, vol. 04.2. Standard No. C 881-90, "Standard Specification for Epoxy-Resin-Base Bonding Systems for Concrete," West Conshohocken, Pa., pp. 436–440.

ASTM (1997b). Annual Book of ASTM Standards: Road and Paving Materials; Vehicle-Pavement Systems, vol. 04.03. Standard No. D 5340-93, "Standard Test Method for Airport Pavement Condition Index Surveys," West Conshohocken, Pa., pp. 546–593.

ASTM (1997c). Annual Book of ASTM Standards: Road and Paving Materials; Vehicle-Pavement Systems, vol. 04.03. Standard No. E 1778-96a, "Standard Terminology Relating to Pavement Distress," West Conshohocken, Pa., pp. 843–849.

ASTM (1997d). Annual Book of ASTM Standards, vol. 04.08, Soil and Rock (I). Standard No. D 420-93, "Standard Guide to Site Characterization for Engineering, Design, and Construction Purposes," West

Conshohocken, Pa., pp. 1–7.

ASTM (1997e). Annual Book of ASTM Standards, vol. 04.08, Soil and Rock (I). Standard No. D 422-90, "Standard Test Method for Particle-Size Analysis of Soils," West Conshohocken, Pa., pp. 10–20.

ASTM (1997f). Annual Book of ASTM Standards, vol. 04.08, Soil and Rock (I). Standard No. D 698-91, "Test Method for Laboratory Compaction Characteristics of Soil Using Standard Effort," West Conshohocken, Pa., pp. 77–87.

ASTM (1997g). Annual Book of ASTM Standards, vol. 04.08, Soil and Rock (I). Standard No. D 1557-91, "Test Method for Laboratory Compaction Characteristics of Soil Using Modified Effort," West Conshohocken, Pa., pp. 126–133.

ASTM (1997h). Annual Book of ASTM Standards, vol. 04.08, Soil and Rock (I). Standard No. D 2435-96, "Standard Test Method for One-Dimensional Consolidation Properties of Soils," West Conshohocken, Pa., pp. 207–216.

ASTM (1997i). Annual Book of ASTM Standards, vol. 04.08, Soil and Rock (I). Standard No. D 2844-94, "Standard Test Method for Resistance R-Value and Expansion Pressure of Compacted Soils," West Conshohocken, Pa., pp. 246–253.

ASTM (1997j). Annual Book of ASTM Standards, vol. 04.08, Soil and Rock (I). Standard No. D 2974-95, "Standard Test Methods for Moisture, Ash, and Organic Matter of Peat and Other Organic Soils," West Conshohocken, Pa., pp. 285–287.

ASTM (1997k). Annual Book of ASTM Standards, vol. 04.08, Soil and Rock (I). Standard No. D 4829-95, "Standard Test Method for Expansion Index of Soils," West Conshohocken, Pa., pp. 866–869.

ASTM (1997l). Annual Book of ASTM Standards, vol. 04.09, Soil and Rock (II), Geosynthetics. Standard No. D 5333-92, "Standard Test Method for Measurement of Collapse Potential of Soils," West Conshohocken, Pa., pp. 225–227.

Abramson, L. W., Lee, T. S., Sharma, S., and Boyce, G. M. (1996). Slope Stability and Stabilization Methods. John Wiley & Sons, New York, 629 pp.

"Accident Investigation Report" (no date). Cal/OSHA Report No. 018, California Occupational Safety and Health Administration, San Francisco, 1 p.

"Aggressive Chemical Exposure" (1990). ACI Manual of Concrete Practice, Part 1, Materials and General Properties of Concrete, American Concrete Institute, Detroit, pp. 201.2R-10 to 201.2R-13.

Al-Homoud, A. S., Basma, A. A., Husein Malkawi, A. I., and Al Bashabsheh, M. A. (1995). "Cyclic Swelling Behavior of Clays." Journal of Geotechnical Engineering, ASCE, vol. 121, no. 7, pp. 562–565.

Al-Homoud, A. S., Basma, A. A., Husein Malkawi, A. I., and Al Bashabsheh, M. A. (1997). Closure of "Cyclic Swelling Behavior of Clays." Journal of Geotechnical and Geoenvironmental Engineering, ASCE, vol. 123, no. 8, pp. 786–788.

Al-Khafaji, A. W. N., and Andersland, O. B. (1981). "Ignition Test for Soil Organic Content Measurement."

Journal of Geotechnical Engineering Division, ASCE, vol. 107, no. 4, pp. 465-479.

Alvarado Soils Engineering (1977). "Preliminary Geologic and Soils Investigation, Proposed 4 Lot Residential Development, Southeast Side of Desert View Drive." Project No. 52C1E, San Diego, 26 pp.

Ambraseys, N. N. (1960). "On the Seismic Behavior of Earth Dams." Proceedings of the Second World Conference on Earthquake Engineering, vol. 1, Tokyo and Kyoto, pp. 331-358.

Anderson, S. A., and Sitar, N. (1995). "Analysis of Rainfall-Induced Debris Flow." Journal of Geotechnical Engineering, ASCE, vol. 121, no. 7, pp. 544-552.

Anderson, S. A., and Sitar, N. (1996). Closure of "Analysis of Rainfall-Induced Debris Flow." Journal of Geotechnical Engineering, ASCE, vol. 122, no. 12, pp. 1025-1027.

Arnold, C. and Reitherman, R. (1982). Building Configuration and Seismic Design. John Wiley & Sons, New York, NY.

Association of Engineering Geologists (1978). Failure of St. Francis Dam. Southern California Section.

Athanasopoulos, G. A. (1995). Discussion of "1988 Armenia Earthquake II. Damage Statistics versus Geologic and Soil Profiles." Journal of Geotechnical Engineering, ASCE, vol. 121, no. 4, pp. 395-398.

Atkins, H. N. (1983). Highway Materials, Soils, and Concretes. Second Edition, Reston Publishing, Reston, Va., 377 pp.

Baldwin, J. E., Donley, H. F., and Howard, T. R. (1987). "On Debris Flow/Avalanche Mitigation and Control, San Francisco Bay Area, California." Debris Flow/Avalanches: Process, Recognition, and Mitigation, The Geological Society of America, Boulder, Colo. pp. 223-226.

Bates, R. L., and Jackson, J. A. (1980). Glossary of Geology. American Geological Institute, Falls Church, Va., 751 pp.

Bell, F. G. (1983). Fundamentals of Engineering Geology. Butterworths, London, England, 648 pp.

Bellport, B. P. (1968). "Combating Sulphate Attack on Concrete on Bureau of Reclamation Projects." Performance of Concrete, Resistance of Concrete to Sulphate and Other Environmental Conditions, University of Toronto Press, Toronto, Canada, pp. 77-92.

Benton Engineering Inc. (1962). "Landslide Investigations. Soledad Mountain, City of San Diego, California." Project No. 61-12-14F, prepared for City of San Diego, 25 pp.

Best, M. G. (1982). Igneous and Metamorphic Petrology. W. H. Freeman, San Francisco.

Biddle, P. G. (1979). "Tree Root Damage to Buildings—An Arboriculturist's Experience." Arboricultural Journal, vol. 3, no. 6, pp. 397-412.

Biddle, P. G. (1983). "Patterns of Soil Drying and Moisture Deficit in the Vicinity of Trees on Clay Soils." Geotechnique, London, vol. 33, no. 2, pp. 107-126.

Bishop, A. W. (1955). "The Use of the Slip Circle in the Stability Analysis of Slopes." Geotechnique, London, vol. 5, no. 1, pp. 7-17.

Bishop, A. W., and Henkel, D. J. (1962). The Measurement of Soil Properties in the Triaxial Test. 2d ed., Edward

Arnold, London, 228 pp.

Bjerrum, L. (1963). "Allowable Settlements of Structures." Proceedings of European Conference on Soil Mechanics and Foundation Engineering, vol. 2, Wiesbaden, Germany, pp. 135–137.

Boardman, B. T., and Daniel, D. E. (1996). "Hydraulic Conductivity of Desiccated Geosynethic Clay Liners." Journal of Geotechnical Engineering, ASCE, vol. 122, no. 3, pp. 204–215.

Bonilla, M. G. (1970). "Surface Faulting and Related Effects." Chapter 3 of Earthquake Engineering, Robert L. Wiegel, coordinating editor. Prentice-Hall, Englewood Cliffs, N.J., pp. 47–74.

Boone, S. T. (1996). "Ground-Movement-Related Building Damage." Journal of Geotechnical Engineering, ASCE, vol. 122, no. 11, pp. 886–896.

Boscardin, M. D., and Cording, E. J. (1989). "Building Response to Excavation-Induced Settlement." Journal of Geotechnical Engineering, ASCE, vol. 115, no. 1, pp. 1–21.

Bourdeaux, G., and Imaizumi, H. (1977). "Dispersive Clay at Sabradinho Dam." Dispersive Clays, Related Piping, and Erosion in Geotechnical Projects, STP 625, American Society for Testing and Materials, Philadelphia, pp. 12–24.

Bowles, J. E. (1982). Foundation Analysis and Design, 3d ed., McGraw-Hill, New York, 816 pp.

Brewer, H. W. (1965). "Moisture Migration—Concrete Slab-on-Ground Construction." Journal of the PCA Research and Development Laboratories, May, pp. 2–17.

Bromhead, E. N. (1984). Ground Movements and their Effects on Structures, Chap, 3, "Slopes and Embankments." P. B. Attewell and R. K. Taylor, eds., Surrey University Press, London, p. 63.

Brown, D. R., and Warner, J. (1973). "Compaction Grouting." Journal of the Soil Mechanics and Foundations Division, ASCE, vol. 99, no. SM8, pp. 589–601.

Brown, R. W. (1990). Design and Repair of Residential and Light Commercial Foundations. McGraw-Hill, New York, 241 pp.

Brown, R. W. (1992). Foundation Behavior and Repair, Residential and Light Commercial. McGraw-Hill, New York, 271 pp.

Bruce, D. A., and Jewell, R. A. (1987). "Soil Nailing: The Second Decade." International Conference on Foundations and Tunnels, London, England, pp. 68–83.

Bruneau, M. (1999). "Structural Damage: Kocaeli, Turkey Earthquake, August 17, 1999." MCEER Deputy Director and Professor, Department of Civil, Structural and Environmental Engineering, University at Buffalo. Posted on the Internet.

Burland, J. B., Broms, B. B., and DeMello, V. F. B. (1977). "Behavior of Foundations and Structures: State of the Art Report." Proceedings of the 9th International Conference on Soil Mechanics and Foundation Engineering, Japanese Geotechnical Society, Tokyo, pp. 495–546.

Butt, T. K. (1992). "Avoiding and Repairing Moisture Problems in Slabs on Grade." The Construction Specifier, December, pp. 17–27.

Byer, J. (1992). "Geocalamities—The Do's and Don'ts of Geologic Consulting in Southern California." Engineering Geology Practice in Southern California. B. W. Pipkin and R. J. Proctor, eds., Star Publishing, Association of Engineering Geologists, Southern California Section, Special Publication No. 4, pp. 327–337.

California Department of Water Resources (1967). "Earthquake Damage to Hydraulic Structures in California." California Department of Water Resources, Bulletin 116-3, Sacramento.

California Division of Highways (1973). Flexible Pavement Structural Design Guide for California Cities and Counties, Sacramento, 42 pp.

Carlson, R. W. (1938). "Drying Shrinkage of Concrete as Affected by Many Factors." Proceeding of the Forty-First Annual Meeting of the American Society for Testing and Materials, Vol. 38, Part II, Technical Papers, ASTM, Philadelphia, PA, pp. 419–440.

Carper, K. L. (1986). Forensic Engineering: Learning from Failures. ASCE, New York, 98 pp.

Carper, K. L. (1989). Forensic Engineering. Elsevier, New York, 361 pp.

Carpet and Rug Institute (1995). Standard Industry Reference Guide for Installation of Residential Textile Floor Covering Materials, 3d ed., Carpet and Rug Institute, Dalton, Ga., 44 pp.

Casagrande, A. (1932). Discussion of "A New Theory of Frost Heaving" by A. C. Benkelman and F. R. Ohlmstead, Proceedings of the Highway Research Board, vol. 11, pp. 168–172.

Casagrande, A. (1948). "Classification and Identification of Soils." Transactions ASCE, vol. 113, p. 901.

Cedergren, H. R. (1989). Seepage, Drainage, and Flow Nets, 3d ed. John Wiley & Sons, New York, 465 pp.

Cernica, J. N. (1995a). Geotechnical Engineering: Soil Mechanics. John Wiley & Sons, New York, 454 pp.

Cernica, J. N. (1995b). Geotechnical Engineering: Foundation Design. John Wiley & Sons, New York, 486 pp.

Cheeks, J. R. (1996). "Settlement of Shallow Foundations on Uncontrolled Mine Spoil Fill." Journal of Performance of Constructed Facilities, ASCE, vol. 10, no. 4, pp. 143–151.

Chen, F. H. (1988). Foundations on Expansive Soil, 2d ed., Elsevier, New York, 463 pp.

Cheney, J. E., and Burford, D. (1975). "Damaging Uplift to a Three-Story Office Block Constructed on a Clay Soil Following Removal of Trees." Proceedings, Conference on Settlement of Structures, Cambridge, Pentech Press, London, pp. 337–343.

"Citation" (1986). Identification No. W-5640, California Occupational Safety and Health Administration, San Francisco, September 4, 1 p.

Cleveland, G. B. (1960). "Geology of the Otay Clay Deposit, San Diego County, California." California Division of Mines Special Report 64, Sacramento, 16 pp.

Coduto, D. P. (1994). Foundation Design, Principles and Practices. Prentice Hall, Englewood Cliffs, N.J., 796 pp.

Collins, A. G., and Johnson, A. I. (1988). Groundwater Contamination, Field Methods, symposium papers published by American Society for Testing and Materials, Philadelphia, 491 pp.

Committee Report for the State (1928). "Causes Leading to the Failure of the St. Francis Dam." California Printing

Office.

Compton, R. R. (1962). Manual of Field Geology. John Wiley and Sons, New York, pp. 255–256.

Corns, C. F. (1974). "Inspection Guidelines—General Aspects." Safety of Small Dams, Proceedings of the Engineering Foundation Conference, Henniker, N.H., published by ASCE, New York, pp. 16–21.

Cutler, D. F., and Richardson, I. B. (1989). Tree Roots and Buildings, 2d ed. Longman, England, pp. 1–67.

David, D., and Komornik, A. (1980). "Stable Embedment Depth of Piles in Swelling Clays." Fourth International Conference on Expansive Soils, ASCE, vol. 2, Denver, pp. 798–814.

Day, R. W. (1989). "Relative Compaction of Fill Having Oversize Particles." Journal of Geotechnical Engineering, ASCE, vol. 115, no. 10, pp. 1487–1491.

Day, R. W. (1990a). "Differential Movement of Slab-on-Grade Structures." Journal of Performance of Constructed Facilities, ASCE, vol. 4, no. 4, pp. 236–241.

Day, R. W. (1990b). "Index Test for Erosion Potential." Bulletin of the Association of Engineering Geologists, vol. 27, no. 1, pp. 116–117.

Day, R. W. (1991a). Discussion of "Collapse of Compacted Clayey Sand." Journal of Geotechnical Engineering, ASCE, vol. 117, no. 11, pp. 1818–1821.

Day, R. W. (1991b). "Expansion of Compacted Gravelly Clay." Journal of Geotechnical Engineering, ASCE, vol. 117, no. 6, pp. 968–972.

Day, R. W. (1992a). "Effective Cohesion for Compacted Clay." Journal of Geotechnical Engineering, ASCE, vol. 118, no. 4, pp. 611–619.

Day, R. W. (1992b). "Swell Versus Saturation for Compacted Clay." Journal of Geotechnical Engineering, ASCE, vol. 118, no. 8, pp. 1272–1278.

Day, R. W. (1992c). "Walking of Flatwork on Expansive Soils." Journal of Performance of Constructed Facilities, ASCE, vol. 6, no. 1, pp. 52–57.

Day, R. W. (1992d). "Moisture Migration Through Concrete Floor Slabs." Journal of Performance of Constructed Facilities, ASCE, vol. 6, no. 1, pp. 46–51.

Day, R. W. (1992e). "Depositions and Trial Testimony, A Positive Experience?" Journal of Professional Issues in Engineering Education and Practice, ASCE, vol. 118, no. 2, pp. 129–131.

Day, R. W. (1993). "Surficial Slope Failure: A Case Study." Journal of Performance of Constructed Facilities, ASCE, vol. 7, no. 4, pp. 264–269.

Day, R. W. (1994a). Discussion of "Evaluation and Control of Collapsible Soil." Journal of Geotechnical Engineering, ASCE, vol. 120, no. 5, pp. 924–925.

Day, R. W. (1994b). "Performance of Slab-on-Grade Foundations on Expansive Soil." Journal of Performance of Constructed Facilities, ASCE, vol. 8, no. 2, pp. 129–138.

Day, R. W. (1994c). "Surficial Stability of Compacted Clay: Case Study." Journal of Geotechnical Engineering, ASCE, vol. 120, no. 11, pp. 1980–1990.

Day, R. W. (1994d). "Moisture Migration Through Basement Walls." Journal of Performance of Constructed Facilities, ASCE, vol. 8, no. 1, pp. 82–86.

Day, R. W. (1995a). "Pavement Deterioration: Case Study." Journal of Performance of Constructed Facilities, ASCE, vol. 9. no. 4, pp. 311–318.

Day, R. W. (1995b). "Reactivation of an Ancient Landslide." Journal of Performance of Constructed Facilities, ASCE, vol. 9, no. 1, pp. 49–56.

Day, R. W. (1995c). "Engineering Properties of Diatomaceous Fill." Journal of Geotechnical Engineering, ASCE, vol. 121, no. 12, pp. 908–910.

Day, R. W. (1996a). "Study of Capillary Rise and Thermal Osmosis." Journal of Environmental and Engineering Geoscience, joint publication, AEG and GSA, vol. 2, no. 2, pp. 249–254.

Day, R. W. (1996b). "Moisture Penetration of Concrete Floor Slabs, Basement Walls, and Flat Slab Ceilings." Practice Periodical on Structural Design and Construction, ASCE, vol. 1, no. 4, pp. 104–107.

Day, R. W. (1996c). "Repair of Damaged Slab-on-Grade Foundations." Practice Periodical on Structural Design and Construction, ASCE, vol. 1, no. 3, pp. 83–87.

Day, R. W. (1997a). "Soil Related Damage to Tilt-up Structures." Practice Periodical on Structural Design and Construction, ASCE, vol. 2, no. 2, pp. 55–60.

Day, R. W. (1997b). "Hydraulic Conductivity of a Desiccated Clay Upon Wetting." Journal of Environmental and Engineering Geoscience, Joint Publication, AEG and GSA, vol. 3, no. 2, pp. 308–311.

Day, R. W. (1997c). "Design and Construction of Cantilevered Retaining Walls." Practice Periodical on Structural Design and Construction, ASCE, vol. 2, no. 1, pp. 16–21.

Day, R. W. (1998a). Discussion of "Ground-Movement-Related Building Damage." Journal of Geotechnical and Geoenvironmental Engineering, ASCE, vol. 124, no. 5, pp. 462–465.

Day, R. W. (1998b). "Settlement Behavior of Post-Tensioned Slab-on-Grade." Journal of Performance of Constructed Facilities, ASCE, vol. 12, no. 2, pp. 56–61.

Day, R. W. (2010). Foundation Engineering Handbook, Design and Construction with the 2009 International Building Code. Second Edition. McGraw-Hill, New York, NY, 1000 pp.

Day, R. W., and Axten, G. W. (1989). "Surficial Stability of Compacted Clay Slopes." Journal of Geotechnical Engineering, ASCE, vol. 115, no. 4, pp. 577–580.

Day, R. W., and Axten, G. W. (1990). "Softening of Fill Slopes Due to Moisture Infiltration." Journal of Geotechnical Engineering, ASCE, vol. 116, no. 9, pp. 1424–1427.

Day, R. W., and Poland, D. M. (1996). "Damage Due to Northridge Earthquake Induced Movement of Landslide Debris." Journal of Performance of Constructed Facilities, ASCE, vol. 10, no. 3, pp. 96–108.

Department of the Army (1970). Engineering and Design, Laboratory Soils Testing, Engineer Manual EM 1110-2-1906. Prepared at the U.S. Army Engineer Waterways Experiment Station, published by the Department of the Army, Washington, D.C., 282 pp.

Design and Control of Concrete Mixtures (1988). 13th ed., Portland Cement Association, Stokie, Ill., 205 pp.

Diaz, C. F., Hadipriono, F. C., and Pasternack, S. (1994). "Failure of Residential Building Basements in Ohio." Journal of Performance of Constructed Facilities, ASCE, vol. 8, no. 1, pp. 65-80.

Driscol, R. (1983). "The Influence of Vegetation on the Swelling and Shrinkage Caused by Large Trees." Geotechnique, London, England, vol. 33, no. 2, pp. 1-67.

Dudley, J. H. (1970). "Review of Collapsing Soils," Journal of Soil Mechanics and Foundation Engineering Division, ASCE, vol. 96, no. SM3, pp. 925-947.

Duke, C. M. (1960). "Foundations and Earth Structures in Earthquakes." Proceedings of the Second World Conference on Earthquake Engineering, vol. 1, Tokyo and Kyoto, Japan, pp. 435-455.

Duncan, J. M. (1996). "State of the Art: Limit Equilibrium and Finite-Element Analysis of Slopes." Journal of Geotechnical and Geoenvironmental Engineering, ASCE, vol. 122, no. 7, pp. 577-596.

Duncan, J. M., Williams, G. W., Sehn, A. L., and Seed, R. B. (1991). "Estimation Earth Pressures due to Compaction." Journal of Geotechnical Engineering, ASCE, vol. 117, no. 12, 1833-1847.

Dyni, R. C., and Burnett, M. (1993). "Speedy Backfilling for Old Mines." Civil Engineering Magazine, ASCE, vol. 63, no. 9, pp. 56-58.

Earth Manual (1985). A Water Resources Technical Publication, 2d ed., U.S. Department of the Interior, Bureau of Reclamation, Denver, 810 pp.

Ehlig, P. L. (1986). "The Portuguese Bend Landslide: Its Mechanics and a Plan for its Stabilization." Landslides and Landslide Mitigation in Southern California, 82nd Annual Meeting of the Cordilleran Section of the Geological Society of America, Los Angeles, pp. 181-190.

Ehlig, P. L. (1992). "Evolution, Mechanics, and Migration of the Portuguese Bend Landslide, Palos Verdes Peninsula, California." Engineering Geology Practice in Southern California, B. W. Pipkin and R. J. Proctor, eds., Star Publishing, Association of Engineering Geologists, Southern California Section, special publication no. 4, pp. 531-553.

Ellen, S. D., and Fleming, R. W. (1987). "Mobilization of Debris Flows from Soil Slips, San Francisco Bay Region, California." Debris Flows/Avalanches: Process, Recognition, and Mitigation, The Geological Society of America, Boulder, Colo., pp. 31-40.

Engineering News-Record (1987). McGraw-Hill, New York, February 5.

EQE Summary Report (1995). "The January 17, 1995 Kobe Earthquake." Report Posted on the EQE Internet Site.

Evans, D. A. (1972). Slope Stability Report, Slope Stability Committee, Department of Building and Safety, Los Angeles.

"Excavations, Final Rule" (1989). 29CFR Part 1926, Federal Register, vol. 54, no. 209, pp. 45894-45991.

Fairweather, V. (1992). "L'Ambiance Plaza: What Have We Learned." Civil Engineering Magazine, ASCE, vol. 62, no. 2, pp. 38-41.

Feld, J. (1965). "Tolerance of Structures to Settlement." Journal of Soil Mechanics, ASCE, vol. 91, no. SM3, pp. 63–77.

Feld, J., and Carper, K. L. (1997). Construction Failure. 2d ed., John Wiley & Sons, New York, 512 pp.

FitzSimons, N. (1986). "An Historic Perspective of Failures of Civil Engineering Works." Forensic Engineering, Learning from Failures. ASCE, New York, pp. 38–45.

Florensov, N. A., and Solonenko, V. P., eds. (1963). "Gobi-Altayskoye Zemletryasenie." Izvestiya Akademii Nauk SSSR.; also 1965, The Gobi-Altai Earthquake, U.S. Department of Commerce (English translation), Washington, D.C.

Foshee, J., and Bixler, B. (1994). "Cover-Subsidence Sinkhole Evaluation of State Road 434, Longwood, Florida." Journal of Geotechnical Engineering, ASCE, vol. 120, no. 11, pp. 2026–2040.

Fourie, A. B. (1989). "Laboratory Evaluation of Lateral Swelling Pressures." Journal of Geotechnical Engineering, ASCE, vol. 115, no. 10, pp. 1481–1486.

Franklin, A. G., Orozco, L. F., and Semrau, R. (1973). "Compaction and Strength of Slightly Organic Soils." Journal of Soil Mechanics and Foundations Division, ASCE, vol. 99, no. 7, pp. 541–557.

Fredlund, D. G., and Rahardjo, H. (1993). Soil Mechanics for Unsaturated Soil. John Wiley & Sons, New York, 517 pp.

Geo-Slope (1991). User's Guide, SLOPE/W for Slope Stability Analysis, version 2, Geo-Slope International, Calgary, 444 pp.

Gill, L. D. (1967). "Landslides and Attendant Problems." Mayor's Ad Hoc Landslide Committee Report, Los Angeles.

Goh, A. T. C. (1993). "Behavior of Cantilever Retaining Walls." Journal of Geotechnical Engineering, ASCE, vol. 119, no. 11, 1751–1770.

Gould, J. P. (1995). "Geotechnology in Dispute Resolution," The Twenty-sixth Karl Terzaghi Lecture. Journal of Geotechnical Engineering, ASCE, vol. 121, no. 7, pp. 521–534.

Graf, E. D. (1969). "Compaction Grouting Techniques," Journal of the Soil Mechanics and Foundations Division, ASCE, vol. 95, no. SM5, pp. 1151–1158.

Grant, R., Christian, J. T., and Vanmarcke, E. H. (1974). "Differential Settlement of Buildings." Journal of Geotechnical Engineering, ASCE, vol. 100, no. 9, pp. 973–991.

Grantz, A., Plafker, G., and Kachadoorian, R. (1964). Alaska's Good Friday Earthquake, March 27, 1994. Department of the Interior, Geological Survey Circular 491, Washington, D.C.

Gray, R. E. (1988). "Coal Mine Subsidence and Structures." Mine Induced Subsidence: Effects on Engineered Structures, Geotechnical Special Publication 19, ASCE, New York, pp. 69–86.

Greenfield, S. J., and Shen, C. K. (1992). Foundations in Problem Soils. Prentice-Hall, Englewood Cliffs, N.J., 240 pp.

Greenspan, H. F., O'Kon, J. A., Beasley, K. J., and Ward, J. S. (1989). Guidelines for Failure Investigation. ASCE,

New York, 221 pp.

Griffin, D. C. (1974). "Kentucky's Experience with Dams and Dam Safety." Safety of Small Dams, Proceedings of the Engineering Foundation Conference, Henniker, N.H., published by ASCE, New York, pp. 194-207.

Grimm, C. T. (2000). "Masonry Structures." Forensic Structural Engineering Handbook, Robert T. Ratay editor, McGraw-Hill, New York, NY, pp. 13.1-13.66.

"Guajome Ranch House, Vista, California." (1986). National Historic Landmark Condition Assessment Report, Preservation Assistance Division, National Park Service, Washington, D.C.

Hammer, M. J., and Thompson, O. B. (1966). "Foundation Clay Shrinkage Caused by Large Trees." Journal of Soil Mechanics and Foundation Division, ASCE, vol. 92, no. 6, pp. 1-17.

Hansen, M. J. (1984). "Strategies for Classification of Landslides," in Slope Instability. John Wiley & Sons, New York, pp. 1-25.

Hansen, T. C. and Mattock, A. H. (1966). "Influence of Size and Shape of Member on the Shrinkage and Creep of Concrete." Development Department Bulletin DX103, Portland Cement Association, Skokie, Illinois.

Hansen, W. R. (1965). Effects of the Earthquake of March 27, 1964 at Anchorage, Alaska. Geological Survey Professional Paper 542-A, U.S. Department of the Interior, Washington, D.C.

Hanson, J. A. (1968). "Effects of Curing and Drying Environments on Splitting Tensile Strength of Concrete." Development Department Bulletin DX141, Portland Cement Association, Skokie, Illinois.

Harr, E. (1962). Groundwater and Seepage. McGraw-Hill, New York, 315 pp.

Holtz, R. D., and Kovacs, W. D. (1981). An Introduction to Geotechnical Engineering, Prentice-Hall, Englewood Cliffs, N.J., 733 pp.

Holtz, W. G. (1984). "The Influence of Vegetation on the Swelling and Shrinkage of Clays in the United States of America." The Influence of Vegetation on Clays, Thomas Telford, London, pp. 69-73.

Holtz, W. G., and Gibbs, H. J. (1956). "Engineering Properties of Expansive Clays." Transactions ASCE, vol. 121, pp. 641-677.

Housner, G. W. (1970). "Strong Ground Motion." Chapter 4 of Earthquake Engineering, Robert L. Wiegel, coordinating editor. Prentice-Hall, Englewood Cliffs, N.J., pp. 75-92.

Houston, S. L., and Walsh, K. D. (1993). "Comparison of Rock Correction Methods for Compaction of Clayey Soils." Journal of Geotechnical Engineering, ASCE, vol. 119, no. 4, pp. 763-778.

Hurst, W. D. (1968). "Experience in the Winnipeg Area with Sulphate-Resisting Cement Concrete." Performance of Concrete, Resistance of Concrete to Sulphate and Other Environmental Conditions, University of Toronto Press, Toronto, pp. 125-134.

Hvorslev, M. J. (1949). Subsurface Exploration and Sampling of Soils for Civil Engineering Purposes. Waterways Experiment Station, Vicksburg, Miss., 465 pp.

Ishihara, K. (1993). "Liquefaction and Flow Failure During Earthquakes." Geotechnique, vol. 43, no. 3, London, pp. 351-415.

Janbu, N. (1957). "Earth Pressure and Bearing Capacity Calculation by Generalized Procedure of Slices." Proceedings of the 4th International Conference on Soil Mechanics and Foundation Engineering, London, vol. 2, pp. 207–212.

Janbu, N. (1968). "Slope Stability Computations." Soil Mechanics and Foundation Engineering Report, The Technical University of Norway, Trondheim.

Janney, J. R., Vince, C. R., and Madsen, J. D. (1996). "Claims Analysis from Risk-Retention Professional Liability Group." Journal of Performance of Constructed Facilities, ASCE, vol. 10, no. 3, pp. 115–122.

Jennings, J. E. (1953). "The Heaving of Buildings on Desiccated Clay." Proceedings of the 3d International Conference on Soil Mechanics and Foundation Engineering, vol. 1, Zurich, pp. 390–396.

Jennings, J. E., and Knight, K. (1957). "The Additional Settlement of Foundations Due to a Collapse of Structure of Sandy Subsoils on Wetting." Proceedings of the Fourth International Conference on Soil Mechanics and Foundation Engineering, vol. 1, London, pp. 316–319.

Johnpeer, G. D. (1986). "Land Subsidence Caused by Collapsible Soils in Northern New Mexico." Ground Failure, National Research Council, Committee on Ground Failure Hazards, vol. 3, Washington, D.C., 24 pp.

Johnson, A. M., and Hampton, M. A. (1969). "Subaerial and Subaqueous Flow of Slurries." Final Report, U.S. Geological Survey (USGS) Contract no. 14-08-0001-10884, USGS, Boulder, Colo.

Johnson, A. M., and Rodine, J. R. (1984). "Debris Flow." Slope Instability, John Wiley & Sons, New York, pp. 257–361.

Johnson, L. D. (1980). "Field Test Sections on Expansive Soil." Fourth International Conference on Expansive Soils, Denver, Colo., published by ASCE, pp. 262–283.

Jones, D. E., and Holtz, W. G. (1973). "Expansive Soils—The Hidden Disaster." Civil Engineering, vol. 43, November 8.

Jubenville, D. M., and Hepworth, R. (1981). "Drilled Pier Foundation in Shale, Denver, Colorado Area." Proceedings of the Session on Drilled Piers and Caissons, ASCE, St. Louis, Mo.

Kaplar, C. W. (1970). "Phenomenon and Mechanism of Frost Heaving." Highway Research Record 304, pp. 1–13.

Kassiff, G., and Baker, R. (1971). "Aging Effects on Swell Potential of Compacted Clay." Journal of the Soil Mechanics and Foundation Division, ASCE, vol. 97, no. SM3, pp. 529–540.

Kennedy, M. P. (1975). "Geology of Western San Diego Metropolitan Area, California." Bulletin 200, California Division of Mines and Geology, Sacramento, 39 pp.

Kennedy, M. P., and Tan, S. S. (1977). "Geology of National City, Imperial Beach and Otay Mesa Quadrangles, Southern San Diego Metropolitan Area, California." Map Sheet 29, California Division of Mines and Geology, Sacramento, Calif., 1 sheet.

Kerwin, S. T., and Stone, J. J. (1997). "Liquefaction Failure and Remediation: King Harbor Redondo Beach, California." Journal of Geotechnical and Geoenvironmental Engineering, ASCE, vol. 123, no. 8, pp. 760–769.

Kisters, F. H., and Kearney, F. W. (1991). "Evaluation of Civil Works Metal Structures." Technical Report

REMR-CS-31. Department of the Army, Army Corps of Engineers, Washington, D.C.

Kononova, M. M. (1966). Soil Organic Matter, 2d ed., Pergamon Press, Oxford, England.

Kramer, S.L. (1996). Geotechnical Earthquake Engineering. Prentice-Hall, Englewood Cliffs, NJ, 653 pp.

Kratzsch, H. (1983). Mining Subsidence Engineering. Springer-Verlag, Berlin, 543 pp.

Krinitzsky, E. L., Gould, J. P., and Edinger, P. H. (1993). Fundamentals of Earthquake-Resistant Construction. John Wiley & Sons, New York, 299 pp.

Ladd, C. C., Foote, R., Ishihara, K., Schlosser, F., and Poulos, H. G. (1977). "Stress-deformation and Strength Characteristics." State-of-the-Art Report, Proceedings, Ninth International Conference on Soil Mechanics and Foundation Engineering, International Society of Soil Mechanics and Foundation Engineering, Tokyo, vol. 2, pp. 421–494.

Ladd, C. C., and Lambe, T. W. (1961). "The Identification and Behavior of Expansive Clays." Proceedings, Fifth International Conference on Soil Mechanics and Foundation Engineering, Paris, vol. 1.

Lambe, T. W. (1951). Soil Testing for Engineers. John Wiley and Sons, New York, 165 pp.

Lambe, T. W., and Whitman, R. V. (1969). Soil Mechanics. John Wiley & Sons, New York, 553 pp.

Lawson, A. C., et al. (1908). The California Earthquake of April 18, 1906—Report of the State Earthquake Investigation Commission, vol. 1, part 1, pp. 1–254; part 2, pp. 255–451. Carnegie Institution of Washington, Publication 87.

Lawton, E. C. (1996). "Nongrouting Techniques." Practical Foundation Engineering Handbook. Robert W. Brown, ed., McGraw-Hill, New York, Sec. 5, pp. 5.3–5.276.

Lawton, E. C., Fragaszy, R. J., and Hardcastle, J. H. (1989). "Collapse of Compacted Clayey Sand." Journal of Geotechnical Engineering, ASCE, vol. 115, no. 9, pp. 1252–1267.

Lawton, E. C., Fragaszy, R. J., and Hardcastle, J. H. (1991). "Stress Ratio Effects on Collapse of Compacted Clayey Sand." Journal of Geotechnical Engineering, ASCE, vol. 117, no. 5, pp. 714–730.

Lawton, E. C., Fragaszy, R. J., and Hetherington, M. D. (1992). "Review of Wetting Induced Collapse in Compacted Soil." Journal of Geotechnical Engineering, ASCE, vol. 118, no. 9, pp. 1376–1394.

Lea, F. M. (1971). The Chemistry of Cement and Concrete, 1st American ed., Chemical Publishing, New York.

Leighton and Associates (1991). "Geotechnical Investigation, Desert View Drive, Ground Motion Study, San Diego, California." Project No. 4910786-01, prepared for City of San Diego, November 18, 12 pp.

Leonards, G. A. (1962). Foundation Engineering. McGraw-Hill, New York, 1136 pp.

Leonards, G. A. (1982). "Investigation of Failures." Journal of the Geotechnical Engineering Division, ASCE, vol. 99, no. GT2, February.

Lin, G., Bennett, R. M., Drumm, E. C., and Triplett, T. L. (1995). "Response of Residential Test Foundations to Large Ground Movements." Journal of Performance of Constructed Facilities, ASCE, vol. 9, no. 4, pp. 319–329.

Lytton, R. L., and Dyke, L. D. (1980). "Creep Damage to Structures on Expansive Clays Slopes." Fourth

International Conference on Expansive Soils, ASCE, vol. 1, New York, 284–301.

Maksimovic, M. (1989). "Nonlinear Failure Envelope for Soils." Journal of Geotechnical Engineering, ASCE, vol. 115, no. 4, pp. 581–586.

Marino, G. G., Mahar, J. W., and Murphy, E. W. (1988). "Advanced Reconstruction for Subsidence-Damaged Homes." Mine Induced Subsidence: Effects on Engineered Structures, H. J. Siriwardane, ed. ASCE, New York, pp. 87–106.

Marsh, E. T., and Walsh, R. K. (1996). "Common Causes of Retaining-Wall Distress: Case Study." Journal of Performance of Constructed Facilities, ASCE, vol. 10, no. 1, pp. 35–38.

Mather, B. (1968). "Field and Laboratory Studies of the Sulphate Resistance of Concrete." Performance of Concrete, Resistance of Concrete to Sulphate and Other Environmental Conditions, University of Toronto Press, Toronto, pp. 66–76.

Matson, J. V. (1994). Effective Expert Witnessing, 2d ed. Lewis Publishers, Boca Raton, Fla., 210 pp.

McElroy, C. H. (1987). "The Use of Chemical Additives to Control the Erosive Behavior of Dispersed Clays." Engineering Aspects of Soil Erosion, Dispersive Clays and Loess, Geotechnical Special Publication No. 10, C. W. Lovell and R. L. Wiltshire, eds. ASCE, New York, pp. 1–16.

Meehan, R. L., Chun, B., Sang-wuk, J., King, S., Ronold, K., and Yang, F. (1993). "Contemporary Model of Civil Engineering Failures." Journal of Professional Issues in Engineering Education and Practice, ASCE, vol. 119, no. 2, pp. 138–146.

Meehan, R. L., and Karp, L. B. (1994). "California Housing Damage Related to Expansive Soils." Journal of Performance of Constructed Facilities, ASCE, vol. 8, no. 2, pp. 139–157.

Mehta, P. K. (1976). Discussion of "Combating Sulfate Attack in Corps of Engineers Concrete Construction" by Thomas J. Reading, ACI Journal Proceedings, vol. 73, no. 4, pp. 237–238.

Merfield, P. M. (1992). "Surfical Slope Failures: the Role of Vegetation and Other Lessons from Rainstorms." Engineering Geology Practice in Southern California, B. W. Pipkin and R. J. Proctor, eds., Star Publishing, Association of Engineering Geologists, Southern California Section, Special Publication No. 4, pp. 613–627.

Middlebrooks, T. A. (1953). "Earth Dam Practice in the United States." Transactions, American Society of Civil Engineers, centennial volume, 697 pp.

Miller, T. E. (1993). California Construction Defect Litigation, Residential and Commercial, 2d ed. John Wiley & Sons, New York, 735 pp.

Mitchell, J. K. (1970). "In-Place Treatment of Foundation Soils," Journal of the Soil Mechanics and Foundation Division, ASCE, vol. 96, no. SM1, pp. 73–110.

Monahan, E. J. (1986). Construction of and on Compacted Fills. John Wiley & Sons, New York, 200 pp.

Mottana, A., Crespi, R., and Liborio, G. (1978). Rocks and Minerals. Simon & Schuster, New York, 607 pp.

Nadjer, J., and Werno, M. (1973). "Protection of Buildings on Expansive Clays." Proceedings of the Third International Conference on Expansive Soils, Haifa, Israel, vol. 1, pp. 325–334.

Narver (1993). "A/E Risk Review," Professional Liability Agents Network, vol. 3, no. 7.

National Coal Board (1975). Subsidence Engineers Handbook. National Coal Board Mining Department, National Coal Board, London, 111 pp.

National Information Service for Earthquake Engineering (2000). "Building and Its Structure Should Have a Uniform and Continuous Distribution of Mass, Stiffness, Strength and Ductility." University of California, Berkeley. Report obtained from the Internet.

National Research Council (1985). Reducing Losses from Landsliding in the United States. Committee on Ground Failure Hazards, Commission on Engineering and Technical Systems, National Academy Press, Washington, D.C., 41 pp.

NAVFAC DM-7.1 (1982). Soil Mechanics. Design Manual 7.1, Department of the Navy, Naval Facilities Engineering Command, Alexandria, Va., 364 pp.

NAVFAC DM-7.2 (1982). Foundations and Earth Structures. Design Manual 7.2, Department of the Navy, Naval Facilities Engineering Command, Alexandria, Va., 253 pp.

NAVFAC DM-21.3 (1978). Flexible Pavement Design for Airfields, Design Manual 21.3, Department of the Navy, Naval Facilities Engineering Command, Alexandria, Va., 98 pp.

Neary, D. G., and Swift, L. W. (1987). "Rainfall Thresholds for Triggering a Debris Avalanching Event in the Southern Appalachian Mountains." Debris Flows/Avalanches: Process, Recognition, and Mitigation, The Geological Society of America, Boulder, Colo. pp. 81–92.

Nelson, J. D., and Miller, D. J. (1992). Expansive Soils, Problems and Practice in Foundation and Pavement Engineering. John Wiley & Sons, New York, p. 259

Noon, R. (1992). Introduction to Forensic Engineering. CRC Press, Boca Raton, Florida, 205 pp.

Norris, R. M., and Webb, R. W. (1990). Geology of California, 2d ed. John Wiley & Sons, New York, 541 pp.

NSF (1992). "Quantitative Nondestructive Evaluation for Constructed Facilities." Announcement Fiscal Year 1992. National Science Foundation, Directorate for Engineering, Division of Mechanical and Structural Systems, Washington, D.C.

Oldham, R. D. (1899). "Report on the Great Earthquake of 12th June, 1897." India Geologic Survey Memorial, Publication 29, p. 379.

Oliver, A. C. (1988). Dampness in Buildings. Internal and Surface Waterproofers, Nichols Publishing, New York, pp. 221.

Ortigao, J. A. R., Loures, T. R. R., Nogueiro, C., and Alves, L. S. (1997). "Slope Failures in Tertiary Expansive OC Clays." Journal of Geotechnical and Geoenvironmental Engineering, ASCE, vol. 123, no. 9, pp. 812–817.

Owens, D. T. (1993). "Red Line Cost Overruns." Los Angeles Times, editorial section, November 20, 1993, Los Angeles.

Patton, J. H. (1992). "The Nuts and Bolts of Litigation." Engineering Geology Practice in Southern California, B. W. Pipkin and R. J. Proctor, eds., Star Publishing, Belmont, Calif., pp. 339–359.

PCA (1994). Design and Control of Concrete Mixtures. Fourth Printing of the Thirteenth Edition, Portland Cement Association, Skokie, Illinois, 205 pp.

Peck, R. B., Hanson, W. E., and Thornburn, T. H. (1974). Foundation Engineering, 2d ed. John Wiley & Sons, New York, 514 pp.

Peckover, F. L. (1975). "Treatment of Rock Falls on Railway Lines." American Railway Engineering Association, Bulletin 653, Chicago, pp. 471–503.

Peng, S. S. (1986). Coal Mine Ground Control. 2d ed. John Wiley & Sons, New York, 491 pp.

Peng, S. S. (1992). Surface Subsidence Engineering. Society for Mining, Metallurgy and Exploration, Littleton, Colo.

Perry, D., and Merschel, S. (1987). "The Greening of Urban Civilization." Smithsonian, vol. 17, no. 10, pp. 72–79.

Perry, E. B. (1987). "Dispersive Clay Erosion at Grenada Dam, Mississippi." Engineering Aspects of Soil Erosion, Dispersive Clays and Loess, Geotechnical Special Publication No. 10, C. W. Lovell and R. L. Wiltshire, eds. ASCE, New York, pp. 30–45.

Petersen, E. V. (1963). "Cave-in!" Roads and Engineering Construction, November, pp. 25–33.

Piteau, D. R., and Peckover, F. L. (1978). "Engineering of Rock Slopes." Landslides, Analysis and Control, Special Report 176, Transportation Research Board, National Academy of Sciences, chap. 9, pp. 192–228.

Poh, T. Y., Wong, I. H., and Chandrasekaran, B. (1997). "Performance of Two Propped Diaphragm Walls in Stiff Residual Soils." Journal of Performance of Constructed Facilities, ASCE, vol. 11, no. 4, pp. 190–199.

Post-Tensioning Institute (1996). "Design and Construction of post-tensioned Slabs-on-Ground," 2d ed. Report, Phoenix, Ariz., 101 pp.

Pradel, D., and Raad, G. (1993). "Effect of Permeability of Surficial Stability of Homogeneous Slopes." Journal of Geotechnical Engineering, ASCE, vol. 119, no. 2, pp. 315–332.

Pryke, J (1974). "Differential Foundation Movement of Domestic Buildings in SouthEast England: Distribution, Investigation, Causes and Remedies." Settlement of Structures, British Geotechnical Society, Halsted Press, New York, NY, pp. 403–419.

Purkey, B. W., Duebendorfer, E. M., Smith, E. I., Price, J. G., Castor, S. B. (1994). Geologic Tours in the Las Vegas Area, Nevada Bureau of Mines and Geology, Special Publication 16, Las Vegas, 156 pp.

Rathje, W. L., and Psihoyos, L. (1991). "Once and Future Landfills." National Geographic, vol. 179, no. 5, pp. 116–134.

Ravina, I. (1984). "The Influence of Vegetation on Moisture and Volume Changes." The Influence of Vegetation on Clays, Thomas Telford, London, pp. 62–68.

Reading, T. J. (1975). "Combating Sulfate Attack in Corps of Engineering Concrete Construction." Durability of Concrete, SP47, American Concrete Institute, Detroit, pp. 343–366.

Reed, M. A., Lovell, C. W., Altschaeffl, A. G., and Wood, L. E. (1979). "Frost Heaving Rate Predicted from

Pore Size Distribution," Canadian Geotechnical Journal, vol. 16, no. 3, pp. 463–472.

Reese, L. C., Owens, M., and Hoy, H. (1981). "Effects of Construction Methods on Drilled Shafts." Drilled Piers and Caissons, M. W. O'Neill, ed. ASCE, New York, pp. 1–18.

Reese, L. C., and Tucker, K. L. (1985). "Bentonite Slurry in Concrete Piers." Drilled Piers and Caisson II, C. N. Baker, ed. ASCE, New York, pp. 1–15.

Rens, K. L., Wipf, T. J., and Klaiber, F. W. (1997). "Review of Nondestructive Evaluation Techniques of Civil Infrastructure." Journal of Performance of Constructed Facilities, ASCE, vol. 11, no. 4, pp. 152–160.

Rice, R. J. (1988). Fundamentals of Geomorphology, 2d ed., John Wiley and Sons, New York.

Ritchie, A. M. (1963). "Evaluation of Rockfall and Its Control." Highway Research Record 17, Highway Research Board, Washington, D.C., pp. 13–28.

Rogers, J. D. (1992). "Recent Developments in Landslide Mitigation Techniques." Chapter 10 of Landslides/Landslide Mitigation, J. E. Slosson, G. G. Keene, and J. A. Johnson, eds. The Geological Society of America, Boulder, Colo., pp. 95–118.

Rollins, K. M., Rollins, R. C., Smith, T. D., and Beckwith, G. H. (1994). "Identification and Characterization of Collapsible Gravels." Journal of Geotechnical Engineering, ASCE, vol. 120, no. 3, pp. 528–542.

Roofing Equipment, Inc. (undated). Moisture Test Kit Pamphlet. Roofing Equipment, Inc., 4 pp.

Ross, C. S., and Smith, R. L. (1961). Ash-Flow Tuffs, Their Origin, Geologic Relations and Identification, U.S. Geological Survey Professional Paper 366, U. S. Geological Survey, Denver, Colo.

Rutledge, P. C. (1944). "Relation of Undisturbed Sampling to Laboratory Testing." Transactions, ASCE, vol. 109, pp. 1162–1163.

Sanglerat, G. (1972). The Penetrometer and Soil Exploration. Elsevier Scientific, New York, 464 pp.

Savage, J. C., and Hastie, L. M. (1966). "Surface Deformation Associated with Dip-Slip Faulting." Journal of Geophysical Research, vol. 71, no. 20, pp. 4897–4904.

Saxena, S. K., Lourie, D. E., and Rao, J. S. (1984). "Compaction Criteria for Eastern Coal Waste Embankments." Journal of Geotechnical Engineering, ASCE, vol. 110, no. 2, pp. 262–284.

Schlager, N. (1994). When Technology Fails. "St. Francis Dam Failure." Gale Research, Detroit, pp. 426–430.

Schnitzer, M., and Khan, S. U. (1972). Humic Substances in the Environment. Marcel Dekker, New York.

Schuster, R. L. (1986). Landslide Dams: Processes, Risk, and Mitigation, Geotechnical Special Publication No. 3. Proceedings of Geotechnical Session, Seattle. Published by ASCE, New York, 164 pp.

Schuster, R. L., and Costa, J. E. (1986). "A Perspective on Landslide Dams." Landslide Dams: Processes, Risk, and Mitigation, Geotechnical Special Publication No. 3. Proceedings of Geotechnical Session, Seattle. Published by ASCE, New York, pp. 1–20.

Schutz, R. J. (1984). "Properties and Specifications for Epoxies Used in Concrete Repair." Concrete Construction Magazine, Concrete Construction Publications, Addison, Ill. pp. 873–878.

Seed, H. B. (1970). "Soil Problems and Soil Behavior." Chapter 10 of Earthquake Engineering, Robert L. Wiegel, coordinating editor. Prentice-Hall, Englewood Cliffs, N.J., pp. 227–252.

Seed, H. B., Woodward, R. J., and Lundgren, R. (1962). "Prediction of Swelling Potential for Compacted Clays." Journal of Soil Mechanics and Foundations Division, ASCE, vol. 88, no. SM3, pp. 53–87.

Seed, R. B., et al. (1990). "Preliminary Report on the Principal Geotechnical Aspects of the October 17, 1989 Loma Prieta Earthquake." Report UCB/EERC-90/05, Earthquake Engineering Research Center, University of California, Berkeley, 137 pp.

Shannon and Wilson, Inc. (1964). Report on Anchorage Area Soil Studies, Alaska, to U.S. Army Engineer District, Anchorage, Alaska. Seattle.

Sherard, J. L. (1972). "Study of Piping Failures and Eroding Damage from Rain in Clay Dams in Oklahoma and Mississippi." U.S. Department of Agriculture, Soil Conservation Service, Washington, D.C.

Sherard, J. L., Decker, R. S., and Ryker, N. L. (1972). "Piping in Earth Dams of Dispersive Clay." Proceedings of the Specialty Conference on Performance of Earth and Earth-Supported Structures, vol. 1, part 1, cosponsored by ASCE and Purdue University, Lafayette, Ind., pp. 589–626.

Sherard, J. L., Woodward, R. J., Gizienski, S. F., and Clevenger, W. A. (1963). Earth and Earth-Rock Dams. John Wiley and Sons, New York, 725 pp.

Shuirman, G., and Slosson, J. E. (1992). Forensic Engineering—Environmental Case Histories for Civil Engineers and Geologists. Academic Press, New York, 296 pp.

Singh, J. (1994). "The Built Environment and the Development of Fungi." Building Mycology: Management of Decay and Health in Buildings. J. Singh, editor, E&FN Spon, London, U.K., 34–54.

Singh, J. and White, N. (1997). "Timber Decay in Buildings: Pathology and Control." Journal of Performance of Constructed Facilities, ASCE, Vol. 11, No. 1, pp. 3–12.

Skempton, A. W., and MacDonald, D. H. (1956). "The Allowable Settlement of Buildings." Proceedings of the Institution of Civil Engineers, Part III. The Institution of Civil Engineers, London, no. 5, pp. 727–768.

Slope Indicator (1996). Geotechnical and Structural Instrumentation, Slope Indicator Co., Bothell, Wash., 92 pp.

Slough-in Incident Report. (1986). Shoring Design Engineers. November 24.

Smith, D. D., and Wischmeier, W. H. (1957). "Factors Affecting Sheet and Rill Erosion." Transactions of the American Geophysical Union, vol. 38, no. 6, pp. 889–896.

Smith, R. L. (1960). Zones and Zonal Variations in Welded Ash Flows, U.S. Geological Survey Professional Paper 354-F, U.S. Geological Survey, Denver.

Snethen, D. R. (1979). Technical Guidelines for Expansive Soils in Highway Subgrades. U.S. Army Engineering Waterway Experiment Station, Vicksburg, Miss., Report No. FHWA-RD-79-51.

Southern Nevada Building Code Amendments (1997). Amendments adopted by Clark County, Boulder City, North Las Vegas, City of Las Vegas, City of Mesquite, and City of Henderson. Available at the Clark County Department of Building, Permit Application Center, Las Vegas, NV.

Sowers, G. B., and Sowers, G. F. (1970). Introductory Soil Mechanics and Foundations. 3d ed. Macmillan, New

York, 556 pp.

Sowers, G. F. (1962). "Shallow Foundations," Chap. 6 from Foundation Engineering, G. A. Leonards, ed. McGraw-Hill, New York.

Sowers, G. F. (1974). "Dam Safety Legislation: A Solution or a Problem." Safety of Small Dams, Proceedings of the Engineering Foundation Conference, Henniker, N.H. Published by ASCE, New York, pp. 65–100.

Sowers, G. F. (1979). Soil Mechanics and Foundations: Geotechnical Engineering, 4th ed., Macmillan, New York.

Sowers, G. F. (1997). Building on Sinkholes: Design and Construction of Foundations in Karst Terrain, ASCE Press, New York.

Sowers, G. F., and Royster, D. L. (1978). "Field Investigation." Chapter 4 of Landslides, Analysis and Control, Special Report 176, R. L. Schuster and R. J. Krizek, eds. Transportation Research Board, National Academy of Sciences, Washington, D.C., pp. 81–111.

Spencer, E. W. (1972). The Dynamics of the Earth, An Introduction to Physical Geology. Thomas Y. Crowell, New York, 649 pp.

Standard Specifications for Public Works Construction (1997). Bni Building News, Los Angeles, commonly known as the "Green Book," 761 pp.

Standards Presented to California Occupational Safety and Health Standard Board, Sections 1504 and 1539–1547 (1991). California Occupational Safety and Health Standard Board, San Francisco, July.

Stapledon, D. H., and Casinader, R. J. (1977). "Dispersive Soils at Sugarloaf Dam Site Near Melbourne, Australia." Dispersive Clays, Related Piping, and Erosion in Geotechnical Projects. STP 623, American Society for Testing and Materials, Philadelphia, pp. 432–466.

Stark, T. D., and Eid, H. T. (1994). "Drained Residual Strength of Cohesive Soils." Journal of Geotechnical Engineering, ASCE, vol. 120, no. 5, pp. 856–871.

Steinbrugge, K. V. (1970). "Earthquake Damage and Structural Performance in the United States." Chapter 9 of Earthquake Engineering, Robert L. Wiegel, coordinating editor. Prentice-Hall, Englewood Cliffs, N.J., pp. 167–226.

Stokes, W. C., and Varnes, D. J. (1955). Glossary of Selected Geologic Terms. Colorado Scientific Society Proceedings, vol. 116, Denver, 165 pp.

Sweet, J. (1970). Legal Aspects of Architecture, Engineering and Construction Process. West Publishing, St. Paul, Minn., 953 pp.

Tadepalli, R., and Fredlund, D. G. (1991). "The Collapse Behavior of Compacted Soil During Inundation." Canadian Geotechnical Journal, vol. 28, no. 4, pp. 477–488.

Terzaghi, K. (1938). "Settlement of Structures in Europe and Methods of Observation," Transactions ASCE, vol. 103, p. 1432.

Terzaghi, K., and Peck, R. B. (1967). Soil Mechanics in Engineering Practice, 2d ed. John Wiley and Sons, New York, 729 pp.

Thompson, L. J., and Tanenbaum, R. J. (1977). "Survey of Construction Related Trench Cave-Ins." Journal of the Construction Division, ASCE, vol. 103, no. CO3, September.

Transportation Research Board (1977). Rapid-Setting Materials for Patching Concrete. National Cooperative Highway Research Program Synthesis of Highway Practice 45, published by National Academy of Sciences, Washington, D.C.

"Trench and Excavation Safety Guide" (1984). Publication S-358, California Department of Industrial Relations/California Occupational Safety and Health Administration, San Francisco.

Tucker, R. L., and Poor, A. R, (1978). "Field Study of Moisture Effects on Slab Movements." Journal of Geotechnical Engineering Division, ASCE, vol. 104, no. 4, pp. 403–414.

Turnbull, W. J., and Foster, C. R. (1956). "Stabilization of Materials by Compaction." Journal of Soil Mechanics and Foundation Division, ASCE, vol. 82, no. 2, pp. 934.1–934.23.

Tuthill, L. H. (1966). "Resistance to Chemical Attack-Hardened Concrete." Significance of Tests and Properties of Concrete and Concrete-Making Materials, STP-169A, ASTM, Philadelphia, pp. 275–289.

Uniform Building Code (1997). International Conference of Building Officials, 3 volumes, Whittier, Calif

United States Department of the Interior (1947). "Long-Time Study of Cement Performance in Concrete—Tests of 28 Cements Used in the Parapet Wall of Green Mountain Dam." Materials Laboratories Report No. C-345, U.S. Department of the Interior, Bureau of Reclamation, Denver, CO.

Van der Merwe, C. P., and Ahronovitz, M. (1973). "The Behavior of Flexible Pavements on Expansive Soils." Third International Conference on Expansive Soil, Haifa, Israel.

Varnes, D. J. (1978). "Slope Movement and Types and Processes." Landslides: Analysis and Control, Transportation Research Board, National Academy of Sciences, Washington, D.C., Special Report 176, chap. 2, pp. 11–33.

WFCA (1984). "Moisture Guidelines for the Floor Covering Industry." WFCA Management Guidelines, Western Floor Covering Association, Los Angeles.

Wahls, H. E. (1994). "Tolerable Deformations." Vertical and Horizontal Deformations of Foundations and Embankments, Geotechnical Special Publication No. 40, ASCE, New York, pp. 1611–1628.

Waldron, L. J. (1977). "The Shear Resistance of Root-Permeated Homogeneous and Stratified Soil." Soil Science Society of America, vol. 41, no. 5, pp. 843–849.

Wallace, T. (1981). "Preparation of Reports, Field Notes, and Documentation." Proceedings, Geotechnical Construction Loss Prevention Seminar, Santa Clara, Calif.

Warner, J. (1982). "Compaction Grouting—The First Thirty Years." Proceedings of the Conference on Grouting in Geotechnical Engineering, W. H. Baker, ed. ASCE, New York, pp. 694–707.

Warriner, J. E. (1957). English Grammar and Composition. Harcourt, Brace, New York, 692 pp.

Watry, S. M., and Ehlig, P. L. (1995). "Effect of Test Method and Procedure on Measurements of Residual Shear Strength of Bentonite from the Portuguese Bend Landslide." Clay and Shale Slope Instability, W. C. Haneberg and S. A. Anderson, eds., Geological Society of America, Reviews in Engineering Geology, vol. 10, Boulder,

Colo., pp. 13–38.

Whitlock, A. R., and Moosa, S. S. (1996). "Foundation Design Considerations for Construction on Marshlands." Journal of Performance of Constructed Facilities, ASCE, vol. 10, no. 1, pp. 15–22.

Williams, A. A. B. (1965). "The Deformation of Roads Resulting from Moisture Changes in Expansive Soils in South Africa." Symposium Proceedings, Moisture Equilibria and Moisture Changes in Soils Beneath Covered Areas, G. D. Aitchison, ed. Butterworths, Australia, pp. 143–155.

Winterkorn, H. F., and Fang, H. (1975). Foundation Engineering Handbook. Van Nostrand Reinhold, New York, 751 pp.

Woodward, R. J., Gardner, W. S., and Greer, D. M. (1972). "Design Considerations," Drilled Pier Foundations, D. M. Greer, ed. McGraw-Hill, New York, pp. 50–52.

Wu, T. H., Randolph, B. W., and Huang, C. (1993). "Stability of Shale Embankments." Journal of Geotechnical Engineering, ASCE, vol. 119, no. 1, pp. 127–146.

Yegian, M. K., Ghahraman, V. G., and Gazetas, G. (1994). "1988 Armenia Earthquake. II: Damage Statistics versus Geologic and Soil Profiles." Journal of Geotechnical Engineering, ASCE, vol. 120, no. 1, pp. 21–45.

Yong, R. N., and Warkentin, B. P. (1975). Soil Properties and Behavior, Elsevier, New York, 449 pp.

Zaruba, Q., and Mencl, V. (1969). Landslides and Their Control. Elsevier, New York, 205 pp.

찾아보기

ㅎ

저자 및 역자 소개

▮ 저자

Robert W. Day

Robert W. Day는 최고의 포렌식 엔지니어이며, 캘리포니아주 샌디에이고에 있는 지반설계사(American Geotechnical Inc.)의 수석엔지니어다. 200편 이상의 논문과 2권의 기초공학 핸드북을 포함하여 여러 권의 책을 저술하였다.

▮ 역자

이규환 khlee@konyang.ac.kr

현 건양대학교 재난안전소방학과 교수
홍콩시립대학교 건설환경공학과 선임연구원
알버타주립대학교 건설환경공학과 박사후 연구원
서울시립대학교 토목공학과 공학박사

김현기 geotech@kookmin.ac.kr

현 국민대학교 건설시스템공학과 교수
국제지반공학회(TC 304)/Georisk, 한계상태 설계위원/편집위원
한국지반공학회 한계상태설계법 연구회 위원장
한국방재학회 이사
Project Engineer, Geocomp corporation
Georgia Institute of Technology 토목환경공학과 공학박사

김태형 kth67399@kmou.ac.kr

현 한국해양대학교 건설공학과 교수
현대건설(주) 기술연구소 과장
리하이대학교 토목공학과 박사후 연구원
콜로라도주립대학교 토목공학과 공학박사

박혁진 hjpark@sejong.edu

현 세종대학교 지구자원시스템공학과 교수
건설기술연구원 선임연구원
퍼듀대학교 토목공학과 공학박사
연세대학교 토목공학과 공학석사

김홍연 hykim74@sambu.co.kr

현 삼부토건 기술연구실 선임연구원(Ph.D, P.E, C.V.P)
한국VE연구원 시공VE연구위원회 위원장 외
한국해양연구원 박사후 연구원
인하대학교 토목공학과 공학박사

송영석 yssong@kigam.re.kr

한국지질자원연구원 지질재해연구본부 책임연구원
한국지반공학회 대전세종충청지역 특별위원회 위원장
중앙대학교 토목공학과 공학박사

윤길림 glyoon@kiost.ac.kr

한국해양과학기술원/대학원 영년직 연구원/교수
현대건설(주) 기술연구소 책임연구원
휴스턴대학교 토목공학과 공학박사
국제지반공학회(TC 304)/Georisk, 한계상태 설계위원/편집위원

▌감수

한유진 hanyjin@ex.co.kt

현 한국도로공사 법무실 사내변호사
충북대학교 법학전문대학원 법학전문석사
서울대학교 토목공학과 공학석사

포렌식 지반공학

초판인쇄 2022년 2월 10일
초판발행 2022년 2월 17일

지 은 이 Robert W. Day
옮 긴 이 이규환, 김현기, 김태형, 박혁진, 김홍연, 송영석, 윤길림
펴 낸 이 김성배
펴 낸 곳 도서출판 씨아이알

책임편집 최장미
디 자 인 윤지환
제작책임 김문갑

등록번호 제2-3285호
등 록 일 2001년 3월 19일
주 소 (04626) 서울특별시 중구 필동로8길 43(예장동 1-151)
전화번호 02-2275-8603(대표)
팩스번호 02-2265-9394
홈페이지 www.circom.co.kr

I S B N 979-11-6856-025-3 93530
정 가 28,000원